U0856233

2012 The Capital Science and Technology Innovation Development Report 2012

首都科技创新发展报告

首都科技发展战略研究院

科学出版社
北京

内 容 简 介

本书是首都科技发展战略研究院依托国内多部门、多学科的专家团队，在研究和总结国内外科技创新发展战略的基础上，围绕“把北京建设成为国家创新中心”目标开展研究的部分成果汇集。全书对首都科技创新发展的进展情况进行动态跟踪评估，分析影响北京科技创新发展的主要因素，总结出北京在迈向创新驱动的发展格局过程中的经验和不足，提出针对重大战略性问题的解决思路和政策建议，对战略性新兴产业的发展进行了系列专题研究。

本书适合政府工作人员、大专院校师生和关心科技政策、创新政策的广大读者。

图书在版编目(CIP)数据

首都科技创新发展报告 .2012/首都科技发展战略研究院编. —北京：科学出版社，2012

ISBN 978-7-03-035417-4

Ⅰ.①首… Ⅱ.①首… Ⅲ.①科学研究事业-发展-研究报告-北京市-2012 Ⅳ.①G322.71

中国版本图书馆 CIP 数据核字（2012）第 200658 号

责任编辑：马 跃 / 责任校对：钟 洋
责任印制：阎 磊 / 封面设计：蓝正设计

科学出版社 出版
北京东黄城根北街16号
邮政编码：100717
http://www.sciencep.com
北京通州皇家印刷厂 印刷
科学出版社发行 各地新华书店经销
*
2012年9月第 一 版 开本：787×1092 1/16
2012年9月第一次印刷 印张：19 1/2
字数：448 000

定价：66.00 元

（如有印装质量问题，我社负责调换）

首都科技发展战略研究院简介和组织机构简介

2009年9月，北京市人大常委会在审议北京市政府推动高新技术在本市经济社会发展中应用情况报告时，建议市政府研究建立由北京市和国家有关部门共同组成的首都科技创新协调机构。

为落实市委、市政府主要领导指示精神和市人大常委会审议意见，北京市科委会同相关部门经过深入的调研、讨论，探索建立首都科技创新协调机构，拟先期建设一个政策咨询机构，提出了由北京市和中央单位联合共建“首都科技发展战略研究院”（以下简称“首科院”）的筹建方案。

2010年9月，中共中央政治局委员、北京市委书记刘淇，市委副书记、市长郭金龙，市人大常委会主任杜德印等北京市领导对首科院筹建工作做出重要批示，筹建工作正式启动。2011年8月10日，首科院正式揭牌成立。

首科院由科学技术部、中国科学院、中国工程院和北京市人民政府发起，北京市科学技术委员会为秘书长单位，北京市科学技术委员会、北京师范大学和北京市科学技术研究院共同承建，首届理事单位32家。首科院旨在围绕“将北京建设成为全国创新发展的核心引领区和具有全球影响力的科技创新中心”的目标，搭建首都科技发展战略研究平台，探索服务和利用首都科技智力资源的体制机制，为率先实现创新驱动的发展格局、促进首都科学发展提供战略决策支撑。

首科院的主要任务是，以事关首都经济社会发展重大战略问题为主线，围绕统筹首都科技智力资源的体制机制、促进中国特色世界城市建设、“科技北京”发展建设、培育发展战略性新兴产业、领军人才培养与使用等重大战略问题开展研究咨询。

组 织 机 构

名誉理事长

中共北京市委书记 郭金龙

特邀顾问

北京市人大常委会主任 杜德印

理事长

中国工程院副院长 干勇

理事长单位

科学技术部、中国科学院、中国工程院、北京市人民政府

协调执行单位

北京市科学技术委员会

依托单位

北京师范大学、北京市科学技术研究院

秘书长

北京市科学技术委员会主任 闫傲霜

首任院长

北京师范大学学术委员会副主任 李晓西

专家委员会主任

国务院发展研究中心副主任 刘世锦

专家委员会顾问

国务院发展研究中心研究员 吴敬琏

北京大学光华管理学院名誉院长 厉以宁

全国政协文史和学习委员会副主任 魏礼群

全国人大常委、民建中央副主席 辜胜阻

中国国际经济交流中心常务副理事长 郑新立

北京师范大学党委书记 刘川生

理事单位

北京市科学技术委员会

北京市发展和改革委员会

北京市教育委员会

北京市经济和信息化委员会

北京市财政局

中关村科技园区管理委员会
北京市科学技术研究院
北京师范大学经济与资源管理研究院
国务院发展研究中心产业经济研究部
中国科学技术发展战略研究院
中国科学院科技政策与管理科学研究所
中国科学院北京分院
清华工业开发研究院
北京大学首都发展研究院
北京航空航天大学先进工业技术研究院
中国钢研科技集团公司
中国航天科工集团
中国核工业集团公司
国家电网公司
神华集团有限公司
中国恩菲工程技术有限公司
中国铁道科学研究院
首钢集团公司
北大方正集团公司
北京汽车工业控股有限责任公司
联想控股有限公司
时代集团公司
中星微电子有限公司
启明星辰信息技术有限公司
北京碧水源科技股份有限公司
二十一世纪空间技术应用股份有限公司
中关村发展集团

《首都科技创新发展报告（2012）》编委会

目　录

战　略　篇

产　业　篇

总　论

总　论[①]

我国转变经济发展方式、建设创新型国家已步入攻坚阶段。在这一阶段，北京面临建设国家创新中心，率先形成创新驱动的发展格局，加快建设中国特色世界城市的战略任务。2011年8月，科学技术部、中国科学院、中国工程院和北京市人民政府共同发起设立首都科技发展战略研究院，围绕“把北京建设成为国家创新中心”的目标，搭建首都科技创新战略研究平台，为进一步统筹首都科技资源，率先实现创新驱动的发展格局，促进首都科学发展提供战略决策支撑。首都科技发展战略研究院依托多部门、多学科的专家团队，在研究和总结国内外科技创新发展战略的基础上，针对北京的实际情况和首都特点，在统一的分析框架下开展了一系列专题研究，动态跟踪评估首都科技创新发展的进展情况，分析影响北京科技创新发展的主要因素，总结北京在迈向创新驱动的发展格局过程中的经验和不足，提出针对重大问题的解决思路和政策建议，初步形成了一系列的研究成果。在这里，我们将简要报告上述研究的背景和意义、整体分析框架和系列报告的主要内容。

一、首都科技创新发展战略研究的背景和意义

“十二五”时期，是首都科技创新发展大有可为的重要战略机遇期，首都面临着新的发展机遇和发展任务。这突出表现在以下三个方面。

首先，世界经济发展新格局正在形成，为北京参与新一轮国际竞争提供了重要机遇。随着全球经济一体化的深入发展和能源、资源问题的国际化，各国突破瓶颈、抢占未来发展制高点的竞争更加激烈，新一轮重大科技创新和产业革命正在孕育之中，新兴工业化国家也纷纷采取措施，加快经济发展方式转变。在此背景下，世界更加关注中国，更加关注北京，这为北京在更高层次上参与全球分工提供了新的机遇。在全球范围内吸引和集聚科技创新资源，进一步推进国际化进程，力争在新一轮全球科技和产业竞争中抢占先机，成为北京科技创新发展的必然选择。

其次，我国进入建设创新型国家的攻坚阶段，对首都创新发展提出了新的要求。“十二五”时期，我国发展仍处于可以大有作为的重要战略机遇期，但也面临经济增长的资源环境约束强化、科技创新能力不强、产业结构不合理、制约科学发展的体制机制障碍较多等方面的挑战。我国“国民经济和社会发展第十二个五年规划纲要”明确提

---

① 本部分由首都科技发展战略研究院院长、北京师范大学学术委员会副主任李晓西执笔。

出，要解决上述问题，科学发展是关键。在“十二五”时期，要以科学发展为主题，以加快转变经济发展方式为主线，充分发挥科技第一生产力和人才第一资源作用，增强自主创新能力，壮大创新人才队伍，推动发展向主要依靠科技进步、劳动者素质提高、管理创新转变，加快建设创新型国家。北京作为首都，是全国创新资源最为密集的地区，在我国进入转变经济发展方式、建设创新型国家的攻坚阶段之际，有责任、有条件在加快经济发展方式转变、建设创新型城市方面发挥先导和示范作用。

最后，北京进入建设中国特色世界城市的关键时期，迫切要求进一步提高首都科技创新发展能力。早在 2005 年国务院批复的《北京城市总体规划（2004～2020 年）》中，就明确要求以建设世界城市为目标，不断提高北京在世界城市体系中的地位和作用。2006 年 5 月，北京市发布实施《关于增强自主创新能力建设创新型城市的意见》，提出了“为建设创新型国家服务，率先建成创新型城市”的目标任务。北京市在成功实现“新北京、新奥运”战略构想之后，不断巩固和深化发展“绿色奥运、科技奥运、人文奥运”成功经验，提出了“人文北京、科技北京、绿色北京”发展战略，“科技北京”成为建设创新型城市的核心理念和重要载体。2009 年 3 月，国务院批复同意支持中关村科技园区建设国家自主创新示范区，其核心区海淀区随后成为科技部首批国家创新型试点城市（区）；同年 4 月，北京市发布实施《“科技北京”行动计划（2009～2012 年）——促进自主创新行动》。2011 年年初发布的《北京市国民经济和社会发展第十二个五年规划纲要》进一步明确提出，“把北京建设成为国家创新中心”，描绘了“科技北京”战略的宏伟蓝图；同年 9 月，北京市发布了《“十二五”时期科技北京发展建设规划》。在新的形势下，北京市面临着以创新发展驱动中国特色世界城市建设的重要使命，进入了大有可为的重要战略机遇期。为此，必须探索低消耗、低排放、低污染的经济发展方式，以创新带动首都产业结构调整和经济发展方式转变，开创首都科学发展新局面。

国际、国内和北京市的新形势为首都科技创新发展提出了更高要求，迫切需要进一步统筹和用好中央科技资源，聚集各类创新要素，提升首都创新发展能力。为了贯彻实施这一战略部署，首都科技发展战略研究院采取“小核心、大网络”的组织方式和“开放、竞争、流动、协作”的运行机制，建设一个服务于首都科技发展的“智库”，立足首都经济发展、社会建设和民生改善的重大需求，凝聚和建设高端化、国际化科技战略研究人才队伍，开展科技发展战略研究。本报告即为首都科技发展战略研究院依托多部门、多学科的专家团队和公开的权威数据，在统一的分析框架下完成的首批首都科技创新发展战略研究成果。

二、首都科技创新发展战略研究的整体框架

首都科技发展战略研究院自 2011 年 8 月成立以来，开展的第一项重要工作就是在研究和总结国内外科技创新发展战略的基础上，认真分析研究首都科技创新发展的体系架构，以指导首都科技创新发展的战略研究。

首都科技发展战略研究院组织专家对首都科技创新体系进行了认真研究，认为首都科技创新发展是北京各类创新主体在特定的支撑条件下运用创新资源开展创新活动、形成创新成果并作用于经济社会发展的复杂过程。更具体地说，政府和市场共同为科技创新活动提供环境和服务支撑，企业、科研院所和高等院校等创新主体，通过人力资本和研发经费等资源投入，开展知识创新、技术创新、管理创新和体制创新，形成知识、技术方面的产出，进而推动经济发展、结构优化和民生改善，促进北京向“创新驱动”发展方式转变。首都科技发展战略研究院课题组将这一过程简要概括在首都科技创新发展体系图中，如图 0-1 所示。

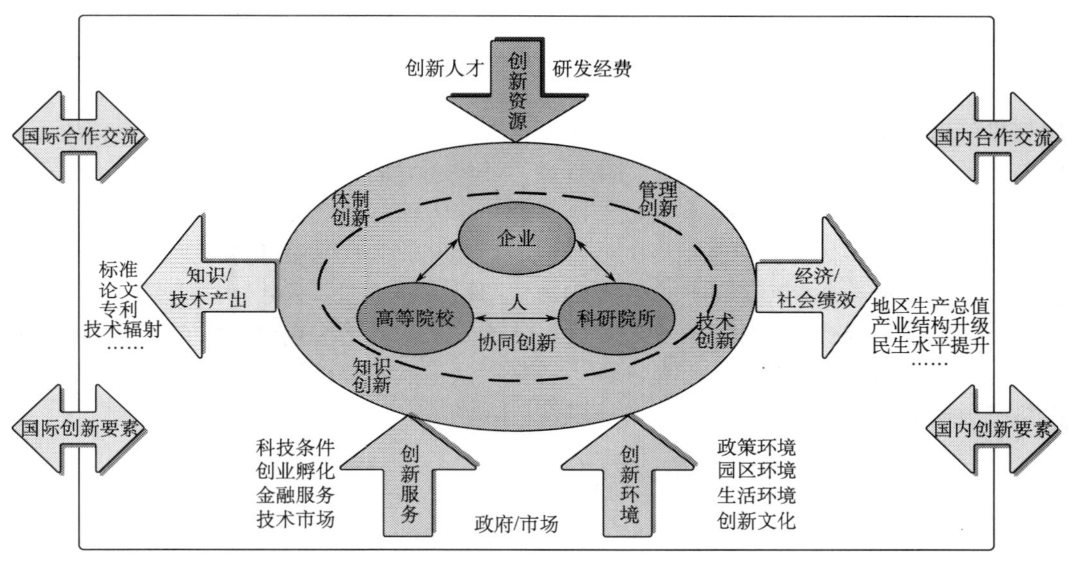

图 0-1　首都科技创新发展体系图

首都科技创新发展体系有以下几个主要方面。

（一）人是创新的关键

首都科技创新活动的行为主体包括企业、科研院所和高等院校。它们通过密切的相互协同作用，共同构成一个创新生态系统。企业是国民经济的基础，是科技转化为生产力的集成环节，在创新生态系统中，企业是技术创新需求、研发投入、创新活动及成果应用最重要的主体。科研院所和高等院校在基础研究、应用基础研究和战略高技术的若干重要领域具有雄厚实力，充分发挥着科技创新中的引领作用和区域知识扩散中的辐射作用，二者也都是创新体系的重要力量。无论哪一类创新主体，开展创新活动的人是否能够发挥积极性和创造性，是创新主体能否有效实现创新目标的关键。因此，在首都科技创新发展体系中，人处于最核心的位置，人才是首都科技发展的核心竞争力，是提高自主创新能力的关键所在。坚持以人为本，体现科技发展为了人、科技发展依靠人，这也正是科学发展观的集中体现。

（二）政府和市场为创新提供环境和条件

政府和市场在首都科技创新生态系统中起着为创新活动提供基本环境和条件的作用，这些条件是科技创新活动必需而难以由创新主体自行解决的。其中，政府侧重解决制度和政策等公共性问题，市场发挥配置资源的基础性作用，在有些领域还要形成既不错位、越位又相互补充的合作伙伴关系。在政策环境、园区环境、生活环境和文化环境以及创新服务方面，政府和市场都要各司其职、各有侧重。

（三）创新需要有效激活科技资源

在某种程度上，创新活动是一种昂贵的活动，需要大量的资本和人力资源投入，传统的科技创新研究理论认为创新资源应该包括人、财、物三个方面，亦即人力资源、研究开发经费、科技条件。课题组研究后认为这种看法没有突出主次和首都特色，故而将创新人才和研究开发经费作为科技创新资源的最核心方面，只将科技条件这一物的要素视为创新生态系统下可以提供科技创新服务的一个方面。如此，既体现了把科技资源优势转化为科技发展优势，更在引导创新资源向社会开放共享的服务方面，突出了“物体静态”向“服务动态”提升的理念。在创新资源投入中，创新人才相对研究开发经费更为重要；在研发经费投入中，企业的研发经费投入又相对更为重要，它直接影响和决定着企业的创新动力、创新活力和创新能力。把握这一点对分析技术创新体系、制定创新政策格外重要。

（四）创新活动要在开放的系统进行

首都科技创新体系是一个开放的系统，这不仅包括系统内要素要相互开放、相互合作，而且也包括区域间的互动合作以及全球范围内的密切交流。在深化实施自主创新战略的进程中，首都更要以开放的姿态，融入科技全球化的潮流中，拓展区域间、国家间的科技交流与合作，取长补短，相互借鉴，共同提高和发展。

（五）创新以促进社会经济可持续发展为根本目的

在首都科技创新体系中，科技创新的最终目的在于促进首都科学发展。加快科技进步和创新的一切举措，最终都要落实到经济发展方式转变、产业结构调整的支撑引领作用，推动科技成果广泛惠及民生，促进科技资源优势转化为首都经济社会发展的强大竞争优势等方面。

三、本报告主要内容

在明确首都科技创新发展体系结构的基础上，首都科技发展战略研究院针对北京科技创新发展需要优先关注和解决的问题，在 2011～2012 年重点开展了三个方面的研究：一是首都科技创新发展指数研究；二是首都科技创新发展战略研究；三是战略性新兴产业发展研究。下面简要介绍这三个方面研究的主要内容。

（一）首都科技创新发展指数研究

首都科技创新发展指数研究旨在通过科技创新发展指数研究，连续、动态地跟踪和度量北京科技创新发展的进展情况，分析影响首都科技创新发展的主要因素，科学、客观、公正评价首都科技创新发展的成效，进而探索和完善建立一套具有“首都特色”的科技创新发展指数。首都科技创新发展指数研究主要包括首都科技创新发展指数指标体系的构建和2005～2010年首都科技创新发展的指数测算两个部分。

课题组研究了科学技术部、中国科学院、中国社会科学院、世界银行、经济合作与发展组织等国内外机构相关研究报告和评价指标。在此基础上，按照科学性和兼容并包性原则、系统优化和可操作性原则、可比性和一致性原则、政策性和导向性原则，建立了由3个层次指标构成的首都科技创新发展指数。其中，一级指标共4个，主要包括创新资源、创新环境、创新服务、创新绩效等方面；二级指标共14个，主要包括创新人才、研发经费、政策环境、人文环境、生活环境、创业孵化、金融服务、科技成果、经济产出、结构优化、绿色发展等方面；三级指标共62个，主要包括万名人口中本科学历以上人数、R&D经费内部支出相当于地区生产总值比例、政府采购新技术新产品支出、全市公民科学素养达标率、孵化器在孵企业数量、VC基金管理资本总额、每万名R&D人员发表科技论文数、人均地区生产总值、高新技术企业数、万元地区生产总值水耗等方面。在这个指数架构下，可以综合反映首都科技创新发展的动态变化。另外，课题组为了反映北京在国际城市中科技创新发展方面的相对情况，还建立了由两个层次指标构成的国际城市科技发展指数指标体系。

根据首都科技创新发展指数纵向比较指标体系和各项指标数据，按照首都科技发展指数的测算方法，课题组完成了2005～2010年首都科技创新发展指数得分测算。从整体测算结果看，首都发展战略定位和科技发展战略取得明显成效。无论是创新资源、创新环境方面，还是创新服务和创新绩效方面，北京的科技创新指数得分整体呈现明显递增趋势，其中创新服务和创新环境方面的指标得分上升态势尤为突出。经过加权合成，首都科技创新发展指数得分从2005年的基准分60分，增长到2010年的81.59分，年均增长4.32分，表明首都科技创新发展水平不断提高。不过，各项一级指标得分增长对首都科技创新发展的总体贡献并不一致，课题组根据首都科技创新发展特点，逐项进行了深入分析，并在此基础上提出了首都科技创新发展的政策建议。

（二）科技创新发展战略研究

科技创新发展战略研究共包括5个专题。

第一个专题为“北京：科教中心如何才能成为创新中心”，本专题由国务院发展研究中心课题组完成。《北京市国民经济和社会发展第十二个五年规划纲要》首次提出，“把北京建设成为国家创新中心”。怎样在“科教中心”基础上建设“创新中心”，是新时期首都发展面临的重大战略任务。完成这一战略任务，对北京率先形成创新驱动发展格局、建设中国特色世界城市及推动我国经济发展方式转变具有战略性意义，也将对我国融入全球创新体系、参与国际科技合作竞争产生深远影响。课题组在深入调查研究的基础上，提出了北京应聚焦“科技创新引领者、高端产业增长极、深化改革先行区、创新创业栖息地、文化创新示范城”这五大战略定位，努力实现要从科教中心转化为创新中心的目标，并提出了相应的政策建议。

第二个专题为“平台建设是深化科技体制改革的重要抓手——中关村创新示范区调查”，本专题由国务院研究室教科文卫司课题组完成。课题组在回顾和总结中关村示范区平台建设实践的基础上，对中关村创新平台在深化科技体制改革，有效解决科技资源分散、封闭、低效、浪费等问题上进行了深入调研，对中关村创新平台下一步在加强顶层设计，提高统筹效能、平台建设规范性，让企业真正成为平台的主体等方面提出了政策建议。

第三个专题为“促进科技成果转化的政府科技项目管理研究”，本专题由科技部调研室、北京科学研究中心课题组完成。科技成果转化是科技与经济紧密结合的关键环节，是产业结构调整和经济发展方式转变的重要途径。课题组结合科技成果转化相对于首都经济社会发展的巨大需求和科技成果转化“北京模式”实践，围绕促进科技成果转化为现实生产力和加强政府科技计划项目管理改革等进行了深入研究，梳理了在促进财政资金资助形成的科技成果转化过程中存在的问题，并针对这些问题提出了政策建议。

第四个专题是“中关村‘1＋6’政策跟踪评价研究”，本专题由北京市科学技术研究院、北京决策咨询中心课题组完成。“1＋6”政策是国务院推动中关村国家自主创新示范区体制机制创新的重要举措，为中关村示范区自主创新和建设发展注入了活力，也为国家创新体系建设提供了重要经验。课题组紧紧围绕“1＋6”政策核心，对中关村创新平台和深化实施的六条新政策进行了全程跟踪，在大量调查研究基础上，系统梳理中关村“1＋6”政策实施一年来的做法和成效，并针对实施中“1＋6”政策体系仍存在的事业单位科技成果收益权与处置权、股权激励所得税、科研人员激励、部分试点政策期限等问题进行了分析研究，并提出了相应的政策建议。

第五个专题为“首都经济圈地区科技合作与发展战略及其对策研究”，本专题由北京大学首都发展研究院课题组完成。课题在分析研究首都经济圈地区科技合作与发展所面临的科技全球化背景基础上，提出了首都经济圈地区科技合作与发展所面临的重要命题；总结了首都经济圈地区科技合作与发展的优势、劣势、机会和威胁；凝练出了集成整合优势科技资源，实施重大科技合作专项和建设重大产业创新基地，形成互动共赢的区域科技合作与发展机制以及点轴支撑的区域科技发展布局的基本思路和五大战略对策，并提出了优先的合作领域。

（三）战略性新兴产业发展研究

战略性新兴产业发展研究包括8个专题。除第一个专题是对本市战略性新兴产业发展对策的宏观研究外，其余7个专题都聚焦战略性新兴产业具体发展技术路径研究。

第一个专题为“科技促进战略性新兴产业组织形态完善的考虑”，本专题由中国科学技术发展战略研究院产业科技发展研究所课题组完成。课题组基于历史经验，提出战略性新兴产业需要一个大中小企业共生、分工明确、竞争有序的组织形态，并分析了在我国形成这种产业组织形态面临的挑战。通过分析北京战略性新兴产业发展的现状和存在的问题，课题组提出了科技促进战略性新兴产业组织形态优化的若干政策建议。

第二个专题为“北京生物医药产业发展重点及策略研究”，本专题由北京生物技术和新医药产业促进中心课题组完成。本课题在研究分析国内外生物医药产业发展趋势的基础上，重点研究了北京生物医药产业发展的现状和问题，并提出相关对策和建议，包括抓住新版GMP实施机遇，引导企业集群发展；推动全球生物医药创新与合作，力促北京成为全球技术转移重地；完善关键政策，鼓励企业加大自主创新投入；建立生物医药投资专业基金，实现科技与金融的有机结合；“选、育、联”并重，打造生物医药人才高地。

第三个专题为“北京新能源汽车产业发展的态势、问题与对策研究”，本专题研究由北京汽车新能源汽车有限公司、北京高技术创业服务中心课题组完成。课题组在调研分析国内外新能源汽车产业发展现状和趋势的基础上，提出了当前发展新能源汽车的主攻方向；并针对当前本市电动汽车发展中面临的关键技术、产业链条、基础设施和政策支持等问题提出了对策和建议。

第四个专题为“发展物联网：创新制高点的重要战略选择”，本专题由北京市科技信息中心课题组完成。课题组在深入分析国内外物联网技术和产业趋势的基础上，提出了把本市发展物联网作为占据创新制高点的战略性选择。在此基础上，课题组对本市未来物联网产业发展目标、面临的技术瓶颈和技术壁垒进行了深入分析，勾画了本市物联网技术和产业发展路径图，并提出了相关政策建议。

第五个专题为“发挥北京LED产业优势，走高端精品发展路线”，本专题由清华大学电子工程系、集成光电子学国家重点联合实验室课题组完成。课题组在深入调研国内外半导体照明技术和市场发展趋势的基础上，分析了本市在LED研发和产业链条上的优势和不足，针对性地提出了本市半导体照明产业应该紧抓高端半导体照明材料外延和芯片研发、高端半导体照明光源设计和制造的发展策略和路线，并提出了相关政策建议。

第六个专题为“北京光伏产业发展战略：现状、市场定位及配套政策”，本专题由中国科学院电工研究所课题组完成。课题组在深入分析、把握国内外光伏产业竞争态势和本市产业发展的基础上，提出了将本市打造为光伏高端装备制造中心、高端研发中心及高端技术服务中心的光伏产业发展定位，并提出了相关政策建议。

第七个专题为“北京大规模储能技术路径及产业化发展趋势”研究，本专题由中国科学院工程热物理所课题组完成。课题组结合国内外电力储能产业发展现状与趋势，深入分析了本市储能产业发展现状，梳理了本市储能产业存在的问题与挑战，对本市发展储能产业技术路径及产业化提出了对策和建议。

第八个专题为“聚焦高端产业，建设国家现代农业科技城”，本专题由北京市农林科学院农业科技信息所课题组完成。课题组结合首都农业发展特点和国家现代农业科技城建设与功能定位，深入调研了国家现代农业科技城建设启动一年多来围绕“一城多园”和“五个中心”的建设进展情况，系统梳理“高端研发、产业链创业和现代服务业引领”的发展理念，提出下一步国家现代农业科技城发展高端产业应聚焦的八个重点领域及其三种技术路径。

为了支持上述三个系列的专题研究，首都科技发展战略研究院还组织专门力量对全球创新趋势进行了专门跟踪。系统梳理了《2011 全球十大最具创新力企业》和《百大科技研发奖（R&D100 Award）2011 年获奖成果介绍》，附在本报告末尾，作为非常有价值的背景材料供参阅。此外，《中日首都圈水资源管理对比研究》对改善首都经济圈的水资源管理有重要参考价值，也一并收入本报告之中作为附录供参阅。

首都科技发展战略研究院

二〇一二年六月

指　数　篇

科技创新是首都经济社会发展的主要动力。近年来，北京市紧紧围绕服务国家创新战略和促进首都经济社会发展，突出主题、贯穿主线，以增强自主创新能力为核心，以建立完善企业为主体、市场为导向、政产学研用相结合的技术创新体系建设为突破口，全面推进“科技北京”发展建设，取得了显著成效。

在新的历史起点上，开展首都科技创新发展战略研究，系统梳理首都科技创新发展的演进轨迹，客观评价首都科技创新发展水平，科学分析首都科技创新发展的成效与问题，明确首都科技创新发展的路径与方向，将有助于我们全面把握首都科技创新发展动态与趋势，增强科技创新工作的前瞻性和针对性，对首都科技创新发展实践具有重要的现实意义。

首都科技创新发展指数研究是以首都科技创新发展水平评价为主题的研究，强调科技创新对经济社会发展的支撑和引领作用。在总结国内外科技创新发展战略和评价体系的基础上，本章紧密围绕首都科技创新发展实践，构建了由纵向比较指标体系和横向比较指标体系组成的首都科技创新发展指数评估框架。课题组利用多方面的数据，对首都科技创新工作进行全面系统的分析，动态地跟踪度量和评估首都科技创新发展的进展情况，比较了首都科技创新发展的国际地位，综合分析评价影响首都科技创新发展的主要因素，揭示了首都科技创新水平提升的主要路径和发展趋势，并提出相应政策建议。

本篇由首都科技发展战略研究院指数研究课题组编撰完成，是首都科技发展战略研究院围绕打造服务首都科学发展“智库”目标所形成的系列研究成果之一。首都科技发展战略研究院院长李晓西教授担任课题负责人，执行负责人为赵峥和范世涛，指数测算小组组长为姜欣，课题组成员包括杨仁全、张永伟、王红、刘杨、朱磊、荣婷婷、周键聪、石翊龙、马栋、王海芸、王健、刘芸、李成龙、张振伟、李岩、涂萍、杨博文、曹爱红等。

研究过程中得到了北京市科学技术委员会、北京师范大学和北京市科学技术研究院的大力支持，北京市科学技术委员会主任闫傲霜亲自指导课题研究，国务院研究室、国务院发展研究中心、科技部调研室、北京市委研究室、北京市政府研究室、中国社会科学院城市与竞争力研究中心等有关部门领导与专家提出许多宝贵建议，葛剑平、侯万军、胥和平、伍建民、丁辉、胡雪峰、刘兴华、周武光、连玉明、唐任伍、宋旭光、施发启、徐静、吴云峰、王天龙等多次参会讨论，倪鹏飞等提供了国际城市方面的数据支持，同时市发展和改革委员会、市经济和信息化委员会、市人民政府外事办公室、市国家税务局、市地方税务局、市质量技术监督局、市金融工作局、市统计局、中关村科技园区管理委员会等单位为研究工作给予了很大的支持，在此一并表示感谢。

当然，本研究尚属探索性研究。我们欢迎来自各方的建议与意见，衷心希望能以此研究为纽带和桥梁，凝聚更多有识之士关注首都科技发展，共商首都创新大计，为率先形成创新驱动发展格局，推动首都科学发展做出更大贡献！

第一章　导　论

首都科技创新发展指数研究课题组在研究借鉴国内外重要科技创新评价方法的基础上，针对北京特点构建了首都科技创新发展指数，对“十一五”时期北京市的科技创新发展情况进行了测算分析。在导论部分，我们将简要报告编制首都科技创新发展指数的背景、整体设计思路、框架结构和初步测算结果，在此基础上提出启示和建议。

第一节　编制首都科技创新发展指数的背景和意义

编制首都科技创新发展指数的主要背景有两个：一是我国经济发展方式正在深度转变过程中，迫切要求北京市更好地发挥首都科技创新的辐射带动作用，成为中国经济发展的重要增长极；二是北京市经济社会发展已经达到新的阶段，面临建设国家创新中心，深入推进科技创新、文化创新“双轮驱动”发展战略，率先构建创新驱动格局的新任务。

“十二五”时期，我国发展仍处于可以大有作为的重要战略机遇期，但也面临经济增长的资源环境约束强化，科技创新能力不强，产业结构不合理，制约科学发展的体制机制障碍较多等方面的挑战。我国“国民经济和社会发展第十二个五年规划纲要”明确提出，解决上述问题，科学发展是关键。在未来五年内，要以科学发展为主题，以加快转变经济发展方式为主线，充分发挥科技第一生产力和人才第一资源作用，增强自主创新能力，壮大创新人才队伍，推动发展向主要依靠科技进步、劳动者素质提高、管理创新转变，加快建设创新型国家。这是贯穿经济社会发展全过程和各领域的一场深刻变革，是综合性、系统性、战略性的转变。

北京作为中国的首都，对全国的辐射力和带动力强，对各地区经济发展方式转变可以发挥重要的引领、示范和支撑作用。目前，北京每年有超过 70%的技术合同流向国内其他地区和出口，同时也是高端技术产品的主要生产地。全国 1/10 的计算机、1/6 的集成电路和全球 1/10 的手机在北京制造；自主知识产权操作系统、信息安全、重点行业应用软件等市场占有率位居国内第一，软件、集成电路设计产业收入分别占全国的 1/4 和 1/3，在软件、集成电路、计算机和网络、通信、生物医药、能源环保等重点领域已形成国内优势产业集群。保持和扩大北京在创新技术、产品和制度方面的优势，是我国经济发展方式面临系统性、战略性转折时期的必然要求，也是北京市经济社会实现可持续发展的必然要求。

2006 年 5 月，北京市发布实施《关于增强自主创新能力建设创新型城市的意见》，提出“为建设创新型国家服务，率先建成创新型城市”的目标。2008 年 8 月，北京成功举办了一届“无与伦比”的奥运会、残奥会，实现了“新北京、新奥运”战略构想。在后奥运会时代，以“科技北京”为代表的“奥运遗产”，升华成为“人文北京、科技北京、绿色北京”发展战略，推动首都经济社会进入新的发展阶段。2009 年 3 月，国务院批复同意支持中关村科技园区建设国家自主创新示范区，同年 4 月，北京市正式发布《“科技北京”行动计划（2009～2012 年）——促进自主创新行动》；2010 年 12 月《中关村国家自主创新示范区条例》发布施行；2011 年年初《北京市国民经济和社会发展第十二个五年规划纲要》明确提出“把北京建设成为国家创新中心”，同年 9 月，《北京市“十二五”时期科技北京发展建设规划》发布实施。

在上述背景下，首都科技创新发展指数研究课题组在研究和总结国内外科技创新发展战略的基础上，针对北京的实际情况和首都特点，形成了具有内在联系的首都科技创新发展体系。在此基础上，课题组依托多部门、多学科的专家团队和公开的权威数据，选取了一组具有代表性、可比性和内在逻辑联系的指标，并在统一的分析框架下，探索和建立一套具有“首都特色”的“科技创新发展指数”，用以连续、动态地跟踪和度量北京科技创新发展的进展情况，分析影响首都科技创新发展的主要因素，科学、客观、公正评价首都依靠科技创新调整经济结构、转变经济发展方式、驱动经济增长、提高人民生活水平的成效，总结北京在迈向创新驱动的发展格局过程中的经验和不足，加快建设国家创新中心的进程。

第二节　首都科技创新发展指数的指标选取原则

在首都科技创新发展体系的基础上，本研究确定了首都科技创新发展指数的指标选取原则。

第一，科学性和兼容性并包原则。一项评价活动是否科学在很大程度上依赖于其评价指标体系是否科学。首都科技创新发展指数的指标体系构建力求在理论研究的基础上，提取出重要的、具有本质特征和有代表性的指标因素，使指标体系能够在逻辑结构上严谨、合理、充分，对客观实际抽象描述清楚、简练、符合实际，体现首都科技创新发展的一般规律和特征。同时，本研究所设计的指标体系是在已有研究文献基础上形成的，特别注重借鉴和吸收前人研究成果的思想精华，始终坚持兼容并包原则。

第二，系统优化和可操作性原则。首都科技创新发展指数是相关要素系统发展的集成结果，必须用若干指标对评价对象进行衡量，指标数量的多少及其体系的结构形式要坚持系统优化的原则，即尽量以较少的指标（数量较少，层次较少）较全面系统地反映评价对象的内容。在指标设计时，既要避免指标体系过于庞杂，又要避免由于指标过于单一而影响测评的价值，以达到评价指标体系的总体最优或满意。同时由于存在相关资料和数据搜集的现实困难，指标的选取必须具有可操作性，即指标数据尽量与现行统计资料相衔接，便于收集整理和经常性动态监测。

第三，可比性和一致性原则。课题组力求所选指标的优劣程度具有明显的可度量性，以保证所选指标能够进行比较与分析，并充分考虑到不同指标的差别对评价结果合理

性的影响。同时，在设计指标体系时，尽可能采用国际通用或者相对成熟的指标，尽量使所用的指标能以易于理解和应用的方式来表示，做到指标体系中各指标含义准确，统计范围、统计方法科学、统一，以求在长时期内反映被评价对象的发展规律和根本属性。

第四，政策性和导向性原则。在指标选取时，课题组特别注重指标内涵的政策性，选取指标符合国家和北京市最新的科技发展规划和相关政策精神。同时，研究所选的指标还具有导向性，既能够有助于发现首都科技创新发展中存在的问题，更能够体现首都科技创新发展的方向与未来，为引导首都科学发展提供参考。

第三节　首都科技创新发展指数的框架结构和测算方法

根据“全链条、全要素、全社会”的指导思想，本章将首都科技创新发展指数的指标框架分为纵向比较指标体系和横向比较指标体系两大类。纵向比较指标体系主要运用时间序列数据进行历史分析，连续监测北京科技创新发展数据，跟踪北京科技创新发展动态，总体评价北京科技创新发展水平的变化和特征。横向比较指标体系主要采用对标分析法，选取有代表性的发达国家创新型城市和新兴市场经济国家城市进行比较分析，在全球范围内研究和评估北京科技创新发展水平。

首都科技创新发展指数纵向比较指标体系主要由三个层次指标构成。其中，一级指标共 4 个，主要包括创新资源、创新环境、创新服务、创新绩效。二级指标共 14 个，主要包括创新人才、研发经费、政策环境、人文环境、生活环境、国际交流、科技条件、技术市场、创业孵化、金融服务、科技成果、经济产出、结构优化、绿色发展。三级指标共 62 个，主要包括创新资源三级指标 11 个，创新环境三级指标 15 个，创新服务三级指标 11 个，创新绩效三级指标 25 个。具体指标及权重如表 1-1 所示。我们将以此指标架构来反映首都科技创新发展的动态变化。

表 1-1　首都科技创新发展指数纵向比较指标体系

一级指标	权重	二级指标	权重	三级指标	属性	权重
创新资源	20%	创新人才	11%	万名人口中本科学历以上人数	正	2.20%
				万名就业人口中从事 R&D 人员数量	正	2.20%
				企业 R&D 人员数占其从业人员比重	正	2.20%
				高校、科研机构 R&D 人员数	正	2.20%
				高端人才引进数量	正	2.20%
		研发经费	9%	R&D 经费内部支出相当于地区生产总值比例	正	1.50%
				地方财政科技投入占地方财政支出比重	正	1.50%
				企业 R&D 投入占企业主营业务收入比重	正	1.50%
				企业 R&D 人员平均 R&D 经费	正	1.50%
				高校、科研机构 R&D 人员平均 R&D 经费	正	1.50%
				企业对高校和科研机构科技经费投入额	正	1.50%

续表

一级指标	权重	二级指标	权重	三级指标	属性	权重
创新环境	20%	政策环境	6%	政府采购新技术新产品支出	正	2.00%
				税收减免对技术创新的影响	正	2.00%
				法院专利行政案件结案量	正	2.00%
		人文环境	5%	全市公民科学素养达标率	正	1.25%
				人均公共图书馆藏书拥有量	正	1.25%
				人均科普专项经费	正	1.25%
				人均教育事业费支出	正	1.25%
		生活环境	4%	每千人拥有医院床位数	正	1.00%
				每百名学生拥有专任教师人数	正	1.00%
				城市人均公园绿地面积	正	1.00%
				城市轨道交通里程数	正	1.00%
		国际交流	5%	举办大型国际会议和展览数量	正	1.25%
				外商投资企业实际使用外资金额	正	1.25%
				外国专家来京人次	正	1.25%
				国外驻京非企业经济组织数量	正	1.25%
创新服务	20%	科技条件	6%	互联网普及率	正	1.50%
				大型科学仪器（设备）原值	正	1.50%
				国家级科技创新平台数量	正	1.50%
				产业技术创新战略联盟数	正	1.50%
		技术市场	6%	科技交流与推广服务业基本单位数	正	2.00%
				知识产权服务业基本单位数	正	2.00%
				技术合同成交额与地区生产总值的比例	正	2.00%
		创业孵化	4%	孵化器在孵企业数量	正	2.00%
				孵化面积	正	2.00%
		金融服务	4%	VC基金管理资本总额	正	2.00%
				中关村国家自主创新示范区上市企业数	正	2.00%

续表

一级指标	权重	二级指标	权重	三级指标	属性	权重
创新绩效	40%	科技成果	12%	每万名 R&D 人员发表科技论文数	正	1.33%
				每万名 R&D 人员出版科技著作数	正	1.33%
				国外主要检索工具收录科技论文数	正	1.33%
				每亿元 R&D 经费 PCT 专利数	正	1.33%
				每亿元 R&D 经费发明专利授权量	正	1.33%
				每万人发明专利拥有量	正	1.33%
				每亿元 R&D 经费技术合同成交额	正	1.33%
				每亿元 R&D 经费技术出口额	正	1.33%
				技术标准制、修订数量	正	1.33%
		经济产出	8%	人均地区生产总值	正	2.00%
				每亿元 R&D 投入地区生产总值	正	2.00%
				地区生产总值增长率	正	2.00%
				工业产值利税率	正	2.00%
		结构优化	12%	高新技术企业数	正	1.50%
				企业中有科技活动企业比重	正	1.50%
				以研发功能为主的外资法人企业数量	正	1.50%
				第三产业增加值占地区生产总值比重	正	1.50%
				高技术产业增加值占工业增加值比重	正	1.50%
				生产性服务业增加值占地区生产总值比重	正	1.50%
				企业新产品销售收入占主营业务收入比重	正	1.50%
				高新技术产品出口占地区出口的比重	正	1.50%
		绿色发展	8%	万元地区生产总值水耗	逆	2.00%
				万元地区生产总值能耗	逆	2.00%
				城市污水处理率	正	2.00%
				生活垃圾无害化处理率	正	2.00%

在首都科技创新发展指数体系中，横向比较指标体系反映的是北京在国际城市中科技创新发展方面的相对情况。它主要由两个层次指标构成。其中，一级指标共 3 个，主要包括创新能力、创新环境和创新收益。二级指标共 13 个，主要包括专利数、科技公司指数、科技园区、金融公司指数、文化公司指数、政府公共治理指数、跨国公司联系度、自由度指数、互联网服务器和大学指数、人均 GDP、GDP 增长和地均 GDP。具体指标及权重如表 1-2 所示。

表 1-2　首都科技创新发展指数横向比较指标体系
（国际城市科技创新发展指数指标框架）

一级指标	一级指标权重	二级指标	二级指标权重	指标来源
创新能力	30%	专利数	10.00%	世界知识产权组织（WIPO）
		科技公司指数	10.00%	世界科技公司网站
		科技园区	10.00%	www. iasp. ws
创新环境	40%	金融公司指数	5.71%	世界金融公司网站
		文化公司指数	5.71%	世界文化公司网站
		政府公共治理指数	5.71%	Global Integrity Index
		跨国公司联系度	5.71%	福布斯 2000 公司网站
		自由度指数	5.71%	美国传统基金会和《华尔街日报》编制的《全球经济自由度指数报告》
		互联网服务器	5.71%	国际互联网服务器网站
		大学指数	5.71%	世界大学排名网站（Webometrics Ranking）
创新收益	30%	人均 GDP	10.00%	世界银行数据（WDI）
		GDP 增长	10.00%	世界银行数据（WDI）
		地均 GDP	10.00%	世界银行数据（WDI）

以上两个表中，既有首都自身的纵向动态比较，又有国际城市间的横向比较。各自通过对所有评价指标数据进行合成，并按照事先赋予的权重，加权形成了两类综合性指数。

课题组专门组织了指数测度小组，研究了科学技术部、中国科学院、中国社会科学院、世界银行、经合组织等国内外机构相关研究报告和评价指标，形成了《首都科技创新发展指数参考资料汇编》，并结合北京实际情况，经过认真梳理，最终从 2000 多个指标中选取了首都科技创新发展指数备选指标。

为了尽量保证指数测度的公平客观，同时鉴于各指标要素的影响和作用颇不相同，课题组在认真研究国内外相关研究成果的基础上，专门组织了专家对指标体系进行了论证和遴选，并采用类似“德尔菲法”进行权重分配，经过数次分析讨论，最终确定了每个指标的权重。一、二、三级指标权重都全面体现和强化了“创新驱动、高端引领、绿色发展”和“以人为本”理念。

对评价指标进行一致性处理是本项研究工作的重要环节。首都科技创新发展指数是多个评价指标的合成指标，为了保证不同量纲指标之间能够进行有效合成，在完成数据的收集和净化处理后，先对原始数据进行同向化处理和同度量处理（或称标准化处理）。其中，与首都科技创新发展指数呈正相关性的正指标无需进行同向化处理，而对与首都

科技创新发展指数呈负相关性的逆指标，为了防止其与正指标合成时相互抵消，主要采用倒数法和求补法进行了正向化处理。同时，所选的评价指标计量单位多数都不相同，不能直接进行合成，因此本章主要采用标准差标准化法消除指标量纲影响。对所有测算指标进行正向化处理和标准化处理后，根据确定的权重，加权计算出各地区测算指标的综合得分，即为首都科技创新发展指数的最终数值。

为了保证测度结果的客观公正，所有指标口径概念均与国家统计局相关统计制度保持一致。具体测算数据主要来源于国家和北京市的官方统计机构出版的年度统计报告、统计年鉴和国内知名研究机构或公司的主题报告和调查数据。在本章的表和图中，凡是原始数据表均标注了出处；指标结构表和测算表均为课题组自行编列，不再一一标明出处。

第四节　首都科技创新发展指数的测算结果

根据首都科技创新发展指数纵向比较指标体系和各项指标数据，按照首都科技发展指数的测算方法，课题组完成了 2005～2010 年首都科技创新发展指数得分测算。其中，2005 年在测算中充当基准作用，各项指标得分 60 分为基准分。

从整体测算结果看，首都发展战略定位和科技发展战略取得明显成效。无论是创新资源、创新环境方面，还是创新服务和创新绩效方面，北京的科技创新指数得分都出现明显改善，其中创新服务和创新环境方面尤为突出。

在“十一五”时期，北京市委、市政府以科学发展观为统领，把提高自主创新能力摆在全部科技工作的突出位置，全面贯彻落实《国家中长期科学和技术发展规划纲要（2006～2020）》，科学指导北京创新驱动发展转型。通过战略部署和规划引导，全社会科技投入强度持续增加，充分统筹和调动创新资源，增强了创新动力。北京地区 R&D 经费内部支出相当于地区生产总值比例每年都保持在 5%以上，地方财政科技投入占财政支出比重也超过 5%，充分表明了北京科技投入强度与创新驱动发展转型战略是匹配的。

经过持续的努力，“十一五”时期北京创新环境和创新服务不断改善。特别是 2009 年“科技北京”行动计划实施以来，中关村系列先行先试政策深入开展，取得显著成效，有力推动了中关村示范区创新发展，在全国发挥了示范引领作用。技术市场已经成为北京科技发展的重要平台，对促进首都经济平稳较快发展发挥了重要的支撑作用。技术合同成交额从 2006 年的 697.3 亿元增至 2010 年的 1579.5 亿元，对首都地区生产总值的直接贡献率由 2006 年的 6.6%提高到 2010 年的 9.0%。北京技术市场不仅已经成为全国技术市场的主阵地和排头兵，还为首都乃至全国经济社会发展做出了重要贡献。

在创新绩效方面，“绿色发展”指标得分呈直线增长，特别是“万元地区生产总值水耗”和“万元地区生产总值能耗”指标的作用非常突出，首都绿色发展持续向好。

通过首都科技创新发展指数得分的年度分析，上述首都科技创新发展总体态势表现非常明显。从图 1-1 可以看出，首都科技创新发展指数得分从 2005 年的基准分 60 分，增长到 2010 年的 81.59 分，年均增长 4.32 分。显然，首都科技创新发展指数得分整体明显递增，表明首都科技创新发展水平不断提高。

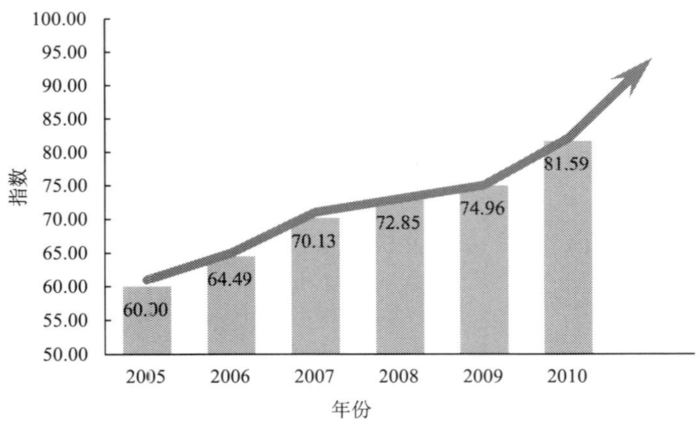

图 1-1　2005～2010 年首都科技创新发展指数图

此外，通过课题组对科技创新和成果转化规律的深入研究，认为科技创新是一个系统工程，涉及组织、人才、制度、时间、空间等方方面面的因素，涵盖了“全链条、全要素、全社会”，科技成果只有通过“量变”积累过程才会有“质变”。据此通过首都科技创新发展指数得分年度分析，我们可以得出当期科技投入与产出并非呈现即期效应，也就是由于科技创新是一个长期过程，研发活动完成后并不能立即产生技术产品和效益，这个中间存在着时滞；也可以归纳为“今天的科技投入等于明天的科技产出或绩效”。这也正好印证了科技创新战略是决定中长期发展水平的根本之策。

从分项指标的测度结果来看，各分项指标表现良好，除个别指标个别年份外，四项一级指标均呈上升态势，如表 1-3 所示。

表 1-3　2005～2010 年首都科技创新发展指数情况

年份	总指标	一级指标			
		创新资源	创新环境	创新服务	创新绩效
2010	81.59	74.51	84.87	93.65	77.47
2009	74.96	67.04	79.60	79.27	74.46
2008	72.85	65.08	77.12	80.26	70.90
2007	70.13	64.03	72.00	71.39	71.61
2006	64.49	65.10	65.96	63.39	63.99
2005	60.00	60.00	60.00	60.00	60.00

同时，四项一级指标得分增长对首都科技创新发展的总体贡献有所差异。

（1）创新资源方面。除个别年份北京创新资源得分略有下降外，其他年份都在上一年的基础上有不同幅度的增长。说明北京对科技创新的经费投入不断增强，创新人才数量也不断增加，创新资源比较丰富。

（2）创新环境方面。北京创新环境得分变化趋势较为平稳，总体增长趋势比较明显。相比其他三个一级指标，创新环境得分情况好于创新资源和创新绩效。同时，创新环境每年得分均高于总指数得分，说明北京在营造创新环境方面的投入力度较大，对北京整体科技创新发展起到了很好的推动作用。

（3）创新服务方面。北京创新服务得分总体情况呈现明显的增长趋势，说明北京在创新服务上的投入不断增强，创新服务环境不断改善。另外，创新服务得分除 2006 年外，其他年份得分均高于总指数得分，说明创新服务对北京整体科技创新发展贡献较大。

（4）创新绩效方面。北京创新绩效得分呈现明显上升趋势。与北京科技发展总体水平相比较，除 2005 年和 2007 年以外，其他年份科技创新绩效得分均低于总指数得分，说明科技创新绩效水平还有待进一步提升。同时，我们也要特别注意，科技创新对社会经济绩效的积极影响主要表现在提高中长期发展潜力方面，当期的投入往往不能在统计上表现为显著的当期绩效。这种跨期创新绩效度量的困难，将会随着跟踪测度时间的延长而减少。在创新绩效方面，我们既不能忽视该指标改善速度相对较慢的事实，同时也要避免据此得出减少创新支持的短视结论。

我们借助雷达图来直观反映各年度四个一级指标的对比关系。以“十”字轴的原点为中心，在四个一级指标对应的数轴上标注各自的得分点，借助雷达网，可以直观地看出各个一级指标的对比关系，如图 1-2 所示。

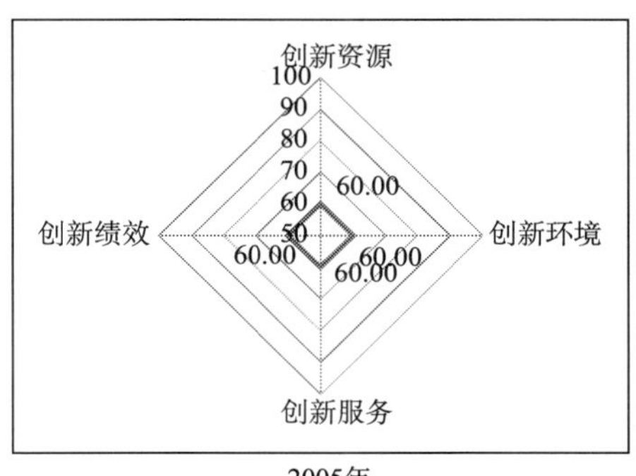

2005年

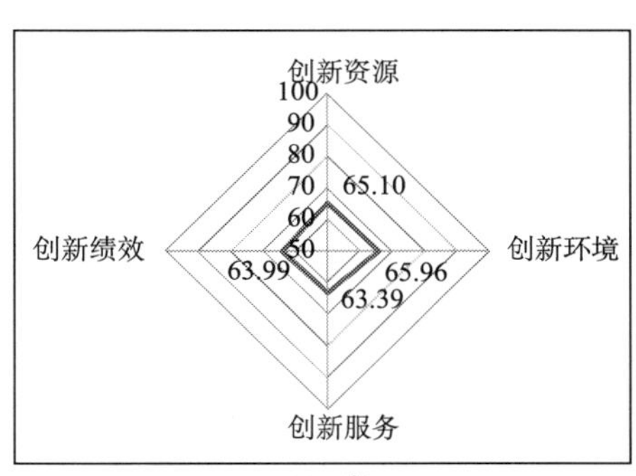

2006年

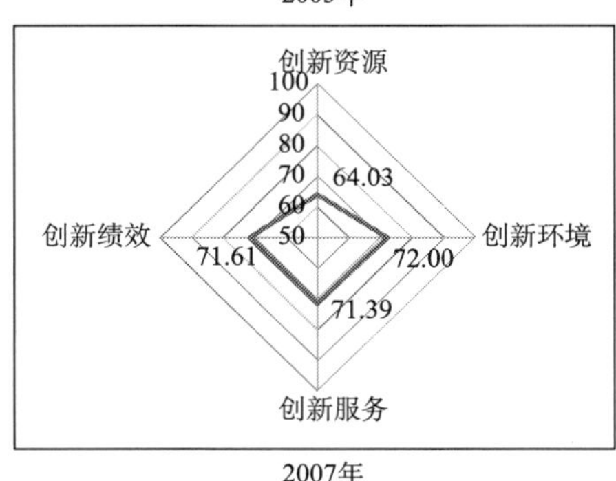

2007年

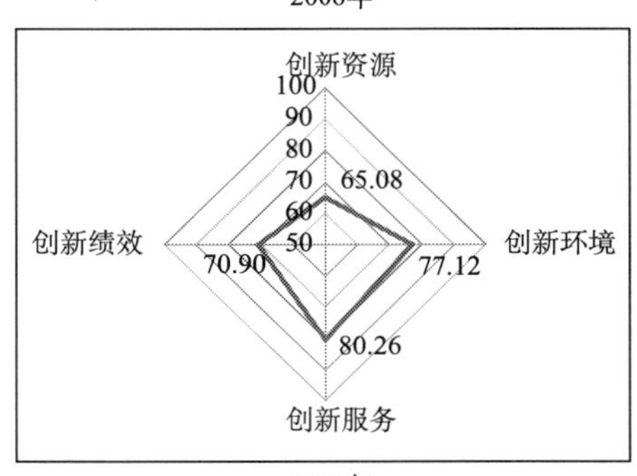

2008年

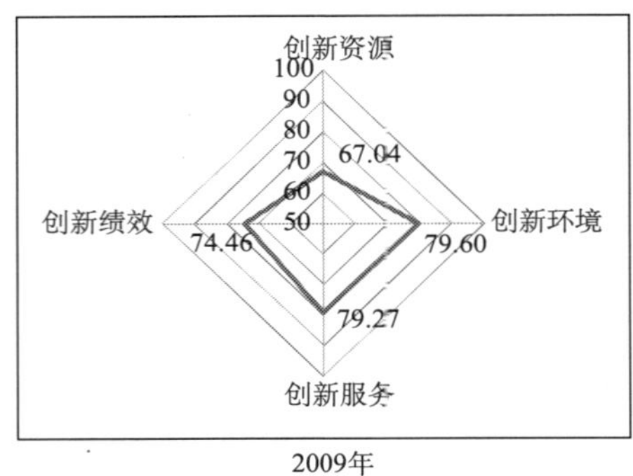

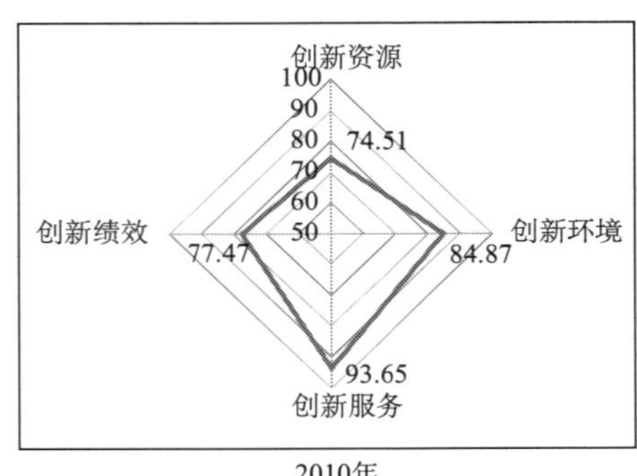

图 1-2　首都科技创新发展指数四个一级指标得分对比情况（2005～2010 年）

注：本次测算采用的是"均值-标准差法"进行无量纲化处理，并且设定 2005 年为参考年，将 2005 年四个一级指标得分都自行设定为 60 分，因而 2005 年的雷达图呈现为正菱形。

从图 1-2 中可以看到，在首都科技创新发展指数的四个一级指标中，创新资源改善方面的得分相对偏低。除 2010 年创新资源得分达到 74.51 分，其他年份得分均在 70 分以下，而其他三个一级指标的得分大部分年份都在 70 分以上。不过，这并不意味着北京在创新资源方面严重不足，而主要是由于首都科技创新资源相对丰富，进一步改善变得更为困难。与全国其他省（区、市）相比，目前北京的创新资源占据绝对优势地位。以 2010 年数据为例，北京"万名就业人员中 R&D 人员数"、"R&D 经费内部支出占地区生产总值的比重"、"企业 R&D 人员占其从业人员比重"等指标均遥遥领先于全国水平，如表 1-4 所示。在较高的水平上进一步改进提高，难度相对也比较大。

表 1-4　北京创新资源在全国排名情况（2010 年）

项目	万名就业人员中 R&D 人员数/人·年	R&D 经费内部支出占国内（地区）生产总值的比重/%	企业 R&D 人员占其从业人员比重/%
全国	33.15	1.76	2.50
北京	190.86	5.82	3.92
北京排名	1	1	1

资料来源：《中国科技统计年鉴》《北京统计年鉴》等。

同时，根据首都科技创新发展指数横向比较指标体系和各项指标数据，按照首都科技发展指数的测算方法，课题组完成了首都科技创新发展指数国际城市比较。其中，纽约在测算中充当标杆作用，其得分 100 分为基准分，如表 1-5 所示。

从测算结果来看，北京科技创新发展指数排名在所选择的 10 个城市中排名第 5，得分为 56.39 分，整体处于创新发展水平的中间，与其他世界城市相比存在一定差距，但领先于新兴市场经济国家城市，处于承上启下的关键发展区间，需要把握战略机遇，学习先进，努力赶超，在更高层面建设创新型城市，进而形成中国特色世界城市的科技创新竞争优势。

表 1-5 2010 年国际城市科技创新发展指数测算结果

城市	所属国家	所在大洲	总指数		创新能力		创新环境		创新收益	
			得分	排名	得分	排名	得分	排名	得分	排名
纽约	美国	北美洲	100.00	1	100.00	4	100.00	1	100.00	1
伦敦	英国	欧洲	95.53	2	161.81	1	82.43	3	46.72	2
东京	日本	亚洲	89.88	3	159.87	2	90.24	2	19.41	8
巴黎	法国	欧洲	59.37	4	69.43	7	75.47	4	27.84	4
北京	中国	亚洲	56.39	5	126.29	3	36.26	8	13.32	9
新加坡	新加坡	亚洲	47.53	6	55.35	8	49.08	6	37.66	3
首尔	韩国	亚洲	45.85	7	72.81	6	41.89	7	24.17	5
香港	中国	亚洲	42.38	8	49.93	9	55.83	5	16.91	7
莫斯科	俄罗斯	欧洲	41.85	9	84.92	5	25.49	9	20.61	6
圣保罗	巴西	南美洲	15.96	10	37.76	10	25.29	10	−18.27	10

第二章　创新资源

北京作为国家的首都，是全国的政治中心、文化中心、国际交往中心，也是科技教育中心，在创新资源方面有着得天独厚的优势，具有明显的首都特点：科技资源丰富，科技成果众多，科技投入强度很高。据不完全统计，北京地区的科技资源总量占全国的1/3，拥有中央和地方各类科研院所400余所，其中中央级科研院所占全国的74.5%；普通高等院校89所。北京是全国优秀人才最丰富的地方，每年有大量优秀学生走向社会，是国际人才引进的桥头堡，留学回国人才达10万人，占全国的1/4。截至2011年年底，北京地区“两院院士”共有712人，占全国的47.4%；累计467名高层次海外人才入选“千人计划”，占全国28.2%；累计227名人才入选北京市“海聚工程”；研究与试验发展（R&D）人员达28.8万人。北京也是全国高新技术企业最集聚的地方，截至2011年年底，全市高新技术企业保有量近7300家，占全国近20%。同时，2011年北京地区全社会研究与试验发展经费支出932.5亿元，相当于地区生产总值的5.82%，远高于其他省市，位居全国第一。

第一节　创新资源指标构成和解释

一、框架介绍

创新资源是首都科技创新发展指数的4个一级指标之一，占总指数的权重为20%。

“创新资源”下又分为两个二级指标，分别是“创新人才”和“研发经费”。两者占总指数的权重分别为11%和9%。“创新人才”的权重略高于“研发经费”的权重，本章认为，在整个创新体系和动态过程中，“人”的作用更重于“财”的作用。

其中，“创新人才”二级指标下包括5个三级指标，分别是“万名人口中本科学历以上人数”、“万名就业人口中从事R&D人员数量”、“企业R&D人员数占其从业人员比重”、“高校、科研机构R&D人员数”、“高端人才引进数量”，均为正向指标，对创新有着积极的促进作用。这5个指标占总指数的权重均为2.2%。

其中，“研发经费”二级指标下包括6个三级指标，分别是“R&D经费内部支出相当于地区生产总值比例”、“地方财政科技投入占地方财政支出比重”、“企业R&D投入占企业主营业务收入比重”、“企业R&D人员平均R&D经费”、“高校、科研机构R&D人员平均R&D经费”、“企业对高校和科研机构科技经费投入额”，均为正向指标，占总指数的权重均为1.5%。

总的来说，“创新资源”一级指标由 2 个二级指标和 11 个三级指标构成。在 11 个三级指标中，与企业相关的指标有 4 个。本章突出了企业作为技术创新主体在创新资源方面的重要地位，如表 2-1 所示。

表 2-1　创新资源指标构成及权重

一级指标	权重	二级指标	权重	三级指标	指标属性	权重
创新资源	20%	创新人才	11%	万名人口中本科学历以上人数	正向	2.20%
				万名就业人口中从事 R&D 人员数量	正向	2.20%
				企业 R&D 人员数占其从业人员比重	正向	2.20%
				高校、科研机构 R&D 人员数	正向	2.20%
				高端人才引进数量	正向	2.20%
		研发经费	9%	R&D 经费内部支出相当于地区生产总值比例	正向	1.50%
				地方财政科技投入占地方财政支出比重	正向	1.50%
				企业 R&D 投入占企业主营业务收入比重	正向	1.50%
				企业 R&D 人员平均 R&D 经费	正向	1.50%
				高校、科研机构 R&D 人员平均 R&D 经费	正向	1.50%
				企业对高校和科研机构科技经费投入额	正向	1.50%

二、指标含义

根据熊彼特的定义，“创新”就是把生产要素和生产条件的新组合引入生产体系，即“建立一种新的生产函数”，其目的是为了获取潜在的利润。管理学家德鲁克进一步发展了熊彼特的创新理论，他认为，创新是一种赋予资源以新的创造财富能力的行为；任何使现有资源的财富创造潜力发生改变的行为，都可以称为创新。

资源在创新中具有重要作用。从动态过程来看，创新资源是创新的投入阶段，处在创新系统的初端；如果没有创新资源，整个创新过程无从开始。

创新资源包含的内容很丰富，本研究中的创新资源，主要选取了创新人才和研发经费两个大的方面，即“人”的投入和“财”的投入。这是因为人是创新的核心要素，而研发经费是推进科技创新的基本保障。

科学技术是第一生产力，是经济增长的不竭动力，其中的关键在人才。作为知识的拥有者、传播者和创造者，人才正在成为生产力发展的核心要素。在创新系统中，创新人才不仅能带来直接的科技产出，如发明、专利、专著和论文等，还能对创新成果进行传播和推广，并使之产生广泛而深远的经济社会绩效。所以，创新资源首先应该包括“创新人才”。在衡量一个地区的科技创新能力时，创新人才是首先要重点测度的创新资源。

在创新资源中，另一个重要因素是“研发经费”。一个地区“研发经费”的多少在很大程度上反映了该地区的创新资源丰富程度和创新资源投入强度。充足的“研发经费”能够为“创新人才”提供坚实的硬件条件和创新环境，有利于更好地开展创新活动。其中，企业的“研发经费”尤其重要，为企业的创新活动提供了必不可少的物质基础。本章据此选取了相关的三级指标。

第二节　首都科技创新资源测算结果分析

北京作为首都，历来重视创新资源的开发和培养，多年来积累了丰富的科技人才资源，并不断加大科技投入，提高自主创新能力。本节将在“首都科技创新发展指数体系”的基础上，用具体数据说明北京 2005～2010 年在“创新资源”方面的情况。

一、创新资源总得分情况

根据“首都科技创新发展指数体系”，北京 2005～2010 年创新资源指数的测算结果如图 2-1 所示。

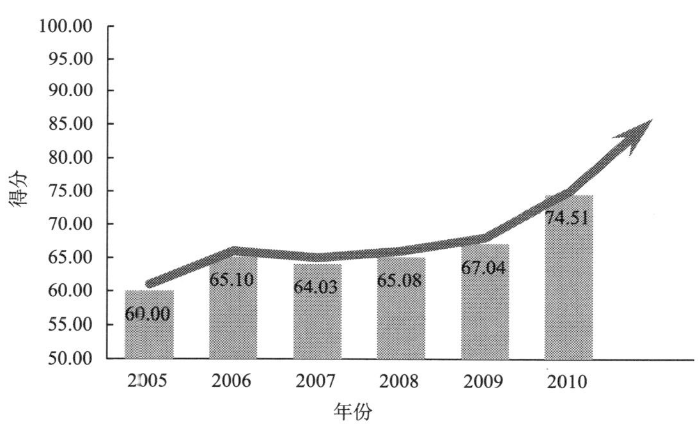

图 2-1　2005～2010 年北京创新资源总得分

从图 2-1 中看到，“创新资源”总得分以 2005 年的 60 分为基准，到 2010 年“创新环境”得分 74.51 分，年均增长 2.9 分。增幅最大的是 2010 年，较上一年增长了 7.47 分。

总体而言，除个别年份北京创新资源得分略有下降外，其他年份都在上一年的基础上有不同幅度的增长。从纵向来看，北京地区的创新资源在全国处于领先水平，创新资源相对丰富，这也使较短时间内改善创新资源得分更为困难。和首都科技创新发展体系的其他几个一级指标的得分相比，创新资源得分偏低，最高分只有 74.51 分（2010 年），且其他年份得分都在 70 分以下，而其他三个一级指标的得分大部分年份都在 70

分以上，平均分和最高分都高于创新资源。正如本章测算表明，相对于其他三个一级指标而言，北京创新资源的得分增长速度相对较慢。这意味着推动首都科技创新发展需要将更多精力放在优化创新资源的配置、提高现有资源的利用效率等方面。

接下来进一步分析北京创新资源二级指标每年的得分情况。整体而言，创新人才和研发经费的得分在2005～2010年都呈上升的趋势，个别年份有波动。比较来看，研发经费得分的增长幅度要高于创新人才得分的增长。

二、创新人才测算结果

在“首都科技创新发展指标体系”中，创新人才所占权重为11%，它反映了一个地区的科技、教育和智力资源情况，是创新资源的重要组成部分。

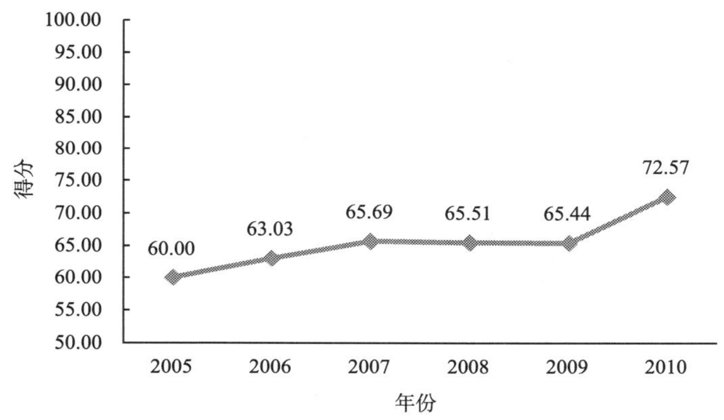

图 2-2　2005～2010 年北京创新人才得分情况

图 2-2 显示，单就创新人才二级指标而言，2005～2010 年北京创新人才得分呈整体上升局部下降的趋势，年平均增长 2.51 分。从得分上看，得分最高的是 2010 年，为 72.57 分。从增长速度来看，增长最快的是 2010 年，较上一年增长了 7.13 分；而 2008 年和 2009 年指标得分下降，初步分析估计与 2008 年爆发的金融危机有关。

下面进一步分析创新人才的三级指标情况。由表 2-2 可知，2005～2010 年北京创新人才得分稳步上升，略有波动。

万名人口中本科学历以上人数，只有 2008 年较上一年有所下降，其他年份都在上一年的基础上有不同幅度的增加，可能是受到金融危机的影响。

万名就业人口中从事 R&D 人员数量，以 2007 年为拐点呈先升后降的趋势，这可能和就业人口的快速增长有一定的关系，2007 年以后，R&D 人员数量的增长速度要慢于就业人口的增长速度。

企业 R&D 人员数占其从业人员比重呈稳步增长趋势，从 2005 年的 3.52%增加到 2010 年的 3.92%。

高校、科研机构 R&D 人员数逐年稳步增长，从 2005 年的 77 707 人年增长至 2010 年的 108 320 人年，增长幅度较大。

表 2-2　2005～2010 年创新人才三级指标情况

年份	万名人口中本科学历以上人数/人	万名就业人口中从事 R&D 人员数量/人	企业 R&D 人员数占其从业人员比重/%	高校、科研机构 R&D 人员数/人·年
2010	2 020	191	3.92	108 320
2009	1 787	194	3.92	99 450
2008	1 641	197	3.84	92 601
2007	1 804	201	3.51	90 504
2006	—	187	2.77	84 671
2005	1 325	198	3.52	77 707

资料来源：《中国科技统计年鉴》《北京统计年鉴》等。

三、研发经费测算结果

在“首都科技创新发展指标体系”中，研发经费所占权重为 9%，它反映了一个地区对科技创新的投入强度和支持力度。

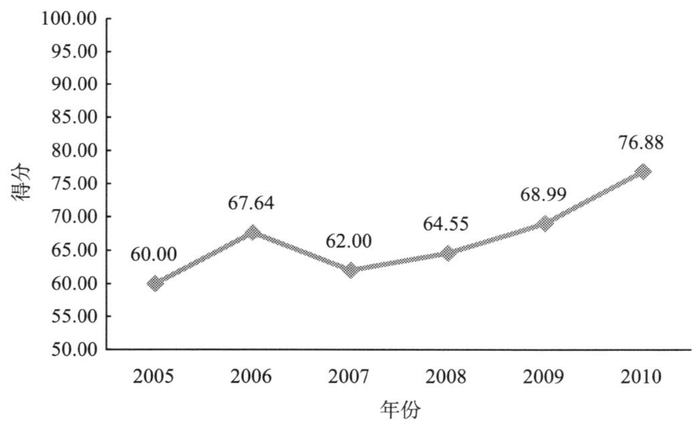

图 2-3　2005～2010 年北京研发经费得分情况

图 2-3 显示，2005～2010 年研发经费的得分除了 2007 年有所下降外，其他年份都较上一年有所增长。从得分上看，得分最高的是 2010 年，为 76.88 分；比 2005 年高出 16.88 分，年平均增长 3.38 分，增长幅度较大。从增长速度来看，北京研发经费得分增长最快的是 2010 年，较上一年增加了 7.89 分。

下面进一步分析研发经费的三级指标情况。

由表 2-3 可知，北京 R&D 经费内部支出相当于地区生产总值比例虽有小幅波动，但每年都保持在5%以上。

表 2-3　2005～2010 年研发经费三级指标情况

年份	R&D经费内部支出相当于地区生产总值比例/%	地方财政科技投入占地方财政支出比例/%	企业R&D投入占企业主营业务收入比例/%
2010	5.82	6.58	0.93
2009	5.50	5.45	0.94
2008	5.58	5.73	0.83
2007	5.35	5.50	0.76
2006	5.33	5.41	0.86
2005	5.45	—	0.73

资料来源：《中国科技统计年鉴》《北京统计年鉴》等。

北京市地方财政科技投入占财政支出比重都在5%以上，除2009年较上一年下降了0.28个百分点，其他年份都有所增长；涨幅最大的是2010年，增加了1.13个百分点。

企业R&D投入占企业主营业务收入比重在2007年较前一年下降了0.1个百分点，同时2010年也略有下降，除此之外，其他年份都较上一年有所增长，涨幅最大的是2006年，均较上一年增加了0.13个百分点。

由表2-4可知，企业R&D人员平均R&D经费从2005年的18.2万元/人年增加到2006年的33.23万元/人年，涨幅最大；2007年略有下降后又开始逐年上升，到2010年增加至36.32万元/人年，总体水平较高。

表 2-4　2005～2010 年研发经费三级指标情况

年份	企业R&D人员平均R&D经费/（万元/人·年）	高校、科研机构R&D人员平均R&D经费/（万元/人）	企业对高校和科研机构科技经费投入额/万元
2010	36.32	23.96	138 688
2009	31.55	18.77	122 612
2008	26.39	15.74	—
2007	25.73	14.64	—
2006	33.23	17.54	—
2005	18.20	15.79	—

资料来源：《中国科技统计年鉴》《北京统计年鉴》等。

高校、科研机构R&D人员平均R&D经费除了2007年较上一年有所下降外，其他年份均较上一年有所上升，2010年增幅最大，增加了5.19万元/人。

企业对高校和科研机构科技经费投入额从2009年的122 612万元增加至2010年的138 688万元，涨幅较大。

第三章 创新环境

近年来，特别是2009年“科技北京”行动计划实施以来，北京市着力营造促进首都科技创新发展的政策环境，大力培育有利于创新的人文环境，不断优化服务于创新的生活环境，逐步完善国际交流与合作渠道，强化企业的技术创新主体地位，激发自主创新的内在动力和活力，有力地促进了首都的创新发展。

法律政策环境建设取得新成果。北京市贯彻落实科学技术进步法、中小企业促进法、促进科技成果转化法和专利法等国家法律法规，并根据本市实际情况制定了一系列地方性法规、政府规章和规范性文件。先后发布实施了《“科技北京”行动计划(2009～2012年)——促进自主创新行动》《北京市“十二五”时期科技北京发展建设规划》《中关村国家自主创新示范区条例》《关于进一步促进科技成果转化和产业化的指导意见》《北京市自然科学基金管理办法》《关于加快知识产权服务业发展的若干意见》和《关于促进中小企业发展的实施意见》等政策文件。此外，科技政策贯彻落实取得新进展，国家技术创新工程北京试点深入开展，先后开展创新型企业试点305家、认定中关村“十百千工程”企业306家、“瞪羚计划”重点企业525家；深入落实高新技术企业认定、技术先进型服务企业认定、企业研究开发费用加计扣除、职工教育经费税前扣除等税收优惠政策，促进企业加大科技研发投入，进一步强化企业的技术创新主体地位。

鼓励创新创业的文化氛围日益浓厚。全面实施首都创新精神培育工程，宣传、弘扬和践行“爱国、创新、包容、厚德”的“北京精神”，重点开展创新创业环境优化、创新教育促进、创新文化建设、创新活动品牌和创新资源服务等五大工程，努力营造鼓励探索、敢于创新、宽容失败、开放包容的创新文化，不断优化有利于企业创新发展的社会氛围。深入开展科普工作，科技活动周、社会科学普及周、全国科普日等重大科普活动成为影响最为广泛的著名科普品牌活动，科技活动周被誉为送给市民的科学饕餮盛宴。截至2011年年底，全市500平方米以上的科普场馆面积合计32万平方米，市级科普基地212家，科普基础设施日益完善。

社会民生得到显著改善。医药卫生、科技教育等重点领域改革取得重要进展。城市基础设施实现跨越式发展，轨道交通运营里程由114公里增加到336公里，公交出行比例达到40%，区区通高速目标提前实现。水、电、气、热等资源能源供应保障和信息基础设施支撑能力显著提升。空气质量显著好转，二级及好于二级天数的比例从64%提高到78.4%。以绿化隔离带、郊野公园、森林公园为代表的大面积、集中式绿化效果显著。

科技交流合作再上新台阶。350家跨国公司在北京投资设立研发机构，信息服务业

和科技服务业合同利用外资分别增长93.5%、88.5%，100余家国内外技术转移服务机构在北京成立了“国际技术转移协作网络”，中国-意大利技术转移中心在京建设。通过成果推广、技术转移、专家指导等多种方式，扎实开展对新疆、青海、西藏、内蒙古等的科技支援。围绕产业转移互补、区域生态环境、科技资源共享等方面，加强与周边省区市的科技交流合作。

第一节　创新环境指标构成和解释

一、框架介绍

创新环境是首都科技创新发展指数的4个一级指标之一，占总指数的权重为20%。“创新环境”下又分为4个二级指标，分别是“政策环境”、“人文环境”、“生活环境”和“国际交流”，占总指数的权重分别为6%、5%、4%和5%。本章认为，政策是政府的第一资源，是推动各项工作的重要手段，是加强宏观管理、转变政府职能的重要内容；在整个创新体系中，政府科技政策发挥着导向、激励、扶持、保障和规范等方面的重要作用，并已渗入创新过程的各个方面，因此“政策环境”指标权重最高。

其中，“政策环境”二级指标下包括3个三级指标，分别是“政府采购新技术新产品支出”、“税收减免对技术创新影响”和“法院专利行政案件结案量”，均为正向指标，对创新有着积极的促进作用。这3个指标占总指数的权重均为2.0%。

“人文环境”二级指标下包括4个三级指标，分别是“全市公民科学素养达标率”、“人均公共图书馆藏书拥有量”、“人均科普专项经费”和“人均教育事业费支出”，均为正向指标，占总指数的权重均为1.25%。

“生活环境”二级指标下包括4个三级指标，分别是“每千人拥有医院床位数”、“每百名学生拥有专任教师人数”、“城市人均公园绿地面积”和“城市轨道交通里程数”，均为正向指标，占总指数的权重均为1.00%。

“国际交流”二级指标下包括4个三级指标，分别是“举办大型国际会议和展览数量”、“外商投资企业实际使用外资金额”、“外国专家来京人次”和“国外驻京非企业经济组织数量”，均为正向指标，占总指数的权重均为1.25%。

总的来说，“创新环境”一级指标由4个二级指标和15个三级指标构成。创新环境主要是由政府和市场两种力量营造。在15个三级指标中，政策环境部分和人文环境部分的7个三级指标与政府关系更为密切；生活环境与国际交流部分的8个三级指标虽然主要由市场主导，但受政府政策影响依然很大。因此，本部分充分体现了政府在创新过程中的重要作用，既能通过相关政策对创新主体进行引导，又能通过各种举措支撑创新环境，如表3-1所示。

表 3-1　创新环境指标构成及权重

一级指标	权重	二级指标	权重	三级指标	指标属性	权重
创新环境	20%	政策环境	6%	政府采购新技术新产品支出	正向	2.00%
				税收减免对技术创新影响	正向	2.00%
				法院专利行政案件结案量	正向	2.00%
		人文环境	5%	全市公民科学素养达标率	正向	1.25%
				人均公共图书馆藏书拥有量	正向	1.25%
				人均科普专项经费	正向	1.25%
				人均教育事业费支出	正向	1.25%
		生活环境	4%	每千人拥有医院床位数	正向	1.00%
				每百名学生拥有专任教师人数	正向	1.00%
				城市人均公园绿地面积	正向	1.00%
				城市轨道交通里程数	正向	1.00%
		国际交流	5%	举办大型国际会议和展览数量	正向	1.25%
				外商投资企业实际使用外资金额	正向	1.25%
				外国专家来京人次	正向	1.25%
				国外驻京非企业经济组织数量	正向	1.25%

二、指标含义

“创新环境”最早是由以欧洲创新环境研究小组为代表的区域经济研究学派提出，强调产业区内的创新主体和集体效率以及创新行为所产生的协同作用。本研究中的“创新环境”在此基础上更加强调了外部环境的重要性，把创新主体之外的一切与主体相互作用、相互影响、相互促进的保障性、支撑性因素都看做“创新环境”。

本章认为，创新环境和创新服务在整个体系中都属于创新支撑，为创新主体提供一个辅助平台。相对于创新服务来说，创新环境的范围更大更广泛，更接近大环境的概念。创新服务起到的是一种动态作用，融入整个创新过程，而创新环境起到的是一种静态作用，为创新过程提供必要的保障和促进因素。

本研究中的创新环境，选取了政策环境、人文环境、生活环境和国际交流四个大的方面。

政策环境在创新环境中的作用毋庸置疑，政策为创新活动提供了导向和依据，构建起了整个大的创新环境。当市场机制不能够很好地起到协调和激励作用时，政策能够发挥其力量和作用促进创新活动的进行，可以说，政府政策是创新活动的坚强后盾。

人文环境是创新环境的另一个重要组成部分，人文环境能够提高创新主体自身的素质，使其在创新过程中效率更高，作用更大；而且，人文环境还能促进各创新主体之间

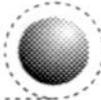

的协同作用。良好的人文环境就像是良好的养料，可以促使创新成果不断涌现。

生活环境在创新环境中起基础性作用，能够保障创新活动的顺利进行，是创新环境改善的重要影响因素。

不同于以上三个因素的内部支撑作用，国际交流在体系框架图中属于外部支撑作用，主要起到与外界交流合作的作用，通过汲取外部资源来促进整个创新过程。

以上四个因素相互作用，相辅相成，缺一不可，共同构成了整体的创新环境，从整体、细节、内部、外部各个方面保证了创新活动的顺利进行。因此，本章选取了以上几个二级指标。

第二节　首都科技创新环境测算结果分析

在不断深化科技体制改革，进一步优化区域创新环境的背景下，科技创新已经成为推动北京发展的先导力量。在这个过程中，北京的创新环境起到了不可或缺的支撑作用，而北京作为首都在这方面的优势也得到了充分体现，无论是硬件方面（如生活环境），还是软件方面（如人文环境）都起到了引领和辐射作用。本节将在“首都科技创新发展指数体系”的基础上，用具体数据说明北京在“创新环境”方面的情况。

一、创新环境总得分情况

根据“首都科技创新发展指数体系”，北京2005～2010年创新环境指数的测算结果如图3-1所示。

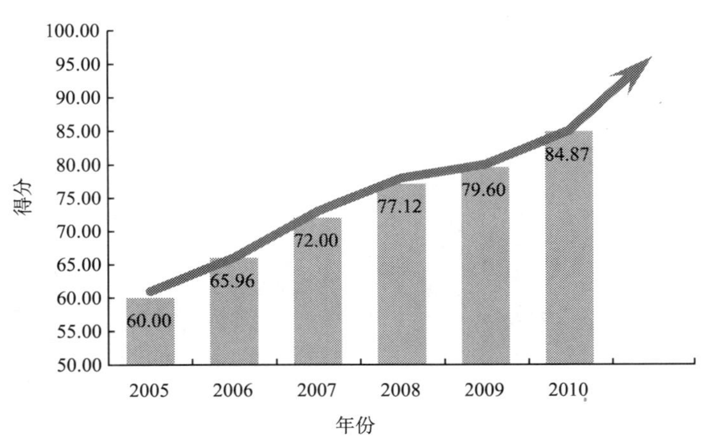

图3-1　2005～2010年北京创新环境总得分

从图3-1中看到，“创新环境”总得分以2005年的60分为基准，到2010年“创新环境”得分84.87，年均增长4.97分。

总的来看，北京创新环境得分变化趋势较为平稳，呈平滑上升曲线状。总体的增长趋势比较明显。

接下来，进一步分析北京创新环境指数每年的情况，如图 3-2 所示。

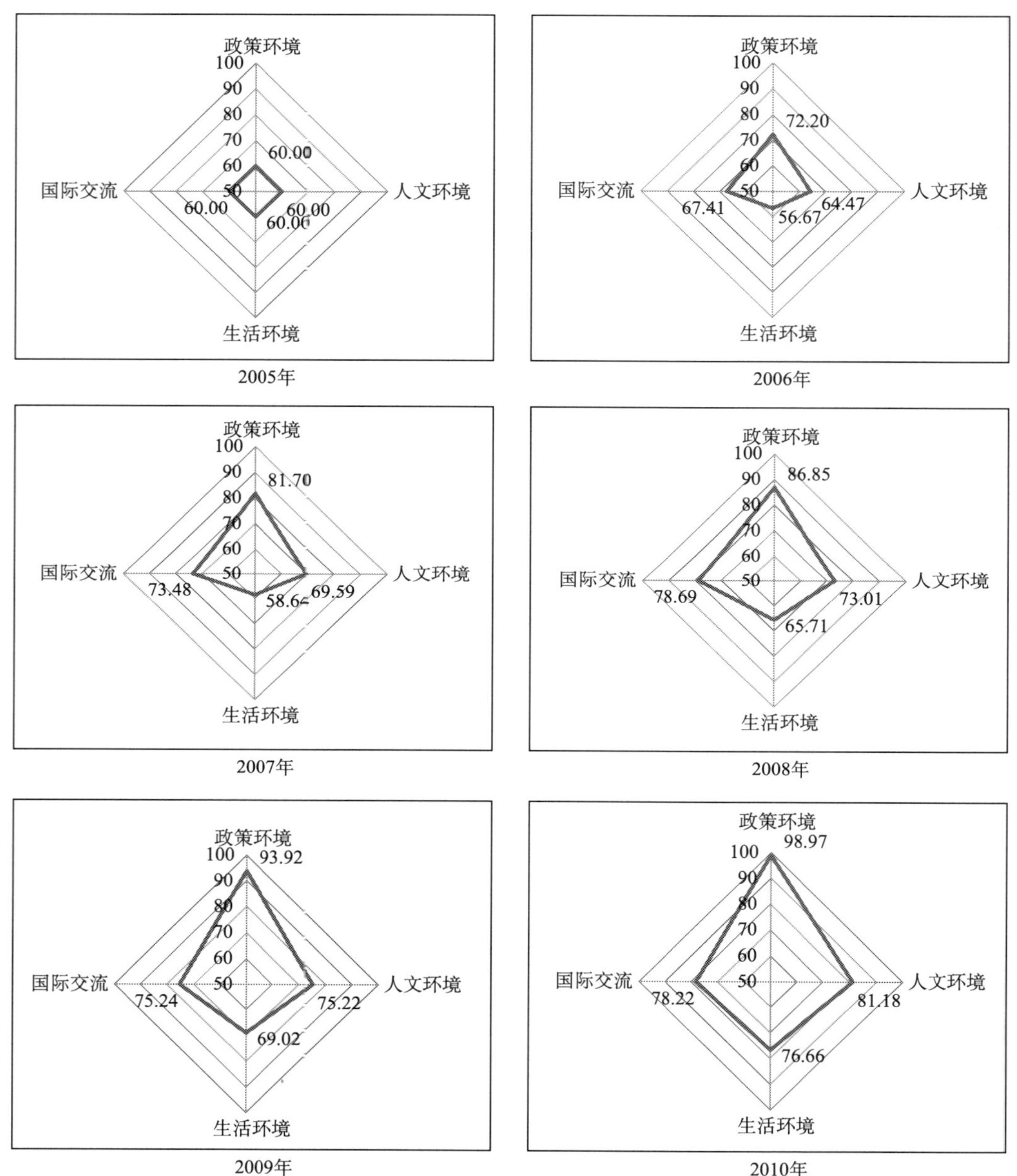

图 3-2 2005～2010 年北京创新环境雷达图

由于本次测算采用的是“均值-标准差法”进行无量纲化处理，并且设定2005年为参考年，2005年创新环境指数的4个二级指标得分都设定为基准分60分，因此2005年的创新服务指数雷达图呈现为正菱形。

2006年的雷达图显示，政策环境、人文环境和国际交流3个二级指标较2005年均有提高，得分最高并且增长也最快的是政策环境指标，得分为72.20分，较上一年增长了12.20分，其次是国际交流和人文环境，分别增长了7.41分和4.47分；生活环境指标较2005年出现了下降，降低了3.33分。

2007年的雷达图显示，4个二级指标均出现了增长。其中政策环境得分最高，为81.70分，增长也最快，增长9.50分。其次是国际交流，得分为73.48分，增长6.07分，相对上一年的7.41分增幅稍有放缓。人文环境得分为69.59分，增长5.12分，与上一年增幅基本持平。生活环境得分为58.64分，虽然较上一年增长1.97分，但仍低于基期2005年的60分。

2008年的雷达图显示，政策环境得分最高，为86.85分，优势明显。其次是国际交流，得分为78.69分。人文环境稍次，得分为73.01分。生活环境得分依然最低，为65.71分，突破了60分，较上年有7.07分的增幅。

2009年的雷达图显示，政策环境得分继续平稳增长，得分为93.92分，依然领先其他3个二级指标。人文环境相较上一年变化不大，得分为75.22分，稳中有升。生活环境在上一年的基础上进一步改善，得分为69.02分，增幅3.31分，延续了良好的势头。相对于其他3个指标良好的增长状况，国际交流的状况则相反，得分为75.24分，相对上一年有了3.45分的下降。

2010年的雷达图显示，政策环境的优势越来越明显，得分为98.97分，接近100分，增幅5.05分。人文环境稍次，得分为81.18分。国际交流得分为78.22分，增长2.98分。生活环境在本年有了很大的改善，得分为76.66分，虽然较其他指标仍最低，但相对于上一年增长了7.64分。

二、政策环境测算结果

从图3-3中可以看出，北京2005～2010年的政策环境得分上升趋势十分明显，而且增长幅度平稳，几乎呈直线型。其中2010年得分最高，为98.97分，2005年为参考起始分60.00分，年均增长7.79分。这说明北京在近几年中的政策环境改善状况十分明显，政策导向性也很强，为首都创新能力的提高提供了有力的支撑。

具体到各三级指标来看，政策环境中包含3个三级指标。其中政府采购新技术新产品支出指标呈上升趋势；税收减免对技术创新影响指标2005～2010年得分分别为60.00分、75.80分、91.42分、106.86分、131.38分、135.11分，增长趋势十分明显，增长幅度也很大，反映了政府在税收政策上给予了技术创新大力支持；法院专利行政案件结案量指标2005～2010年得分分别为60.00分、80.81分、93.67分、93.67分、104.02分、88.74分，基本上呈上升趋势（表3-2）。

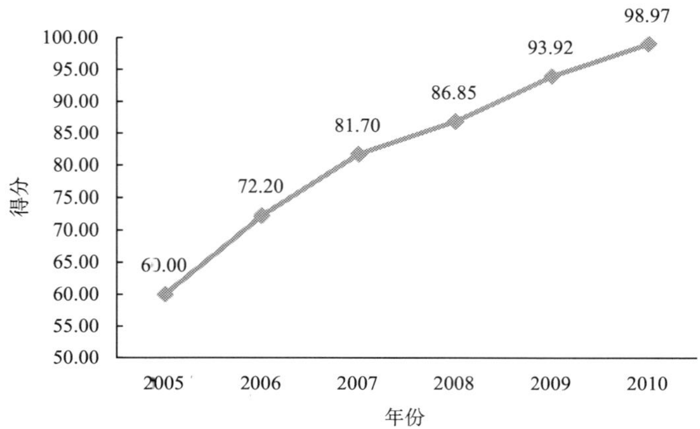

图 3-3　2005～2010 年北京政策环境得分情况

表 3-2　2005～2010 年政策环境各三级指标情况

年份	政府采购新技术新产品支出/亿元	税收减免对技术创新影响/万元	法院专利行政案件结案量/件
2010	51.5	134.06	516
2009	33.1	115.98	633
2008	—	78.93	529
2007	—	60.56	511
2006	—	46.47	406
2005	—	35.65	286

注：2006 年北京市出台《北京市自主创新产品认定办法（试行）》，2008 年又发布《关于在中关村科技园区开展政府采购自主创新产品试点工作的意见》（京政发［2008］46 号），全面推进政府采购自主创新产品工作。2011 年 7 月，根据国家发展改革委、科技部、财政部联合下发《关于停止执行〈国家自主创新产品认定管理办法〉（试行）的通知》的精神，北京市发文停止执行自主创新产品认定工作。

资料来源：《北京统计年鉴》等。

三、人文环境测算结果

从图 3-4 中可以看出，北京 2005～2010 年的人文环境得分总体上呈平稳上升趋势，各年变化情况相似。其中 2010 年得分最高，为 81.18 分，2005 年为参考基准分 60.00 分，年均增长 4.24 分。这说明北京最近几年内人文环境正在逐步改善，也越来越受重视，这为北京吸引创新型人才提供了良好的环境和条件。

具体到各三级指标来看，人文环境中包含 4 个三级指标。其中全市公民科学素养达标率指标 2005～2010 年得分分别为 60.00 分、70.76 分、79.75 分、80.74 分、81.91

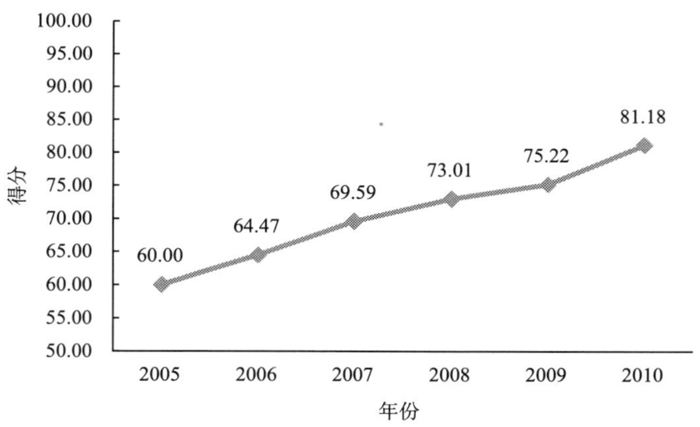

图 3-4 2005～2010 年北京人文环境得分情况

分、83.14 分，总体上呈上升态势，且增幅逐渐变小，这表明市民科学素养正在逐步提高，并已经达到一定的水平；人均公共图书馆藏书拥有量指标 2005～2010 年得分分别为 60.00 分、60.71 分、61.46 分、61.75 分、63.41 分、62.18 分，总体上略有增长，虽然变化不大，但考虑到在人口增长的影响下还能保持略微上升的趋势，还是非常难得；人均科普专项经费指标 2005～2010 年得分分别为 60.00 分、60.14 分、60.58 分、62.03 分、66.89 分、85.38 分，前几年变化不大，但 2010 年增幅达到了 18.49 分，表明北京最近两年加大了科普经费的投入力度；人均教育事业费支出指标 2005～2010 年得分分别为 60.00 分、66.27 分、76.55 分、87.51 分、88.69 分、94.02 分，增长态势非常明显，显示了北京对教育的重视力度和投入强度（表 3-3）。

表 3-3 2005～2010 年人文环境各三级指标情况

年份	全市公民科学素养达标率/%	人均公共图书馆藏书拥有量/(册/人)	人均科普专项经费/元	人均教育事业费支出/(元/人)
2010	10.00	2.48	36.42	5355.61
2009	9.73	2.53	27.76	4871.84
2008	9.47	2.46	25.66	4689.14
2007	9.20	2.45	25.06	3920.29
2006	7.90	2.42	24.87	3309.98
2005	6.60	2.39	24.82	2981.19

资料来源：《北京统计年鉴》等。

四、生活环境测算结果

从图 3-5 中可以看出，北京 2005～2010 年的生活环境得分呈现出波动趋势，且变化幅度较为平稳。其中2010年得分最高，为76.66分，2006年最低，为56.67分，年均增长3.33分。说明北京从近几年开始重视生活环境的改善，并取得了较好的成效。

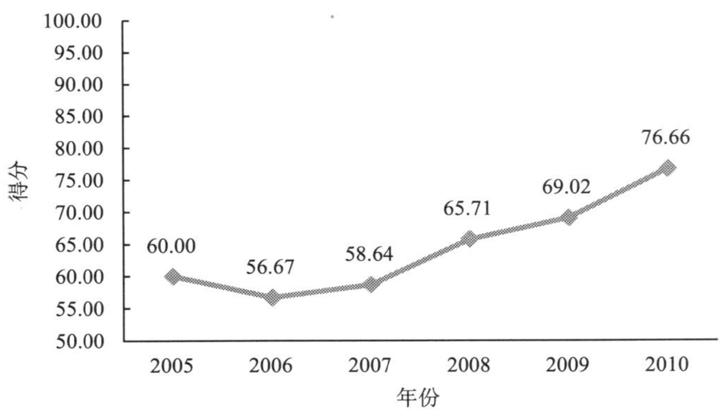

图 3-5　2005～2010年北京生活环境得分情况

具体到各三级指标来看，生活环境中包含4个三级指标。其中每千人拥有医院床位数指标2005～2010年得分分别为60.00分、61.07分、57.18分、57.98分、59.73分、61.63分，呈上下波动态势，且波动不大；每百名学生拥有专任教师人数指标2005～2010年得分分别为60.00分、45.62分、40.80分、40.98分、41.92分、40.99分，2005～2006年出现了明显的下降，之后逐步走向平稳；城市人均公园绿地面积指标2005～2010年得分分别为60.00分、60.00分、62.95分、67.65分、71.59分、73.55分，呈平稳上升态势；城市轨道交通里程数指标2005～2010年得分分别为60.00分、60.00分、73.62分、96.21分、102.86分、130.48分，增长态势明显且幅度很大（表3-4）。

表3-4　2005～2010年生活环境各三级指标情况

年份	每千人拥有医院床位数/张	每百名学生拥有专任教师人数/人	城市人均公园绿地面积/平方米	城市轨道交通里程数/公里
2010	6.83	6.26	15	336
2009	6.62	6.34	14.5	228
2008	6.43	6.21	13.6	200
2007	6.34	6.12	12.6	142
2006	6.77	6.58	12	114
2005	6.65	8.37	12	114

资料来源：《北京统计年鉴》等。

五、国际交流测算结果

从图3-6中可以看出，北京2005～2010年的国际交流得分总体上呈波动上升趋势。

其中2008年得分最高，为78.69分。2010年得分次之，为78.22分。年均增长3.64分。这说明北京的国际交流情况持续改善，虽然由于金融危机出现了暂时的下降，但总体上受到的影响并不大。

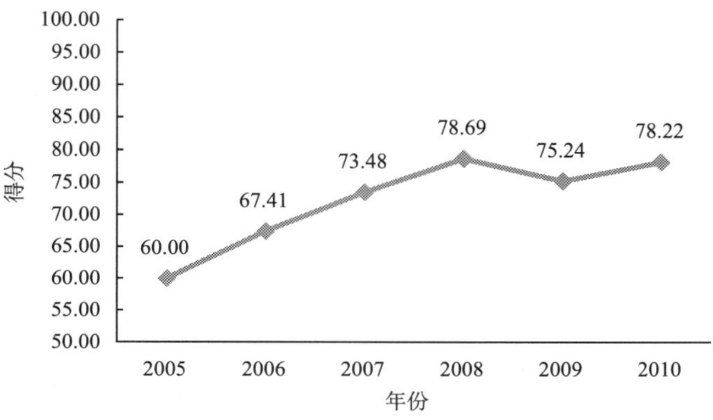

图3-6　2005～2010年北京国际交流得分情况

具体到各三级指标来看，国际交流中包含4个三级指标。其中举办大型国际会议和展览数量指标2005～2010年得分分别为60.00分、63.71分、73.66分、68.06分、52.75分、60.71分，先上升后下降，呈波动态势，且波动较大；外商投资企业实际使用外资金额指标2005～2010年得分分别为60.00分、75.23分、81.08分、91.90分、90.71分、92.21分，2009年出现了略微的下降。外国专家来京人次指标2005～2010年得分分别为60.00分、63.49分、63.55分、74.23分、75.69分、77.32分，呈平稳上升态势，这说明，随着经济的发展，创新环境的改善，北京对国际人才的吸引力越来越大；国外驻京非企业经济组织数量指标2005～2010年得分分别为60.00分、67.20分、75.65分、80.57分、81.79分、82.62分，同样呈平稳上升趋势。总体来说，国际交流部分从2005年到2008年呈上升态势，且上升幅度较大，2009年由于金融危机的影响出现了一定的下降，但影响不大，2010年又开始回升（表3-5）。

表3-5　2005～2010年国际交流各三级指标情况

年份	举办大型国际会议和展览数量/场	外商投资企业实际使用外资金额/万美元	外国专家来京人次/人	国外驻京非企业经济组织数量/个
2010	6 203	636 358	4 817	140
2009	5 336	612 094	4 671	137
2008	7 045	608 172	4 537	133
2007	7 667	506 572	3 823	122
2006	6 517	455 191	3 817	106
2005	6 126	352 638	—	94

资料来源：《北京统计年鉴》等。

第四章　创新服务

创新服务体系在首都区域创新体系中承担着重要的衔接和服务职能，为科技创新全过程提供全方位的科技支撑服务。

为加快发展科技服务业，发挥北京丰富的科技智力资源优势，北京市专门制定了《关于进一步促进科技服务业发展的指导意见》，重点促进研发服务、设计服务、工程技术服务和科技中介服务快速发展，优化完善科技服务业空间布局，建立产业支撑体系，培育一批有规模的重点企业、一批拥有特色专有技术的中小企业和一批有市场能力的科技服务机构。经过多年发展，北京已初步形成了涵盖科技条件、技术转移、创业孵化等全方位、多功能、多层次的科技创新服务体系。截至 2011 年年底，北京地区共有国家级重点实验室、工程（技术）研究中心、工程实验室、企业技术中心 281 家，国家级科技研发平台数量居全国首位；累计认定市级重点实验室、工程（技术）研究中心、工程实验室、企业技术中心 628 家，企业研发机构 262 家。北京市与 26 家中央在京单位和市属单位共建首都科技条件平台研发实验服务基地，引导 550 家国家级和北京市级的重点实验室（工程技术研究中心）、价值 145 亿元的科研仪器设备面向社会开放共享，为 9000 余家企业提供研发实验服务，累计服务合同额 16 亿元，探索形成了促进中央地方科技资源开放共享的“北京模式”。2011 年北京技术市场技术合同成交 5 万余份，成交额 1890.3 亿元，占全国的 40%，其中 75.1%输出到其他省（区、市）和出口，对全国创新发展做出了积极贡献。目前，北京地区拥有以中国科学院国家技术转移中心等为代表的科技中介服务机构上千家，企业自发设立、自主管理、职业化运作的新型协会组织超过 40 家；截至 2011 年年底，科技部认定的三批 202 家国家技术转移示范机构中，北京地区有 36 家，占总数 18%。共有 83 家科技企业孵化器、26 家大学科技园，在孵企业近 6000 家。截至 2011 年年底，中关村国家自主创新示范区的上市企业已达到 201 家，北京已成为全国创投、并购最为活跃的区域之一。

除此以外，创新服务体系的建立与完善推动了新兴服务业态和服务模式的形成与发展，为科技服务业提供了更大的发展空间，为首都的创新发展起到了重要的支撑和推动作用。

第一节　创新服务指标构成和解释

一、框架介绍

创新服务是首都科技创新发展指数的 4 个一级指标之一，占总指数的权重为 20%。

“创新服务”下包含 4 个二级指标，即“科技条件”、“技术市场”、“创业孵化”和“金融服务”，分别赋予权重 6%、6%、4%和 4%，权重设置是根据这 4 个二级指标所包含的三级指标个数而定的（表 4-1）。

表 4-1　创新服务指标构成及权重

一级指标	权重	二级指标	权重	三级指标	指标属性	权重
创新服务	20%	科技条件	6%	互联网普及率	正向	1.50%
				大型科学仪器（设备）原值	正向	1.50%
				国家级科技创新平台数量	正向	1.50%
				产业技术创新战略联盟数	正向	1.50%
		技术市场	6%	科技交流与推广服务业基本单位数	正向	2.0%
				知识产权服务业基本单位数	正向	2.0%
				技术合同成交额与地区生产总值的比例	正向	2.0%
		创业孵化	4%	孵化器在孵企业数量	正向	2.0%
				孵化面积	正向	2.0%
		金融服务	4%	VC 基金管理资本总额	正向	2.0%
				中关村国家自主创新示范区上市企业数	正向	2.0%

具体而言，“科技条件”指标下包括 4 个三级指标，分别是“互联网普及率”、“大型科学仪器（设备）原值”、“国家级科技创新平台数量”、“产业技术创新战略联盟数”，均为正向指标，占总指数的权重均为 1.50%。

“技术市场”指标下包括 3 个三级指标，分别是“科技交流与推广服务业基本单位数”、“知识产权服务业基本单位数”、“技术合同成交额与地区生产总值的比例”，均为正向指标，占总指数的权重均为 2%。

“创业孵化”指标下包括 2 个三级指标，分别是“孵化器在孵企业数量”、“孵化面积”，均为正向指标，占总指数的权重均为 2%。

“金融服务”指标下包括 2 个三级指标，分别是“VC 基金管理资本总额”、“中关村国家自主创新示范区上市企业数”，均为正向指标，占总指数的权重均为 2%。

总体来说，“创新服务”由 4 个二级指标和 11 个三级指标构成，并且三级指标属性均为正向。

二、指标含义

科技创新服务作为创新体系的核心组成部分，具有整合、集聚科技创新资源，提供、实施公共科技创新服务，连接、沟通各类科技创新主体，以及协调、培育科技创新服务主体 4 大功能，为科技创新过程提供了重要的技术支撑。

本指标体系将创新服务分为“科技条件”、“技术市场”、“创业孵化”和“金融服务”4 个方面。

科技条件主要用于有效利用一个地区的整体科技资源，实现科技资源社会化共享，其目的是充分利用区域内现有科学仪器资源，盘活科研设施存量，建立服务该区域的科学仪器协作共用体系。它衡量一个地区整体的科技资源以及对科技创新的硬件支撑情况，如科技创新平台、大型科学仪器设备等。

技术市场是技术成果的流通领域，是体现技术成果交换关系的总和。它以推动科技成果向现实生产力转化为宗旨，具体开展技术开发、技术转让、技术咨询、技术服务、技术承包；生产或经销科研中试产品和科技新产品；组织和开展技术成果的推广与应用等，技术覆盖面涉及所有技术领域。技术市场是连接科技与经济的桥梁，它衡量一个地区促进科技成果流通的服务情况。

创业孵化是指为创办初期的企业提供研究、生产、经营的场地，通信、网络等共享设施，提供系统的培训和咨询，政策、融资、法律和市场推广等方面的支持，对科技型中小企业提供孵化服务，帮助创业者将科技成果尽快形成商品进入市场，以提供综合服务的形式降低创业企业的风险和成本，提高企业成活率，促进中小企业成长壮大。它衡量一个地区为创新成果商业化提供服务的情况，可以用孵化器的数量以及孵化面积等指标体现。

金融服务是指运用货币手段，为促进科技创新主体开展持续的创新活动、推动科技成果商业化、发展高新技术产业等提供的服务，主要由政府、企业、市场、社会中介机构等共同实现。它衡量一个地区对科技创新的金融支持力度，可以通过风险投资情况、企业在公开市场募集资金能力体现。

以上 4 个方面相辅相成，共同为创新主体提供服务支持。

第二节　首都科技创新服务测算结果分析

在建设创新型国家的战略背景下，北京作为首都，拥有更多的科技资源和更完善的创新服务体系，应当成为我国科技创新的示范区和辐射源。本节将在“首都科技创新发展指数体系”的基础上，用具体数据说明北京在“创新服务”方面的情况。

一、创新服务总得分情况

根据“首都科技创新发展指数体系”，北京 2005～2010 年创新服务指数的测算结果如图 4-1 所示。

从图 4-1 中看到，北京“创新服务”总得分以 2005 年的 60 分为基准，到 2010 年增长到 93.65 分，年均增长 6.73 分，增幅最大的是 2010 年，较上一年增长了 14.38 分。总体而言，虽然个别年份北京创新服务得分较上一年略有下降，但整体情况仍呈现明显的增长趋势。

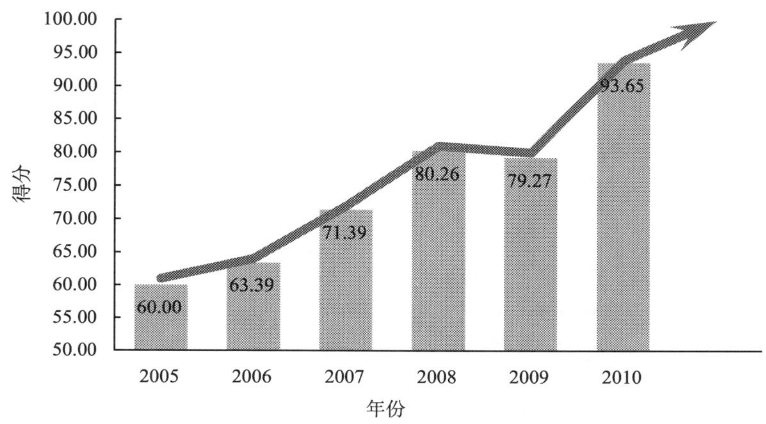

图 4-1　2005～2010 年北京创新服务总得分

接下来，进一步分析北京创新服务指数每年的情况，如图 4-2。

由于本次测算采用的是“均值-标准差法”进行无量纲化处理，并且设定 2005 年为参考年，2005 年创新环境指数的 4 个二级指标得分都设定为基准分 60 分，因此 2005 年的创新服务指数雷达图呈现为正菱形。

2006 年的雷达图显示，除金融服务指标外，其余 3 个二级指标较 2005 年均有提高，增长最快是技术市场指标，得分为 71.24 分，较上一年增长了 11.24 分，其次是创业孵化和科技条件，分别增长了 10.49 分和 3.18 分。金融服务指标得分出现了下降，较 2005 年降低了 15.16 分。

2007 年的雷达图显示，4 个二级指标得分较上一年均略有增长，金融服务指标的得分较上一年增长最多，增加了 24.74 分。另外，4 个二级指标的得分相对平均，最高的是技术市场指标，得分为 72.43 分，最低是金融服务，得分为 69.58 分。

2008 年的雷达图显示，金融服务指标得分较高，其余 3 个二级指标得分差距较小。金融服务指标得分为 96.96 分；创业孵化指标得分相对较低，为 72.66 分。技术市场和科技条件的得分分别为 77.99 分和 76.48 分。

2009 年的雷达图显示，科技条件和技术市场得分明显高于其他两个二级指标，分别得 80.36 分和 90.28 分，金融服务和创业孵化得分仅为 66.57 分和 73.83 分。同时，技术市场较上一年得分明显增长，提高了 12.29 分。而金融服务较上一年得分明显降低，减少了 30.39 分。创业孵化略有增高，基本与上一年持平。

2010 年的雷达图显示，金融服务和技术市场得分明显高于其他两个二级指标。金融服务得分为 120.31 分，技术市场得分为 97.04 分。科技条件和创业孵化的得分依次为 80.99 分和 80.87 分。另外，金融服务的增幅最大，较上一年分别增长了 53.74 分。

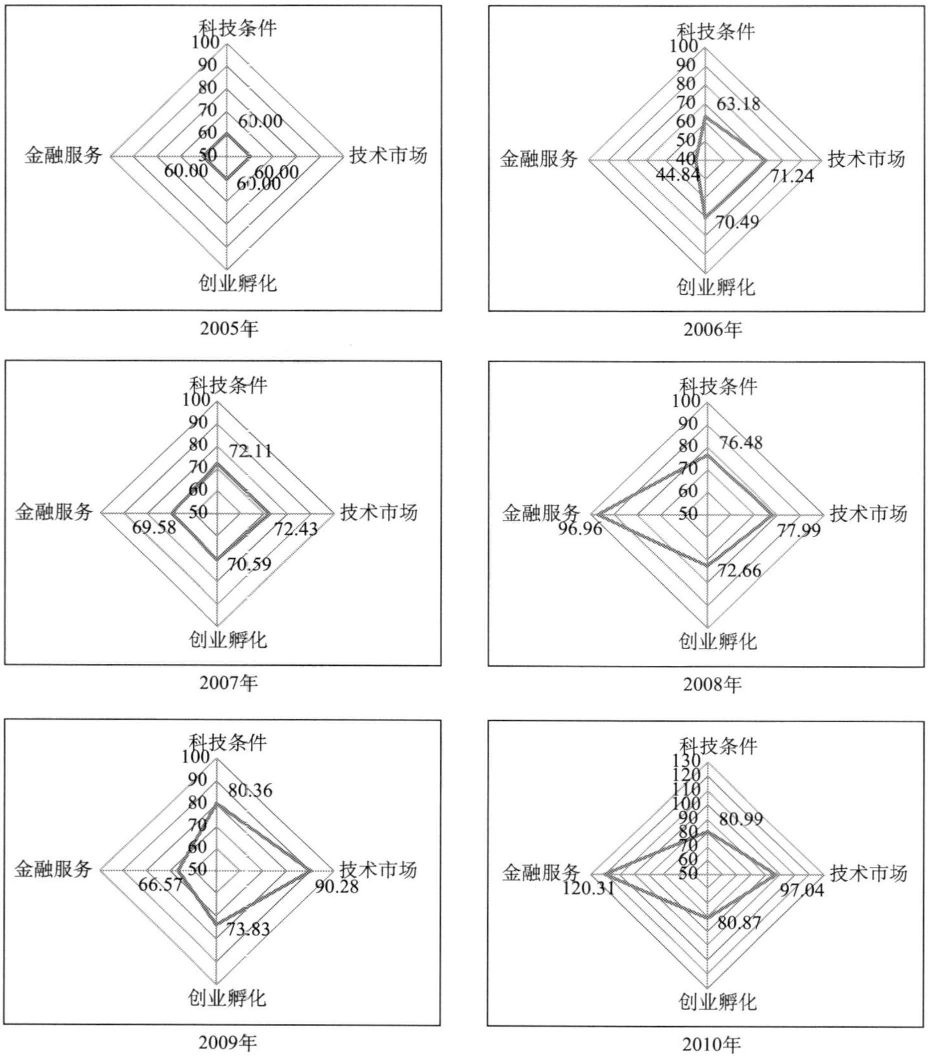

科技条件 100 90 80 70 60 50
60.00 60.00 60.00 60.00
金融服务 技术市场 创业孵化

2005年

科技条件 100 90 80 70 60 50 40
63.18 71.24 70.49 44.84
金融服务 技术市场 创业孵化

2006年

科技条件 100 90 80 70 60 50
72.11 72.43 70.59 69.58
金融服务 技术市场 创业孵化

2007年

科技条件 100 90 80 70 60 50
76.48 77.99 72.66 96.96
金融服务 技术市场 创业孵化

2008年

科技条件 100 90 80 70 60 50
80.36 90.28 73.83 66.57
金融服务 技术市场 创业孵化

2009年

科技条件 130 120 110 100 90 80 70 60 50
80.99 97.04 80.87 120.31
金融服务 技术市场 创业孵化

2010年

图 4-2　2005～2010 年北京创新服务雷达图

二、科技条件测算结果

在“首都科技创新发展指标体系”中，科技条件所占权重为 6%，它反映了一个地区科技资源和硬件设施方面的实力。

通过图 4-3 可以看出，2005～2010 年，北京在科技条件方面的得分呈现较平缓的上升趋势。从得分上看，得分最高的是 2010 年，为 80.99 分，得分最低的是 2005 年，为 60 分，年均增长 4.20 分。2005～2009 年，科技条件得分上升速度较快，2009 年后

增长趋势相对趋缓。

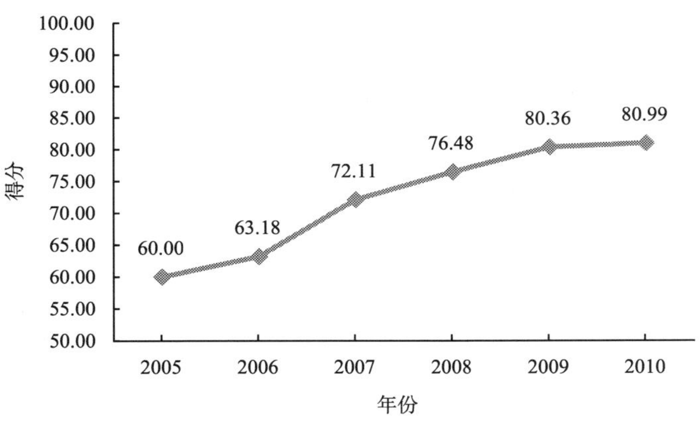

图 4-3　2005～2010 年北京科技条件得分情况

进一步分析科技条件下的其他三级指标，2005～2010 年北京的互联网普及率以及大型科学仪器（设备）原值增长趋势明显。互联网普及率增长幅度较大，从 2005 年的 28.24%增长到 2010 年的 65.54%，年均增长 7.46 个百分点。大型科学仪器（设备）原值从 2005 年到 2007 年增长较慢，但 2007 年以后，年均增长达到 5.7 亿元。国家级科技创新平台数量的增长比较稳定，从 2005 年的 123 个增长为 2010 年的 197 个。

表 4-2　2005～2010 年科技条件各三级指标情况

年份	互联网普及率/%	大型科学仪器（设备）原值/亿元	国家级科技创新平台数量/个	产业技术创新战略联盟数/家
2010	65.54	107.89	197	120
2009	63.94	105.10	188	98
2008	58.89	93.20	170	70
2007	45.86	90.79	165	60
2006	30.01	90.27	143	44
2005	28.24	90.15	123	40

资料来源：《北京统计年鉴》《中国统计年鉴》《产业技术联盟与政策导向》等。

注：国家级科技创新平台数量暂取国家重点实验室、国家技术工程研究中心和国家企业技术中心数量之和代表。

三、技术市场测算结果

在“首都科技创新发展指标体系”中，技术市场所占权重为 6%，它反映了一个地区技术成果流通交易以及科技成果扩散程度。

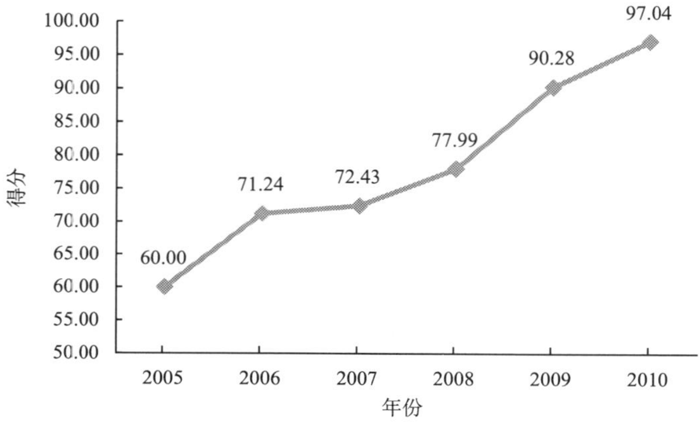

图 4-4　2005～2010 年北京技术市场得分情况

从图 4-4 可以看出，北京 2005～2010 年的技术市场得分上升趋势明显，且每年增长幅度较大。其中，2010 年得分最高，为 97.04 分，2005 年最低，为基准分 60 分，6 年间年均增长 7.41 分。技术市场的变化趋势说明北京近几年技术市场发展迅速，技术转移服务体系不断完善。

表 4-3　2005～2010 年技术合同成交额与地区生产总值的比例情况

年份	技术合同成交额与地区生产总值的比例/%	较上一年增长的百分点
2010	11.19	1.02
2009	10.17	0.93
2008	9.24	0.28
2007	8.96	0.37
2006	8.59	2.36
2005	6.23	—

资料来源：《北京统计年鉴》等。

进一步分析技术市场下的三级指标。技术合同成交额反映的是一个地区科技成果的流通情况，是衡量技术市场完善程度的最重要的指标之一。从表 4-3 可以看出，2005～2010 年，北京技术合同成交额与地区生产总值的比例也稳步增长，从 2005 年的 6.23% 增长到 2010 年的 11.19%，年均增长近 1 个百分点。以上数据表明，北京的技术市场不断完善，技术市场作为科技成果转化重要渠道的作用进一步发挥，对经济社会的贡献程度在不断提高。

除技术合同成交额以外，科技交流与推广服务业基本单位数是另外一个重要指标。通过分析图 4-5，可以发现，北京的科技交流与推广服务业基本单位数呈现明显的增加趋势。数据显示，2010 年为 20 341 个单位，较 2005 年增长了 8597 个，年均增长 1719 个。

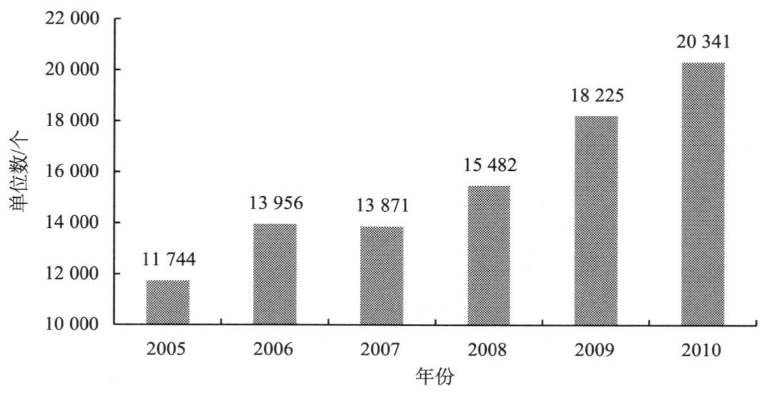

图 4-5 2005～2010 年科技交流与推广服务业基本单位数

资料来源：《中国基本单位统计年鉴》等。

四、创业孵化测算结果

在“首都科技创新发展指标体系”中，创业孵化所占权重为 4%，它反映了一个地区为初始创业者提供经营场地、政策指导、资金支持等多类服务的情况。

从图 4-6 看出，北京创业孵化指标得分增长趋势平稳，2006～2009 年，得分均保持在 70～74 分。2010 年为最高分 80.87 分，6 年来年均增长 4.17 分。创业孵化的平稳增长，说明北京为初始创业者提供了良好的创新创业环境。

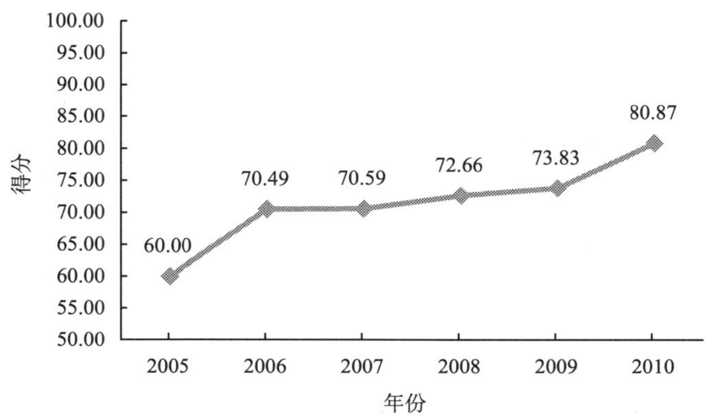

图 4-6 2005～2010 年北京创业孵化得分情况

进一步分析创业孵化下的三级指标，我们可以发现，2005～2010 年，北京每年的在孵企业数量基本保持稳定，2005 年较低，为 3580 家，2010 年较高为 4653 家，平均每年在孵企业数为 4150 家。另外，创业孵化面积逐年增加，从 2005 年的 108 万平方米增至 2010 年的 169 万平方米，年均增加 12.2 万平方米。

表 4-4　2005～2010 年创业孵化各三级指标情况

年份	孵化器在孵企业数量/家	孵化面积/万平方米
2010	4653	169
2009	3941	158
2008	4076	146
2007	4112	135
2006	4538	121
2005	3580	108

资料来源：《中国火炬统计年鉴》等。

五、金融服务测算结果

在“首都科技创新发展指标体系”中，金融服务所占权重为 4%，它反映的是一个地区对科技创新的金融支持力度。

从图 4-7 可以看出，北京 2005～2010 年的金融服务得分呈现在波动中不断上升的变化趋势。2006 年，金融服务得分较 2005 年略有下降；2006～2008 年则出现不断上升的趋势，2008 年得分为 96.96 分，较 2006 年提高 52.12 分；2009 年得分开始下降，但在 2010 年得分又出现明显反弹，增至 120.31 分。整体而言，2005～2010 年金融服务得分年均增长 12.06 分。

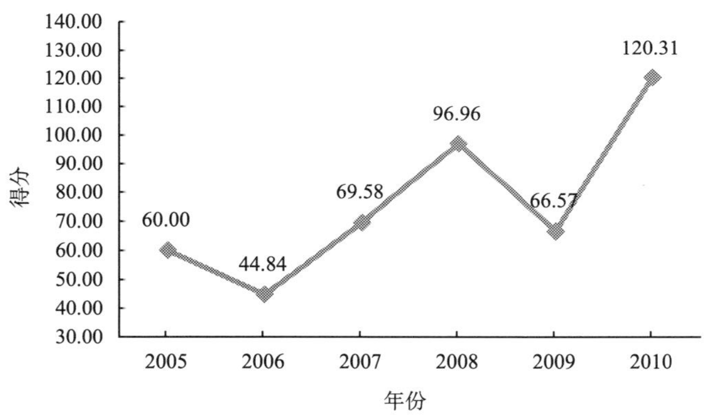

图 4-7　2005～2010 年北京金融服务得分情况

金融服务指标由两个三级指标构成：VC 基金管理资本总额和中关村国家自主创新示范区上市企业数。2005～2010 年北京的 VC 基金管理资本总额分别为 74.5 亿、40.6 亿、76 亿、150.6 亿、49.1 亿和 190.2 亿[①]，从数据可以看出，该指标原始数据年度变

① 数据来源于《中国创业风险投资发展报告》（2006～2011 年）。

动较大。在上市企业总数方面，截至2011年年底，中关村示范区上市企业总数达到201家，IPO融资额超过1800亿元，总市值超过1万亿元。其中，境内上市企业124家，占62%；境外上市企业77家，占38%。境内上市公司中，创业板上市企业44家，初步形成“中关村板块”，中关村代办股份转让试点挂牌企业103家。这一指标数据体现了北京为企业创新发展提供了良好的金融环境，表明了中关村渐具“国家科技金融创新中心”雏形。针对科技企业多元化的有效融资需求，中关村以企业信用建设为基础，积极构建技术与资本高效对接的机制，开展先行先试的科技金融创新试点。2011年3月，国务院批复《中关村国家自主创新示范区发展规划纲要（2011～2020年）》，提出把中关村建设成为“国家科技金融创新中心”。

表4-5　2005～2011年中关村国家自主创新示范区上市企业数

年份	2005	2006	2007	2008	2009	2010	2011
中关村国家自主创新示范区上市企业数	80	87	107	113	137	175	201
较上一年增加数	—	7	20	6	24	38	26

资料来源：《中关村指数》等。

第五章 创新绩效

创新绩效是对科技创新水平的直接检验。创新绩效指标是评价首都科技创新是否对经济社会发展形成有效促进作用的量化标准，科技发展必须以促进经济社会发展为战略目标。经济社会发展是一个全方位、宽领域、多目标的协同推进过程，建立创新绩效评价指标应该坚持完善、适用、可得的原则，才能形成对科技创新绩效的正确评价。

近年来，特别是2009年“科技北京”行动计划实施以来，中关村国家自主创新示范区建设取得新的重要突破，全市自主创新能力明显提高，重大科技成果不断涌现，科技对“保增长、调结构、惠民生、促和谐”的支撑引领作用显著增强。自2006年以来，北京自主创新主要指标实现了“六个翻番”：2011年，北京高技术产业、科技服务业、信息服务业实现增加值3625.7亿元，是2006年的1.92倍，翻了将近一番；全社会研究与试验发展经费支出932.5亿元，是2006年的2.15倍；中关村国家自主创新示范区实现总收入1.96万亿元，是2006年的2.8倍；全市专利申请量为7.8万件，是2006年的2.9倍；全市专利授权量4.1万件，是2006年的3.6倍；全年技术合同成交额1890.3亿元，是2006年的2.7倍；技术市场对首都经济发展的直接贡献率从6.6%增长到9.2%。

第一节 创新绩效指标构成和解释

一、框架介绍

创新绩效指标是首都科技创新发展一级评价指标中三级指标数量最多、权重最大，也是对经济社会发展影响最为广泛的指标。创新绩效指标占总指数的权重为40%，包含4个二级指标和25个三级指标。

其中4个二级指标分别为科技成果、经济产出、结构优化和绿色发展。科技成果是科技创新的直接产出，其权重所占比重相对较大，占创新绩效指标的30%，即占总指数的12%。科技创新和技术进步是促进经济结构优化的重要途径，对加快经济发展方式转变具有重要影响，因此在分配权重时，对“结构优化”二级指标也赋予了较高权重，占总指数的12%。考虑到经济产出和绿色发展指标与科技创新联系的中间环节较多，其权重所占总指数的比重也相对较低，均为8%。

在“科技成果”二级指标中包含9个三级指标，分别为“每万名R&D人员发表科技论文数”、“每万名R&D人员出版科技著作数”、“国外主要检索工具收录科技论文数”、“每亿元 R&D 经费 PCT 专利数”、“每亿元 R&D 经费发明专利授权量”、“每万人发明专利拥有量”、“每亿元 R&D 经费技术合同成交额”、“每亿元 R&D 经费技术出口额”以及“技术标准制、修订数量”，所有这些指标均对创新绩效有正向作用，为正向指标。对科技成果下面的三级指标采用平均分配权重的方式，最终各三级指标权重均为 1.33%。

在“经济产出”二级指标中有 4 个三级指标，分别为“人均地区生产总值”、“每亿元 R&D 投入地区生产总值”、“地区生产总值增长率”和“工业产值利税率”。所有指标均为正向指标，仍然采取平均分配权重的方法，最终各三级指标权重均为 2%。

“结构优化”主要从高技术产业和服务业占地区经济比重的角度，考察科技创新对经济结构优化升级的作用。在“结构优化”二级指标中有 8 个三级指标，分别为“高新技术企业数”、“企业中有科技活动企业比重”、“以研发功能为主的外资法人企业数量”、“第三产业增加值占地区生产总值比重”、“高技术产业增加值占工业增加值比重”、“生产性服务业增加值占地区生产总值比重”、“企业新产品销售收入占主营业务收入比重”和“高新技术产品出口占地区出口的比重”，这 8 个三级指标也全部为正向指标，对其进行平均分配权重，最终各三级指标权重为 1.5%。

最后一个二级指标“绿色发展”从节能减排及污染物治理的角度测度科技创新对首都绿色发展的作用。该二级指标下面有 4 个三级指标，分别为“万元地区生产总值水耗”、“万元地区生产总值能耗”、“城市污水处理率”以及“生活垃圾无害化处理率”，其中“万元地区生产总值水耗”和“万元地区生产总值能耗”为绿色发展的逆向指标，对其取倒数进行逆指标处理，然后采取平均赋权的方式分配权重，得到各三级指标的权重为 2%。

从指标个数来看，“创新绩效”一级指标由 4 个二级指标和 25 个三级指标构成，其中“科技成果”和“结构优化”下面的三级指标总计 17 个，占“创新绩效”三级指标数量的 68%；从指标权重来看，“创新绩效”一级指标的权重为 40%，其中“科技成果”和“结构优化”两个二级指标占总指数的权重合计为 24%，相当于“创新绩效”指标的 60%。可见，本指标体系突出体现了科技创新的直接成果和对产业结构优化升级的重要作用，体现了科技创新和技术进步作为优化经济结构和转变经济发展方式的中心环节和重要支撑力量的特点。指标框架如表 5-1 所示。

二、指标含义

关于创新过程的阶段，国内外许多学者对此进行了深入的研究。熊彼特最早提出了创新理论，他的理论可将创新过程概括为“发明—创新—扩散”三阶段，创新的过程开始于发明创造，通过创新的示范作用，使创新成果推广、扩散，进而引起全社会利用和掌握创新成果，最终导致全社会经济质量的提高。在此基础上，将创新过程划分为科技资源投入转化为科技成果、科技成果转化为经济社会效益两个过程，用科技创新有效性

表5-1 创新绩效指标构成及权重

一级指标	权重	二级指标	权重	三级指标	指标方向	权重
创新绩效	40%	科技成果	12.00%	每万名R&D人员发表科技论文数	正	1.33%
				每万名R&D人员出版科技著作数	正	1.33%
				国外主要检索工具收录科技论文数	正	1.33%
				每亿元R&D经费PCT专利数	正	1.33%
				每亿元R&D经费发明专利授权量	正	1.33%
				每万人发明专利拥有量	正	1.33%
				每亿元R&D经费技术合同成交额	正	1.33%
				每亿元R&D经费技术出口额	正	1.33%
				技术标准制、修订数量	正	1.33%
		经济产出	8.00%	人均地区生产总值	正	2.00%
				每亿元R&D投入地区生产总值	正	2.00%
				地区生产总值增长率	正	2.00%
				工业产值利税率	正	2.00%
		结构优化	12.00%	高新技术企业数	正	1.50%
				企业中有科技活动企业比重	正	1.50%
				以研发功能为主的外资法人企业数量	正	1.50%
				第三产业增加值占地区生产总值比重	正	1.50%
				高技术产业增加值占工业增加值比重	正	1.50%
				生产性服务业增加值占地区生产总值比重	正	1.50%
				企业新产品销售收入占主营业务收入比重	正	1.50%
				高新技术产品出口占地区出口的比重	正	1.50%
		绿色发展	8.00%	万元地区生产总值水耗	逆	2.00%
				万元地区生产总值能耗	逆	2.00%
				城市污水处理率	正	2.00%
				生活垃圾无害化处理率	正	2.00%

和成果转化有效性来衡量科技创新的绩效。本章采用“科技成果”、“经济产出”、“结构优化”和“绿色发展”来反映创新绩效，旨在反映北京“高端引领、创新驱动、绿色发展”的战略目标。

其中，“科技成果”是指科技创新活动的直接产出成果，科技成果的内容主要包括科技论文、著作、专利以及技术标准等，因此“科技成果”二级指标下主要采取了一些反映论文数、著作数、专利数、技术标准数等指标，同时由于技术合同成交与出口的标的多为各种“科技成果”，因此在我们的指标框架中也将这部分指标放入其中。

推动科技创新的目标之一就是实现经济又好又快地发展，因此科技创新的绩效一定

程度上表现在促进地区经济发展上，在本章设计的指标体系中，“经济产出”二级指标下面包含了一些体现经济规模、质量和增长速度方面的指标，主要有人均地区生产总值、每亿元R&D投入地区生产总值、地区生产总值增长率、工业产值利税率等三级指标。

结构优化，即产业结构优化，包括推动产业结构合理化和产业结构高级化两个目标，其中产业结构高级化是指通过技术进步，使产业结构整体向更高层次不断演进。高技术产业和服务业发展水平是反映一个城市产业结构的重要内容，因此对高技术产业和服务业的评价是创新绩效评价的一项重要工作，同时，企业作为技术创新的主体，积极开展新技术新产品的研究开发和应用，对经济结构的调整发挥着重要作用，因此在结构优化里面还包含有科技活动的企业比重指标。

绿色发展要求加强资源高效利用和资源节约，重视环境保护与清洁化生产，是经济与社会永久性可持续的发展。创新的重要地位不仅体现在对经济增长和经济结构的优化上，还表现在科技创新引发的资源能源节约、生态环境改善等经济社会绿色可持续发展上，因此在本章的创新绩效中主要采用了能耗、水耗及污水和生活垃圾治理等绿色发展指标。

第二节　首都科技创新绩效测算结果分析

“十一五”期间，北京成功举办了一场“无与伦比”的奥运会，在加快创新型城市建设中有几个重要的标志性事件。第一，与国家有关部门联合实施“科技奥运行动计划”，2000余项科技成果在奥运建设中得到应用，一批奥运科技成果在全国得到推广应用；第二，国务院批复中关村建设国家自主创新示范区，开展一系列先行先试的试点政策，成为加快创新型城市建设的重要动力；第三，发布“科技北京行动计划”和“‘十二五’科技北京发展建设规划”，实施全面对接、科技振兴产业和科技支撑民生工程，加快以中关村为核心的区域创新体系建设。从测算结果来看，除个别年份由于宏观经济状况等原因略有下降外，北京的科技创新绩效整体呈稳步上升趋势。

一、创新绩效总得分情况

根据“首都科技创新发展指数体系”，北京2005～2010年创新绩效指数测算结果如图5-1所示。

从图中可以看出，以2005年的60分为基准，到2010年北京“创新绩效”得分增长为77.47分，年均增长3.49分。2008年的科技创新绩效得分较上一年有所下降，下降幅度为0.71分，这一现象主要是由于“经济产出”和“结构优化”两个二级指标得分在2008年下降造成的，其原因可能是始于2008年的国际金融危机，导致了国内经济增长速度放缓，使得高技术产业及服务业发展受到一定冲击。2008年之后，“创新绩效”得分又开始稳步提升，基本上保持每年3～4分的增幅。

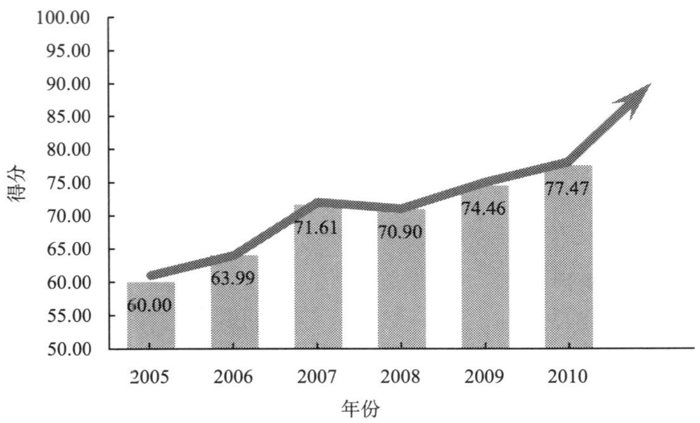

图 5-1　2005～2010 年北京创新绩效总得分

整体而言，2005～2010 年北京科技创新绩效水平一直向好，但是与北京科技发展总体水平相比较，仍然暴露出一定的问题。2010 年，北京科技创新绩效得分比当年总指数（81.59 分）少 4.12 分，由此表明首都科技发展仍有较大的提升空间。从分指标得分来看，创新绩效的二级指标之间也存在一定差距，科技产出和结构优化得分相对较低，有待进一步提升。

下面，将进一步从二级指标得分情况，分析北京科技创新绩效发展状况，如图 5-2 所示。

由于本次测算采用的是“均值-标准差法”进行无量纲化处理，并且设定 2005 年为参考年，因此，2005 年创新绩效得分的 4 个二级指标得分都设定为基准分 60 分，因此 2005 年的创新绩效得分雷达图呈现为正菱形。

2006 年的雷达图显示，4 个二级指标得分均有较大提高，尤其是绿色发展指标，增幅为 5.51 分。另外 3 个二级指标增幅虽没有这么大，但也都超过了 3 分。

2007 年的雷达图显示，科技成果得分增长幅度最大，由 2006 年的 63.16 分，增长为 75.36 分，增长了 12.2 分；其次为结构优化得分，结构优化增长到 70.82 分，较上一年增幅达 6.52 分。其他两个指标——绿色发展和经济产出也在稳步增长，较上一年增长幅度分别为 5.59 分和 4.4 分。

2008 年的雷达图显示，4 个二级指标得分的差距开始明显增大，经济产出得分相对其他指标较低。2008 年得分最高的二级指标为科技成果，得分为 77.42 分，较上一年增长了 2.06 分；最低得分指标为经济产出，得分为 59.06 分，较上一年下降了 8.59 分；导致 2008 年最高得分和最低得分之间相差了 18.36 分。此外，2008 年的结构优化指标得分也有所下降，降为 69.38 分，而绿色发展指标得分增长了 4.11 分。

2009 年的雷达图显示，科技成果和绿色发展同另外两个二级指标差距更加明显。具体来看，科技成果和绿色发展两个二级指标分别得分 81.96 分和 76.81 分，较上一年增长了 4.54 分和 1.6 分。从图 5-2 中不难发现，2009 年增幅最大的二级指标为

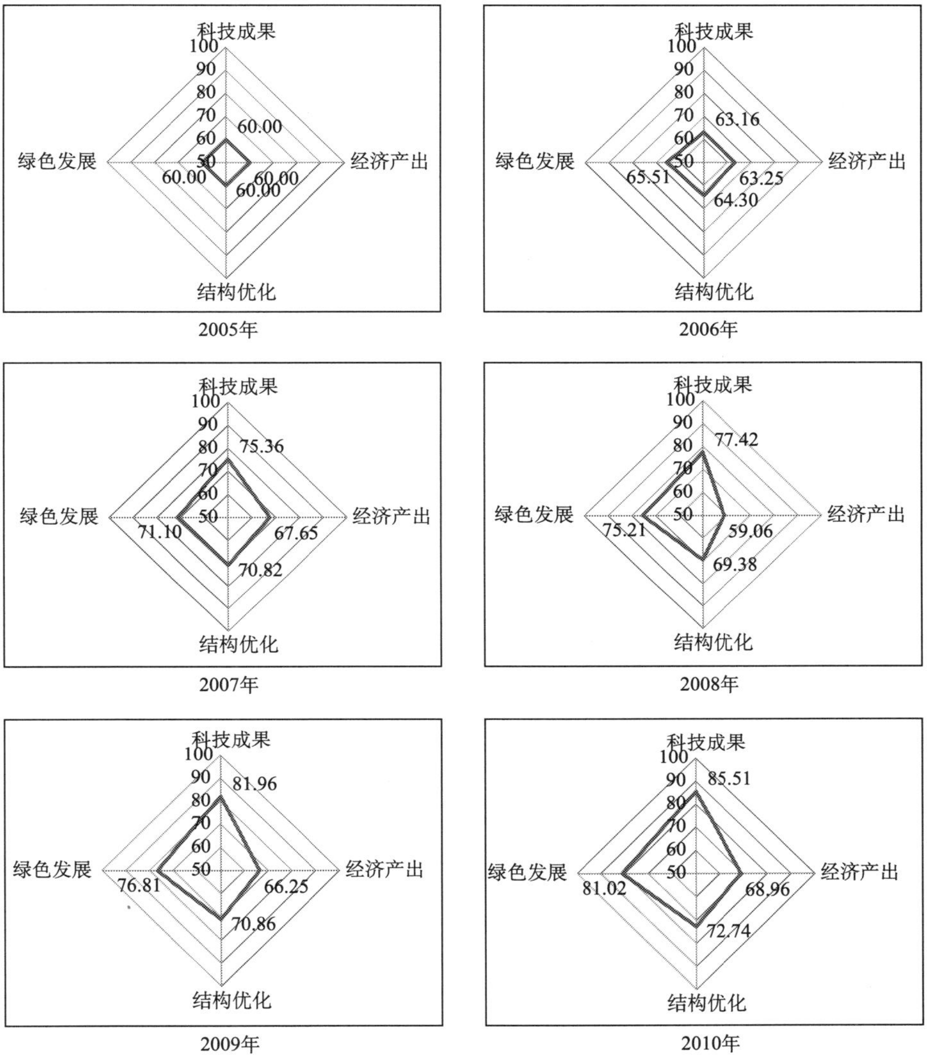

图 5-2　2005～2010 年北京各年创新绩效雷达图

经济产出，较上一年增幅为 7.19 分，结构优化得分由上一年的 69.38 分增长为 70.86 分。

2010 年的雷达图显示，科技成果、经济产出、结构优化和绿色发展的得分分别为 85.51 分、68.96 分、72.74 分和 81.02 分，其中得分最高的科技成果比得分最低的经济产出分数高出 16.55 分。从图中数据可见，2010 年增幅最大的二级指标为绿色发展，较上一年增长了 4.21 分，其次为科技成果增长了 3.55 分。

二、科技成果测算结果

从前面的分析中不难发现：科技成果得分在 4 个二级指标中一直保持领先地位，即使受到国际金融危机的冲击仍保持每年递增的态势，其中 2007 年的增幅最大，较上一年增长了 12.2 分，同时科技成果也是创新绩效中率先突破了 75 分和 80 分的二级指标，如图 5-3 所示。

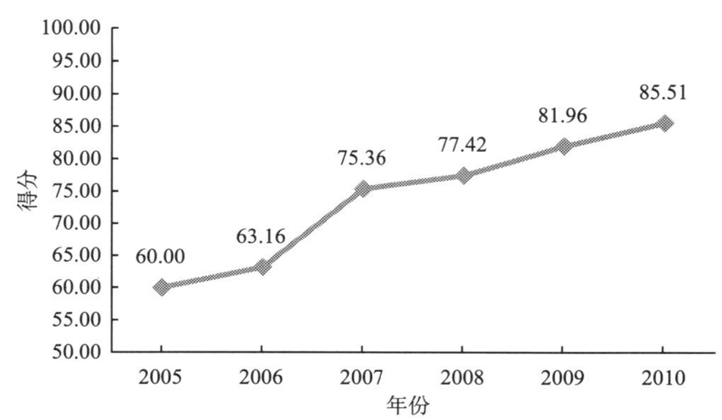

图 5-3　2005～2010 年北京科技成果得分情况

从三级指标来看，2005～2010 年，“国外主要检索工具收录科技论文数”、“每亿元 R&D 经费 PCT 专利数”、“每亿元 R&D 经费发明专利授权量”、“每万人发明专利拥有量”、“每亿元 R&D 经费技术合同成交额”以及“每亿元 R&D 经费技术出口额”等一直保持较好的增长势头，如表 5-2 所示。

表 5-2　2005～2010 年北京科技成果部分指标情况

指标	单位	2005 年	2006 年	2007 年	2008 年	2009 年	2010 年
国外主要检索工具收录科技论文数	篇	34 674	36 578	41 162	48 076	48 554	—
每亿元 R&D 经费 PCT 专利数	件	0.75	0.95	1.11	1.14	1.04	1.55
每亿元 R&D 经费发明专利授权量	件	9.10	8.92	9.55	11.77	13.70	13.64
每万人发明专利拥有量	件	—	8.42	11.28	11.99	16.40	23.87
每亿元 R&D 经费技术合同成交额	亿元	1.14	1.61	1.75	1.87	1.85	1.92
每亿元 R&D 经费技术出口额	万元	2 197.88	2 324.76	4 173.48	4 275.11	5 568.67	7 113.01

资料来源：《中国科技统计年鉴》《专利统计年报》《北京统计年鉴》等。

其中，2010 年“每万人发明专利拥有量”指标值为 23.87 件，年均增长幅度为 3.86 件，在全国处于领先地位。2010 年增长幅度最大，较上一年增长了 7.47 件(图 5-4)。

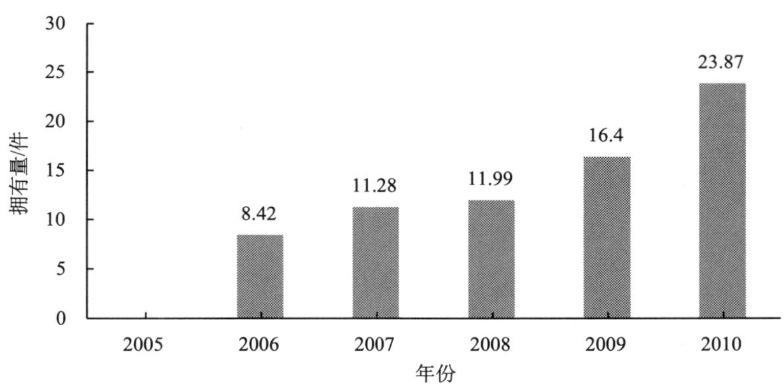

图 5-4 2005～2010 年北京“每万人发明专利拥有量”变化趋势图

资料来源：《专利统计年报》《北京统计年鉴》等。

“每亿元 R&D 经费技术出口额”增长趋势也十分明显，年均增长幅度为 983.03 万元，由 2005 年 2197.88 万元稳步上升为 2010 年的 7113.01 万元，其中，2007 年增长幅度最高，较上一年增长了 1848.72 万元，如图 5-5 所示。

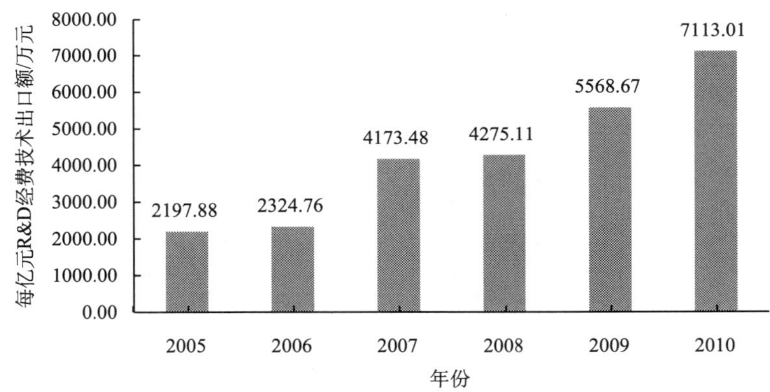

图 5-5 2005～2010 年北京“每亿元 R&D 经费技术出口额”变化趋势图

资料来源：《中国科技统计年鉴》《北京统计年鉴》等。

另外，2010 年北京“每亿元 R&D 经费 PCT 专利数”为 1.55 件，年均增长为 0.16 件，“每亿元 R&D 经费技术合同成交额”也保持强劲的增长势头，年均增长 0.16 件。可见，北京在科技投入直接转化成科技成果以及科技成果通过技术交易市场扩散方面取得的成绩是十分显著的，北京作为全国科技资源聚集地，具有较高的科技投入产出效率。

三、经济产出测算结果

在经济产出方面，2005～2010 年北京保持着稳中有进的趋势。从图 5-6 中可见，2005～2007 年经济产出水平持续升高，其中 2007 年较上一年增长了 4.4 分；2008 年经济产出水平受国际国内因素影响，下降为 59.06 分，但随后又开始强势反弹，2009 年较上一年增长了 7.19 分，2010 年该指标得分为 68.96 分。

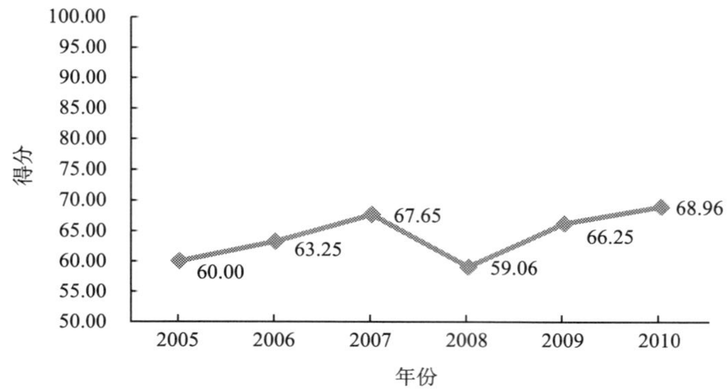

图 5-6　2005～2010 年北京经济产出得分情况

从三级指标来看，2010 年“北京人均地区生产总值”、“每亿元 R&D 投入地区生产总值”和“工业产值利税率”均较 2005 年有所上升。在经济增长速度方面，2005～2010 年北京经济增长一直保持较高的增长水平，如表 5-3 所示。

表 5-3　2005～2010 年北京经济产出指标情况

指标	单位	2005 年	2006 年	2007 年	2008 年	2009 年	2010 年
人均地区生产总值	元/人	45 993	52 054	61 274	66 797	70 452	75 943
每亿元 R&D 投入地区生产总值	万元	548.20	533.38	513.25	495.14	550.18	582.29
地区生产总值增长率	%	12.1	13	14.5	9.1	10.2	10.3
工业产值利税率	%	9.83	10.33	10.94	9.01	11.50	12.04

资料来源：《中国科技统计年鉴》《北京统计年鉴》等。

北京由于良好的经济基础，再加上较高的地区生产总值增长率，从而形成了较高的人均地区生产总值。从表 5-3 可以看到，北京“人均地区生产总值”一直呈增加趋势，但是每年增长幅度有所不同，如图 5-7 所示。

此外，北京的“工业产值利税率”每年稳步提升，2005～2010 年该指标年均增长为 0.44 个百分点。然而，北京“每亿元 R&D 投入地区生产总值”变化趋势却并不明

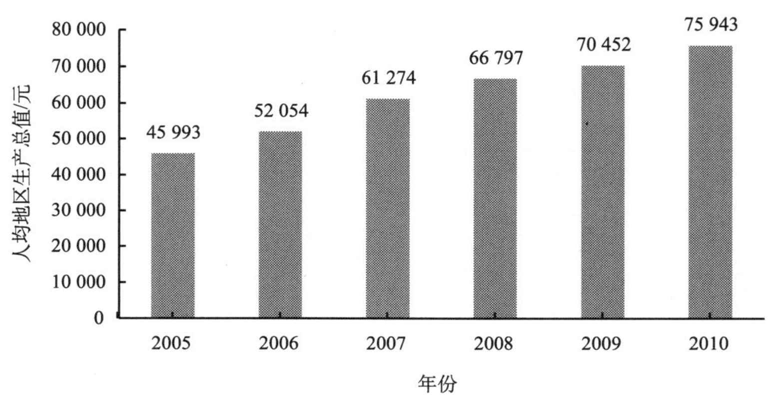

图 5-7　2005～2010 年北京“人均地区生产总值”变化趋势图

资料来源：《北京统计年鉴》等。

显，2007 年和 2008 年较上一年均有所下降，随后开始转降为升，并有持续上升的趋势。

四、结构优化测算结果

从图 5-8 中可以看出，北京“结构优化”指标整体得分一直不高，基本维持 60～73 分，其中，2008 年得分有所下滑，较上一年低了 1.44 分。2009 年又开始上升，2010 年达到 5 年来的最高值 72.74 分。

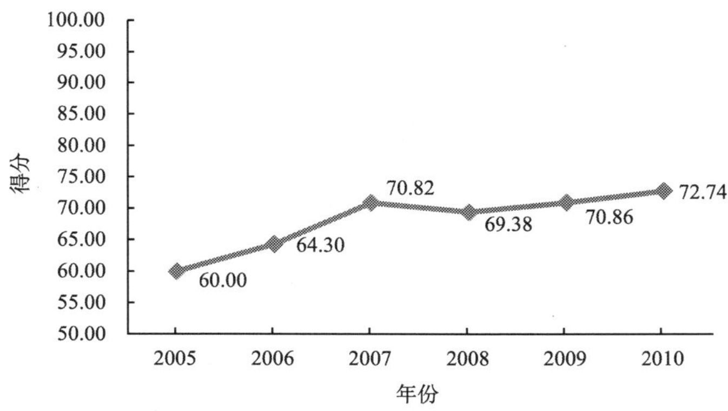

图 5-8　2005～2010 年北京结构优化得分情况

从三级指标来看，结构优化下的各三级指标虽略有波动，但整体增长趋势相对平稳，具体见表 5-4 所示。

表 5-4　2005～2010 年北京结构优化部分指标情况

指标	单位	2005 年	2006 年	2007 年	2008 年	2009 年	2010 年
以研发功能为主的外资法人企业数量	个	191	242	286	330	345	373
第三产业增加值占地区生产总值比重	%	69.60	68.90	73.50	75.40	75.50	75.10
高技术产业增加值占工业增加值比重	%	31.00	32.90	33.70	41.80	34.10	32.30
生产性服务业增加值占地区生产总值比重	%	40.21	42.00	44.94	48.18	46.71	47.51
企业新产品销售收入占主营业务收入比重	%	16.23	17.64	29.26	29.08	21.81	21.91
高新技术产品出口占地区出口的比重	%	31.50	36.60	36.70	33.20	36.20	34.90

资料来源：《中国科技统计年鉴》《北京统计年鉴》等。

从表 5-4 还可以看出，北京第三产业和高技术产业相关指标占比均较高，下面以“第三产业增加值占地区生产总值比重”和“高技术产业增加值占工业增加值比重”两个指标为例，具体分析其变化情况。

北京“第三产业增加值占地区生产总值比重”2005～2010 年一直处于较高位置，大多处于 70%～80%，且基本稳定，除了 2006 年和 2010 年较前一年略有下降外，其他年份均保持了小幅增长。“高技术产业增加值占工业增加值比重”在 2005～2008 年呈逐步增加趋势，到 2008 年达到最大值 41.8%，随后有所下降，到 2010 年下降为 32.3%，尽管如此，北京的高技术产业增加值占工业增加值比重仍然远远高于全国平均水平，同样第三产业增加值占地区生产总值比重也是如此（图 5-9）。

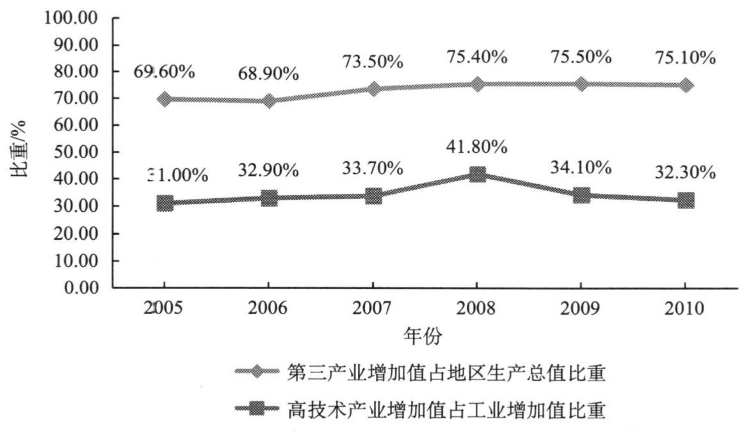

图 5-9　2005～2010 年北京“第三产业增加值占地区生产总值比重”及“高技术产业增加值占工业增加值比重”变化趋势图

资料来源：《北京统计年鉴》等。

可见，造成北京“结构优化”得分较低的原因可能是，北京作为全国服务业和高技术产业发展最为发达的地区之一，本身的结构优化指标较全国其他地方已经很高，加之北京经济发展已经进入产业结构的深度调整时期，主要集中于发展各产业的高端环节，

第三产业比重的提高空间有限，因此进一步保持高速增长难度较大；但是不能因此忽略对结构优化的重视程度，今后北京还应该大力发展高技术产业和服务业，加快经济发展方式转型，实现首都经济社会又好又快发展。

五、绿色发展测算结果

从图 5-10 中，不难发现北京“绿色发展”指标得分一直呈直线增长，以 2005 年得分 60 分为基准，2007 年突破 70 分，到 2010 年已经达到 81.02 分。从增长幅度来看，除 2009 年增幅较小外，其他年份均较前一年增长 4 分以上。

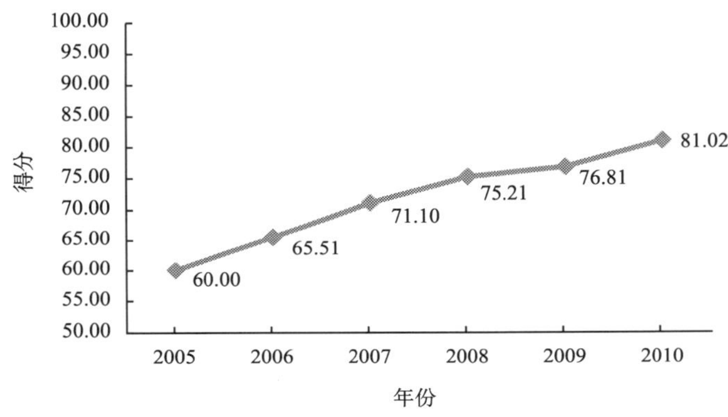

图 5-10　2005～2010 年北京绿色发展得分情况

从三级指标来看，北京“万元地区生产总值水耗”、“万元地区生产总值能耗”两个逆指标在 2005～2010 年均有大幅下降，年均降幅 4.91 立方米和 0.06 吨标准煤，尤其是“万元地区生产总值水耗”从 2005 年的 49.5 立方米下降到 2010 年的 24.94 立方米，几乎下降了一半。其中 2006 年下降幅度最大，较上一年下降了 7.25 立方米，如表 5-5 所示。从六年的时间跨度来看，“万元地区生产总值水耗”一直呈下降趋势，可以相信这种趋势还将延续，对首都绿色可持续发展做出更大贡献，如图 5-11 所示。

表 5-5　2005～2010 年北京绿色发展指标情况

指标	单位	2005 年	2006 年	2007 年	2008 年	2009 年	2010 年
万元地区生产总值水耗	立方米	49.5	42.25	35.34	31.58	29.92	24.94
万元地区生产总值能耗	吨标准煤	0.79	0.73	0.64	0.57	0.54	0.49
城市污水处理率	%	62.4	73.8	76.2	78.9	80.3	81
生活垃圾无害化处理率	%	96	92.5	95.7	97.7	98.2	96.9

资料来源：《北京统计年鉴》等。

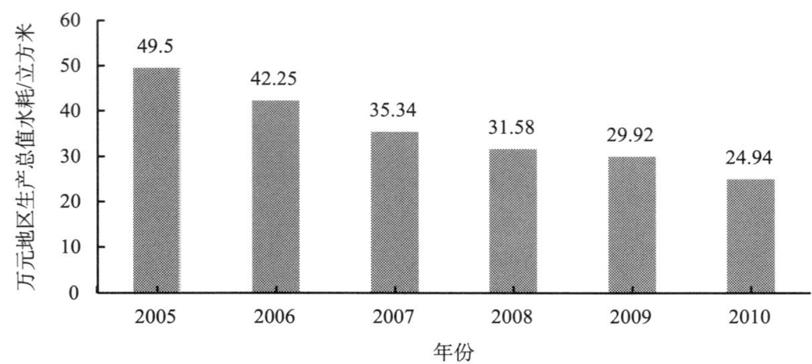

图 5-11　2005～2010 年北京“万元地区生产总值水耗”变化趋势图

资料来源：《北京统计年鉴》等。

可见，以 2005 年 60 分为基础，北京 2010 年绿色发展得分能够达到 81.02 分，“万元地区生产总值水耗”和“万元地区生产总值能耗”指标的作用非常突出。另外，北京的“城市污水处理率”和“生活垃圾无害化处理率”虽然增长率不高，但其水平处于全国领先位置，对首都的绿色发展也是不可或缺的重要因素。

第六章　国际城市比较

目前，科技创新活动早已跨越国界，进入一个全球化或国际化的时代。相应地，建设创新型城市，也成为当前世界城市发展的共同选择。为了进一步认识世界城市发展的趋势，明确北京在世界城市发展中的相对位置，本章采用对标研究方法，设计了一套科技创新发展的国际城市比较指标框架，对全球 10 个世界性城市科技创新发展水平进行比较与分析。

第一节　指 标 框 架

一、对标研究与基准比较方法

对标（benchmarking）研究的基本思想是通过规范且连续的比较分析，帮助研究主体寻找、确认、跟踪、学习并超越自己的竞争目标。对标对象的选取主要从与主体城市的经济社会发展水平、地理位置、科技创新水平以及城市发展阶段等方面考虑。

结合北京的具体情况，本研究确定了相应的城市选取原则：一是世界性，选择在世界上具有重要影响的城市，通过研究和对标可以学习其发展经验；二是同类借鉴，在国际都市中优先选取兼为重要国家首都的城市；三是数据可得，选择数据资料充分且数据质量可以支持国际比较研究的城市。

根据以上选取原则，本研究确定了 9 个对标城市，分别为纽约、伦敦、巴黎、莫斯科、东京、首尔、新加坡、香港和圣保罗。需要说明的是，尽管课题组在城市选取、指标采集等方面做了大量的工作，但对城市科技创新的国际比较研究尚属探索阶段，由于主客观条件限制，特别是可比数据难以获得，一些代表性国家（如印度、墨西哥等新兴市场国家）的重要城市最后不得不放弃。指标和数据的局限性使得本章不可能完全反映真实情况，研究结果和指数排名仅供参考，并希望在未来的工作中能够有所突破。

二、指标选取与数据来源

关于指标选取（表 6-1）。本指标框架在认真研究和借鉴中国社会科学院城市与竞争力研究中心发布的《全球城市竞争力报告》中相关指标体系的基础上确定的。一级指标分为创新能力、创新环境和创新收益。创新能力中包括专利数、科技公司指数和科技园区；创新环境包括金融公司指数、文化公司指数、政府公共治理指数、跨国公司联系度、自由度指数、互联网服务器和大学指数；创新收益中选取了与 GDP 相关的三个指标，分别为人均 GDP、GDP 增长和地均 GDP。其中科技公司指数、金融公司指数、文化公司指数均是根据福布斯 2000 样本企业，通过 GaWC 指数拟合而成；跨国公司联系度来自福布斯 2000 公司网站；大学指数的计算方法为第一名 100 分，第 5000 名 50 分，中间进行平均，再在每一个城市进行加总。

表 6-1　国际城市科技创新发展指数指标框架

一级指标	一级指标权重	二级指标	二级指标权重	指标来源
创新能力	30%	专利数	10.00%	世界知识产权组织（WIPO）
		科技公司指数	10.00%	世界科技公司网站
		科技园区	10.00%	www. iasp. ws
创新环境	40%	金融公司指数	5.71%	世界金融公司网站
		文化公司指数	5.71%	世界文化公司网站
		政府公共治理指数	5.71%	Global Integrity Index
		跨国公司联系度	5.71%	福布斯 2000 公司网站
		自由度指数	5.71%	美国传统基金会和《华尔街日报》编制的《全球经济自由度指数报告》
		互联网服务器	5.71%	国际互联网服务器网站
		大学指数	5.71%	世界大学排名网站（Webometrics Ranking）
创新收益	30%	人均 GDP	10.00%	世界银行数据（WDI）
		GDP 增长	10.00%	世界银行数据（WDI）
		地均 GDP	10.00%	世界银行数据（WDI）

关于权重划分。由于创新能力、创新环境和创新收益三个方面都很重要，考虑到每个部分包括的指标数量，采用二级指标内部均分方法计算权重，创新能力、创新环境和创新收益的权重分别为 30%，40%和 30%，创新能力内部的 3 个指标即专利数、科技公司指数和科技园区均为 10%，创新环境内部的 7 个指标权重均为 5.71%，创新收益内部 3 个指标的权重均为 10%。

关于指标数据来源。数据质量至关重要，课题组在认真研究了世界银行数据（WDI），世界知识产权组织数据（WIPO）等国际机构数据和权威网站基础上，结合各国的实际情况，确立了统计上相对合适、可比性强的统计标准。

第二节　测算结果及分析

根据国际城市创新发展指标体系和各项指标数据，按照首都科技发展指数的横向指标测算方法，本章得到了全球 10 大国际型大都市的科技创新发展总指数及其分项指标的得分和排名，如表 6-2 所示。其中，在测算中纽约市充当标杆作用，其得分 100 分为基准分。

表 6-2　2010 年国际城市科技创新发展指数测算结果

城市	所属国家	所在大洲	总指数		创新能力		创新环境		创新收益	
			得分	排名	得分	排名	得分	排名	得分	排名
纽约	美国	北美洲	100.00	1	100.00	4	100.00	1	100.00	1
伦敦	英国	欧洲	95.53	2	161.81	1	82.43	3	46.72	2
东京	日本	亚洲	89.88	3	159.87	2	90.24	2	19.41	7
巴黎	法国	欧洲	59.37	4	69.43	7	75.47	4	27.84	4
北京	中国	亚洲	56.39	5	126.29	3	36.26	8	13.32	9
新加坡	新加坡	亚洲	47.53	6	55.35	8	49.08	6	37.66	3
首尔	韩国	亚洲	45.85	7	72.81	6	41.89	7	24.17	5
香港	中国	亚洲	42.38	8	49.93	9	55.83	5	16.91	8
莫斯科	俄罗斯	欧洲	41.85	9	84.92	5	25.49	9	20.61	6
圣保罗	巴西	南美洲	15.96	10	37.76	10	25.29	10	−18.27	10

资料来源：详见表 6-1 中指标及指标来源；表中数据均为 2010 年度数据。

一、总结果分析

全球 10 大国际城市的总得分情况如图 6-1 所示。

从总测算结果看，北京在科技创新发展能力方面，在 10 个城市中处于中等水平。

第一，整体来说，国际城市科技创新能力非均衡特征明显。从总指标上看，排名前 5 名的城市分别为纽约、伦敦、东京、巴黎和北京。其中纽约和伦敦指数值均在 95 分以上，北京虽排在第五名，得分仅为 56.39 分，与前 4 位相比存在一定差距。排名后 5 位的城市分别为新加坡、首尔、香港、莫斯科和圣保罗。其中圣保罗最低，仅为 15.96 分。由此可见，就整体而言，国际城市科技创新能力呈非均衡发展特征，北京处于中等水平，但与纽约、伦敦相比，仍存在较大的进步空间。

第二，从发展阶段看，城市创新水平与国家经济发展水平高度相关。从测算结果来看，经济实力雄厚、经济发达地区如美国、英国、日本、法国等国家的城市科技创新水平高，新兴市场国家如新加坡、韩国、俄罗斯和中国等城市的科技创新水平相对较低，

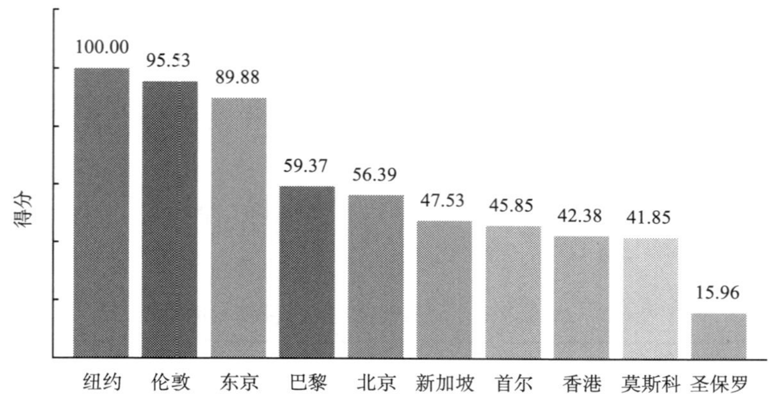

图 6-1　2010 年国际城市创新发展指数总得分情况

而经济发展相对落后的地区如巴西首都圣保罗的科技创新水平最弱。由此可见，国际城市科技创新水平与国家的经济发展水平是高度正相关的。

第三，从空间层次看，城市科技创新水平梯度分布特征显著。从测算结果来看，北京处于科技创新发展水平的中间梯队。美国、英国、法国等位于欧美国家的首都创新能力最强，处于第一梯队。新加坡、韩国、俄罗斯和中国等亚洲国家的城市则处于第二梯队，而处于南美洲地区的巴西首都圣保罗则处于弱势地位。因此，就整体而言，空间层次清晰，存在明显的地区梯队分布特征。

第四，就北京而言，科技创新水平处于承上启下的关键区间。从测算结果来看，北京排名第五，得分为 56.39 分，处于中等水平。通过对比分析，总得分领先的世界城市：纽约、伦敦、东京、巴黎，是北京的学习目标，通过了解它们在创新能力、创新环境和创新收益方面的经验和做法，能够帮助北京实现科技创新方面的跨越式发展。总得分接近，在某些方面表现突出的国际城市：新加坡、香港、首尔，这些城市是北京的竞争对手，通过比较，可以进一步发现北京在全球科技创新中的位置，从而更加激励北京发挥自身优势，扬长避短，加快发展。总得分相对落后的城市：莫斯科、圣保罗，通过对比，可以发现它们在某些方面有优势，从而通过参考帮助北京更为全面地提升科技创新发展水平。

二、各级指标测算结果

各项分指标的测算结果如图 6-2 所示。可以直观看出，纽约在创新能力、创新环境和创新收益三方面发展全面，得分均为 100；伦敦、巴黎、莫斯科、北京、东京、首尔、新加坡和圣保罗这 9 个城市在三个方面的得分呈递增趋势，发展趋势为创新收益最低，其次为创新环境，最高为创新能力；但香港的得分趋势为创新环境最高，创新能力其次，创新收益最低。北京在创新能力方面处于相对优势地位，而创新环境和创新收益

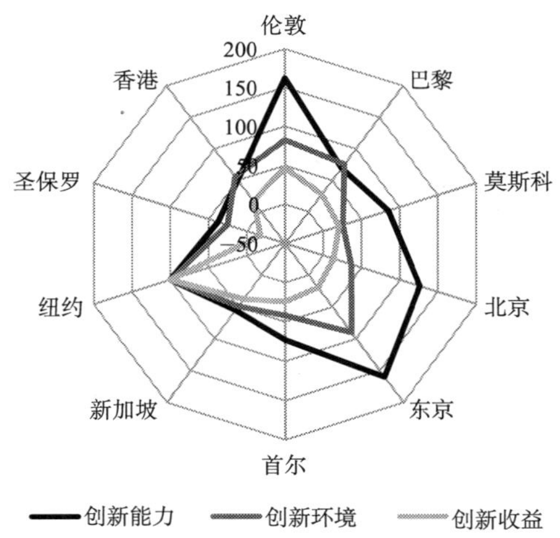

图 6-2 2010 年国际城市创新发展指数分指标雷达图

两个方面则处于相对劣势地位。

(一) 创新能力结果分析

创新能力反映了创新主体在研发投入、产出、平台建设等方面的实力，反映了一个城市的现实科技创新发展水平。本框架创新能力部分主要选取 3 个指标，分别为专利数、科技公司指数和科技园区。选取这些指标的原则：一是基于可操作性和可比性原则，由于全球城市数据获取难度大，必须寻找统计口径和统计范围一致的指标来衡量；二是考虑指标要能够反映创新能力的内涵，即从创新主体出发，要反映研发的投入与产出。因此，选取这 3 个指标作为代表来反映创新主体在研发和创新成果等方面的能力。

表 6-3 2010 年国际城市创新能力得分及排名分析

城市	专利数	科技公司指数	科技园区	得分	排名
伦敦	96 716	284	2	161.807	1
东京	115 326	282	1	159.870	2
北京	34 954	169	4	126.288	3
纽约	25 859	333	2	100.000	4
莫斯科	4 827	224	3	84.92	5
首尔	34 182	215	1	72.805	6
巴黎	23 952	264	1	69.427	7
新加坡	5 634	291	1	55.345	8
香港	3 446	266	1	49.929	9
圣保罗	973	192	1	37.757	10

资料来源：详见表 6-1 中指标及数据来源。

为了更加直观地分析10个城市在创新能力方面的排名和得分情况，用柱状图6-3表示。

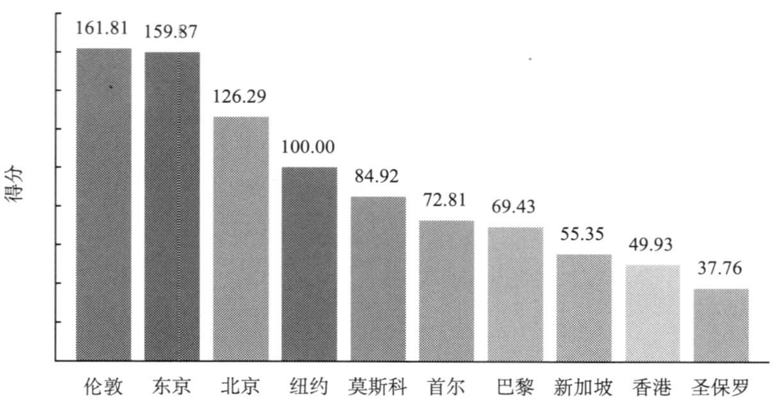

图6-3　2010年国际城市创新能力得分排名

通过分析表6-3和图6-3，可以发现北京在创新能力方面具有一定的特点。

一是就得分而言，各城市在创新能力方面得分差距较大，北京的创新能力水平较高。创新能力指标得分可为三个区间：得分在150分及以上的城市为伦敦和东京，100～150分的城市为北京和纽约，得分在50～100分的城市为莫斯科、首尔、巴黎、新加坡，得分在50分以下的城市为香港和圣保罗。

二是就排名而言，北京创新能力排名第三，仅次于伦敦和东京，高于纽约和巴黎等城市，这说明北京在创新能力指标方面具有一定的优势。究其原因，由于采取一级指标内部均分方法，因此各项二级指标的权重全部相同，原始数值的大小就成为影响最终得分的关键因素。从表中可以看出，北京在专利数和科技园区方面具有明显优势，尤其是科技园区比其他城市都多，这主要因为北京地区汇集了全国的优势科教资源，近年来北京市积极推进自主创新战略，依托北京丰富的科教资源优势，充分发挥国家级自主创新示范区的龙头作用，营造了创新创业的良好环境，首都创新能力得到不断提升。

（二）创新环境结果分析

创新环境主要反映一个城市在经济、文化、教育、政府支持、国际联系等多方面对促进科技创新提升提供的服务和支持。测算证明，良好的科技创新环境和氛围是促进科技创新能力提升的重要条件。

表6-4　2010年国际城市创新环境得分及排名

城市	金融公司指数	文化公司指数	政府公共治理指数	跨国公司联系度	自由度指数	互联网服务器	大学指数	得分	排名
纽约	284	95	10	82 900 080	82	45	3 747	100.00	1
东京	208	54	10	78 502 192	74	50	4 889	90.24	2

续表

城市	金融公司指数	文化公司指数	政府公共治理指数	跨国公司联系度	自由度指数	互联网服务器	大学指数	得分	排名
伦敦	259	84	9	75 336 150	77	30	3 544	82.43	3
巴黎	210	56	9	62 975 842	66	40	4 119	75.47	4
香港	240	39	10	75 060 642	89	40	184	55.83	5
新加坡	198	46	10	75 611 626	86	20	697	49.08	6
首尔	134	36	9	52 638 222	69	20	2 445	41.89	7
北京	198	43	9	65 812 632	54	15	956	36.26	8
莫斯科	139	30	7	53 680 932	54	15	1 307	25.49	9
圣保罗	158	23	8	50 621 040	61	20	750	25.29	10

资料来源：详见表 6-1 中指标及数据来源。

为了更加直观地分析 10 个城市在创新环境方面的排名和得分情况，用柱状图 6-4 表示。

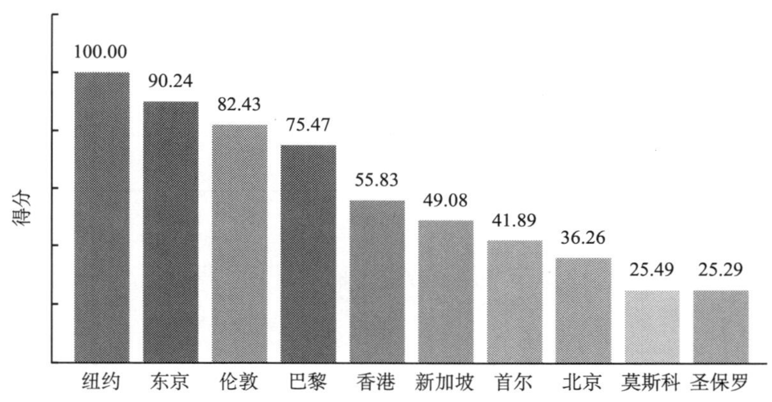

图 6-4　2010 年国际城市创新环境得分排名

通过分析表 6-4 和图 6-4，可以发现，北京在创新环境方面具有一定的特征。

一是就得分而言，北京处于劣势地位，得分仅为 36.26 分。通过对比，得分为 75～100 分的城市有纽约、东京、伦敦和巴黎，得分为 50～74 分只有香港，而得分在 50 分以下的城市有新加坡、首尔、北京、莫斯科和圣保罗。

二是就排名而言，北京排在倒数第三位，仅领先于莫斯科和圣保罗，创新环境相对落后。比较发现，北京的创新环境落后是下拉北京总排名的主要原因之一。从指标上来分析，跨国公司联系度和大学指数对创新环境的影响最大，而北京在这两项指标上明显落后。这是因为北京的高等院校资源虽然在我国属于领先地位，但是与世界上几大国际型都市相比，在数量上尤其是质量上还存在一定的差距；同时，北京在引进国外科技创新资源，发挥跨国公司在推动科技创新的积极作用方面与其他城市相比处于落后状态。

因此，北京的创新环境仍需进一步改善，今后应当更加关注创新环境的优化，尤其在营造良好的创新文化氛围，培育原始创新能力方面，还须进一步深化国际交流与合作。

（三）创新收益结果及排名

创新收益是反映一个城市科技创新转化为现实生产力水平的重要指标，是衡量科技创新经济影响力的关键指标。因此本章选取了与 GDP 相关的 3 个重要指标：人均 GDP、GDP 增长、地均 GDP。

表 6-5　2010 年国际城市创新收益得分及排名分析

城市	人均 GDP	GDP 增长	地均 GDP	得分	排名
纽约	63 724	0.02	671	100.00	1
伦敦	61 614	0.03	273	46.72	2
新加坡	32 568	0.07	210	37.66	3
巴黎	51 351	0.03	217	27.84	4
首尔	22 924	0.03	394	24.17	5
莫斯科	8 994	0.11	87	20.61	6
东京	46 754	0.01	274	19.41	7
香港	28 461	0.05	179	16.91	8
北京	7 551	0.12	10	13.32	9
圣保罗	7 326	0.06	52	−18.27	10

资料来源：详见表 6-1 中指标及数据来源。

为了更加直观地分析 10 个城市在创新收益方面的排名和得分情况，用柱状图 6-5 表示。

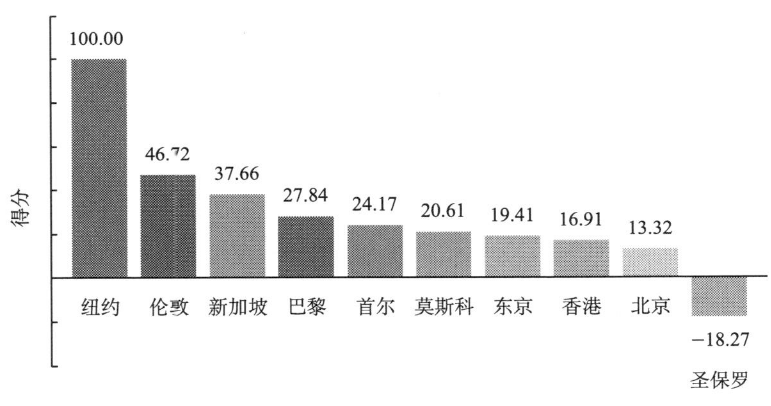

图 6-5　2010 年国际城市创新收益得分排名

通过表 6-5 和图 6-5 分析，可以看出，北京在创新收益方面呈现如下特征：不管是排名还是得分，北京均处于劣势地位。北京的创新收益得分仅为 13.32 分，仅高于圣保

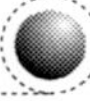

罗，排名倒数第二位，处于落后水平。可见，创新收益指标是影响北京总排名的首要因素。从具体指标上来分析，创新收益中的三个指标都与GDP有关，其中人均GDP影响最大。根据测算数据，北京的人均GDP仅为7551美元，与排名靠前的纽约、伦敦等城市相差甚远。由此可见，经济发展水平和经济总体实力的提高才是提高北京科技创新水平的基础和保障。因此，今后北京在不断加大科技创新投入的同时，更为重要的是提高创新收益，即提高创新转化为现实生产力的能力，使科技创新真正成为经济发展尤其是经济规模提高的动力支撑。

第七章　启示和建议

“十一五”时期是北京发展史上极不平凡的五年。北京市委、市政府深刻认识首都发展面临的新阶段、新形势、新任务和新要求，准确把握首都工作的特点和规律，深入学习实践科学发展观，成功举办了一届“无与伦比”的奥运盛会，圆满完成了新中国成立60周年庆祝活动筹办任务，积极应对国际金融危机冲击，首都经济实现重大跨越，社会民生得到显著改善，城市服务功能明显提升，城乡区域发展趋向协调，改革开放取得新的突破，有力推动了首都科学发展。

“十一五”时期也是本市全面贯彻落实《国家中长期科学和技术发展规划纲要》、科技发展取得重要成就的五年。北京市委、市政府把提高自主创新能力摆在全部科技工作的突出位置，从“科技奥运行动计划”到“科技北京行动计划”，从“绿色奥运、科技奥运、人文奥运”理念升华到“人文北京、科技北京、绿色北京”发展战略，全面加快建设创新型城市，积极构建创新驱动发展格局，中关村国家自主创新示范区建设取得新成效，全市自主创新能力明显提高，重大科技成果不断涌现，科技对经济社会发展的支撑引领作用显著增强，体制机制改革取得突破，创新创业环境日益完善，“十一五”时期科技发展规划确定的主要目标任务圆满完成，科技工作取得了新的历史性变化。

从课题组“首都科技创新发展指数”测算结果我们可以清楚地看到，北京地区的创新资源相对丰富，创新资源不断优化，创新环境不断改善，创新服务明显提升，创新绩效持续向好。但与此同时，北京科技创新发展还面临着一些亟须解决的突出问题，如创新资源配置效率有待进一步提高；企业技术创新动力和活力亟待加强；原始创新能力还比较薄弱，科技产出水平有待进一步提升；科技进步和创新对城市建设与管理、产业结构优化的贡献度还较低，创新绩效仍有很大的提升空间；创新能力和创新环境较其他世界城市仍存在一定差距。因此，我们必须科学判断世界科技发展趋势和准确把握经济社会发展需求，充分借鉴国内外发展经验，着力解决像北京这样特大型新兴世界级城市发展中面临的突出问题，以科技创新为导向，加快建设国家创新中心和中国特色世界城市进程，使科技创新更好地服务于首都建设和发展的大局，使首都经济社会走上“创新驱动、内生增长”可持续发展的轨道，全面支撑“人文北京”、“绿色北京”建设。围绕此目标，结合国际、国内和北京市的新形势和“十二五”时期“科技北京”发展建设的目标和要求，基于首都科技创新发展指数的研究和相应测度结果分析，提出以下建议。

第一节　统筹协调首都科技资源，实现协同创新、融合发展

一、树立“大科技”理念，加强科技资源统筹协调

加强统筹协调，进一步树立“大科技”的理念，从建设国家创新中心的战略高度来统筹部署，把首都科技资源都纳入国家创新中心这个大战略和创新生态系统中。加强科技创新与经济发展的宏观统筹，探索和完善科技、经济、产业、财税等部门的协同推进机制，促进科技成果转化和产业化，真正释放科技对经济社会发展的驱动力和潜能。积极探索社会主义市场经济条件下推动科技进步和创新的“举国体制”。充分发挥“中关村创新平台”的统筹协调和协同工作机制，“不求所有，但求所用”，促进中央和地方政策资源的整合，推动不同隶属关系、不同所有制和不同地区的科技资源实现融合发展，形成首都发展合力。积极探索发挥“央企、外资、民营、地方”等四大类资源整体效能的体制机制，不断引进新的创新资源和要素，以增量带动存量，突出对新兴民营创新主体的培育和支持，发挥这些创新主体的“鲶鱼效应”，激发传统创新资源的活力。

二、全面深化“以人为本”的理念，用人才带动创新要素的集聚

紧紧抓住“中关村人才特区”建设的利好机会，深入推进人才评价体系和激励机制改革与创新，充分尊重科技人才的价值追求，积极做好政策、空间、资本、市场、管理等方面的配套服务，吸引和培养一批战略科学家、科技领军人才、科技企业家和高科技创业团队，实现“人才引领产业”与“产业集聚人才”的良性互动，形成“引进一个人才、集聚一个团队、培育一个企业、带动一个产业”的链式效应，真正将北京打造成为世界高端人才聚集之都。全面深化“以人为本”理念转变，改革长期以来我国科研投入重“物”轻“人”的管理理念，从围绕“项目”向围绕“人才”转变，把更多精力放在充分发挥人才作用的机制建设上。围绕重大科技创新战略绘制世界人才地图，采用“定向引进＋自主培育”等方式，以人才为核心集聚创新要素。探索在高校、科研院所设立企业孵化器等模式，促进人才在高校、科研院所和企业之间的“柔性流动”。调动社会力量，建立起多元化的人才发展投入机制。

三、加强交流与合作，推动全球化和区域化协同创新

加强国际合作，推动开放创新和合作创新。充分整合和利用全球创新资源，提升企业和科研院所参与国际技术交流与合作的层次和水平。鼓励有实力的大型企业“走出去”，采取多种形式建立国际化的海外研发机构。支持企业通过国际并购获得发展所需的关键技术，提升整合利用全球研发创新资源的能力，拓宽国际化发展渠道。支持国际

学术组织、跨国公司和国外研发机构在京建立总部或分支机构，塑造中关村国际品牌。

加强国内合作，推进区域协同创新。促进区域纵深合作，完善首都经济圈产业创新生态系统，加强创新要素之间的合作与产业创新协作，完善政产学研用创新互动体系，探索要素配置与产业协作的适宜模式，共同承担重大项目建设，联合建设开发区，实现区域间产业要素的高效流动与优化配置。

第二节　积极营造良好创新氛围，努力打造深化改革先行区和创新创业栖息地

一、建设创新友好型政府，营造创新友好型市场

政府与市场是推进首都科技创新发展的两种主要“手段”。政府应当成为良好市场环境的监管者和社会公共服务的提供者，优化创新环境，弥补市场缺陷。建设“创新友好型政府”，努力培育“创新为荣、包容厚德”的价值取向，积极营造开放、公平、“无额外负担”和创新导向的创新创业环境；以创新为导向发展社会公共事业，通过公共采购驱动创新产品需求，通过强制性标准设定提高技术应用水平，营造全社会激励自主创新的市场环境，进而形成本地“创新友好型市场”，实现向“以市场促创新”的转变。

二、用足中关村“1＋6”先行先试政策，加强示范推广

全面深化实施中关村“1＋6”试点政策，在资源整合、机制创新、政策配套等方面深入开展研究，借助中关村创新平台与中央部委构建政策先行先试对接工作机制，最大化地尝试和突破，用足用好中关村先行先试政策，延长试点政策执行期限，提升政策效果。进一步加强先行先试政策的实践与推广，积极宣传推广示范区先行先试改革的成功经验，形成全国示范效应。

三、加强科技立法与贯彻实施，为科技创新发展提供法制保障

加强科技立法，将近年来本市促进自主创新和科技成果转化的好的政策和做法进一步凝练上升到科技立法层面予以“固化”，强化政策的透明化、常态化。加强政策文件之间的协调衔接，解决政策在具体执行中的突出问题，发挥政策扶持合力。加强知识产权创造、应用和保护，营造产业发展良好的知识产权环境，使北京成为知识产权保护的首善之区。开展对创新政策的评估，通过对政策影响度的跟踪分析，不断完善政策法规措施，为科技创新保驾护航。

四、深化科技管理体制改革，完善科技经费管理和评价机制

以支撑国家创新战略目标实现和首都经济社会发展重大需求为导向，进一步完善科技决策机制；加快建立符合科技创新活动规律，既宽容失败又严格监督问责科学统筹的科技经费投入与绩效评价体系。加强财政科技经费预算的协调机制，改变科技项目管理“工程化、僵化”现象，建立与市场经济相适应的科研经费预算、拨款与使用制度，突出对“科技人员”的激励与评价，提高财政资金使用效益。

五、打造宜居城市，创造良好的生活和人文环境

在完善产业环境的同时，把优化功能布局和提升特大城市治理效能作为重点，统筹协调经济社会发展与城市规划、建设、运行、管理、服务，更加注重依靠科学的管理理念、管理方式和管理手段，推动教育和医疗资源共享，打造和谐宜居的生活和人文环境，使北京真正成为创新者的沃土、创业者的摇篮。

第三节　提升“北京服务”品牌，使北京成为服务创新的领跑者

一、注重服务业创新，推动科技服务业的发展

紧紧抓住中关村示范区推进现代服务业试点契机，积极探索现代服务业发展新模式，培育服务业新业态，推动研发服务、设计服务、工程技术服务和科技中介服务快速发展。着力培育一批市场化水平较高的国际技术经营机构、一批高校院所科技服务机构，建设一批具有专业特色的科技服务业集聚区，推进科技服务业示范工程，培育一批科技服务示范项目、示范机构和示范基地，打造一批科技服务业优秀品牌，依托京交会、京港洽谈会等平台提升“北京服务”品牌，进一步增强科技服务业在经济社会发展中的支柱地位。

二、充分发挥技术市场作用，增强对首都乃至全国的辐射带动效应

技术市场是最有活力的要素市场，要充分发挥技术市场在科技资源配置上不可替代的基础性作用和对全国经济发展的巨大拉动作用，促进科技成果的转化和产业化；以市场为导向，规范技术市场的发展，打造完善的技术市场服务链条。健全技术市场服务体系，大力发展产权交易、技术评估、金融等技术服务机构，搭建技术、金融、产业资本连接的桥梁和纽带，实现技术资本化，投资多元化，分配要素化，努力将北京建设成为

全球技术创新网络的重要枢纽。

三、充分发挥创新平台的作用，为企业创新提供专业化服务

推动创新要素向企业集聚，进一步提高科研院所和高校创新服务能力。以创新平台为载体，鼓励产学研联合开展产业共性关键技术的攻关、前沿性技术的预研、科技成果转化；深化科技资源共享平台建设，积极引导高校、科研院所面向企业需求开展科技研发，借鉴欧洲国家实施创新券政策做法，引导科研院所和高校为小微企业服务，促进小微企业创新。完善孵化器攻策体系，使孵化器同等享受高新技术企业的相关税收政策，真正发挥孵化器在企业组建、团队素质提高、产品市场开发与拓展、资本市场运作等方面的功能作用。

四、大力发展科技金融服务业，建设国家科技金融中心

放宽行业准入门槛和管制，借鉴温州改革做法，引导民间资本向新兴产业聚集，参与科技创新。加快建设中关村示范区统一监管下的全国场外交易市场，探索在示范区内建立场外交易市场、创业板、中小板及主板市场之间的转板机制。以政府引导基金等发展为重点，创新财政投入方式，提高政策资源运用效率与质量，为政府和市场双轮驱动金融资源向新兴产业配置提供更多有效的机制或载体。鼓励国有资本支持或参与重大技术研发和重要产业的投资，改革原有对国有资产保值增值的考核机制，完善对参与科技创新投资的国有资本的考核和评价机制。

第四节　做强“北京创造”品牌，打造高端产业增长极

一、积极探索产业发展模式，促进高端产业发展

以金融生态软环境为重点，淡化产业园、开发区的地理空间概念，以制度创新为基础推动新兴产业集群的形成，探索高新园区发展新路径。积极探索“总部＋研发＋产业”的发展模式，提高产业的准入“门槛”，腾笼换鸟，推动地区产业向高端转型升级。积极发展高科技和高附加值的高新技术产业和研发服务业，推动传统产业转型，退出低端业态，实现高端要素集聚、资源网络共享、用地高度集约。

二、加快传统产业转型升级和战略性新兴产业培育，做强做大一批品牌企业

发展战略性新兴产业要更多依靠源头创新带动产业化，避免再走“先引进项目搞产业规模上 GDP，再逐步进行技术升级”的老路。应结合本市重点企业，突出抓好发展

基础好、产业链条长、技术水平高、带动力强的项目，遴选一批重大关键技术，凝练一批大项目，力争培育一批具有国际竞争力的品牌企业。组织实施一批知识技术密集、物质资源消耗少、成长潜力大、综合效益高的新兴产业创新项目，发挥首都科技资源优势，加快重大关键技术突破，抢占产业制高点，支撑战略性新兴产业加快发展。

三、加强新兴产业发展的顶层设计和整体布局，支持产业链发展全过程

新兴产业的发展，不仅需要科技破解产业链上的难点，还需要解决从成果向产品、从产品向产业、从产业向市场发展的过程衔接。发挥政策顶层设计、科学布局和统筹协调的主导作用，把产学研用几个环节有机衔接，使成果向产品和产业扩展。把工作重点从支持新产品开发转向支持产业转型升级，从关注单个产品攻关转向支撑全产业链。认真总结本市“科技创新工程支撑经济发展”的经验和做法，继续深入实施“G20 工程”、“4G 工程”、“精机工程”等科技振兴产业工程，加大“两城两带六高四新”建设力度，全方位搭建科技产业的集聚平台，促进产业集聚发展。

四、促进科技和文化的融合发展，实现“双轮驱动”

深入研究实施科技创新、文化创新“双轮驱动”战略的路径，借鉴中关村“1＋6”政策体系，根据文化产业发展规律和文化企业的实际需要，对政策进行复制、嫁接、改造、升级，让文化创意企业也能享受到科技企业的优先发展政策。积极落实《国家文化科技创新工程纲要》，深入贯彻实施文化科技创新工程，推动文化领域技术集成创新与模式创新，推进文化与科技相互融合，促进传统文化产业的调整和优化，推动文化产业与科技产业集群式融合发展，鼓励科技文化融合的新兴业态，建设一批文化和科技融合示范基地。

战 略 篇

第八章　北京：科教中心如何才能成为创新中心[①]

《北京市国民经济和社会发展第十二个五年规划纲要》首次提出，要“把北京建设成为国家创新中心”。在“科教中心”基础上建设“创新中心”，是新时期首都发展面临的重大战略任务。完成这一战略任务，对北京率先形成创新驱动格局、创建世界城市及推动我国经济发展方式实现整体转变具有战略性意义，也将对我国融入全球创新体系、参与国际科技合作竞争产生深远影响。

目前国内外对国家创新中心的含义并没有明确一致的定义。课题组经认真研究后，认为北京建设国家创新中心应聚焦五大战略定位：科技创新引领者、高端产业增长极、深化改革先行区、创新创业栖息地、文化创新示范城。

科技创新引领者是指北京要在国家创新体系中形成具有独特优势的科技创新区域，通过创新驱动更好地发挥国家首都的功能，通过创新驱动更好地建设“世界城市”。要实现科技创新引领者目标，需要统筹协调科技资源，实现各方融合发展；以科技创新为导向管理国家首都、建设世界城市；进一步拓展创新产品和服务的应用市场；以增量带动存量，不断激发各类创新要素的活力。

高端产业增长极是指北京要在本地建立起强大的、市场化运作的、高附加值的产业力量，形成有若干领先企业带动、大量中小企业参与的产业创新体系，真正实现与科教资源的有效对接。要实现高端产业增长极目标，需要加快现有产业的升级和调整；加快发展战略性新兴产业；加强服务业创新；充分发挥各种类型企业在创新中的主体作用，防止过度依赖央企搞创新，也要防止因为没有领军企业而出现创新链条分散的局面。

深化改革先行区是指北京要有比其他城市更适宜创新的体制与政策环境。需要从可先行先试的重要改革领域和可全国推广的创新政策和执行机制两个方面着眼，深入推动在股权激励、成果转化方面走在全国前列，在落实研发费的税收抵扣政策方面走在全国前面；积极探索国有资本支持创新的新途径，切实解决新兴源头性创新机构发展面临的体制问题。

创新创业栖息地是指要在北京形成鼓励创新、宽容失败的氛围和有利于创业者开展创造性活动的经济社会环境。需要加强对创新风险和创新失败的深刻认识，改变“只重技术创新、轻商业模式创新”的观念；坚持开放创新和合作创新；建设创新友好型政府；千方百计保护个人创造，北京应成为知识产权保护的首善之区。

---

① 本章由国务院发展研究中心课题组完成。国务院发展研究中心刘世锦副主任担任课题负责人，张永伟、袁东明、肖庆文等参加了研究工作。

全国文化创新示范城是指北京要抓住文化产业大变革的历史机遇，加快推进文化体制机制改革创新；整合文化相关资源，形成产业合力和创新力；完善文化创新体系，推动文化产业高端化发展；有效解决文化企业发展中的两大瓶颈问题，为文化企业提供切实保障，把北京建设成为全国文化体制机制创新的示范区，文化科技创新的策源地，新兴文化业态的领航者，建设具有世界影响力的文化中心城市。

北京一直是科教中心。《北京市国民经济和社会发展第十二个五年规划纲要》首次提出，要“把北京建设成为国家创新中心”。在“科教中心”基础上建设“创新中心”，是新时期首都发展面临的重大战略任务。完成这一战略任务，对北京率先形成创新驱动格局、创建世界城市及推动我国经济发展方式实现整体转变具有战略性意义，也将对我国融入全球创新体系、参与国际科技合作竞争产生深远影响。

目前国内外对“国家创新中心”并没有统一标准。课题组经认真研究后，认为北京建设国家创新中心主要是从国家对北京发展的要求、北京市自身发展条件出发而提出的新的城市定位，其内涵主要是基于北京特点，而不能套用国外或国内一些约定成俗的框架。在这一理解基础上，课题组认为，北京建设国家创新中心应聚焦五个方面：科技创新引领者、高端产业增长极、深化改革先行区、创新创业栖息地、文化创新示范城。本章将围绕建设国家创新中心的这五个战略定位提出系统的分析和建议。

第一节　战略定位之一：科技创新引领者

科技创新引领者是指北京要在国家创新体系中形成具有独特优势的科技创新区域，通过创新驱动更好地发挥国家首都的功能，通过创新驱动更好地建设“世界城市”。

一、为什么北京要成为科技创新引领者

北京建设国家创新中心，在科技创新方面，并不是简单地把北京变成美国的“硅谷”或者其他什么地方。世界各国创新体系各有千秋，体现了各国创新要素的禀赋差异，也体现了各国不同的国家战略目标导向。北京建设国家创新中心，是要不断优化配置自身的科技创新要素，使各类要素的配置更符合创新发展的规律，使创新活动服务于城市发展的功能定位和战略大局，使北京成为产生重大创新的中心，成为应用创新提升城市管理能力的典范。

北京科技创新要素与众不同。一是从创新需求看，北京科技创新市场空间巨大。市场经济下，需求是推动创新的主要动力，再好的科技成果也要通过市场应用来实现经济和社会价值。北京已经成为一个常住人口超过 2000 万、人均 GDP 突破 1.2 万美元的超大型国际化都市，尤其是与世界其他平稳发展的大都市相比，北京仍在高速增长和扩张，经济发展和各项社会事业发展有十分广阔的空间，有显著的后发优势。这样一个独特的世界级大都市，创新需求和创新产品的市场空间十分巨大。只要北京以创新为导向

发展经济和社会各项事业，对全球创新要素都会产生巨大的吸引力，对创新的推动会十分显著。如在北京举办奥运会期间，“科技奥运”凝聚全球创新技术，催化2000余项科技创新成果应用于奥运会和城市建设，奥运科技成果随后在全国得到推广应用，成为“科技北京”的重要体现，显著提升了北京科技创新的水平和在全国乃至国际上的影响力。

二是从创新供给看，北京科技创新资源较为集中，但活力尚有所欠缺。北京集中了我国传统体制下形成的科研院所和教育机构的精华与精锐，分布于中央各个部委和众多国有企业及国有部门，还有涉及军事和国防高精尖技术的科研力量。这些科技创新资源在传统体制下，相互分散、缺乏活力，与经济社会发展结合还远远不够紧密，如何在市场经济体制下发挥这些创新资源的作用一直是科研体制改革努力探索的方向。同时，北京也是新兴科研力量较为聚集的地区，受益于中关村园区建设的带动作用和北京不断深化的对外开放，包括民营企业、跨国公司在内的研发资源不断汇聚北京。增量资源的进入，对激发存量资源活力有十分积极的意义。北京建设国家创新中心，要进一步让本地的科技创新要素充分释放出活力，形成竞争开放、优胜劣汰的发展格局。

三是从创新目标看，北京科技创新的战略目标应当服务于首都建设和发展的大局，解决特大型新兴世界级都市发展中面临的现实问题，形成创新驱动发展的新模式，努力成为其他新兴经济体大都市发展效仿的典范。北京建设国家创新中心，目标之一是要让北京成为重大创新的策源地，成为中国前沿创新的领跑者。在北京也应该产生苹果、谷歌或者华为、阿里巴巴这样的创新性公司。目标之二是要通过创新更好地服务好国家首都功能，建设好“世界城市”。工业革命以来，全球大型都市发展过程中都会遇到各种各样的问题，甚至患上“城市病”。解决这些问题的过程也是科技创新的过程，如轨道交通、楼宇智能化、社会管理信息化等新技术、新解决方案的不断兴起。北京必须以科技创新为导向，坚持科技是第一生产力、科技以人为本，将科技创新充分应用于经济和社会发展之中，尤其是在城市建设与管理中充分发挥科技创新的力量，要在行政手段、经济手段和科技创新手段中，将科技创新手段摆在更为突出的位置。

二、科技创新引领者的引导性评价

在明确北京成为科技创新引领者后，还需要更明确的指导性指标来引导和评估这一任务。我们可以从以下方面着眼。

一是创新能力与创新产出。创新投入包括研发经费总额及占增加值的比重。创新产出包括发明专利授权数、重大标准数量、万元R&D投入产生的专利数量、万元GDP能耗等指标。

二是科技创新的应用规模。主要指标包括市政建设中创新设计、新材料、新装备、新工艺、新解决方案的应用，如磁悬浮技术应用于城市轨道交通，新型显示器件应用于户外展示，新能源在城市能源结构中的占比，等等；政府采购中创新产品所占的比例；居民消费中节能、环保等新产品的比例；在引领性创新消费品全球发布次序中的排位，如汽车、电子等跨国公司最新款产品是否将北京作为首发城市，是否有针对本地市场设计的产品等。

三是城市和社会管理中的科技含量。主要指标包括技术手段、经济手段和行政手段在城市管理中的分布，城市布局和规划的科学性和先进性，交通管理系统智能化程度，公共设施使用的便捷性、效率和使用者亲和力，医疗、教育、文化等公共服务中先进技术和服务模式的应用，旧城和文物保护中先进技术应用，等等。

三、加快实现科技创新引领者目标

（一）统筹协调北京科技资源，实现各方融合发展

北京科技资源丰富，但分离分散分割特征明显，所有制隶属关系、管理关系复杂，既有中央的，也有北京市的，既有企业的，也有高校和科研院所的，既有国有的，也有民营和外资的，其中中央科技资源在北京整体科技资源总量中占绝大部分，从第二、第三产业资产总量的分布来看，属中央的占 82.3%，北京市的仅有 17.7%。可见，利用好中央科技资源是北京科技发展的一项重要任务。

北京在这方面已经做了大量工作，一直以来都在推动首都科技资源的融合发展。未来要继续加强这方面的工作，要树立大科技的概念，从建设国家创新中心的战略高度来统筹协调，把首都科技资源都纳入国家创新中心这个大框架中来。

（二）以科技创新为导向管理国家首都、建设世界城市

改革开放以来，科技体制改革着重解决传统体制下科技与经济脱节的问题，创新着眼于技术成果产业化。随着科技体制改革的推进，企业成为技术创新的主体，产业发展成为创新最关注的领域。就北京而言，随着经济社会发展，在解决科技与经济脱节问题上，在推动科技成果转化和相关产业发展上，也已做了大量工作。当前，科技与城市管理结合不够紧密，对科技创新在城市发展战略和城市管理中发挥作用的认识还不够，科技创新成果在城市建设与社会管理中的应用还远远不够。例如，在治理交通拥堵问题上，现有思路主要还是传统方法，如发展轨道交通、提高停车收费等，还需要进一步创新思维，积极运用科技手段。

创新型产业发展受到本地创新需求不足的制约。国内创新型产业发展的主流模式是嵌入全球产业链，以外需为主，在部分低端环节形成比较优势后，逐步向价值链高端延伸。这种模式也体现在北京的产业发展格局中，转型升级的挑战越来越艰巨。其实，像北京这样的城市，人口和经济规模本身就是一个巨大的内需市场，对本地产业结构的影响十分显著。如果本地市场创新需求强烈，就很有可能催生原生创新型产业发展。例如，北京若能下决心将低速磁悬浮技术运用于城市轨道交通，相关研发、设计、制造及配套就有可能形成一个大的产业；若能下决心在全球范围内率先实质性推广纯电动汽车，解决纯电动汽车配套基础设施问题，纯电动汽车技术突破和产业发展就有可能获得领先优势。科技创新导向的城市管理有利于创新型产业发展。在科技创新、城市管理和

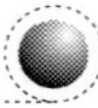

产业发展之间，应当建立更紧密的联系。

北京要建设国家创新中心，首先就要树立以科技创新为导向管理国家首都、建设世界城市的理念，就应当进一步围绕科技创新优化配置各类城市要素资源，不断提升城市和社会管理中的科技含量，大力提升科技管理部门参与首都决策、统筹资源的能力。在这方面开展工作的空间还很大，着力点也很多。

（三）进一步拓展创新产品和服务的应用市场

许多地方创新型产业发展都得益于当地政府的有力支持，支持的重点既有要素配置倾斜，也有助力启动市场。创新产品初期市场难以启动，企业技术创新成果无法转化为经济效益，企业缺乏持续创新的动力。政府可以通过创新需求鼓励政策为企业创造有利于创新的市场环境，主要包括消除市场进入障碍，扩大采购以使新产品尽快达到规模经济产量，提高强制性标准、加快淘汰落后产品以腾出市场空间等。我国太阳能产业发展过程中，龙头企业所在城市如无锡、保定、德州等，都大力推广示范性工程，对创新产品的推广起到积极作用。北京市也曾在新农村建设中由财政投入招标采购太阳能路灯，既以节能、环保、低运行成本方式解决了乡村夜间道路照明问题，也间接扶持了本地优势太阳能企业的发展，创造了良好的经济社会效益。

总体看，北京在供给端支持创新的政策已经比较完备，该出台措施的都已出台；在需求端鼓励创新的政策也已经起步，但力度还可以进一步加强。

需求端鼓励创新的政策应当坚持“吐故纳新”，既要为新产品创造市场，更要通过强制性标准将落后产品加快淘汰出市场。一是在市政建设中应当更多地应用创新设计、新材料、新装备、新工艺和新的综合解决方案，推广“科技奥运”的成功经验，使“科技北京”落到市政建设和管理的方方面面，通过“提需求、定标准、看结果”吸引凝聚全球创新要素。二是以地方市场进入标准为抓手，不断提升本地市场产品技术标准，促进市场产品创新和产业转型升级。国际上，欧美发达国家市场一次次提高市场进入的技术标准，我们最初视之为针对中国企业的贸易壁垒，但最终的结果是技术标准并没有挡住企业出口，经过一段时间，企业就能通过创新生产出达到相应标准的产品。小到温州的打火机，大到华为、中兴的通信系统，都是如此。技术标准是政府根据市场发展阶段和消费者要求，迫使企业创新的最有力工具。当前，以节能、环保、绿色、生态为导向的技术标准，是推动产品升级换代和迫使企业技术创新的重要动力。北京作为国家首都和重要的区域市场，有条件继续加大地方技术标准的应用和执行、监管力度，即使像烟花爆竹这样的产品，北京在“禁放”、“限放”之外，也完全可以通过设定和不断提高特定的市场准入技术标准实现政府调控的目标。

（四）以增量带动存量，不断激发各类创新要素的活力

经济全球化使各行业的技术供给普遍趋于多元化，技术供给不再限于本地、本国的研究机构。这在后发展国家和地区及新兴行业尤为明显。首先，跨国公司在全球发挥技术扩散作用，尤其是通过技术与装备的集成，使后发展国家不必依赖自己的研发而迅速

提升一些传统行业的技术水平，成为这些传统产品的全球制造基地。三菱、GE、霍尼韦尔、西门子等公司，都拥有强有力的研发力量，不断开发应用于各行业的先进技术和装备，中国是实际的受益者，在本国装备制造基础和研发能力落后的条件下成为全球领先的制造业大国。其次，各种研究机构、独立技术公司都面向国际市场开展业务，既相互交流又相互竞争，逐渐改变了一些行业的技术供给模式。钢铁行业技术以前都是内部研发为主，新日铁、神户制钢等都独立开发自己的技术，技术转移只限于相对落后、拟淘汰的技术；而独立技术公司奥钢联为新兴钢铁企业米塔尔提供了很多先进技术，支撑其迅速发展壮大；欧洲钢铁技术研发平台作为一个技术联盟，也为所有加盟的钢铁企业提供技术。从全球创新格局看，技术来源多元化趋势已十分明显。在这种背景下，北京建立国家创新中心，更要突出技术来源的多元化和创新主体的多样性，在对接国家级创新资源的同时，更要突出新兴创新主体的培育和支持，发挥这些创新主体的“鲶鱼效应”，激发传统创新资源的活力。

在引进新的创新资源和要素方面，北京可以探索从高等教育入手，建立国家级“高教特区”。科教实为一体，科技创新背后要有教育尤其是高水平高等教育的强有力支撑。北京虽然高校云集，但与国际先进水平相比，差距有目共睹。在某种程度上，中关村与“硅谷”的差距，也体现在清华北大与斯坦福大学的差距上。国内提出建设国际一流大学的目标也有很长时间了，离目标的实现或许还有更长的时间。北京建设国家创新中心，除了依靠本地高教资源外，迫切需要形成引进真正国际一流大学和一流人才的有效机制，可以以中关村“人才特区”建设为契机，朝向建立国家级“高教特区”的方向性思路进行探索。

第二节　战略定位之二：打造高端产业增长极

国家创新中心要有国际竞争力的高端产业支撑。对北京来讲，只有在北京本地建立起强大的、市场化运作的产业力量，才能真正实现与现有科教资源的对接，从而从根本上破解北京如何更好地利用丰富科技资源的难题；只有实现产业高端化，形成更高附加值的经济产出，提供更多的就业岗位，才能从根本上解决北京产业结构升级和城市发展的难题；只有形成由若干领先企业带动、大量中小企业参与的产业创新体系，北京才能真正成为一个创新中心。

一、为什么北京市要成为高端产业增长极

产业能力是集聚创新资源、促进成果转化的根本性力量。产业与创新的关系有两种类型，其一，工业城市可以成长为创新型城市，如较强实力的制造业基础是东京、斯图加特、慕尼黑、首尔、西雅图、图卢兹等创新城市的财富；其二，工业并不一定是必要条件，如剑桥（英国）、赫尔辛基、旧金山和京都不是工业城市，但它们是创新型城市，在高科技和信息技术行业拥有较强的生产能力。

北京是规模较大、有较强制造业基础的大型城市，其创新不能脱离制造业的支撑，至少应该是东京模式与旧金山模式的融合。如果还没有强大的高端化产业能力，必然会影响科技成果就地转化。如在半导体照明领域，北京拥有清华大学、北京大学、中国科学院半导体研究所、中国科学院物理所等多个国内顶尖的技术研发机构，每年均申请或授权相当数量的发明专利，但这些研发成果有相当一部分在外省市进行产业化。这样的情况在南京等科教资源丰富的城市也存在，由于苏南地区制造业发达，市场化条件好，南京科研院所和高校的科技成果的转化地主要不是当地，而是苏南地区。深圳等地没有多少创新资源，却成为全国创新最活跃的地区，关键是由产业和企业支撑的市场力量来集聚创新要素和科教资源，这是一种市场拉动的正向创新，而不是只谋求将科教资源在当地进行转化这种逆向创新。

要成为创新中心就必有若干领先企业。东京、旧金山、深圳的经验同时也表明，在发展制造业的同时，要想成为一个创新中心，还需要有一家或几家当地企业成为相关技术研发领域的世界级领先企业①，并在全球市场占有一定的份额。世界级领先企业是带动产业链发展、集成中小企业先进技术、将科学转化为技术和产品再将之推向产业化的关键力量。北京只有构建起强大的高端制造业体系、并在当地培育出几家世界级的领先企业，才能形成吸收和主动转化科教资源的能力，才能形成通过产业引导科教资源和聚集创新要素的市场化机制。

二、高端产业增长极的引导性评价

在上述讨论基础上，我们提出如下评价高端产业增长极的引导性评价指标。

（1）形成若干有世界影响的高技术产业。一是新兴产业规模，主要指标为基于高技术的战略性新兴产业的规模与增长速度，尤其是一个产业的经济规模及增长速度。二是高技术比重，主要指标为高技术企业从业人口、增加值、出口额的占比。

（2）产生一批有全球影响力的创新企业，主要指标就是这样的企业和品牌的数量。

（3）成为发展服务业和服务创新的领跑者，主要指标为服务业在经济总量、就业人口方面的比重，信息技术支出占 GDP 的比重。

三、加快打造高端产业增长极

加快打造北京的高端产业增长极，可以从以下几个方面入手。

（一）加快现有产业的升级和调整

从长期发展来看，北京不能放弃发展制造业，但受北京土地资源、城市发展等多方面的限制，北京的制造业必须是高端化、前端化。而北京在之前已经形成的制造业很多

① 可以通过高比例的专利来诠释。

满足不了这个要求。一方面，对一些已经不能在北京发展的低端制造、加工型产业，能源资源消耗较大的产业等应实施“腾笼换鸟”，通过这种转移性调整，要尽力释放出更多的土地等资源从而配置给急需发展的产业。没有高附加值但占用资源较多、提供低收入就业岗位的产业在北京并不少见，即使在中关村园区内也非常普遍。另一方面，要加快传统产业的升级。一些很重要的传统产业在实现升级之后仍会成为一个地方经济增长的支柱，也就是说，北京的产业增长极，既应包括新兴战略性产业，也应包括升级后的传统产业。实现传统产业的升级有四个重要路径：一是加大研发投入，获取核心技术，这是实现升级的核心路径，如同样是制造型企业，中国台湾地区的台积电在先进芯片加工领域已多年位居世界前列；二是产品结构调整，不断推出高附加值的新产品；三是向价值链两端延伸，减少和放弃低端制造环节，在研发、品牌、流通等“制造业服务化”的领域形成竞争力；四是利用信息技术改造提升传统制造业，在这个方面北京及其他地方都重视不足。成功地区的经验值得重视，例如一个传统纺织厂、家具厂等，由于用信息技术来重新设计生产和经营流程，形成新的商业模式。北京在信息化方面有雄厚的基础，但如何将信息化与工业化融合，更准确地讲是如何利用信息技术来改造传统产业，是要高度重视的问题。这很可能会成为北京实现传统产业升级的一个重要亮点。

（二）加快发展战略性新兴产业

发展战略性新兴产业是北京建设国家创新中心、率先形成创新驱动发展格局的必然选择，是推进产业结构升级、加快经济发展方式转变的重要途径，也是实现经济社会可持续发展、建设中国特色世界城市的迫切需要。北京市发展战略性新兴产业应立意更高，机制更新。要更多依靠源头创新带动产业化，尽量避免再走其他地方“先引进项目搞产业规模上 GDP，再逐步进行技术升级”的老路。全球金融危机后，全国各地都在大力发展战略性新兴产业，但多数地方是在走老路，本地提供土地、资金支持，引进一些项目，迅速形成生产能力，地方获得的是产值和 GDP，但很多项目缺乏内生技术能力，或者就只是一个加工制造中心，当地企业在产业链中仍处于产业低端，发展新兴产业被演变成又一轮的“GDP 主义”和“产业低端化”。如一些地方定义了很多新兴产业，包括新能源产业、生物医药产业、新一代信息通信产业、物联网产业、新能源汽车产业等，但仔细分析当地的企业，多数没有持续创新的技术能力，如新能源汽车企业，关键的技术并没有掌握，一些生物医药企业多是国外大公司在本地的加工制造中心等。由于没有持续的技术创新能力，这些新兴产业必然缺乏持续性，当产业技术发生重大变革或升级的时候，已有的项目很快就会变成落后生产力，巨额的投资很可能难以收回，靠新兴产业实现产业高端化的目标只会再次落空。北京是全国源头性创新的策源地，发展新兴产业应多种路径并重尤其要从前端起步为主，即更多地依靠源头性技术的突破，从而利用技术突破发展出一个新兴产业来。这种路径是其他缺乏源头性创新的地方可望而不可即的。基于源头性技术突破而发展起来的新兴产业更具持续性，更能集聚全球及全国的创新资源，虽然早期风险大但发展过程中能源资源等消耗少，由于具有区域独特性而可避免与其他地方的恶性竞争。但是通过在北京的调研发现，基于源头性技术突破

而发展起来的新兴产业[①]和基于民办机制而不是体制内大学院所那样的新兴源头创新机构还比较少。

（三）要注重服务业创新

国际经验表明，科教中心会伴随发达的服务业，同时服务业的创新对科技研发、教育也会产生强大的正向拉动作用。北京的创新除了工业技术之外，另一个重点则是服务业或服务领域的创新。从一般定义上讲，创新的含义除了高科技发明与应用之外，还应该包括产品、服务、生产或业务流程（产品或服务）、组织模式、商业模式和社会创新（对特定社会利益导向的创新）等，特别是应包括对既有产品、工艺、服务和企业组织模式的改进或是再造。特别是在当前，技术创新和商业模式创新之间出现了不断加强的内在联系，新技术导致了新商业模式的产生（例如，成本不断降低的数字储存技术和宽带的普及使得 iTunes 这样的网上音乐商店得以实现），反过来，新商业模式也促使新的技术创新充分市场化。正在快速崛起的服务创新也会给小企业带来大量的创新机会。如在医疗领域，由信息技术和其他技术引致的技术和工艺方面的进步将带来很多意想不到的成果；在电子商务、创意经济、物流、售后服务、IT 服务等行业中出现的本土创新，正随着许多新企业的加入而增长。北京要建成国家创新中心，除了在工业领域之外，更应在服务领域成为创新的领跑者。可关注的发展重点包括科技中介服务业、信息服务业、金融服务业、新兴流通业、旅游、文化创意产业等。

（四）要发挥不同企业在创新中的作用

北京市既要加快培育和发展领军企业，也要高度重视中小企业在创新中的作用。要尽量防止过度依赖中央大企业搞创新的做法，也要防止因为没有领军企业而出现创新链条分散的局面。在创新链条中，不同主体的角色与作用是不同的。简单地讲，创新链条可以分为三段：一是基础研究与知识创新，这主要是由大学、科研院所完成；二是技术开发，这主要是由企业完成，包括大企业和中小企业，其中中小企业是这个环节中非常活跃的主体；三是技术集成与大规模产业化，在这个环节中大企业的作用是不可替代的，大企业不一定要研发所有的技术，其一个重要功能是通过合作、购买等方式把中小企业的创新成果集成过来为其所用。这三个环节不是完全分开的，但作用是明显不同的。在这三个环节中，不能要求大学与科研院所去过多地从事产业化和技术应用开发，也不能让中小企业完全靠自己实现规模化和产业化，也不能要求大企业把三个环节的工作全部承担下来。从新兴产业的发展看，无论是计算机、互联网、半导体，还是无线通信，都是在一项或一组重大技术突破的基础上，附之一个庞大的技术群而发展起来的。

---

① 北京近年来新兴产业发展迅速，也取得很大进展。例如，在新一代信息技术、生物医药、节能环保、新能源汽车、新能源、新材料、航空航天、高端装备制造等战略性新兴产业，很多新创立的企业在短短几年内已快速崛起为行业龙头。但是，在这些领域还没有太多源于本地的源头性创新技术，更没有形成基于源头性技术突破而带动起来的新兴产业链。

其后续发展还需持续的技术来源不断完善产品、建立完整的产业链，同时还需要大量细微的创新开拓增值业务、扩展边缘业务和强化产业渗透力，围绕新兴产业形成多层次市场。在这过程中，科技型中小企业处于不可或缺的地位：它为新兴产业发展提供持续的技术来源，是建立完整的产业链的主要力量，是围绕新兴产业开拓增值业务的主力，是推动形成多元化、多层次市场的主角，也是新兴优势企业的生长源。

第三节　战略定位之三：深化改革先行区

国家创新中心必须要有比其他城市更适宜创新的体制与政策环境，北京成为国家创新中心，必然意味着北京成为深化改革的先行区。

一、为什么北京要成为深化改革先行区

体制创新是一个城市进步的内在动力和催化剂。一个城市之所以成为创新城市，是因为现有行业或机构有助于聚集创新活动，并产生连锁反应。这一过程可以由任意催化剂所启动。例如，企业主要股东果断而富有远见的决策、一所本地大学的升级与转变、一家新研究机构的创立、一家大公司的落户和增长、一小群充满活力的企业，或者其他一些催化事件，都能促进研究和生产性活动的结合。北京创新的催化剂应着眼于制度创新，北京应在破解创新障碍、创建有利于创新的体制和政策体系方面成为先行者。

争作改革先行区的要求也是由北京自身特点所决定的。北京是名副其实的国家科教中心，但要成为国家创新中心，就必须解决好如何更好地利用首都丰富的科技资源与科技成果的问题。北京在这些方面还面临很多体制性制约，如很多科教资源隶属于中央各部门，并不是北京能主导配置的，而要打破这种分割格局也非地方政府能主导的。因此，对北京来讲，要真正成为国家创新中心必须从根本上依靠体制创新，而体制创新的核心是在北京率先建立起一个能让科学家解放出来和人员充分流动的股权激励制度和分担创新风险的政府机制。这需要中央与地方共同努力，地方可以做得更多一些。

除了股权激励等制度创新外，深化改革的先行区的内涵还应该包括更多内容。如可探索地方国有资本支持创新的新机制，探索支持新兴民办创新机构的政策，切实落实税收抵扣政策的更有效做法等。

二、深化改革先行区的主要着眼点

成为深化改革先行区，可以从以下两个方面着眼。

一是可先行先试的重要改革领域。这主要以可开展的改革为准。在当前阶段主要包括：开展科技成果处置权和收益权改革、股权激励改革、科研经费、支持创新创业的税收先行先试改革、促进产学研结合的综合改革、国有资本支持创新的新机制、支持源头创新的体制创新、金融体制创新、人才评价与利用制度创新等。北京要在这些领域取得

一系列重要的改革突破，从而使北京成为全国创新最活跃的地区。

二是可全国推广的创新政策和执行机制。除体制机制改革之外，北京应在支持创新方面加快推出一批有力的政策，在全国率先建立起以城市为中心的、系统化的创新政策体系，包括政府采购政策、知识产权制度、财税政策、人才政策等多个方面。在政策支持方面，更为重要的是，要在政策执行和政策创新两个方面走在全国前面，敢于改革过去支持创新的方式方法，要关注政策执行的效果，而不只图政策出台的多少。

三、加快深化改革先行区建设

北京建设全国范围的深化改革先行区，可以从以下方面着手。

（一）在股权激励、成果转化方面走在全国前列

要改变一些地方将创新源头只着眼于现有科研机构的做法，它们谋求通过引进这些院所的分院、分校，或共建研发基地、产业化基地来实现产业升级，但是由于这些分支机构的母体的体制机制并不适应创新的要求，多数分支机构也只是母体机构在一个新地方的延伸，由于缺乏激励创新的科研、产权、产业化等机制，这些延伸过来的新机构一般难有大的创新产出，地方虽为引进它们付出巨大努力包括巨额投资，但结果往往并不理想。由于地方不太可能去设计或推动中央级机构的改革，同时在中央级机构的体制机制没有根本性改革的情况下，试图促其将科技成果在本地转化，或试图再成立一些新机构的努力，往往是难以见效的。北京要想更有效地利用中央级科技与研发资源，着眼点要从机构转向人。一项技术成果转化的最好办法不是机构化推广，而是通过人的流动实现的。正因为有了大量来自斯坦福大学寻求创业的学生和老师的流入，才有了硅谷创新的源头。北京创新的催化剂不是中央科研院所与大学本身，而是来自这些机构的人才的流入。目前这些人的流动、创业还存在很多限制，创业人还有风险和顾虑，在中央单位还不能很快解决这些问题的时候，地方可以通过分担风险、提供担保、解决后顾之忧、提供关键支持等，做一些中央机构想做却不能做的事。有了这样的创新机制，才能真正将科学家解放出来，在北京也才有诞生中国硅谷的可能。

从北京的情况看，目前改革只是刚刚起步，深化改革的空间非常大。仅以股权激励改革、收益权改革为例，很多方面都还存在很多问题需要被破解。如无形资产评估尚缺乏相关标准，在成果评估监管方面还有缺失。大多数高校和科研院所系事业型资产，存在着事业单位国有资产不能转变为经营性资产的问题，不能用于抵押贷款，股权激励公司面临融资难的障碍。国有企业和事业单位的股权激励方案的审批权目前尚未下放，由主管部门审批，导致一些股权激励方案的审批时间过长。目前的当务之急是深入开展科研院所、国有企业股权激励和分红试点，扩大股权激励试点范围，大胆推进科研成果处置权和收益权方面的改革。尤其是不应再刻意强化所谓国有资产流失的提法，动不动就对实现成果转化的职务发明者扣上国有资产流失的帽子，这样的结果只能是打击创新，只会让更多的科研成果重新被束之高阁，锁在抽屉里的专利确实不会再有国有资产流失

的问题，但没有对社会产生价值。

（二）北京应在落实研发费的税收抵扣政策方面走在全国前面

要建设国家创新中心，必须提高中小企业的创新活力，让更多的中小企业参与创新。从目前的情况看，中小企业在创新中的作用在全国以及北京都没有得到足够的重视。按照传统的做法，当一些产业或技术领域被国家重视时，政府就会制定产业政策和技术支持政策，因此会设定发展目标、设立进入门槛，作为提供资金、税收等支持的条件。而中小企业往往被排斥在外。要实现中小企业在技术创新中的生力军的作用，必须制定更加综合的措施切实解决政策歧视、市场准入难和融资难等发展瓶颈，使中小企业的创新创业活动在不同阶段都能得到支持。但是，这种系统性的政策改变不是一朝一夕能实现的。只要实现了税收和会计制度的衔接，这种制度最好操作，效果也最明显。这比我们靠几个部门或一批人去选择一些项目进行资金支持更公平。相对其他的政策来讲，这项政策更容易做到惠及中小企业。从国际经验来看，企业研发支持的主渠道应当是公平的、普惠的税收制度，这比使用二次分配更有效率，其中研发费抵扣税收的制度是最直接的创新激励机制。

企业技术开发费150%抵扣所得税的政策起始于1996年（即企业研发费用加计扣除，就是企业以100元的研发投入，可以按150元进行税前扣除），之后又经多次调整修改；在2007年出台的《企业所得税法》（“新税法”）及《企业所得税法实施条例》中规定，开发新技术、新产品、新工艺发生的研究开发费用可以在计算应纳税所得额时加计扣除，在这里“技术开发费”在新法中被称为“研究开发费用”。这虽然是个好政策，可是很多企业不了解，不会用，难从财务管理上分清楚，自己不会从科目上财务上进行分开。目前制约政策落实的关键因素是“如何认定研发费用”和“政策协调配套与贯彻执行”。如根据一项统计，500家企业研发投入的数据与实际得到税务认可的研发投入的数据，约有10倍的差距。即企业研发支出1亿元，得到认可的可以应用抵扣政策的数额只有1000万左右。对投入的认可是个国际难题，从国内来看，一是财政、税务、科技有三个体系，不好融合；二是企业内部管理确实不到位，企业说自己有研发投入，但不准确。由于政策没有得到很好的落实，企业研发得到的激励就很有限，如2008年企业实际获得免税的情况是：江苏10亿元、广东10亿元、浙江7.2亿元、四川5亿元。相比之下上海执行得相对好些，2008年企业实际免税为30.4亿元，2009年、2010年免税额又有所增加，根据上海市税务部门的数据，2009年共有1858户企业的11 500个研发项目享受了优惠，2010年共有2476户企业的11 875个研发项目享受了优惠，研发费加计扣除额分别达到121.6亿元和137.1亿元，分别比上年增长15.5%和12.75%，按法定税率折算累计减免所得税额高达64.68亿元。此外，还应加强政策文件之间的协调衔接，解决政策在具体执行中的突出问题；转变“税收征管理念”，用税收政策激励创新。

（三）探索国有资本支持创新的新途径

要建设国家创新中心，北京必须在一些关键技术领域和重要产业领域建立主导的竞争地位。这需要在这些领域，尤其是前沿技术领域有战略性的投资能力。全球技术与产业竞争的态势决定了如果你没有足够的投资，越是到最前沿，你就越跟不上。而对这些关键战略性领域的投资仅靠社会力量投资是不够的，尤其是在当前支持创新的商业和金融手段还跟不上的时候，仅通过社会渠道尤其是企业自身来实现在前沿领域有足够的投资是做不到的。当重大新技术和新产业还处在培育期阶段，需要政府投入。但从这些关键技术和产业发展的需求来看，尽管公共财政支持力度已经很大，但公共财政的投入与重大前沿技术和产业创新的需求仍存在非常大的差距。在这种情况下，如果我们要实现技术和产业目标，就需要在系统改进（如改进金融环境）、进一步增加公共财政投入的同时，让国有资本进入到这些领域，从而开辟政府支持和直接参与重大技术和产业创新的新渠道。国有资本的率先进入，进行突破，进而带动民间投资，从而改变和提升我国产业的国际竞争地位。

国有企业在创新中的作用受限于其自身的机制，以国有企业的形式参与创新不能成为国有资本参与和支持创新的主要途径。主要的途径应来自资本化形态的投资方式。北京拥有经营性国有资产近万亿元，应将一部分国有资本集中起来专门进行支持或参与重大技术研发和重要产业的投资。这部分国有资本可来自国有资本预算，也可来自国有经济结构调整时在一些领域退出来的国有资本。这部分资本可以以产业基金、高技术投资公司、风险投资、担保公司等形式实现运作，可以是分行业的，可以是多家。由于它所追求的目标是国家战略目标，不同于一般市场化企业或投资公司的单纯的商业化目标，因此其投资或支持的项目应该更多是长期性项目，是长期投资、前期投资。其投资的结果可能在一段时间内没有商业回报，其投资后的技术产出可能也并不为其所有，但这正是这类国有资本存在的价值，必须创新对这类资本的考核和评价机制，不能再用国有资产保值增值来简单套用到这类资本上来。

（四）切实解决新兴源头性创新机构发展面临的体制问题

近年来一些地方陆续出现的一些民办的、企业化运作、集基础研究和产业化于一体的新兴技术创新机构，已成为我国源头创新和拉动新兴产业发展的重要力量。北京应该在发展源头创新、发展新兴创新机构方面走在全国前面，要敢于冲破传统体制对新兴创新机构的束缚。如由于是“民办”的身份，这些机构难以得到政府认可和支持。由于不是“事业单位”，按现行规定就不能从海关享受进口科研设备免税政策，而这部分税费是早期研发阶段非常大的一笔支出。为了能得到体制内的机构才能得到的支持，有的新兴机构只好又戴上“事业单位”的帽子。这种回归旧体制的做法带来的直接问题是，机构的动力机制和创新活力都会弱化，以“事业单位”名义得到政府资金支持后，所产生的知识产权和产业化后带来的收益归谁、如何分配？弄不好，很容易被戴上“国有资产流失”的帽子。北京应率先出台支持新兴创新机构的地方性法规或政策，对一些重大问题做出规定。如根据具体情况界定这类机构，明确它们的身份属性，明确支持的原则、边界和支持方式；应借鉴和研究深圳等地一些有开拓精神和战略眼光的“政策企业家”的作用，它们发掘有潜力的源头创新机构的方法值得推广，可考虑成立专业委员会将这些分散个体的发掘功能机制化、制度化；通过产业基金、政府引导基金等多种方式吸引更多社会资金进入源头创新领域。为民间源头创新创造好的环境。支持相关产业联盟、创新联盟，培育本土产业链；加强对前沿技术的知识产权保护，支持其参与国际竞争；为海外归国人才和国际人才落地提供支持；加快跨学科和新兴学科的人才培养，鼓励人才培养机制创新等。

第四节　战略定位之四：创新创业栖息地

创新创业栖息地是指要在北京形成鼓励创新、宽容失败的氛围和有利于创业者开展创造性活动的经济社会环境。

一、为什么北京要成为创新创业栖息地

美国的“硅谷”之所以成为全球创新领先、各地争相效仿但鲜有拷贝成功的创新集聚区，普遍认为，关键是其成为创新者的乐园和创业的栖息地，对富有创新精神的个人和技术型成长企业充满吸引力，而资源型、制造型以及大型金融集团等成熟企业并不会把总部放在“硅谷”。进入21世纪以来，全球企业技术创新主体向成长型中小企业转移的趋势越来越明显，借助风险投资和资本市场，企业由小到大的成长速度迅速加快，大型企业往往通过收购成长型企业在收获期开展创新活动，这种趋势与“硅谷”模式相辅相成。

创新创业栖息地是北京建设国家创新中心的短板，甚至是软肋。北京是全国政治中心，集中了绝大多数央企的总部。北京又是全国各种资源配置中心，汇聚了各种有实力的经济力量。北京还是日益繁忙的特大型都市，个人生活成本和企业运行成本日益高涨，个人和中小企业创业空间小、成本高。显然，让整个北京成为创新创业栖息地既不现实，也不合理。而作为创新创业的特区，中关村可以更大程度上效仿“硅谷”，通过采取特殊政策成为区域内创新创业的栖息地。

二、创新创业栖息地的引导性评价

北京在成为创新创业栖息地方面的进展情况，可以从以下方面评估。

一是鼓励创新、宽容失败的社会氛围。主要指标包括自由的研究、讨论和辩论的学术环境，学术研究成果自由、公开发布，允许不同观点、不同方案和不同技术路线的公平竞争、摒弃暗箱操作，对创新失败者不苛求责任、不歧视，有社会、企业和个人的创新风险分担机制，合作创新的机制、技术联盟和标准联盟，文化艺术多样性、对标新立

异和前卫行为的容忍度，等等。

二是开放、公平、“无额外负担”和创新导向的营商环境。主要指标包括法规和执法行为的透明、公正，公共服务和社会管理的服务导向和便捷性，对各种经营主体的非歧视性保障措施，不给企业增加各种以检查、抽查、公益等名义进行的讹诈和隐性摊派等不可预测的额外负担，对企业的合理诉求和要求提供的公共服务没有漠视或不作为，有利于企业创新的标准设定及倾向性措施，等等。

三是对个人产权最严格的保护。主要指标包括对定居、择业、财产、声誉、交流和隐私等现代社会普遍关注的个人权利的严格保护，对个人创新成果及其未来收益的严格保护，尊重个人选择和个人的自由发展，不追究所谓“原罪”问题，等等。

三、北京怎样成为创新创业栖息地

北京要成为创新创业栖息地，需要重点加强以下方面的工作。

（一）对创新风险和创新失败要有深刻认识，应当改变“只重技术创新、轻商业模式创新”的观念

创新创业是个人或企业风险最高的活动之一，失败的概率很高。据估计，将近75%的新产品在推出时就失败了。实力雄厚的大型跨国公司开展创新活动也有很多经典的失败案例。美国无线电公司（RCA）开发游戏机损失了5.7亿美元；Texas Instruments在损失了6.6亿美元后不得不退出PC业务；摩托罗拉花费60亿美元巨资研制铱星移动通信系统以失败告终；微软在中国推行的“维纳斯”计划也没能取得成功；以技术标新立异为追求目标的苹果公司，直到推出iPod和iTunes才依靠成功的商业模式挽救了公司；而当初技术实力远远不如苹果公司的戴尔，却以业务模式创新一度成为行业的领头羊，直到苹果再次以产品创新和商业模式并重的系统创新成为业界老大。

创新的失败不仅仅是技术的失败，还有很多方面的原因。百年老店柯达公司早在1975年发明了第一台数码相机，没想到数码相机最后竟然成了自己的掘墓人，虽然有技术方面的积累，但是没有认清行业发展的方向而进行快速的战略转型，2012年1月，柯达及其美国子公司提交了破产保护申请。可见，仅重视技术而不重视市场和商业模式以及战略转型是很危险的。

北京及中关村的企业应当进一步将技术创新与商业模式创新相结合。中国本土企业总体实力仍然偏弱，单靠增加研发投入、追求所谓高新技术成果，不仅不能解决根本问题，还有可能落入技术创新陷阱。国内也有企业超前研发或跨国并购获得技术，但由于市场尚不成熟、技术无用武之地而使企业背上沉重包袱。还有企业虽然掌握了特殊产品的生产技术，但由于缺乏资本市场融资支持而难以扩大规模，发挥不出规模效益而亏损严重。对企业而言，技术本无高低之分，只有实用与否；技术创新需要市场机遇、融资支持、知识产权保护、上下游产业配合等一系列环境要素配合，是一个系统的过程。众多企业创新成败得失的经验表明，过分超前的技术未必能给企业带来效益，而能和商业

模式创新结合在一起的技术创新往往能够成为核心竞争力。可见，强调技术创新的同时，本土企业也要强调商业模式创新，逐步形成系统创新能力。

（二）坚持开放创新和合作创新

技术创新要坚持开放和合作。开放和合作是创新模式的大趋势，由于知识型员工的高流动性、知识和技术外溢、风险投资的发展，20 世纪后期开始，一些美国公司开始由“封闭式创新”走向“开放式创新”，向全球搜寻技术创新来源；多方式、多目的地进行集成创新；激励内外部发明创造，扩大公司内外两方面技术收益；关注商业模式，关注与成功商业模式匹配的创新资源，强化商业化职能。

对北京及中关村的企业而言，坚持开放创新和合作创新尤为重要。首先，与跨国公司相比，这些企业内部创新资源明显处于劣势，在研发投入和投入强度上无法与跨国公司抗衡。其次，这些企业同样面对“封闭式创新”的破坏因素，如知识型员工越来越高的流动性和企业技术的外溢。最后，受传统体制惯性影响，过度集中在科研院所的技术资源很难向企业流动，只有以企业为主导、坚持“产学研”合作，才能有效利用技术创新资源，提高技术创新效率。归根到底，技术创新不在于用什么方式获得了多少技术，而在于通过技术创新获得了多少市场价值。

在中关村，应进一步促进各类战略联盟的发展。战略联盟是企业间合作的一种战略形式，是企业在保持各自独立性的基础上，建立的以资源与能力共享为基础、以共同实施项目或活动为表征的合作关系。战略联盟已成为时代的潮流，尤其是跨国公司间竞争的重要手段。在某些领域，跨国公司的竞争逐渐演变为不同阵营之间的竞争。战略联盟包括多种形式，产业技术创新战略联盟是一种重要的形式，主要有两种类型：一是共建研发组织和分工实施研发项目，二是共同保护知识产权和维持许可价格（如向我国某些行业企业联合征收许可费的专利联盟）。随着跨国公司从技术战略发展到技术标准战略，国内企业选择企业技术创新路径时，不得不面对跨国公司间不同的技术标准阵营。以中关村企业为代表的国内企业开始意识到标准和联盟的重要性，率先组建起自己的产业技术创新战略联盟。由于起步晚、实力弱、经验不足等，这些产业技术创新战略联盟的发展很难一帆风顺，特别需要政府和社会各界给予充分的支持。

（三）建设创新友好型政府

政府与市场是企业经营面临的外部环境要素，要成为创新创业栖息地，就要为企业营造良好的营商环境，尤其是各级政府机关，既是良好市场环境的监管者，又是社会公共服务的提供者。除了法律、法规，政府的行为导向和倾向性措施对创新也有显著影响。要通过自身的行为引导市场和消费的行为，向社会发出“信号”，努力培育一种文化倾向，以创新为荣，渴望拥有创新产品、体验创新服务，从而形成“创新友好型政府”，进而形成本地“创新友好型市场”。

政府创新导向的倾向性措施主要包括限制性规定、宣传号召、行为示范等。关键包括提供有利于创新和基于早期需求预期的协调的法规环境；通过强制性标准设定来提高

技术应用水平，在新标准上快速、高效地达成一致；通过公共采购驱动创新产品需求，同时提供公共服务水平；培育创新文化倾向，努力使本地成为创新者的乐园。除此之外，要严格约束政府尤其是基层政府及机构的行为，尽快提升窗口部门的服务水平和亲民形象，净化执法人员队伍，清除“暴力执法”“钓鱼执法”等抹黑政府形象的毒瘤，切实改善企业营商环境。

（四）千方百计保护个人创造，北京应成为知识产权保护的首善之区

创新最终是由人完成的，确切地说是由个人完成的。以集体的名义剥夺个人权益、把人当成工具、不尊重个人创造，这些都与创新规律背道而驰，过去都有很多深刻的教训。要成为创新创业栖息地，就要从根本上尊重和保护每个个人的创造，努力建立三大保障机制：一是满足人的发展基本需要的社会保障机制；二是有利于稳定人力资源队伍的企事业单位保障机制；三是体现社会公平和个人价值的个人权利保障机制。其中，社会保障机制主要包括养老、医疗和住房保障，解决人的后顾之忧，是基础环节；企事业单位是个人发挥才能的主要场所，企事业单位保障机制包括提供适宜的工作环境、条件和福利，增强人的安全感和稳定感，促进个人与企事业单位共同发展；个人权利保障机制主要是保护个人能够享有创造成果、权利不受侵犯，公平、公正、公允地体现人的价值，是激励创新最重要的保障机制。

上述三大机制中，个人权利保障机制对激励创新最有效，但受传统体制和落后思想甚至是社会性“红眼病”的影响，一直不能理直气壮地大力弘扬。甚至一遇到国有单位的个人创新成果转化为经济效益，就会有“国有资产流失”问题、“资金违规使用”问题等“大帽子”压下来。更无奈的是，各种审查并不会一次性结束，而是让许多人无形中背上了“原罪”。北京要建设国家创新中心，就要尊重创新的客观规律，率先在中关村形成最严格的个人权利尤其是知识产权保护机制，使创新创业者安心、安全。

第五节　战略定位之五：文化创新示范城

北京是全国文化中心，文化底蕴深厚，文化资源丰富，文化机构汇聚，文化企业众多，文化人才荟萃，对全国具有毋庸置疑的文化渗透力、辐射力和影响力。在国家高度重视文化发展之际，北京应充分发挥作为全国文化中心的示范带动作用，抓住文化产业大变革的历史机遇，积极开拓进取、改革创新，成为全国文化体制机制创新的示范区，文化科技创新的策源地，新兴文化业态的领航者，不断出精品、出人才、出经验、出效益，打造中国特色社会主义先进文化之都，建设具有世界影响力的文化中心城市，引领和带动全国文化事业和文化产业的发展，为提升国家软实力发挥重要作用。

一、为什么北京要成为文化创新示范城

北京拥有丰富的文化历史资源，也是近现代中国新文化的重要发源地。北京具有其

他地区无可比拟的优势和责任，文化基础设施总量全国第一、优秀文化人才丰富集聚、文化科技实力雄厚、移动传媒等新文化业态迅速兴起、文化外宣工作走在全国前列，为文化创新、传播和发展提供了良好的软硬件条件。在当前国家推动社会主义文化大发展大繁荣中，北京责任重大，尤其要发挥好创新、示范、引领和带动的作用。党的十七届六中全会《关于深化文化体制改革推动社会主义文化大发展大繁荣若干重大问题的决定》中，明确指出要“发挥首都全国文化中心示范作用”。

在北京市委市政府和社会各界长期的努力下，尤其是近几年“人文北京”战略推动，北京文化资源优势正在逐渐转变为产业优势。北京文化创意产业全国领先，在国民经济中的地位不断提升，已成为全市第二大支柱产业，产业集聚和资源整合效应显著。文化与科技的融合是北京文化产业发展的一个重要特征，也是北京发挥文化优势和科技优势的体现，出现了很多依托于互联网和数字技术的新兴文化业态，如以数字出版为代表的新兴新闻出版业，以数字音视频、动漫、网游等为代表的新兴广播、电视、电影业等，依托高科技优势，北京已经成为新兴文化业态的策源地和重要集聚地。可见，无论是规模还是创新，北京文化产业发展都具有全国示范意义。

北京建设文化创新示范城也是创建世界城市的内在要求。世界城市是对全球政治经济文化具有控制力与影响力的国际大都市，世界上没有任何一个世界城市仅以高科技为特征。纽约、伦敦、东京等世界城市都是具有强大文化影响力的城市。日本的娱乐业经营收入已经超过汽车工业的产值；好莱坞的“大片”在全球很多国家发行，不仅给美国带来巨大的经济利益，而且将美国的文化和价值观传播到世界各地。北京建设世界城市，不仅要向世界展示北京作为文化之都的文化内涵和底蕴，更要在文化创意创新等方面走在世界前列。

二、文化创新示范城的引导性评价

北京在建设文化创新示范城方面的进展情况，可以从以下方面进行评估。

一是文化体制机制改革走在全国前列。在文化管理体制创新、经营性文化单位改革、文化市场体系建设、文化领域对外开放、政府资金投入等各个方面的体制机制都能走在全国前列，部分领域要做到全国领先。

二是形成一批引领产业发展方向的新兴文化业态。具体指标包括：突破一批文化领域的核心技术；文化与科技高度融合，以新内容、新商业模式和新体验方式等特征为代表的新兴文化业态不断推出；新兴文化产业收入规模及文化产业总收入中的比重均持续提高。

三是对全国的辐射力和影响力持续提升。具体指标包括文化领域的知识产权流向区域外的规模不断提高，比重保持在高位水平；区域外实现的收入规模及在总收入中的比重不断提高。

四是国际交往不断深入，国际影响力不断扩大。具体指标包括国际交流的投入和成效；文化产品的进出口情况；重点产品在全球的市场份额；文化企业“走出去”情况等；具有国际影响力的文化企业和品牌。

三、加快建设文化创新示范城

北京要成为文化创新示范城，需要强化以下方面的工作。

（一）加快推进文化体制机制改革创新

我国文化领域的制度改革和产业化改革相对滞后，体制上遗存着计划经济的大量痕迹，所有制壁垒、部门壁垒、行业壁垒、地域壁垒等各种无形的障碍阻碍着产业发展。对文化产业的监管限制也相对比较严格，很多行业没有完全对非公资本开放，产业的市场化发展程度还不高。许多科研院所和事业单位的成果转化存在障碍，积极性不高。行业监管制度不够完善，既存在监管漏洞又存在重复监管问题，影响了资源的有效配置，急需改革创新，形成适合现代文化产业发展的监管体系。

党的十七届六中全会通过的《决定》明确指出要"加快推进文化体制改革"，要深化国有文化单位改革、健全文化市场体系、创新文化管理体制、完善政策保障机制。北京作为文化创新示范城，要充分发挥"先行先试"的优势，在文化体制改革的各个领域率先开辟示范区，为社会主义文化大发展大繁荣探索出新路子、新方法。如在市场准入方面，要积极尝试逐步设立开放示范区，放宽部分细分行业和领域的准入限制，完善准入机制，吸引民间资本和外资进入，鼓励企业间的兼并、合资，创造公平的市场竞争环境。再如在行业监管方面，考虑到多头监管、分级监管的现实情况，要积极尝试由政府牵头不同部门，站在更高的角度来协调分业监管问题，充分发挥企业技术的支撑作用，形成政企共同合作的监管体系，建立科学的监管示范区。

（二）整合文化相关资源，形成产业合力和创新力

北京文化资源丰富，但由于管理上条块分割，文化设施建设各自为政，造成资源相互分割、利用率低、利用效率不高等问题。首先，北京绝大部分文化资源、文化设施属于中央，由中央有关部门和单位管理，在协调上有较大难度。如何利用好这些资源，使其与北京地方文化产业资源形成合力，是北京文化大发展要解决的一个重大问题。其次，北京市属文化资源也分属不同部门，同样存在条块分割的问题，各文化单位也需要集群式发展。最后，从文化业的发展趋势来看，文化业的创新发展越来越倾向于与其他产业融合发展。例如，文化与科技交融，通过高科技含量的文化制作、包装、传播手段及应用成果催生出全新的文化业态和文化产品，基于网络信息技术和数字技术发展的新兴文化产业，如新一代数字电视、移动多媒体电视、网络广播电视、手机广播电视、数字娱乐、数字出版、数字教育、数字艺术、数字广告等。因而，整合文化资源、科技资源等也是推动北京文化产业创新发展的一个重要问题。

要加快文化产业发展，必须树立首都大文化的观念，要将北京地域范围内的所有文化产业单位统筹在内，并将首都文化发展置于科技发展、网络信息发展的大环境中，整合文化及相关资源，使其形成产业合力和创新力。北京在科技领域利用中央科技资源已

有很多经验和做法，可以将这些做法移植到文化领域，统筹配置中央、北京以及各行业和系统内文化资源；要继续搭建高品质的服务平台，促进文化资源和科技资源的整合，推动文化产业与科技产业集群式融合发展；要引导和支持企业组建文化产业和产权保护联盟，充分发挥联盟在完善产业标准和规范体系建设、知识产权保护、规范市场秩序等方面的作用。

（三）完善文化创新体系，推动文化产业高端化发展

从国外的成功经验看，优秀的文化项目之所以能创造巨大的市场价值，都依赖完整而强大的产业链。以动漫产业为例，从小说、游戏到电影、电视剧、主题公园、服装玩具，通过文化创意的运营生成巨额财富，运营环节的价值占到整个产业链价值的70%左右。然而目前我国的文化产业企业普遍集中在制作环节，产业运营人才和企业稀缺，大量产业价值没有得到实现。北京文化产业发展虽然在国内占有显著优势，但与国际先进城市相比，同样存在产业链不完整、结构不合理、低端重复发展多、集中度和关联度较低等问题，仍是跟随式发展的模式。

北京要引领全国文化产业发展，必须从跟随发展向创新领导发展转变，这就要求有一个完善的文化创新体系，包括创新要素、市场机制、政策环境、创新企业和文化运营企业在内的完善的创新体系。要从国家首都的战略高度和战略视野，规模化、集约化、专业化、品牌化、高端化发展。要引导和支持产业结构调整和完善，建立完整的产业链，提高整个产业的整合度，对产业的价值进行更深层次的挖掘。要制定优惠政策，重点吸引和支持文化运营管理类企业和中介组织的参与，提高文化产业企业市场开拓能力、推动优秀产品的传播。此外，文化产业作为知识密集型产业，已经越来越依托于以高科技产业为媒介，北京市在科技创新和科技运营上具有很大优势，应当大力推动高科技在文化产业的应用，促进科技产业和文化产业的融合，创新发展各种新兴文化业态，引领文化产业的发展。

（四）有效解决文化企业发展中的两大瓶颈问题，为文化企业提供切实保障

文化企业普遍存在两大瓶颈问题：一是文化企业的知识产权保护问题。知识产权是文化企业的“生命”，由于文化类知识产权易复制、易抄袭，相关的知识产权价值评估、利益分配和管理保护对产业发展有很大影响。我国在文化类知识产权保护上已经取得了很大进步，但仍存在法律建设滞后、管理机制不健全、维权成本过高等问题，制约了文化产业的大发展。二是文化企业融资难的问题。文化企业大都处于起步阶段，规模偏小，投资回收周期长，不确定性比较大，公司价值由其文化产品决定，而影响文化产品价值的因素很多，市场需求等因素难以评估，而且文化产品具有易复制性，因此价值很难评估，投资风险大。这导致文化企业融资普遍非常困难，成为制约文化企业做大做强的重大瓶颈。

基于文化企业和项目价值难以评估，创新易被模仿的特征，应做好以下几项工作：鼓励企业和产学研产业联盟开发文化类知识产权评价机制，发展文化产业的知识产权评

价机构，建立知识产权评价机制和信用保证机制；鼓励文化单位自主创新形成的成果及时申请、注册相关权利，给予支持和资助；创新知识产权保护和服务体系；丰富和完善文化知识产权的信息和交易平台，促进成果转化和产业化发展。

针对文化企业融资难的问题，应借鉴科技领域的相关做法，大力发展文化金融。文化产业的风险特征不同于传统产业，传统融资工具很难适合文化产业的融资需求。北京应借助“先行先试”之机，大力创新文化金融，建立文化企业融资示范区。要积极拓展融资渠道，加大对文化产业的资金扶持和政策倾斜；完善文化产业的知识产权交易和管理体系；鼓励多种形式的资本进入文化领域。

第九章　平台建设是深化科技体制改革的重要抓手①
——中关村创新示范区调查

经过近 30 年的不断探索，中关村示范区逐步建立起了功能各异、形式多样、大小不等的各类平台，如政府主导的综合协调平台，互联互动、错位发展的园区平台，重大科技成果转化的统筹平台，科技中介服务的支撑平台，人才引进激励的智力平台。实践证明，这些不同功能的平台建设已经成为推进首都科技创新的重要支撑，深化首都科技体制改革的重要抓手。

中关村示范区在平台建设方面取得的经验对加快推进科技体制改革，有效解决科技资源分散、封闭、低效、浪费等问题具有重要意义。课题组建议从加强顶层设计，尽快完善平台建设的政策体系；加强统筹的权威性，切实提高平台效能；重视平台建设的规范性，坚决避免和防止以圈地为目的的商业炒作行为；坚持政府搭台，企业唱戏，让企业真正成为平台的主体等方面入手，进一步加强中关村示范区平台建设与管理。

1988 年，中关村建立了我国第一个国家高新技术产业开发试验区，拉开了全国建设高新技术开发区的序幕，这也是改革开放后我国最早、最有影响的科技产业化平台，极大地促进了全国科技体制改革的步伐；2009 年，国务院批准建设中关村国家自主创新示范区，要求把中关村建成具有全球影响力的科技创新中心，这是我国第一个国家自主创新示范区；2010 年，国务院又出台了关于中关村“1＋6”的政策和规划纲要，中关村创新示范区平台建设步入快车道。回顾中关村的发展历程，有许多经验和做法值得总结和借鉴，其中平台建设尤其值得重视。实践证明，平台建设是推进科技创新的重要支撑，是深化科技体制改革的重要抓手，特别是在当前加快推进科技体制改革的情况下，加强平台建设可以有效解决科技资源分散、封闭、低效、浪费等问题。

第一节　中关村平台建设的基本情况

经过近 30 年的不断探索，中关村逐步建立起了功能各异、形式多样、大小不等的各类平台。比如，有政府部门主导的综合协调机构、有不同定位的科技园区、有促进产学研用结合的孵化器，有满足各种科技活动需求的中介服务组织，有引进人才的智力支

① 本章由国务院研究室教科文卫司课题组完成。国务院研究室教科文卫司李萌司长担任课题负责人，侯万军副司长、范绪军处长等参加了研究工作。

撑系统等。可以说，既有有形的硬件平台，又有无形的软件平台。中关村已经形成了“一区多园多基地”的平台体系。

一、政府主导的综合协调平台

政府主导是科技改革顺利进行的最大保障。按照创新发展的需要，整合政府资源，转变政府职能，特别是建立由中央部门和北京市紧密合作的综合协调平台，为区内各类机构和人员提供高效优质服务，是中关村示范区近年来最突出的重大举措。2010 年 12 月，以政府为主导的中关村创新平台（即中关村科技创新和产业化促进中心）正式成立，共有 19 个国家部委 37 名局处级干部参与平台工作，31 个北京市相关部门的 174 名工作人员进驻平台办公。平台下设项目审批联席会议办公室、政策先行先试工作组、人才工作组、规划建设工作组等 8 个办事机构。一年多来，通过不断完善工作机制、创新工作方式，已取得初步成效。北京市与科技部、工信部、国家发改委、财政部、卫生部、教育部六部委分别建立了部市会商机制，中央有关部门和北京市联合出台了“1＋6”系列政策实施细则和中关村人才特区、科技金融创新试点等政策，由中央部委牵头出台了 7 个支持中关村先行先试的政策文件等。

二、互联互动、错位发展的园区平台

园区建设是科技创新的最大依托。从科技资源分布实际和经济发展总体要求出发，打破行政区划、行业壁垒和所有制限制，在全市范围内建设互联互动、错位发展的园区平台，是中关村示范区的鲜明特色。首都的科技资源密集程度全国首屈一指，在世界也不多见，但长期以来由于多种因素，科技资源分布不均，且分散封闭问题一直没有得到很好解决，造成很大浪费。多年来，中关村从“北京高新技术产业开发试验区”到“国家自主创新示范区”，逐步整合市域内空间资源，按照“集中布局、集群发展”的理念，探索建立分工明确、错位发展的各类园区平台，并使之相互配套、协同发展。如今已形成以海淀园为核心包括丰台园、昌平园、电子城、亦庄园、德胜园、石景山园、雍和园、通州园、大兴生物医药产业基地以及众多大学科技园、若干特色产业集聚的专业园等在内的“一区多园多基地”的平台体系，北部园区以科技创新和研发服务为特色，南部园区以高端制造和外向型经济为特色。

三、重大科技成果转化的统筹平台

统筹推进是重大科技成果转化的主要途径。建立目标清晰、有制度安排的科技成果转化和产业化路线图并将其机制化，是中关村示范区建设的新亮点。在政府资金投入方式上采取直接资助、后补贴、贷款贴息、股权投资、间接经费等多种方式，调动全社会资源加快推进自主创新和重大科技成果转化的速度。建立政府资金的统筹使用机制，本市 2010 年统筹 60 亿元、“十二五”时期每年统筹 100 亿元政府资金，集中力量重点支持国家科技重大专项和重大科技基础设施、重大科技成果转化和产业化以及战略性新兴产业项目。出台了《中关村国家自主创新示范区重大科技成果转化和产业化股权投资暂行办法》，在全国率先提出支持科技成果转化和产业化的政府资金直接作为股权进入企业，按照“政府出资、市场运作、重在激励、及时退出”的原则进行投资运作，用于股权投资的政府资金体现政策引导性，不以营利为目的，当企业走向成功时，政府股份按照原值退出，再用来支持其他企业的创新活动。这种投入方式，既能在企业最困难时得到政府的支持，又能在企业获得发展后政府收回股本继续支持其他企业，有利于提高政府资金的使用效益。统筹资金两年累计支持 407 个重大项目，拉动社会投资 2000 亿元，相当于政府投资 1 元拉动社会投资 11.5 元。

四、科技中介服务的支撑平台

科技中介是推动科技发展不可或缺的重要力量。注重引导，鼓励发展各种类型的中介组织，提供多样化的科技中介服务，是中关村保持旺盛活力的重要因素。多年来，中关村一直高度重视中介服务的作用。2000 年 12 月北京市人大常委会通过的《中关村科技园区条例》对建立和完善社会中介服务体系做了专门规定，此后北京市又出台了一系列鼓励开展科技中介机构发展的政策措施。如今，中关村已有各类科技中介服务机构超过 1000 家，形成了服务形式多样、专业配套完善的中介服务体系，成为首都科技资源的重要载体，正在逐步形成现代服务业的新型业态。一是以科技咨询、知识产权交易、人才服务、法律服务等为代表的专业类中介机构快速发展，成为科技中介的骨干力量；二是以技术交易、技术产权、质量认证、招投标等为代表的技术类服务机构发展强劲，成为技术交易市场的有生力量；三是以风险投资、信用担保等为代表的金融类服务机构发展势头良好，有效缓解了科技企业研发资金与运营资本不足的问题；四是以协会和商会为代表的自律性服务机构日益受到欢迎，搭建了政府与企业沟通的桥梁，成为规范中介行业的重要平台。

五、人才引进激励的智力平台

科技要发展，人才是根本。全力打造人才特区，为各类人才、特别是高端人才提供施展才华的环境和条件，是中关村之所以快速发展的根本原因。经过多年努力，北京市打破所有制、指标和地域限制，确立了“特定区域、特殊政策、特殊机制、特事特办”的原则，建立了全市统一的人才引进激励平台。2011 年 3 月，中组部、教育部等 15 个中央部委和北京市联合出台了《关于中关村国家自主创新示范区建设人才特区的若干意见》，明确提出了搭建高层次人才自主创新平台的目标，成为我国第一个国家级人才特区。为此，北京市整合力量，很快制订了行动计划，积极开辟人才引进的“绿色通道”，放宽用人自主权，深化股权和分红激励，建立以能力、贡献和业绩为导向的人才考核评

价体系。同时，为各类急需人才及其配偶子女提供签证办理、落户、就业、入学等方面的便利条件，指定三甲医院，开辟绿色就诊通道，加快公共租赁房建设，2011 年首批启用 6000 多套人才公寓等。

第二节　中关村平台建设的巨大作用

中关村的实践表明，重视不同功能的平台建设并使之相互配套，对促进首都乃至全国科技创新、科技与经济的结合起到了重要作用，日益显现出强大的生命力。

一、体制改革“试验田”的作用

中关村从诞生起就承担了我国科技体制改革“试验田”的重任，其相对固定的空间区域和先行先试的政策保障为科技改革创造了环境良好、风险可控的试验平台。多年来，凡是改革的政策、措施和办法都拿到中关村的各种平台上进行试验。经过探索，作为平台，无论是名称定义、区域布局，还是功能内涵、表现形式等都不断丰富完善，逐步形成了今天“一区多园多基地”的平台体系。在推进科技体制改革中，中关村始终围绕平台建设，在资源整合、成果转化、人才激励、环境营造等方面进行了一系列试点，大胆突破，发挥了很好的示范作用。2009 年，中关村再次承担了先行先试的重任，更加重视平台作用的发挥，尤其是通过建立部市合作的综合协调平台，既没有改变条块之间、所有制之间的整体利益格局，又有效整合了各方资源、实现共享，大大降低了改革的阻力和成本，使许多长期制约科技发展的体制机制问题得到有效解决或缓解，为深化科技体制积累了有益经验。

二、科技成果孵化器的作用

科技成果的转化需要相对配套的设施环境和稳定的政策措施，中关村不同特色的园区基地实际上发挥了不同功能孵化器的作用。中关村的平台体系不仅提供了良好的科研环境、商务配套、人才引进等基础服务，更重要的是提供了完善的产业技术支持、共性关键技术、股权投资、法律咨询等高端服务，在促进产学研用紧密结合方面发挥了不可替代的作用。一是加速了重大科技成果的转化进程。现在，示范区承担了 40％的国家科技重大专项任务、约 1/3 的“863”项目和“973”项目，相继探索出“平台建设加产业联盟”、“孵化加股权”、“天使投资加创新产品构建”、“创业导师加股权孵化”等一系列平台模式，产生了很好的效果。比如，国家科技重大专项“核高基”项目开发出的基于龙芯处理器的龙腾服务器产业化进程加快；“集成电路装备”专项开发出的 12in 65～40nm 介质刻蚀机进入了国际主流企业生产线；全国首枚 4G 基带芯片进入市场；飞机核心制造装备——自动化电磁铆接设备研发取得突破；首台海上 6MW 风电机组成功下线并完成安装，等等。二是催生了一大批小微企业，特别是民营科技企业快速发展。

2011 年新创办的生产型和研发型小微科技企业近 4000 家，比上年增加近千家；全年示范区研发及科研活动经费总额超过 750 亿元，同比增长 20%；专利申请量达 1.9 万件，专利授权量近 1.2 万件，增幅均超过 30%；创业投资案例 349 个，投资金额 378 亿元，占全国的 1/3。

三、人才延揽高地的作用

多年来，前瞻、特殊、灵活的人才政策，极大地调动了中关村科技人员的积极性和创造性，产生了持续的“磁铁效应”。一大批敢为天下先的科技人员走出高校和科研院所，为实现科技经济紧密结合树立了榜样，联想、北大方正、清华紫光等一批著名科技型企业快速成长为闻名中外的品牌企业。近年来，人才特区的建设使中关村人才高地的作用更加凸显。2011 年全市科研人员达 28.8 万人，比上年增长 6.6%，其中留学归国创业人才超过 1.5 万人，累计创办企业超过 5000 家，留学人员创业园 33 家。仅 2011 年一年就引进海内外高层次人才 1962 人，其中引进海外高层次人才 436 人。目前，北京市引进的国家“千人计划”各类人才 467 人，占全国近 1/3。2012 年一季度又引进海内外高层次人才 600 多名。

四、国家自主创新的引领作用

创新是中关村发展的永恒主题。改革开放以来，国务院先后 5 次对中关村做出过重大决定，每一次都催生了政策创新、制度创新和技术创新。第一次是 1988 年 5 月，成立北京市新技术产业开发试验区，成为第一个国家级高新技术产业开发区；第二次是 1999 年 6 月，为实施科教兴国战略，国务院要求加快中关村科技园区建设；第三次是 2005 年，国务院出台了支持做强中关村科技园区的 8 条决定，提出要把中关村建成促进技术进步和增强自主创新能力的重要载体、带动区域经济结构调整和经济增长方式转变的强大引擎、高新技术企业“走出去”参与国际竞争的服务平台、抢占高技术产业制高点的前沿阵地；第四次是 2009 年 3 月，国务院批准中关村建设国家自主创新示范区，把中关村建设成为具有全球影响力的科技创新中心；第五次是 2011 年，国务院批准了《中关村国家自主创新示范区发展规划纲要（2011～2020）》，国家“十二五”规划中明确提出“把北京中关村建设成为具有全球影响力的科技创新中心”。由此可见，中关村的发展从一开始就关乎全国科技生产力的解放和发展，有关政策措施的出台和法律法规的实施都是国家层面的战略举措。因此，中关村始终在我国科技体制机制的改革发展方面，在技术进步、资金投入、产业升级、人才集聚等领域发挥了辐射带动和示范引领作用。继中关村示范区之后，经国务院批准，2009 年 12 月武汉东湖、2011 年 1 月上海张江相继成为国家自主创新示范区。全国各地也都高度关注中关村的发展经验和政策效应，在积极借鉴吸收的同时，也希望国家把中关村的有关政策逐步扩大到各地高新区。中关村在国际上的影响也越来越大，目前已有 350 家跨国公司在北京设立研发机构，

2011年信息服务业和科技服务业合同利用外资分别增长93.5%和88%，100多家国内外技术转移机构成立了“国际技术转移协作网络”。

五、首都创新发展的引擎作用

得天独厚的条件使中关村在推动首都科技创新，加快发展方式转变方面更是发挥了引擎作用。多年来，北京市在贯彻落实国家政策措施的过程中，千方百计发挥平台对首都的辐射带动作用，全市自主创新能力明显提高，重大科技成果不断涌现，科技对“保增长、调结构、惠民生、促和谐”的支撑引领作用显著增强。2011年，示范区高新技术企业实现总收入1.92万亿元，同比增长20%以上，增速连续3年保持在20%以上。全市高新技术企业已达7300多家，占全国的近20%。全社会研发经费932.5亿元，增长13.5%，占全国的10.8%；全年技术交易合同成交额1890.3亿元，增长19.7%，占全国的40%；78个项目获得2011年度国家科学技术奖励，占全国获奖总数的26.4%，位居全国之首。

第三节 存在的主要问题

虽然中关村在打造平台方面做了不少探索，取得了显著成效，但是，也存在一些不容忽视的问题，需要引起重视并切实加以解决。一是不同平台之间的统筹规划不够。近年来，各种平台建设明显加快，但不同功能的平台如何统筹、配套从总体上考虑得不多，还没有一个长远的规划，政策措施不够系统。特别是在如何衔接好各平台之间关系，从总体上规划好“一区多园多基地”的定位问题，还有很多工作要做。二是各种资源整合的力度还需进一步加强。目前的综合协调平台虽然作用明显，但人员构成仍是由各方面“拼盘”组成，且基本属兼职，工作时间、人员素质、工作效能等难以保证，在很多具体问题上，实际上还是由原主管部门说了算，多头管理的现象仍然存在，平台的权威性有待提升。三是重形式、轻功能的现象仍然存在。各方面建设平台的积极性很高，但大多停留在建园区、争项目、引投资等方面，且往往是各自为政，功能定位不明确，存在同质化竞争的问题，有的甚至打着科技创新的旗号有跑马圈地、搞商业开发之嫌。已建成平台之间开放共享、相互衔接不够，使用效率偏低，平台在促进科技创新的市场化、专业化方面的作用有待提高。四是对中小企业、特别是小微科技企业的服务平台还需加强。中小科技企业数量众多，规模小而分散，资金来源不足，技术、人才、信息缺乏，自我开发能力较低，技术创新风险大，更需要平台的支撑。虽然多年来也出台了一些扶持政策，但从现实看，能够从各种平台受益的主要还是高校和科研院所以及大型企业，各种政策的着眼点也往往是大企业、大机构，对中小企业、特别是小微企业的支持力度相对较弱。

第四节　几 点 建 议

21 世纪是创新的世纪，世界科技发展呈现许多新的特点，主要是：学科交叉融合加快、新兴学科不断涌现；科技创新、成果转化和产业化速度不断加快，原始创新、关键技术创新和系统集成创新作用日益突出；科技发展呈现出群体突破的态势；科技与经济、社会、教育、文化的关系日益紧密；国际科技交流与合作日益广泛。所有这一切都更加依赖创新平台和基地的支撑。可以说，各类平台对建设创新型国家的作用，犹如“要致富，先修路”的简单道理。我国科技改革开放 30 年来获长足发展，从某种意义上也是平台支撑的结果，比如“863”、“973”计划的成功实施平台功不可没。中关村的实践启示我们，科技要发展，政策是关键，支撑靠平台，只有把平台建设搞好了，政策措施的落实才有坚实的依托和良好的环境。而且，重视平台作用，不仅符合我国实际，也是国际通行做法。平台建设的过程本身就是深化改革的过程，因此，在当前深化科技改革的关键时期，应把加强平台建设作为深化科技体制改革的重要抓手。

一、加强顶层设计，尽快完善平台建设的政策体系

当前，科技发展的环境变了，技术进步的条件变了，成果转化的方式变了，但科技平台的试验示范、引领带动作用没有改变，而且在不断加强。这就需要加强顶层设计、统筹规划，进一步明确不同园区的功能定位，建立分类指导、相互支撑、重点突出的政策体系。就中关村而言，要进一步拓宽视野，在更大范围谋篇布局，充分考虑部市资源的特点，特别要加强政策的协同创新，通过平台建设促进科技体制机制改革的深化，实现平台特色发展、错位发展，加速科技资源的优化配置、产业链条的有效衔接和科技成果的顺畅转化。

二、加强统筹的权威性，切实提高统筹效能

只有加强统筹，才能提升平台效能。在加强统筹方面，中关村已经迈出了可喜的一步，但只是初步的，在具体统筹过程中仍有很多政策和体制障碍。应抓住当前有利时机，结合科技体制改革，从有利于中关村长远发展、有利于促进科技成果转化和产业化的大局出发，进一步突破行政区域、部门利益、管理层级的限制，给予中关村更大的自主权，逐步增强综合协调平台的统筹权威。比如，可先选择一两个领域进行试点，在充分会商的基础上，中关村综合协调平台具有一定程度的审批和否决权。

三、重视平台建设的规范性，坚决避免和防止以圈地为目的的商业炒作行为

规范是平台可持续发展的保障。应尽快研究出台有利于促进各类平台建设相互衔接的规范文件，切实把平台建设的重点转向功能配套、内涵提升、环境优化、服务完善等软件方面，坚决杜绝各种名义的圈地炒地行为。对那些不能按照规划要求建立的园区基地等要建立退出机制，及时进行整合。同时，完善决策程序，引进第三方评价机制，研究建立决策责任追溯制度。

四、让企业真正成为平台的主体

企业是科技创新的主体，衡量平台好坏的最重要标准就是看能否为企业创造公平、公正的创新创业环境，也就是政府搭台，企业唱戏。这就要求政府有关部门要遵循科技规律，以市场为导向、企业为主体，加强有利于产学研用结合的各类平台建设，使企业成为技术创新的决策者，成为研发服务、研发组织活动和科技成果推广应用的主力军，特别要对小微企业给予重点支持，使其能够充分发挥潜力和活力，更好地共享平台的有力支撑。

第十章　促进科技成果转化的政府科技项目管理研究①

科技成果转化是科技与经济紧密结合的关键环节，是产业结构调整和经济发展方式转变的重要途径。温家宝总理在2011年国家科学技术奖励大会上强调指出，“现代科学技术成果只有转变为新型的生产方式和产业，才能推动经济发展方式的根本转变。必须把促进科技成果向现实生产力的转化，作为‘十二五’时期科技工作的一项重要任务。要大力增强技术创新和研发能力，大幅度提高科技成果转化应用水平。”

“十二五”时期是北京在新的起点上全面推进国家创新中心建设的关键时期，首都发展呈现新的阶段特征和要求，加快转变经济发展方式、实现创新驱动的紧迫性进一步凸显。近年来，本市自主创新能力有了明显提升，科技成果数量逐年增长，如何进一步促进科技成果源源不断地转化为现实生产力，为“转方式、调结构”注入动力，实现北京市委、市政府提出的在自主创新和科技成果转化两方面取得重大突破的目标，最大限度地将首都科技资源优势转化为经济社会发展的强大动力，是北京率先形成创新驱动发展格局的重要命题，它不仅为中央领导高度关注，也成为全社会的共同期待。

通过调研发现，目前本市科技成果转化相对于首都经济社会发展的巨大需求还有一定差距，特别是财政资金资助形成的科技成果还有待发挥更大的作用；政府科技计划项目管理中还存在着一些长期性、根本性的问题亟待破解，主要表现在：一是如何完善项目发现机制，准确识别出那些具备转化应用前景的科技项目；二是如何完善成果评价机制，科学衡量科技成果的真正价值；三是如何完善组织培育机制，有效引导产、学、研、用形成多方协同的创新体系；四是如何完善项目推进机制，合理构建符合科技创新规律的项目与经费全过程管理体系。

为此，本章围绕有利于科技成果转化的政府科技项目管理机制，研究如何通过政府科技计划项目管理，更好地促进科技成果尽快转化为现实生产力，推动首都经济社会的可持续发展。

本章围绕以下几方面思路提出了相关对策建议。一是建立企业主导产业技术研发创新的体制机制，有效促进产学研用协同促进科技成果转化；二是完善重大科技项目发现、筛选、立项机制，注重从源头上推动科技成果转化；三是优化政府科技投入模式与经费管理方式，提高政府创新管理绩效；四是加强科技项目全过程监督评估，切实保障

① 本章由国家科技部调研室、北京科学研究中心课题组完成。国家科技部调研室胥和平主任担任课题负责人，张士运、伊彤、李海丽、王涵、刘蔚然、李岩、李玲、刘琦岩、刘育新、谈戈、王仕涛、王晓松等参加了课题研究工作。

具备市场化应用前景的科技成果落地转化。

为说明问题更具针对性，下文中的科技项目专指具有产业化应用前景的政府科技计划项目。

第一节　对科技成果转化规律和特点的若干认识

通过分析研究，课题组认为，科技成果转化具有特定的内涵、形式和特点，推进科技成果转化必须准确把握其内在的客观规律。

一、科技成果转化具有复杂的内涵

首先，科技成果是一个宽泛的概念。[①] 从创新环节看，包括科学探索、技术研究、工艺改进、产品开发等；从科技产出形式看，科技成果包括论文、专利、图纸、论证报告、技术、工艺、产品等。因此，科技成果转化的内涵之丰富，已远远超出了单项技术形成产品的层次。

其次，科技成果转化具有多种形式。一项新技术可以应用于多个产品，一个产品的创新又需要多种技术的集成。在特定的时间和范围内，一项技术形成产品，一组技术在重大建设工程中得以应用，可谓实现了转化；但一项创新的知识（如相对论）成为人类知识财富的积累，推动全社会的技术进步和经济发展，是一种更重要的转化。进一步说，一项科技成果的成功应用，往往是大量科技人员探索的结果，获得市场成功只是少数。科技成果有“量”才会有“质”，必须有大量积累，才可能有更好的转化基础。因此，对科技成果转化的评价始终是一个富有挑战性的问题[②]。

最后，促进成果转化需要多种要素。成功的转化必须得到商品市场的认可和金融市场的支持。纵观历史，许多科技创新在初期往往得不到有效的转化，这里有技术成熟的问题，也有市场份额的约束，更受金融、政策、商业模式和消费理念等诸多因素的影响。

二、科技成果转化必须从源头抓起

科技创新是一个持续连贯的过程，要促进科技成果转化，不应是科技成果已经产生了，再来考虑如何促进其转化，从而把两个阶段截然分开。尤其对应用技术研究，更应在成果产生之前，在项目设计阶段就瞄准市场应用。如果在科技立项时仅关注成果的先进性和学术水平，忽略对用户和应用前景的考量，则会不可避免地造成科研任务虽然完成了，产生的成果却被束之高阁，得不到有效转化。因此，科技管理部门应从立项开始，对科研课题的设计以及取得科技成果的目标等方面增加转化应用的评定指标，通过

①②万钢．加快推进科技成果向现实生产力转化，求是，2011 年第 13 期。

调整和改变立项模式，改进立项评价体系，增加成果的完整性评价，从源头上促进科技成果的转化应用。

三、科技成果转化必须由企业主导

技术创新的最终目标是在市场上获取经济效益，企业作为技术创新活动的需求主体、投入主体、活动主体及成果应用主体，在技术创新活动中占有举足轻重的地位。即便对具有产业化前景的财政科技计划项目，现阶段主攻什么技术、何时转化、怎样转化等也应面向企业需求。只有企业真正主导了整个技术创新全过程，技术创新才能少走弯路，取得市场成功的可能性才最大，创新效率才最高。如果不顾市场需求，让企业为了争取财政科技计划而“被产学研合作”，或者被动接纳、费力转化高校院所的科技成果，效果从来都是差强人意。因此，必须尽快形成鼓励以企业为主导提出科研方向、筛选主攻技术、寻求合作伙伴、开展后续开发、评价最终成果的有效机制。

同时，对不同阶段的科技项目，企业在其中发挥的主导作用是不同的，从基础研究、应用基础研究，到行业共性技术研究，再到成果转化研究、产业化前期研发等环节，越往后端企业的作用越明显，发挥的主导作用越强。

四、推动转化要遵循科技创新规律

首先，要从创新全过程研究成果转化问题。要根据不同产业技术特点，针对不同的研发主体和研究类型，采取不同的指标及政策引导，把科研技术攻关与市场开发途径紧密结合，推动技术和资本等要素的结合，选准关键点，确定路线图，规划时间表。

其次，要重视与成果转化相关的技术配套。科技成果转化往往是一个系统工程，单项技术很难谈转化。一项核心、关键技术的成功应用，往往受制于配套技术和环节。相关技术、材料、关键零部件、工艺技术等都是影响产业化的重要因素。实践中大量科技成果不能顺利实现产业化，往往是缺乏系统性配套技术条件所致。

再次，要重视在市场应用中逐步完善成果。新技术、新产品不是等完全成熟后才能进入市场，只有在市场检验过程中不断改进性能，提高产品质量，扩大规模，降低成本，拓展应用，创造市场空间，最终才能成为有市场竞争力的产品，才能形成持续发展的产业。同时还要注意，科技成果转化的效益不一定都体现在经济效益方面，也可以体现为对民生改善、社会进步等方面的支撑和引领。

最后，要按照科研活动特点管理项目经费。科学研究具有很强的不确定性和不可预见性，很难在项目尚未确立之时就对其所需经费进行准确的预算，即使能够准确预算，由于项目时间跨度大，市场变化快，在实施过程中也会发生很大的变化。同时，不同领域、不同研究阶段的科技项目具备各自的特点，其研发支出的结构和进度等不可能完全相同，不宜采用固定的模式对所有科技项目经费进行统一管理。为此，所谓的“精细化管理”不应体现在预算结构上，而更应体现在针对不同类型、不同阶段的财政科技计划

项目，科学制定差异化的经费管理办法，增加适用性和灵活性，从而提高创新效率而不是限制创新活动的高效开展。

五、推动科技成果转化需社会各界协同努力

首先，科技界、经济界要共同努力。科技界应进一步面向市场，使科研活动更加密切地与市场需求对接，更加重视降低技术工艺的成本，提高稳定性，为产业化创造条件；同时，经济界的努力更为重要。这是因为，企业是创新投入和创新活动组织实施的主体，也是创新成果应用的主体，科技成果能否成功应用，关键看企业。为此，要按照产业发展和市场运行规律，用好财政、税收、金融、政府采购等政策，深入探索商业模式创新，打通制约新技术应用过程中市场培育和产业发展的障碍。其次，教育界、文化界的协同分工也必不可少。只有充分发挥社会各界对科技成果转化的促进作用，形成合力，才能最大程度地推动科技成果转化。

第二节　本市通过科技项目促进成果转化的主要做法

近年来，尤其是“科技北京”行动计划实施以来，北京市高度重视科技成果转化和产业化工作，积极推进科技管理体制机制改革，将市场配置资源的基础作用和政府的引导作用结合起来，针对具有较好应用前景的科技项目，开展了一系列有益的探索和实践，积极探索促进科技成果转化的“北京模式”，为首都经济社会发展提供了有力的科技支撑。

一、强化科技项目的产业化导向①

本市从科技发展宏观战略层面加强研究和布局，采取联席会议等方式部署和对接国家和北京市重大项目，统筹安排财政资金，创新资金支持方式，加强支持科技项目从立项时关注科技成果转化，系统引导企业研发核心关键技术和产品。

促进国家科技重大专项成果在京落地转化。在全国省级科技部门首家设立了“重大专项办公室”，制定发布了《国家科技重大专项配套管理办法》，突出对在北京转化和产业化项目的配套支持。2008～2010年，在京单位全面对接11个民口领域国家科技重大专项，承担项目约占全国40％，申请中央财政约占全国45％。子午工程等6个重大科技基础设施在京落地建设，在京投资21.6亿元，占投资总额的66.3％。

加大市财政资金对中央单位科技成果转化的支持力度。据不完全统计，2009年以来，全市相关部门直接推动落地的中央单位重大成果转化项目200余项，总投资超过

① 本部分数据资料来源于市科委主任闫傲霜在致公党中央“加快推进科技成果转化和产业化”调研座谈会上的报告（内部资料）。

1000 亿元。通过深化与中国科学院的院市合作，推动龙芯芯片、纳米材料绿色制版、液态金属散热器、分布式智能电网、纳米纤维动力锂离子电池隔膜等一批重大科技成果在京落地转化和产业化。

充分发挥政府科技资金的扶持与引导作用。自 2011 年起 5 年内，市政府统筹安排 500 亿元重大科技成果转化和产业化项目资金，在全国率先提出以财政科技资金入股的方式支持企业。当企业走向成功时，政府股份按照原值退出，再用来支持其他企业的创新活动。这种投入方式，既能在企业最困难时得到政府的支持，又能在企业获得发展后政府收回股本继续支持其他企业。

在立项环节加强对可行性、应用性、市场性、前瞻性的考虑。可行性，即科学上的可行性，工艺装备、配套技术和研究开发的可行性，以及经济社会效益的可行性；应用性，即服务于国家和北京市的重点产业，对提高产业竞争力和促进产业结构优化升级有重大影响，通过科技成果转化培育发展战略性新兴产业；市场性，即要求科技项目组织实施要有明确的市场前景或市场潜力，能够在未来的市场竞争中取得优势；前瞻性，即不仅要用科技破解产业链上的难点，还要提出具有前瞻性的研发方向，引领产业向高端、高效、高辐射发展。

支持、引导企业研发和突破一批核心关键技术和产品。例如，支持重大品种产业化和高端诊疗设备制造，制定实施《首都十大危险疾病科技攻关与管理实施方案》和生物医药产业跨越发展工程（G20 工程），形成“以医促药、以药促医”的产业发展格局，形成“一个专家团队、一个研究示范网络、一系列研发平台和一批中西医诊疗规范”等“四个一”的技术支撑体系。支持开发全球首创、具有完全自主知识产权的兆瓦级垂直轴风力发电机。中低速磁浮列车历经十年工程化开发试验后将在城市轨道交通线上示范运营。支持基于通信的列车控制系统（CBTC）关键技术的工程化开发，通过政府采购推动其示范应用。

二、面向产业科技需求开展研发与应用

坚持政府资源手段面向企业，科技计划的组织实施面向市场，鼓励和支持企业和应用部门开展科技研发与产业化，促进科技研发由政府投入推动向市场应用拉动转型。据统计，市级科技经费中支持产业化关键技术的投入比例保持在 70%以上①。通过科技计划引导企业与高校院所结合，将技术与市场结合起来，按市场需求定技术，依市场前景选项目，鼓励科技成果迅速转化，项目实施效果好的予以连续滚动支持。

在科技计划项目的组织实施中日益注重企业和产业技术联盟的作用，不但强化企业作为研究开发投入、技术创新活动和创新成果应用的主体地位，而且提出产业联

① 闫傲霜．科技成果转化“北京模式”的探索、实践与特点．科技潮，2010 年 09 期。

盟这一新型组织可以作为科技计划项目申报的主体①，支持企业以产业联盟的形式参与科技项目。截至2011年年底，北京地区产业技术联盟超过150家，成员单位超过8700家，其中TD-SCDMA、长风联盟等10家联盟纳入国家产业技术创新战略联盟试点②。

三、健全科技项目的全过程知识产权管理

近年来，本市积极发挥专利申请资助资金激励作用，不断加强财政资金支持的科技项目的知识产权管理。一是将知识产权管理工作纳入科技项目管理的全过程，包括科技项目的申请、立项、验收和监督管理环节③，加强了项目研发和实施的针对性，而且承担单位在开发出阶段成果即"中间产品"后就可以进行技术交易，在研究开发活动过程中就可以实现科技成果转化和产业化，即研发产业化。二是政府有关行政管理部门与示范区承担项目的高等院校、科研院所、企业等单位就项目预期形成的科技成果约定知识产权目标和实施转化期限④，在项目验收时对知识产权目标和实施转化的完成情况进行考核评价。三是在项目成果形成知识产权后，允许企业利用知识产权进行质押贷款。政府部门建立风险补偿制度，符合条件的信贷机构在中关村开展信用贷款、担保融资等贷款业务时，凡符合中关村知识产权质押贷款条件的，按照发放贷款的规模给予商业银行、担保机构、小额贷款机构一定的风险补贴⑤。

2011年，本市专利申请量7.8万件，同比增长36.1%。其中，发明专利申请4.51万件，同期增长34.6%，首次突破4万件；发明专利申请量占本市专利申请总量的57.8%。专利授权量达到4.09万件，其中发明专利授权量为1.59万件；发明专利授权量占本市专利授权总量的38.9%⑥。

四、在验收管理中强化科技成果转化内容

对科技计划项目管理制度进行修订，增加了对科技成果转化的要求，规范了科技计划项目管理流程，形成了较为全面的项目管理规范性文件体系。修订后的管理制度体系为"1+3"，包括1个管理办法，即《北京市科技计划项目（课题）管理办法（试行）》，和3个管理细则，即《北京市科技计划项目（课题）立项管理细则（试行）》《北京市科

---

① 《中关村国家自主创新示范区条例》释义/中关村立法领导小组编委会编著．北京：北京出版社，2011年11月。

② 北京市加快科技改革发展的实践创新与政策建议．北京市科委．2012.2.25（内部资料）。

③ 《关于加强政府投入项目专利和版权管理工作的意见》（京政发［2007］13号）。

④ 《中关村国家自主创新示范区条例》释义/中关村立法领导小组编委会编著，北京：北京出版社，2011年11月。

⑤ 《加快推进中关村国家自主创新示范区知识产权质押贷款工作意见》（中示区组发［2010］19号）。

⑥ 北京市知识产权局统计数据。

技计划项目（课题）实施管理细则（试行）》和《北京市科技计划项目（课题）验收（结题）管理细则》。在《北京市科技计划项目（课题）验收（结题）管理细则（试行）》中增加了有关成果转化方面的验收内容，包括：有资质的机构出具的有关产品测试报告、检测报告及用户报告；经济效益和社会效益证明以及成果推广应用方案等验收材料。同时，还制定了《北京市科技计划管理相关责任主体信用管理办法（试行）》，通过对项目（课题）主持单位、承担单位、管理受委机构、负责人、专家等几类主体进行信用的记录、信用评级、实施奖惩措施等，对提高各类主体保质保量完成项目目标起到较强的引导与约束作用。

五、探索科技项目经费管理创新

近年来，本市在科技项目经费管理、后补助及单位经费使用自主权等方面进行了机制体制的创新。一是在财政部、科技部等联合出台《财政部关于在中关村国家自主创新示范区开展科技项目经费管理改革试点的意见》的基础上，开展科研项目分阶段拨付试点，根据项目实施进度和关键节点任务完成情况进行分阶段拨款①，有效保证了科技经费使用效率，保证项目目标的保质保量完成。二是开展科研项目后补助试点，对具有明确的、可考核的产品目标和产业化目标的项目实行后补助支持方式，由承担单位先行根据市场需求自主选择研究方向和研究内容，在项目完成并取得相应成果后，按规定程序进行审核、评估或验收后给予后补助，有效促进了科研成果的应用和产业化。三是开展增加科研单位经费使用自主权试点，完善试点项目中相关计划项目预算调整程序，适当扩大科研单位在项目内部各项费用间预算调整的权限，增加经费使用自主权。科研单位可以根据实际情况对项目人员进行奖励，有效促进科技人才积极性。

随着“科技北京”建设的不断推进，本市科技计划项目管理机制不断发展和完善，在促进科技创新和科技成果转化方面取得了显著成效。与此同时，面对新的发展形势，也不可避免地存在着一些不利于科技成果转化的制约因素。归纳起来主要体现为重大科技项目的征集、发现、评价与筛选机制有待进一步完善；企业主导政产学研用多方协同推进科技创新和成果转化的局面仍未形成；科研经费管理的计划性、刚性偏强，科研项目后补助等缺少科学规范的标准和程序；符合科研规律和科技成果转化特点的评估评价体系亟待建立等。迫切需要加快完善政府科技计划项目管理体系，促进项目成果的转化应用和产业化，最大限度地促进科技资源优势转化为首都经济社会发展的竞争优势。

---

① 《财政部关于在中关村国家自主创新示范区开展科研项目经费管理改革试点的意见》（财教［2011］20号）。

第三节　国内外政府科技项目管理的相关经验借鉴

一、国外科技计划管理促进成果转化的主要做法

（一）政府设立专门的产学研用合作计划

发达国家大都具有支持产学研合作的专项计划，部分国家还有综合计划，既支持产学研合作，又支持独自研发活动。国家级的科技计划对产学研合作的鼓励和科技成果的转化应用具有极大的促进作用。它们能够利用政府资金推进民间的科技创新以及科技成果与市场的紧密结合。据了解，至 2011 年年初，美国的中小企业创新研究计划（SBIR）参与项目的 10 个联邦政府部门为该项目提供的资金已达 20 亿美元①，由此带动的社会资金投入非常庞大。

（二）企业成为科技计划项目的承担主体

在发达国家，企业往往作为科技计划项目的主体，联合科研机构、大学等合作申请产学研计划项目，并共同承担项目任务。例如，英国的联系合作研究计划，旨在支持大学、科研机构和企业界对具有潜在商业价值的前瞻性研究进行合作研发，其项目一般由政府、企业和学术界共同确定。其申请主体必须包含一个科研机构和一个企业，由此保证资助的项目全部为科研机构与企业的合作项目，而且项目总负责人或项目经理通常由工业界人士担任。

有些科技计划在项目实施中，承担科技项目的企业与大学、科研机构构成一种形式上的联合体，依赖所进行项目而存在，如项目结束则相应解散。如美国的新一代汽车合作计划，该计划由政府和企业出资，大学和科研机构参与，建立非竞争的官产学研合作模式，参加的企业为福特、通用、克莱斯勒三大汽车公司；日本的超大规模集成电路计划由通产省所属的电子综合技术研究所牵头，与富士通、日立、三菱、日本电气、东芝 5 家大公司组成“超大规模集成电路技术研究协会”，设立共同研究所开展相关研发活动。

（三）项目立项与实施注重与市场相结合

发达国家在项目立项评审中非常注重贴近市场需求。美国的商业性技术开发计划，在项目评审阶段即成立技术与经济专家组，分别对申请项目进行技术可行性评分和商业可行性评分。每个技术专家及经济专家对申请项目的评审均是独立的、背靠背的，以避免相互间的影响。美国密歇根大学吴贤铭先进制造技术中心发起的“2 毫米工程”，其整体目标是为提高汽车竞争力，要求最终达到所有汽车部件组装完成后误差不超过 2 毫

---

① 陈元花．美国科技成果转化的成功经验及其启示研究．淮海工学院学报（社会科学版 教育论坛）．2011，9（2）．http：//www. whst. gov. cn/Default _ 593 _ 14612，1. html。

米。为了提高“2毫米”整体目标，从汽车的整个生产线分析影响目标的制约因素，不仅涉及多项技术攻关，也涉及管理、环境等多方面的研究，由于整体目标源自市场需求，各方面分工合作，取得了很好的效果。

在美国之外，日本大学与企业合作，或者企业自发研究的科技项目，在立项之初大多要求进行经济价值预测。还有意大利用于工业研究的优惠研究基金（FAR）项目，其评审分为两步，由专家和银行进行初审后，技术委员会再进行审查。

在实施过程中，如美国的商业性技术开发计划，政府也会组织技术专家和经济专家对该项目的实施情况进行评估，包括已进行的研究工作的技术合理性分析及下阶段所要进行研究的技术及商业应用可行性分析。

（四）成果评估注重对经济社会产生的效果

国外的项目验收与成果评估，多注重实物成果以及它们对社会、经济的效果，而非报告、论文等理论成果指标。例如，美国的商业性技术开发计划项目研究的最终成果可以是研究报告，也可以是实物，操作起来比较灵活。

而对经济社会的效果，相对比较宽泛，也更加难以评估。韩国先导技术开发计划（HAN计划）的事后评估指标包括产业竞争力、国家研发能力以及公众生活质量三个方面，其中产业竞争力指标包括对企业的贡献（技术能力、适应市场变化的能力、经济收益、R&D投入要素积累）、对产业的贡献（市场扩张效应、技术扩散效应）。

（五）通过分期拨付经费确保科研质量

科技项目尤其是竞争性科技项目，不论在欧盟还是在日本、美国，经费分期投资是最常见的方式。

合同制是政府对科研提供资助的主要形式。联邦政府部门与大学的科研机构一般采取成本制签订合同，即科研单位用于完成某项合同的经费都将得到补偿。政府与企业的科研机构则采用成本加固定酬金、经费分摊、成本加鼓励酬金、成本加奖金和固定价格等多种合同方式，合同的性质大都属于应用研究开发项目。

例如，在美国，政府通过对科研项目进行分期投资的方式进行控制，根据项目实施的评估情况决定是否对项目继续投资。中期检查的结果将直接影响到下一年度经费预算的额度。如按照计划的具体特点、要求实行阶段性、节点性或里程碑式的中期检查和评审，要求提交一系列季度、年度、中期报告，包括技术报告、商业报告以及财务报告，并组织专家评议，检查项目的执行情况，从质量、进度、财务支出预算等方面跟踪控制，使总目标下的分解目标得以实现，尽可能地降低风险。

欧盟在第六框架计划之前，也是采用分期拨款的方式。首先在项目开始启动后，项目委员会将拨付第一笔项目经费。在项目研究过程中预拨款只有一次。接着是中期拨款，在项目中期报告通过项目委员会的检查与评估后，项目团队就会收到中期拨款。一般而言，中期拨款经费与预拨款经费之和不能超过资助总额的90%。当项目最终报告获得项目委员会通过后，最后一笔经费就会划拨给项目协调人。其数额为资助总经费与

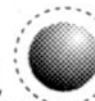

已经拨付的种类款项之差（一般为 10%）。

（六）具备健全的政产学研利益分配机制

在国外，对知识产权、专利等根据不同国家的情况有不同的规定，但都以实现科技项目不同主体间利益的合理分配为目的。美国先进技术计划的项目承担者可以就其研究成果申请专利或版权，项目的知识产权归企业所有，高等学校、非营利组织或参与合作的政府机构不能拥有项目发明的所有权。不过，学术机构和非营利组织在参与方同意的条款基础上，可以分享这些专利使用费和许可证收入。而且，政府对研究成果保留使用优先权。日本的超大规模集成电路计划项目对知识产权的规定又有不同。其规定，项目成果的知识产权由参与方平等地使用。每个参与方即可以自己在现有技术基础上进一步开发，也可以进行技术转让。

二、我国组织实施国家科技重大专项的有益探索

我国科学技术部于“十五”期间就开始了实施科技重大专项的探索。2006 年发布的《国家中长期科学和技术发展规划纲要（2006～2020 年）》从国家发展的全局、长远和战略需要出发，凝练提出了 16 个科技重大专项（其中民口重大专项 11 个，分为电子信息、能源环保、生物医药、先进制造四个板块）；目前各专项已全面启动实施，进展顺利，形成了一套符合国情、科学高效、富有活力的组织管理体系，成为培育发展战略性新兴产业、调整产业结构、加快转变经济发展方式的重要引领力量。

据了解，截至 2010 年年底，民口重大专项共部署各类课题 3000 多个，涉及中央财政经费近 500 亿元，带动社会投入约 1000 亿元，取得一批重大成果，填补了多项重大产品和装备的空白，培育了一批新的经济增长点。例如，集成电路装备专项支持开发的刻蚀机、离子注入机等一批重大装备投入生产线使用，实现了集成电路高端制造装备从无到有的突破。数控机床专项的实施，打破了国外企业的技术垄断，有望结束关键部件完全依赖进口的局面。在前期工作基础上，目前，国家正在酝酿启动新的重大专项。

（一）宏观上注重系统布局与统筹协调

一是注重创新链和产业链的有机衔接。按照新兴产业发展的重大需求部署创新力量，注重将技术创新和商业模式创新结合起来，致力在取得技术突破的同时加快将成果转化为生产力。二是注重加强各专项的整体部署。强调电子与信息、能源与环保、生物与医药、先进制造四大板块的统筹，加强板块内部和相互之间的协调，突出系统性与集成性。三是注重重大专项与其他科技计划的衔接。以电子与信息板块为例，跨专项、跨计划的顶层设计和任务部署不仅促成了重大科技成果的联合研发及成果的集成应用，还带动了完整的高端信息产业链的形成。

（二）瞄准产业发展重大需求开展立项

重大专项面向培育战略性新兴产业和改善民生，战略导向明确。重点锁定电子信息、能源环保、生物医药、先进制造四大关键领域，致力取得重大标志性科技成果，开发一批具有自主知识产权的重大战略产品，突破一批重大关键共性技术，建设一批重大示范工程。项目紧密围绕产业目标进行系统设计，在立项评审时突出前瞻性、战略性与全局性，瞄准影响未来产业竞争力的关键共性技术，提升我国在特定领域的竞争力。立项阶段的需求导向，为重大专项科技成果快速转化和产业化奠定了基础。

（三）突出企业主导和政产学研用结合

重大专项的组织实施强调发挥政府的宏观统筹作用，发挥市场配置资源的基础性作用，调动科技界、企业界与经济界等各方积极性。突出企业技术创新主体地位，鼓励行业骨干企业牵头实施以产品开发和产业化为目标的任务和示范工程。积极组建产学研用紧密结合的产业技术创新战略联盟，开展产学研用协同攻关。据了解，“十一五”期间，企业承担重大专项课题超过1000项，国拨经费占总数的50%以上。

（四）以成果转化为导向进行绩效评价

重大专项采用监督评估专家组与专业评估机构相结合的评估模式，对重大专项进行年度监督评估，积极探索以科技成果转化应用为导向的评估机制建设。对具有应用和产业化目标的项目（课题），按照“下家考核上家、系统考核部件、应用考核技术、市场考核产品”等方式进行评价；用户代表参加项目（课题）评审，将用户使用报告、产品（成果）的测试或检测报告等相关证明作为验收的重要依据。

（五）开展财政科技投入支持方式创新

重大专项率先在项目（课题）实施中列支了间接费用，明确指出可列支用于科研人员激励的相关支出，由所在单位根据绩效考核结果和科研实绩统筹安排。这对激发科技人员主动性创造性具有重要作用。对产业化目标明确、可考核的项目试行后补助支持方式。

第四节　完善本市科技项目全过程管理的对策建议

一、建立企业主导产业技术研发创新的体制机制

支持引导以企业为主体建立重点实验室、工程技术研究中心等研发机构，鼓励企业牵头与科研院所、高校组建产业技术创新战略联盟，围绕产业发展需求开展研发活动，完善从用户端拉动科技成果转化的相关机制；重视对项目实施过程中产学研用合作情况的监督检查；加强对产学研用合作效果的考核评价；推动建立产学研用风险共担与利益

共享的长效机制。

为此提出如下建议。

（1）在项目任务书中明确产学研用各方职责与合作方式，在立项阶段即把用户纳入其中，明确研发流程中用户的参与节点，保证从项目设计到研发过程再到产品试运行，都充分吸纳用户的意见。

（2）在产学研用合作项目的立项评审过程中，探索开展对项目团队的合作基础、内部结构、人员耦合度以及团队经营管理能力、现有供货商网络等相关要素的综合考量。

（3）建立随市场需求变化的项目目标动态调整机制，与市场需求联系紧密的研发内容允许适当调整，但必须在调整环节增加专家评议环节，确保“产学研”的工作更有利于“用”，促进与市场需求紧密结合。研究制定更为科学、简便易行的调整管理程序，提高管理效率。

（4）研究建立项目实施中产学研用合作效果的考核指标体系，将项目成果能否通过企业转化为产品和市场作为主要的评价标准。

（5）完善知识产权保护的法规政策体系以及规范的科技成果价格评估体系，保证产学研合作各方的合理利益。

（6）推动高校和科研院所为企业服务，不定期组织召开有产学研共同参加的技术发展论坛、交流会、需求对接会、产品展示会等，建立产学研用合作创新、风险共担、利益共享的价值观念和责任制度。

二、完善重大科技项目发现、筛选和立项机制

加强全市层面科技项目的整体部署和系统布局，注重产业链和创新链的有机衔接；拓展科技项目征集渠道，将自下而上与自上而下有机结合；将咨询对象主体从以科学家为主调整为更加关注产业战略专家和企业家，加大企业在科技项目申报和评审中的参与强度和话语权；在立项评审时，加强研究目标的整体性把握和考核指标的应用性设计。

为此提出如下建议。

（1）针对本市科技项目，从基础研究、应用基础研究、行业共性技术研究、成果转化研究、产业化前期研发等五个层面进行统筹部署，分不同层面瞄准核心关键技术问题开展重大项目的筛选、组织和实施，针对不同阶段的项目采取不同的考量标准。同时，针对产业和民生发展的系统性技术需求，进一步探索开展从前端研究到后端产业化一体化的重大项目立项机制。

（2）建立企业界人士参与的高层次科技决策咨询机构，参与财政科技计划项目的决策和实施。对行业共性技术研究、成果转化研究、产业化前期研发项目，扩大行业龙头企业和产业技术创新战略联盟科技专家在立项评审等活动中的参与力度，将工程实践经验作为重要遴选指标，建设企业科技专家库。根据不同类型项目在创新链中所处位置的不同，合理确定立项评审专家中企业专家所占比例，加强专家信用机制建设。

（3）对同一项目（主要指成果转化研究、产业化前期研发项目）所属的若干课题，

探索在任务书中进行整体性目标设计，通过系统集成、组织凝练，引导和促进企业、科研单位以及优势研究团队围绕整体目标展开科技研究活动，实现协同创新。

(4) 对成果转化研究和产业化前期研发项目，加强对预期成果市场化潜力的衡量与评价。引导申报者采用更为明确、直接和便于考核的指标，即能直观体现项目成果转化所带来的直接效果的指标，并增加可行性评估、经济性评估、风险性评估等应用性指标。

(5) 完善政府科技项目的相关管理办法与实施细则，健全政府委托管理体系和机制，进一步明确相关责任人的管理权责与边界。

三、优化政府科技投入模式与经费管理方式

完善稳定支持和竞争择优相衔接、相协调的资助格局，对产业领域的研究与开发活动，视其基础性、公益性以及市场失灵的程度等因素进行评估，确定合理范围进行稳定支持；强化分类管理理念，深入研究不同类型科技项目对经费管理的实际需求和相应管理方式，探索推进科技项目预算评估的科学化和标准化；遵循科研活动与科技创新的客观规律，建立刚性和柔性相结合的经费拨付与管理制度；强化问责机制，建立科研经费信用管理制度。

为此提出如下建议。

(1) 对基础研究、应用基础研究、产业共性技术研发、公益性研究与开发等，建立稳定支持的长效机制，强化技术储备；对战略性新兴产业培育阶段的重大关键技术研发、重大产业创新发展工程、重大创新成果产业化、重大应用示范工程以及创新能力建设等方面加强持续引导和稳定支持。

(2) 对基础研究、应用基础研究层面的项目，采用一次性前补助方式支持，鼓励创新、宽容失败；对行业共性技术研究、成果转化研究、产业化前期研发等层面的项目，减少前补助比例，加快推行分期拨付、后补助等支持方式，严格依据项目实施效果的考核结果确定经费拨付额度。

(3) 尽快建立不同于前补助的后补助项目预算科目设置结构。

(4) 加快推动设立北京市科技成果转化引导基金，积极探索采取创业投资母子基金、贷款风险补偿和绩效奖励等支持方式，引导和带动金融资本、民间资本等社会资本共同加大科技成果转化投入。

(5) 缩短项目资金拨付周期，简化预算调整程序，适当增加预算编制和调整的弹性。

(6) 强化项目负责人以及承担单位法人对科技项目经费管理和使用中的相关责任，探索建立科技计划评估与财政经费审计评价工作有机衔接的工作机制。建立信用评价体系，并将信用信息作为管理和决策的重要依据。

四、加强科技项目全过程监督评估

加强统筹协调，将监督评价纳入项目实施的全过程；按照科技成果转化自身规律，分类评价，完善政府科技项目的绩效评价指标体系；建立“自评价”与“第三方评估”相结合的监督机制。

为此提出如下建议。

（1）研究制定重大科技成果转化项目从发现筛选、评价立项到组织推进等全过程的评价体系。在项目形成阶段加强立项评估，确保方向正确、路线可行；在项目中间环节加强过程评估，确保项目按既定要求推进，并根据新形势的变化进行适当调整；在后端验收加强成果评估，将技术转移、新产品开发、组织管理、经营团队等落地要素作为评价指标进行综合考量，评定项目实施的总体成效和目标的实现程度；注重成果转化和产业化项目结题验收后的追踪评价。

（2）按照知识创新和技术创新中不同的科技成果产出及转化规律，针对不同类型项目及其成果应用的行业领域，按照分类考核的思路，研究建立分级分类、定性定量相结合的项目绩效评价指标体系。

（3）在自评价的基础上，进一步推广相对独立的第三方监管，设立项目专员，跟踪并考核项目实施进度及效果，并同时拥有对立项决策的质疑权、评价权，必要时有权申请中止项目实施和经费拨付。

第十一章 中关村"1+6"政策跟踪评价研究[①]

"1+6"政策是国务院推动中关村国家自主创新示范区体制机制创新的重要举措，为中关村示范区自主创新和建设发展注入了活力，也为国家创新体系建设提供了重要经验。课题组紧紧围绕"1+6"政策核心，对中关村创新平台和深化实施的六条新政策进行了全程跟踪、调研，在大量调查研究基础上，系统梳理中关村"1+6"政策实施一年来的做法和成效；并针对"1+6"政策体系实施中仍存在的事业单位科技成果收益权与处置权、股权激励所得税、科研人员激励、部分试点政策期限等矛盾与问题进行了分析研究，提出了进一步提升"1+6"政策效果的七点建议：包括完善事业单位国有资产对外投资机制；研究提高事业单位科技成果处置权的审批额度；将实施效果较好的政策常态化；深入研究服务型企业的税收政策；加大对股权激励的税收扶持力度，进一步深化中关村代办系统股份报价转让试点；适当扩大研发费用加计扣除的归集范围等。

2009年3月国务院批复中关村建立国家自主创新示范区以来，中关村科技园区开展了一系列先行先试的改革试点。特别是在关于开展股权激励、科技金融改革创新、重大科技专项经费列支间接费用、支持新型产业组织参与重大科技项目、创新创业的税收政策、政府采购新技术新产品、工商管理及社会组织管理改革等方面进行了探索。2010年年底，国务院原则同意了中关村"1+6"的鼓励科技创新和产业化的系列先行先试改革新政策，进一步为中关村示范区的创新发展营造良好的政策环境。随着中关村"1+6"政策各项先行先试深入推进落实，阶段性成果已初步显现。为评估中关村"1+6"先行先试政策的效果，政策在运行中存在的问题，以及未来进一步改革完善的方向与办法等，课题组通过召开座谈会、实地调研、访谈等方法，对中关村"1+6"政策进行了跟踪评价，总结了政策执行和落实中的不足，并提出了进一步改进的对策建议。

第一节 中关村"1+6"政策的创新探索

2009年3月，国务院批复同意建设中关村国家自主创新示范区，掀开了中关村发展新的篇章，中关村自此成为我国首个国家级自主创新示范区，成为探索制约我国创新发展的深层次制度改革实验区。2010年年底，国务院批复同意了支持中关村发展的"1+6"先行先试政策，成为推动中关村创新发展的重要里程碑。

---

① 本章由北京市科学技术研究院、北京决策咨询中心课题组完成。北京市科学技术研究院丁辉院长担任课题负责人，王立、王海芸、赵莉楠、张士运、王峥、宋镇、叶连云、李成龙等参加了研究工作。

所谓“1＋6”政策，“1”即搭建中关村创新平台。2010年12月31日，中关村科技创新和产业化促进中心（简称中关村创新平台）正式成立。此平台设八大工作组，负责落实示范区建设的各项重大决策，整合资源，提高效率，对跨层级审批和跨部门审批加强协调和督办，促进重大科技成果产业化，构建有利于政策先行先试的工作机制，形成高效运转、充满活力的科技创新和产业化服务体系。“6”是指中关村深化实施先行先试改革的6条新政策，具体包括在中央级事业单位科技成果处置权和收益权改革试点、税收优惠试点、股权激励试点、科研经费管理改革试点、高新技术企业认定试点、建设全国场外交易市场试点六个方面做出的新的制度安排。具体来说，“1＋6”政策主要在如下几个方面进行了创新探索，如表11-1所示。

表11-1　中关村“1＋6”政策出台及阶段性成效概览

主要政策	政策目标	配套文件	政策阶段性成效
搭建中关村创新平台	统筹协调，推进科技资源整合与成果转化	无	中关村创新平台整合资源作用进一步增强。①完善“1＋6”先行先试政策支撑体系，推动政策落地。至2011年年底，中央部委共牵头出台支持中关村先行先试政策文件12项，北京市出台20余项配套实施文件。②与六部委建立部市会商机制，统筹配置科技资源。③与财政部、国家发展和改革委员会等联合开展现代服务业试点，中央财政3年投入15亿元专项资金支持试点，北京市按同比例配套资金，至2011年年底已确定现代服务业试点项目39个，总投资51.1亿元。④完善重大科技成果转化和产业项目资金统筹机制。2011年共支持4批300个重大项目，安排资金100亿元
中央级事业单位科技成果处置和收益权改革试点政策	推动事业单位科技成果收益及处置改革	4条配套财教［2011］18号（2013年年底到期）	在制度层面上解决了国有资产形成的科技成果对外投资的问题及成果进入企业的政策衔接问题，激发了科研人员转化科技成果的积极性。2011年，中央和地方高校院所技术转让项目共261项，收入约6.5亿元。其中，中央级事业单位200项，收入5.1亿元；北京市属单位61项，收入1.4亿元。技术合同成交额1890亿元，同比增长20%
税收优惠试点政策	通过税收优惠减轻科研人员和企业负担	4条配套（2011年年底到期）	通过税收政策鼓励企业研发投入，进而促进科研成果涌现。2011年，共512家企业享受示范区研发费用加计扣除试点政策，享受所得税优惠8024万元；56家企业享受示范区职工教育经费税前扣除试点政策，超过工资总额2.5%的税前扣除金额4835万元；另有910家企业4868个项目通过企业研究开发项目正在申报办理
股权激励试点政策	通过股权激励鼓励科研人员创新创业	5条配套	探索政府股权投资与股权激励相结合的工作模式，解决中央单位开展股权激励的障碍。截至2011年年底，示范区有481家单位实施股权和分红激励，其中市属国有企业和事业单位75家，中央企业和中央级事业单位35家，民营企业287家，上市公司84家

续表

主要政策	政策目标	配套文件	政策阶段性成效
科研经费分配管理改革试点政策	突破人员费列支，实现科研人员激励	4条配套	提高科研投入的使用效率，进一步认可科研人员的劳动价值，解决科研项目经费管理与科研需要不相符问题，列支间接经费管理成为常态化。2011年，共1238个项目纳入科研经费管理改革试点，包括723个北京市科技项目、303个重大科技成果转化和产业统筹项目以及212个部市会商项目。其中，北京市科技项目列支间接费用4560.6万元，较2010年增长72.8%
高新技术企业认定试点政策	放宽高新技术企业认定范围，提升创新能力	3条配套国科［2011］90号（2011年底到期）	完善适应中关村创新型企业特征的高新技术企业认定办法。2011年，本市新认定高新技术企业1285家，其中成立满半年不足一年企业和以技术秘密申报企业有17家
建设全国场外交易市场试点政策	完善股份流转和融资机制，助力企业可持续发展	无	建设统一监管下的全国性场外交易市场，为企业做大做强创造条件。2011年，中关村挂牌企业总数已达102家，36家挂牌公司完成或启动了43次定向增资，融资19亿元，平均市盈率22倍，多家挂牌公司成功在创业板上市

一、统筹协调推进科技资源整合与成果转化

科技成果转化和产业化是建设“科技北京”、实现科技与经济紧密结合的关键环节，是将首都科技智力资源优势向经济发展优势转化的有效途径。加强首都科技资源优化整合和相互衔接，解决科技资源分离、分隔、分散的问题，促进科研机构、高等院校、中央企业、民营企业和政府协同创新，建立完善有利于科技成果转化和产业化的体制和机制，是加快首都经济发展方式转变的紧迫要求，是把北京建设成为中国特色世界城市的战略抉择。

中关村创新平台的突破意义在于建立了“上通下达”的组织结构，形成了高效运转的跨层级跨部门联合工作机制，具备特事特办、先行先试的优势。目的是进一步发挥中关村科教智力资源和人才密集优势，整合高等院校、科研院所、中央企业、高科技企业等创新资源，推动体制机制创新和政策先行先试，促进科研机构、高等院校、中央企业、民营企业和政府协同创新。

中关村创新平台的主要任务是重点推进六方面工作：一是建立完善科技成果转化和产业化促进机制，支持一批国家科技重大专项、科技基础设施和重大科技成果产业化项目；二是健全科技与资本对接机制，开展符合科技创新创业企业特点的科技金融创新，建立并完善政府资金与社会资金、直接融资与间接融资有机结合的科技金融创新体系；三是完善高端人才和创新资源服务工作机制，建立高层次人才创新创业支撑体系；四是推动中关村新技术、新产品的市场应用；五是构建政策先行先试对接工作机制；六是建

立规划建设服务工作机制，加快推进重大项目落地实施。中关村创新平台下设重大科技成果产业化项目审批联席会办公室、科技金融工作组、人才工作组、新技术新产品政府采购和应用推广工作组、政策先行先试工作组、规划建设工作组、中关村科学城工作组和现代服务业工作组等8个具体办事机构。

作为中关村示范区先试先行政策有效“着陆”的载体，中关村创新平台具有显著的政策驱动特征，已经成为加快示范区创新发展的重要支撑。构建起中央与地方创新资源联动机制，由各工作组联合推进，并行审批，共同研究决策，为国家科技重大专项、重大科技基础设施、重大科技成果产业化项目的项目确定、资金支持、选址和产业布局等问题的解决以及6项先行先试政策的实施提供了“一条龙”服务。目前该平台共有19个国家部委的有关负责同志和北京市31个部门的百余名工作人员参加，集中办理股权激励试点、重大科技成果产业化项目等为高新技术企业和其他创新主体服务的有关事项。

二、着力推动事业单位科技成果收益及处置改革

科技成果转化依赖于明晰的产权制度，在市场经济中产权的核心权利是收益权，我国科技领域国有产权制度的产权关系尤其是所有权与收益权模糊，影响了产权促进科技成果转化的效率，始终是束缚自主创新和科技成果转化的主要障碍。2007年修订的《中华人民共和国科技进步法》明确了财政投资的科技成果的产权归属，将所有权给予了项目承担单位，但对处置权和收益归属缺乏清晰的规定。近些年，加强国有资产管理延伸到大学、科研院所的科技成果上，对国家财政公共资金形成的科技成果的知识产权所有权定义为国家所有，与一般国有资产等同加以管理，进一步捆住了科研事业单位和科研人员的手脚，科技成果转移转化陷入困境。

中央级事业单位科技成果处置权和收益权改革试点政策是国有资产管理体制改革方面的大胆尝试。其政策目标是促进科技成果转化；进一步激发区内事业单位及其研发人员的积极性和创造性；进一步处理好国有无形资产和科技成果管理的所有权、处置权和收益权的关系。该项政策在一定程度上放宽了国有投入形成的科研成果对外投资的限制，首次在法律层面明确了财政投资形成的科技成果的处置权和收益权归属，下放800万元以下国有无形资产处置权，为国有资产形成的科研成果向企业流动提供了制度保障。

中央级事业单位科技成果处置权和收益权改革试点政策的适用对象为中央级事业单位，政策突破具体体现在处置权和收益权改革两个方面。中央级事业单位800万以下科研成果收益权和处置权政策的重大意义在于观念和体制的创新：原来科技成果的个人转让是冒着违法的风险，现在的政策明确鼓励科技成果转让。该政策有利于引导科研事业单位更加关注科技创新能否形成知识产权并及时转化成果，为创新主体从事科技成果转化注入了持续动力。

三、通过税收优惠减轻科研人员和企业负担

各国发展经验表明，企业是科技成果转化的主体。中关村高新技术企业已成为科技成果转化的重要力量，但它们为转化职务科技成果给予本单位技术人员股权奖励时，不能享受《关于促进科技成果转化有关税收政策的通知》（财税字［1999］45号）规定的科研机构、高等院校相应的政策待遇，一定程度上影响了科技成果转化。税收优惠试点政策出台的目的是扶持高新技术企业，希望能吸引在初创阶段资金有限的企业积极进行研发投入和成果转化。支持企业积极从事创新活动，鼓励企业积极培养创新人才，激励企业技术人员从事科技成果转化。

税收优惠试点政策的适用对象为注册在示范区内、实行查账征收、经北京市高新技术企业认定管理机构认定的高新技术企业及该类企业享有转化科技成果股权奖励的企业相关技术人员。税收优惠试点政策主要通过《对中关村科技园区建设国家自主创新示范区有关研究开发费用加计扣除试点政策的通知》（财税［2010］81号）等四项具体政策保障落实。

政策突破具体体现在企业所得税和个人所得税两个方面。在企业所得税方面，一是国家需要重点扶持的高新技术企业（包括根据《科技部财政部国家税务总局关于完善中关村国家自主创新示范区高新技术企业认定管理试点工作的通知》认定的高新技术企业），减按15%的税率征收企业所得税。二是示范区内的科技创新创业企业发生的符合规定的研究开发费用允许加计扣除：计入当期损益未形成无形资产的，在按照规定据实扣除的基础上，允许再按其当年研发费用实际发生额的50%直接抵扣当年的应纳税所得额；形成无形资产的，按照该无形资产成本的150%在税前摊销，其中将企业为研发人员缴纳的“五险一金”、医药企业发生的临床试验费、企业共同合作开发或委托外单位进行开发的研发费用等首次列入加计扣除范围。三是示范区内的科技创新创业企业发生的职工教育经费支出，不超过工资薪金总额8%的部分，准予在计算应纳税所得额时扣除；超过部分，准予在以后纳税年度结转扣除。

在个人所得税方面，对示范区内科技创新创业企业转化科技成果，以股份或出资比例等股权形式给予本企业相关技术人员的奖励，技术人员一次缴纳税款有困难的，经主管税务机关审核，可分期缴纳个人所得税，但最长不得超过5年。后该政策又进行了修订，明确了科技创新创业企业获得股权激励的技术人员按照实际发生的股权转让次数，在每次取得股权转让收益后缴纳个人所得税，有利于降低技术人员从事科技成果转化的风险。

四、通过股权激励鼓励科研人员创新创业

多年来，我国的科技进步主要依靠国有企业和国有科研事业单位实施，这些非产权主体在科技创新方面缺乏足够的激励，也无法将带有国有产权属性的科技成果自由转

让，实现利益最大化，严重影响了科技人员自主创新和成果转化的积极性和科技成果转化效率。解决这一问题的最佳方法之一是通过股权激励将企业未来的发展与员工的切身利益密切结合起来。

20世纪80年代成立的高科技企业联想集团是我国股权激励改革中的先锋者和成功者。联想缔造者柳传志1993年提出了“股份制改造方案”，将联想财产的55%归于国家，45%归于职工，这在当时是蕴藏着巨大的风险和复杂性的，2000年将“分红权”转化为“股权”。在相关部门的特例支持下，联想的分红权和股权激励得以实施，有效地激励了研发人员的创新创业梦想，成长为具有国际竞争力的高科技企业集团。事实上，联想也确实成为了特例，清华紫光、科海等相同背景的中关村高新技术企业，其创始人均受困于企业的股权激励，他们从无到有地创立了公司，却难以获得股权激励，与财富无缘，这与创业的艰辛付出不匹配。

股权激励试点政策的目标是要从根本上解决国有科技成果转化中的人员激励问题，建立有利于企业自主创新和科技成果转化的激励分配机制；调动技术和管理人员的积极性和创造性；推动高新技术产业化和科技成果转化。股权激励的试点政策也可以解决之前推行股权激励时，中央单位股权激励试点方案审批环节中的问题，如缺乏审批实施细则、审批主体不够明确、审批责任不清、审批程序复杂、周期过长等方面。股权激励试点政策的适用对象为国有及国有控股的院所转制企业、高新技术企业、示范区内的高等院校和科研院所以科技成果作价入股的企业、其他科技创新企业中的技术人员和管理人员。

中关村“1+6”政策中股权激励试点政策的创新点主要体现在三个方面：一是在国有科技成果股权激励问题的解决上有更大突破，将允许对国有知识产权可以物化到个人的原则落实为法律层面上的政策细则；二是在融合了《科技成果转化法》《专利法》《科学技术进步法》和国家各部委发布的相关规定，从激励方式、激励尺度、实施程序等各个环节上形成较为完整的股权激励政策体系和操作程序；三是“1+6”政策中的科技成果处置权和收益权政策、税收优惠政策均为股权激励改革试点开展、保护科研人员从事成果转化热情和利益提供了必要的配套支持。政策目的是探索企业分配制度改革，建立有利于自主创新和科技成果转化的中长期激励分配机制，充分调动科技人员创新创业的积极性，充分发挥技术、管理等要素的作用，促进科技成果产业化。适用对象为国有及国有控股的院所转制企业、高新技术企业、示范区内的高等院校和科研院所以科技成果作价入股的企业、其他科技创新企业中的技术人员和管理人员。

例如，根据《中关村国家自主创新示范区企业股权和分红激励实施办法》（财企［2010］8号），股权激励大致归纳为7种方式：科技成果入股、科技成果折股、股权奖励、股权出售、股票期权、分红激励、科技成果收益分成。降低实施门槛，股权奖励和股权出售方式实施激励的条件之一，从原来要求近3年税后利润形成的净资产增值额占30%以上调整为20%以上。明确约束科技成果转化收益的分配比例，由原来的“从技术转让所取得的净收入中提取不低于20%的比例用于一次性奖励”（没有上限）调整为“从转让净收益中，提取不低于20%但不高于50%用于一次性激励”。明确股权激励方案审批主体、程序及时限，确定相关部委司局作为股权激励方案以及非经营性资产转经营性资产对外投资的审批的责任部门，规定在 20 个工作日内完成审批的时间要求。规范科技成果在评估、对外投资、审批和变更等环节的审批制度。

五、启动科研经费管理改革试点

近年来，科研经费管理问题对科技创新效率的影响日益凸显。一是国家的科技项目尤其是重大专项虽然也向企业开放，但真正由企业主导的项目比较少，更多情况下，企业是高校、科研院所承担国家重大科技专项的一个配角。二是高校、科研院所和企业等单位从政府部门获得的科研经费采取提取管理费的办法，但政策允许提取的管理费远低于实际发生的间接费用，而且现行制度规定，人员费用不允许在项目经费中列支，这在很大程度上加重了科研项目承担单位的财政负担，不利于调动科研人员的积极性。三是大部分科研经费采取先项目申报，获批后一次性拨付的方式，导致一些科研项目承担单位重立项、轻产出，而且一次性拨付可能导致资金大量结余。四是对科技经费支出预算方面安排过细，要提前明确资金，而且科研单位对经费使用缺少自主权，束缚了科研生产力。

科研经费管理改革试点政策的目标是实现对科研人员的激励，将地方科研经费管理的成功改革经验上升到了国家层次，在国家科研经费管理改革中首次实现了人员费列支的突破。科研经费管理改革试点政策的适用对象为示范区内承担科技部、国家发展和改革委员会、工业和信息化部、卫生部与本市联合支持的新立项目。科研经费管理改革试点政策主要通过《中关村国家自主创新示范区科技重大专项项目（课题）经费间接费用列支管理办法（试行）》（中示区组发〔2010〕15 号）等四项具体政策保障落实。

科研经费管理改革试点政策是国家科研经费管理改革的大胆探索和尝试，同时也是对目前现有事业单位科技经费管理体制的一种补充。这对整合中关村科技资源，调动企业参与重大创新的积极性，增强科研项目经费使用的灵活性，加大项目承担单位自主使用的空间，鼓励产学研相结合，鼓励广大科技工作者的创新创业热情具有重要意义，有利于在中关村培养和聚集一批优秀的创新人才，加速研发和转化国际领先的科技成果。项目单位涉及中央在京企业单位、科研院所、高等院校与北京市的企事业单位、科研院所、高等院校、行政事业单位等。科技重大专项经费列支间接费用试点项目的申请与评审工作已纳入常态化管理。符合条件的科技重大专项在申请财政资金获批后，即可按照依法规定列支间接费用，不需要再经过科技重大项目经费试点工作组成员单位会签及报审。

为进一步加大科研经费的改革力度，依托中关村创新平台积极争取国家发改委、教育部、科技部、工业和信息化部、卫生部等国家部委与北京市共同建立一年一度的项目会商机制，主要内容包括以下三个方面：一是各部委从各自项目计划中，筛选出一批项目在中关村示范区实行分开招标；二是由北京市结合国家战略性新兴产业和现代服务业重要领域，负责征集提出一批以中关村示范区企业为主体，联合各高校、科研院所，或

以产业技术联盟实施的重大科研和产品化项目，列入国家有关部委的项目计划中；三是以项目实施为载体，开展项目经费后补助等科研经费分配管理改革试点工作。在国家发展和改革委员会、科学技术部、工业和信息化部、卫生部分别与北京市确定的联合支持的新立项项目中开展以下试点：一是开展间接费用补偿机制试点；二是开展科研项目分阶段拨付试点；三是开展科研项目后补助试点；四是开展增加科研单位经费使用自主权试点。

六、放宽高新技术企业认定范围提升企业创新能力

中关村示范区的初创科技型企业聚集度高，研发投入高，技术含量高，成长性强。完善高新技术企业认定，扶持这类企业发展，对加速成果转化，加快战略性新兴产业发展，加快经济发展转变有重要意义。高新技术企业认定试点政策根据中关村企业的特点，补充和完善了高新技术企业认定条件。高新技术企业认定试点政策的适用对象为示范区内申报高新技术资格的企业。

高新技术企业认定试点政策的创新之处在于根据中关村企业的特点，补充和完善了高新技术企业认定条件，进一步放宽了认定门槛。例如，扩大核心自主创新知识产权范畴，除技术专利、标准外，也将技术秘密纳入；降低注册期限，将要求注册满1年以上调整为注册满半年；取消技术专家对企业科技研究开发管理水平和企业总资产与销售额增长率指标的评价，保留对企业核心自主知识产权的水平和科技研发及成果转化能力进行评价。政策适用对象为示范区内申报高新技术资格的企业。总体看，高新技术企业认定试点政策与过去相比，实现了几个突破：一是对没有取得专利的企业，可以企业技术秘密参加认定，并结合中关村实际，扩大了技术领域范围；二是新创办半年以上的企业可以参加认定，第一年不享受税收优惠，其他高新技术企业优惠政策均可享受；三是取消技术专家对企业科技研究开发管理水平和企业总资产与销售额增长率指标的评价，保留对企业核心自主知识产权的水平和科技研发及成果转化能力进行评价。

七、完善股份流转和融资机制助力企业可持续发展

建设全国场外交易市场是促进企业融资发展的利好办法。科学技术部、证监会等监管部门通过部际会议等方式协调，对中关村代办系统股份转让（下称“新三板”）的制度框架作进一步完善，对“新三板”扩容方案的发展步骤、审核制度、上市标准、市商制度、转板机制、退市标准等六大政策进行协调和论证，目前已进一步达成共识，并准备再度上报国务院。总体政策指向是循序渐进发展，对企业上市标准设计得较低，但实行严格退市机制，发行拟采取“注册制”，其操作将沿袭中关村代办股份报价转让系统所实施的备案制做法。该政策将有助于科技成果产业化形成的企业股份流转和融资，加快智力资本收益权兑现，保障科技创新与成果转化的产权收益，同时也为更高层次市场培育充足的上市资源。

第二节　中关村“1＋6”政策效果明显意义重大

从2010年年底国务院原则同意中关村“1＋6”鼓励科技创新和产业化的系列改革试点政策以来，政策实施目前进入关键期，进一步打通了科技经济价值链，促进创新体系各主体、各环节、各要素的集聚，为解决科技资源整合、创新激励等制约科技成果转化和产业化的深层次矛盾和问题做出了有益探索，为区域自主创新和发展转型注入了新活力，为科技体制改革攻坚积累了经验，也为全国自主创新体系建设提供了重要经验。

一、“1＋6”先行先试的政策支撑体系逐步完善

中关村示范区先行先试工作，是新时期更好地促进科研成果进入企业，进一步帮助企业强筋壮骨的系统工程。以股权激励政策为例，股权激励工作组、高企认定工作组，利用先行先试协同工作机制，制定了《中关村国家自主创新示范区市属单位股权激励改革试点工作实施意见》《关于进一步落实中关村国家自主创新示范区企业所得税试点政策的通知》等配套政策文件。积极探索先行先试中的经验，向国家部委反映政策需求和建议。国家财政部、科技部颁布的《中关村国家自主创新示范区企业股权和分红激励实施办法》、国务院国资委颁布的《中央在京企业股权与分红激励的方案》、教育部颁布的《示范区高校股权激励试点工作流程》等多项政策，都充分考虑了示范区的特点，对示范区先行先试工作、尤其是股权激励工作形成了较为完整的政策体系。

在“1＋6”政策中，股权激励政策实施的成效较为明显。主要体现在以下四方面：一是结合多部门联动的工作机制，逐步形成了较为完善的股权激励支持政策体系。通过多部门联动的工作机制，在先期《股权激励改革试点单位试点工作指导意见》《中关村国家自主创新示范区股权激励改革试点工作若干问题解释》的基础上，制定并发布《中关村国家自主创新示范区市属单位股权激励改革试点工作实施意见》等政策文件，明确激励方式、组织流程及所涉及科技成果评估、非转经审批、国有资产评估备案、工资总额核定等问题。为进一步推动股权激励工作的开展，形成了促进示范区股权激励试点工作较为完整的政策体系。二是通过不断实践，促成科技成果入股激励方式实施流程全部走通。在市财政局、市国资委、市工商局、北京产权交易所等多方协调推进下，示范区采用科技成果入股方式的8家单位完成了公司的日常运作。至此，科技成果入股激励方式所涉及的方案审批、无形资产评估和公示、评估结果备案、非经营性资产转经营性资产、产权分割转让、工商注册变更等所有环节均完成。三是推动了中央及市属单位试点工作的落实。国务院国资委已初步确定中关村示范区开展分红激励试点的23家央属企业名单，并有7家央属单位的试点方案获得批准。加紧与教育部、财政部、工信部沟通，北京大学先锋集团、北京理工大学等单位的试点项目完成审批。深入推进中国科学院开展试点工作，中国科学院8家单位进行股权激励试点。市属试点推动方面，累计推动北京市科学技术研究院、北京市农科院以及京市属高校、市属国有企业共计52

家单位的试点工作。同时会同工作组，推动了将民营科技型企业股权激励工作纳入试点范围。四是积极探索政府股权投资与股权激励相结合的工作模式，促进科技成果转化和产业化。利用股权激励政策推动科技成果转化和产业化。中国科学院化学所“纳米材料绿色打印制版技术”以及中国科学院理化所“电池隔膜材料”、“液态金属散热器”等项目，技术产权清晰、技术团队与经营团队配合默契，显示度和产业化前景好，在政府股权投资促进重大成果落地北京的同时，还较好地设计和应用了股权激励政策，实现了对科技人员的激励。

二、实现了科技资源整合与成果转化的制度创新

目前，中关村创新平台已初步实现央地联动和部门协同的职能，并形成了“集中办公、主动受理、联合审批”一条龙服务的工作机制。一是打破传统行政格局，建立灵活工作机制。中关村创新平台是根据与中关村相关的业务内容建立的一种工作机制平台，创新平台设立之初只有六个工作组，目前已增加至八个工作组。二是建立部市会商机制，统筹配置科技资源。中关村已经跟国家6个部委分别建立了部市会商机制，并根据各部主管业务领域和支持方式的不同，确定了不同的部市会商工作内容。在各部门的支持下，北京地区承接重大专项约占全国50%，中央经费支持约110亿元。国家发展改革委支持项目61项，支持资金15.2亿元；向科技部推荐2012年度储备项目84项，通过“直通车”方式向科技部报送项目16项，获得支持资金1.7亿元；工业和信息化部支持项目165项，支持资金4.7亿元；向卫生部推荐了公共服务平台和产业化项目39项。三是实施与军队总部的军民融合战略。中关村创新平台分别跟总参谋部、总后勤部、总装备部和海军签署了相关的战略合作协议，重点推动中关村企业开展军品采购，同时加快军民融合领域的创新发展。

三、科研项目经费管理改革进一步认同了研究人员的劳动价值

科研经费间接费、后补助和分期拨付等相关政策进一步提高了科研投入的使用效率，约5%的课题费用能直接发给课题组科研人员本人，使科研项目经费的投入更关注到对科研人员自身的激励，从而进一步从科研项目经费层面认同到研究人员的劳动价值。据统计，2011年，共有1238个项目纳入科研经费管理改革试点，包括723个北京市科技项目（课题）、303个重大科技成果转化和产业统筹项目以及212个部市会商项目。其中北京市科技项目列支间接费用4560万元，较2010年增长72.8%。

四、通过税收优惠等方式进一步推动了科研成果涌现

中关村“1＋6”先行先试政策在研发环节有效地促进了科技成果涌现。通过税收政策促进研发投入，从而促进科研成果涌现。研发加计扣除政策扩大了可列支的研发费用

范畴，新增企业研发人员“五险一金”、医药企业临床试验费、企业共同合作开发或委托外单位进行开发的研发费用等内容；职工教育经费税前扣除比例由 2.5%提高到 8%。2010 年，共有 556 家企业享受示范区研发费用加计扣除试点政策，新增归集项目加计扣除额 5.34 亿元，享受所得税优惠共计 8010 万元；共有 53 家企业享受示范区职工教育经费税前扣除试点政策，超过工资总额 2.5%的税前扣除金额 4414 万元，享受所得税优惠共计 662.1 万元。2011 年，共有 512 家企业享受示范区研发费用加计扣除试点政策，新增归集项目加计扣除额 5.31 亿元，享受所得税优惠共计 8024 万元；共有 56 家企业享受示范区职工教育经费税前扣除试点政策，超过工资总额 2.5%的税前扣除金额 4835 万元；另外有 910 家企业的 4868 个项目正在办理中。

五、重点解决了成果进入企业的政策衔接问题

中关村“1+6”政策中的事业单位成果收益权、处置权改革政策在制度层面上解决了国有资产形成的科技成果对外投资的问题及成果进入企业的政策衔接问题，使科技成果和科技人员更为规范地在企业转化应用，激发了科研人员成果转化的积极性。2011 年，中央和地方高校院所技术转让（科技成果处置）项目共计 261 项，收入约 6.5 亿元。其中中央级事业单位 200 项，收入 5.1 亿元；北京市属单位 61 项，收入 1.4 亿元。技术合同成交额 1890 亿元，同比增长 20%。

股权激励政策在操作层面解决了以往政策对成果转化做出重要贡献的人员奖励规定不具体、操作性不强等问题，激发了人员参与成果转化的积极性。2011 年，示范区有 481 家单位实施了股权和分红激励，其中市属国有企业和事业单位 75 家，中央企业和中央级事业单位 35 家，民营企业 287 家，上市公司 84 家。

以北京市科学技术研究院为例，多年来，该院充分发挥科技生力军和突击队作用，持续加强科技创新和成果转移转化，已经探索出了多元化的改革模式和激励机制。2009 年 3 月以来，该院参加了中关村第一批股权激励改革试点，院属 7 家研究所将科技成果评估作价入股奖励给科技研发和管理骨干创办新公司，促进了一批科技成果流向企业，有效地转化为现实生产力。北京市科学技术研究院孵化的九州一轨隔振技术有限公司（简称九州一轨公司）是该院近年来规模最大的股权激励试点企业。该院所属北京市劳动保护科学研究所以阻尼弹簧隔振系统和隔振器专用阻尼剂重大自主创新成果作价 1000 万元入股九州一轨公司，其中 30%的技术股奖励给主要科技人员和为成果转化做出重要贡献的管理人员。目前九州一轨公司已通过市科委成功获得 1000 万北京市股权投资和 1950 万来自国奥投资发展公司的社会资本，成功将“地铁用钢弹簧阻尼隔振器”重大自主创新成果产品化、商业化应用于北京、南京、哈尔滨等轨道交通建设工程，公司成立当年即获得 1.5 亿元订单，拟计划 2014 年在创业板上市（表 11-2）。

表 11-2　北京市科学技术研究院 7 家股权激励政策试点情况

序号	实施股权激励的单位	股权激励进展
第一批	北京科学学研究中心	成立了公司，注册资本 200 余万。目前已有 3 个项目入账，分别来自统计局、清华大学和发展和改革委员会
	北京城市系统工程研究中心	成立了公司，尚无盈利，注册资本 200 余万
	北京市电加工研究所	电加工研究所新组建的北京迪蒙数控技术有限责任公司，公司注册资本 335 万元。试点中，电加工研究所一方面要求其中研发团队自然人技术认定出资 60 万元，现金出资 53 万元，以便发挥好激励和约束两种机制的作用，另一方面也考虑到了今后股权的变化，初步设计了法人股逐步退出的机制
	北京市新技术应用研究所	公司注册资本 1000 万元，其中技术评估作价 498 万元，现金 502 万元。498 万元中的 60%即 298.8 万元奖励给技术研发和管理团队，剩余的 40%归新技术所持有。502 万元现金中包括法人投资 452 万元和自然人即研发团队成员投入的 50 万元。公司成立后的股本结构，核心技术及管理人员持有的公司股份占总股本的 34.88%。该公司的“非接触式掌纹掌脉识别系统”荣获了第四届北京发明创新大赛特等奖，并于 2010 年 8 月被列入北京市第九批自主创新产品目录。第二次融资 1000 万
	北京市理化分析测试中心	成立了公司，尚无盈利
第二批	北京市营养源研究所	成立了公司，有盈利，注册资本 100 万
	北京市劳动保护科学研究所	成立了公司，注册 1000 万，国奥入资 1950 万，北京市政府股权投资 1000 万。已通过股权激励将阻尼钢弹簧浮置道床隔振技术转化为市场化成果，占据了全国地铁隔振器开发的先发主导地位

资料来源：本书作者整理。

六、为企业做大做强创造了条件，促进了产业发展

高新技术企业认定和建立全国场外交易市场政策为企业做大做强创造了条件，进一步促进了产业发展。一是新的高新技术企业认定标准，极大地促进了企业创新能力的提升。原有高新技术企业认定主要以专利为核心指标，新的高新技术企业认定试点政策鼓励和支持企业的创新产出不仅以专利为主要标准，而把技术秘密列入认定条件里，同时成立不到一年的企业也具有申报高新技术企业的资格等，解决了很多企业一直反映的高新技术企业认定门槛过高的问题，促进了企业创新能力的提升。截至 2011 年年底，北京市 2011 年新认定的三批高新技术企业（共计 1285 家）中，有 17 家企业是成立不足一年或通过技术秘密被认定为高新技术企业。二是拓宽创新型企业直接融资渠道。2011 年新增代办股份转让试点企业 35 家，新增挂牌企业 23 家，均创历史新高，挂牌和通过备案企业总数达到 106 家。36 家挂牌公司完成或启动了 43 次定向增资，融资 19 亿元，

平均市盈率22倍。代办股份转让试点有效地促进了企业的发展，挂牌企业2010年平均营业收入增长28%。久其软件、北陆药业、世纪瑞尔、佳讯飞鸿等挂牌公司成功在创业板上市。代办系统扩大了企业直接融资渠道，逐步成为非上市股份公司股权顺畅流转的平台、创投与股权私募基金聚集的中心和多层次资本市场上市资源的“孵化器”和“蓄水池”。

七、示范和带动了我国其他示范区的创新发展

中关村“1+6”政策借助中关村创新平台优化自主创新及产业发展的组织形式，借助六项关键政策破解制约自主创新及产业发展的瓶颈，为我国其他示范区的建设与发展树立了榜样。中关村国家自主创新示范区批复之后，我国第二个国家自主创新示范区湖北东湖示范区也随即批复，2011年3月第三个国家自主新创示范区上海张江示范区也获得批复。湖北东湖和上海张江示范区均在“1+6”政策基础上在股权激励政策和税收政策方面有一定突破，中关村“1+6”政策的制定和实施也为全国其他高新区起到了政策的示范作用。

第三节　中关村“1+6”政策实践中存在的矛盾与问题

中关村“1+6”政策从制定颁布到具体实施已一年多了，由于六项政策出台时间和政策有效期不同，因此存在的问题也随着政策的执行逐步反映出来。在调研中发现，很多中关村园区企业并不了解中关村“1+6”政策，政策宣讲力度亟待进一步加强。与此同时，“1+6”政策中的各类矛盾和问题日益凸显，仍有很多问题没有得到根本解决，部分政策目前还没有出台实施细则，有些试点政策目前已经到期等。这些问题有些短期可以完善解决，有些问题是则需要相当长一段时间才有可能给出解决方案。

一、事业单位国有资产对外投资受限

《北京市行政事业单位国有资产出租、出借、对外投资、担保管理暂行办法》（京财绩效［2008］397号）明确要求，“财政部门和主管部门应当加强对行政事业单位利用国有资产对外投资、出租、出借和担保等行为的风险控制，从严审批”，且在发生上述行为后，“财政部门应当在单位的预算安排及资产配备上从严控制”。在政策的实际操作中，高校和研究所以国有资产对外投资、出租、担保等形式缓解投资企业资金短缺问题的行为无法获得主管部门的审批，难以用国有资产为其投资的企业抵押贷款或用科研仪器等固定资产投资入股。这不仅导致被投资的企业重复购置科研仪器，而且使其资金短缺问题更加突出，从而加大了初创期企业的风险，也使新政对科技成果转化的激励作用有所减弱。

二、事业单位成果处置权下放限额还有待研究

在2008年3月15日开始实施的《中央级事业单位国有资产管理暂行办法》（财教［2008］13号，以下简称《办法》）中首次对中央级事业单位资产的对外投资、出租以及出售转让等行为规定了800万元的审批限额。中关村“1+6”政策中，事业单位成果处置权800万元的审批限额参照设定。调研中发现，大家普遍质疑800万这个界点，对科技成果等无形资产执行800万元的审批限额偏低，使无形资产评估价值在800万以上的科研成果处置审批时间过长，错过成果转化的最佳时机；或迫使科研事业单位在评估机构可控制的范围内人为地降低科研成果评估的价值，评为800万以下，以缩短事业单位成果处置权审批时间，赢得市场先机。

三、对实施股权激励的所得税问题还有待研究

依据《关于促进科技成果转化有关税收政策的通知》（财税［1999］45号）和国家税务总局《关于促进科技成果转化有关个人所得税问题的通知》（国税发［1999］125号）的相关规定：科研机构、高等学校转化职务科技成果以股份或出资比例等股权形式给予科技人员个人奖励，经主管税务机关审核后，暂不征收个人所得税。同时规定在执行财税［1999］45号时需要报备文件为《出资入股高新技术成果认定书》、工商行政管理部门办理的企业登记手续及经工商行政管理机关登记注册的评估机构的技术成果价值评估报告和确认书。在调研中发现，由于报备手续复杂烦琐，该项政策的执行情况并不理想，目前为止全国还没有一家申请使用过此项政策。

根据《对中关村科技园区建设国家自主创新示范区有关股权奖励个人所得税试点政策的通知》（财税［2010］83号），示范区内实施股权激励的科技创新创业企业，股权激励个人所得税最长可在五年内分期缴纳。由于企业科技成果转化尚存在很多未知的风险，政策规定获得股权激励的人员在未见到实质性收益时，就要缴纳个人所得税，很大程度上削弱了对成果转化的激励作用。

四、科研经费间接费用中用于人员激励比例偏低

科研经费间接费用的15%比例较低，能用于人员费的只有5%，难以真正满足课题组人员的需求。据统计，北京市事业单位年平均工资为7.2万元/年·人，但目前事业经费每年划拨为3～4万元/年·人，这中间的差额部分可以通过科研经费中的间接费中的人员费来补齐，但5%的人员费对一些总额小的科研项目而言，并没有真正起到激励科研人员创新和成果转化的根本目的。

五、股权激励政策中股权个人奖励的折算比例偏低

股权个人奖励的折算比例较低，降低了成果转化积极性。《关于促进科技成果转化若干规定的实施办法》（京政办发［1999］74号）中规定关于科研机构、高等学校转化职务科技成果“采用股份形式的企业实施转化的，也可以用不低于科技成果入股时作价金额20%的股份给予奖励”，对股权个人奖励的折算比例没有规定明确的上限，而根据《中关村国家自主创新示范区企业股权和分红激励实施办法》（财企［2010］8号）规定，高等院校和科研院所以科技成果向企业作价入股，“可以按科技成果评估作价金额的20%以上但不高于30%的比例折算为股权奖励给有关技术人员”。调研中一些大家反映当前允许股权奖励的折算比例较低，使得实施股权激励的范围和程度受到限制，难以充分调动广大科技人员实施成果转化的积极性。

六、部分试点政策已到期，部分政策未出台实施细则

税收优惠政策中的加计扣除、职工教育经费税前扣除以及股权激励所得税政策均于2011年12月31日到期，后续的政策尚未制定出台，有必要进行深入研究和总结，保持执行效果较好的政策的常态化和稳定化，进一步巩固和稳定政策效果。另外建立全国场外交易市场的政策还没有进一步明晰，科研项目经费管理政策中的后补贴政策、分阶段拨付政策等都没有及时出台持续跟进的政策实操细则或管理办法，也导致这些政策的具体实施效果打了折扣，有必要进一步研究出台实施细节，进一步加强和推动政策的执行。

第四节　进一步提升中关村“1+6”政策效果的几点建议

中关村“1+6”新政综合成效的实现和最大化还需要大胆尝试和深入推进体制机制上的突破，在资源整合、政策配套、要素聚合、功能互补等方面深入开展相关研究，部署安排有效的政策和制度，营造良好的创新环境。针对政策执行中出现的问题，课题组调查研究后，认为应该继续从完善事业单位国有资产对外投资机制、提高事业单位科技成果处置权的审批限额、针对实施效果较好的政策形成常态化机制、研究服务型企业的税收政策、加大对股权激励的税收扶持力度、深化中关村代办系统股份转让试点、适当扩大加计扣除的范围，提升“1+6”的政策效果。

一、完善事业单位国有资产对外投资机制

进一步研究事业单位国有资产使用的管理办法。深入探索事业单位国有资产对外投资、出租、担保等问题，放宽事业单位利用国有资产支持股权激励企业发展的限制，进一步完善现有相关管理办法；探索事业单位国有资产收益权改革（目前实行“收支两条

线”管理)，允许将一定比例的收益留归单位，纳入部门预算统筹用于科研及相关技术转移工作；适当放宽财政事业预算单位资产处置权，允许一级预算事业单位（主管部门）建立国有资产监管机构，统一经营管理本系统内的国有资产。

二、研究提高事业单位科技成果处置权的审批额度

科技成果最终只有通过转化才能实现其价值，同时与其他国有资产相比具有贬值快、风险高、变现难等特点。因此，只有调动事业单位科技成果转化的积极性，才能从根本上实现这部分国有资产保值增值的目标。建议研究提高事业单位科技成果处置权的审批限额，如参照国有企业设定5000万、1亿、2亿的处置权限额；同时缩短成果转化的周期，降低成果转化风险。

三、建议实施效果较好的政策常态化

建议将股权激励试点政策中的税收政策常态化，形成对股权激励方案申报、审核、备案、批复等一系列工作的常态化机制，同时将税收政策执行期限延长三年。

建议及时出台科研项目经费中关于后补贴和分阶段拨付政策符合科研规律的经费预算与审计管理办法，推动科研项目经费管理的实质性改革进程。

四、深入研究服务型企业的税收政策

目前税收优惠政策主要针对拥有有形创新产品的企业，由于研发服务业、生产性服务业、现代服务业、高技术服务业以及文化创意产业中的企业创新产品主要是服务，即主要依赖于科研人员的智力创造，因此无法充分享受到现有的税收优惠政策，建议进一步研究和完善针对服务型企业的税收优惠政策。

五、加大对股权激励的税收扶持力度

建议提高形成科技成果进入企业实施股权激励的单位的增值税和营业税起征点，同时享受减半征收企业所得税的政策；对全额拨款的事业单位，建议将需缴纳的所得税纳入预算，解决实施股权激励所得税缴纳困难的问题；对企业单位，建议放宽企业中股权激励个人所得税最长可在五年内分期缴纳的限制，允许个人在股权变更时再缴纳个人所得税。

六、进一步深化中关村代办系统股份报价转让试点

推动统一监管下的全国场外交易市场落户示范区，继续做好示范区企业的挖掘和培

育工作。加强政策引导和辅导培训，推动符合条件的企业到代办系统挂牌。保持和证监会等部门的沟通，及时掌握试点工作的最新进展情况和政策动态。进一步完善为全国场外交易市场管理机构服务的工作方案，做好环境建设、配套服务和政策支持，实现将全国场外交易市场管理机构落户中关村示范区。

七、适当扩大研发费用加计扣除的归集范围

中关村“1＋6”政策中的研发加计扣除试点政策虽然把“五险一金”纳入享受该政策的范畴，但是外聘研发人员的劳务费、用于研发活动的房屋租赁费，以及企业委托个人进行开发的研发费用等还都不在加计扣除的范围内，特定领域的限制和归集口径收紧，使得限定范围外的研发活动和投入享受不到政策支持，降低了政策的普适性，违背了企业只要有研发投入即可享受政策优惠的政策设计初衷，更影响了部分企业尤其是中小企业创新的积极性（表 11-3）。

表 11-3　中关村“1＋6”政策调研情况

<table>
<tr><th>调研形式</th><th>时间</th><th>调研单位/人员</th><th>调研内容</th></tr>
<tr><td rowspan="12">座谈会</td><td>2011.06</td><td>北斗星通导航技术有限公司</td><td rowspan="10">对中关村“1＋6”政策的了解与执行情况；政策执行中发现的问题及建议</td></tr>
<tr><td>2011.06</td><td>启明星辰公司</td></tr>
<tr><td>2011.06</td><td>安泰科技股份有限公司</td></tr>
<tr><td>2011.06</td><td>中关村生物医药园</td></tr>
<tr><td>2011.06</td><td>中科纳新</td></tr>
<tr><td>2011.07</td><td>北京控股磁悬浮技术发展有限公司</td></tr>
<tr><td>2011.07</td><td>康辰医药股份有限公司</td></tr>
<tr><td>2011.09</td><td>北京市科学技术研究院股权激励试点研究所（6 家）负责人</td></tr>
<tr><td>2011.09</td><td>北京市科学技术研究院院领导、院技术转移中心</td></tr>
<tr><td>2011.10</td><td>中国科学院化学所、北京市建筑工程研究院、北京数字证书认证中心有限公司、中国科学院理化所科技主管领导</td></tr>
<tr><td>2011.09</td><td>中央院所、市科委高新处、北京市税务局相关领导</td><td>税收政策的执行情况；税收政策执行中发现的问题及建议</td></tr>
<tr><td>2012.02</td><td>科技政策、科技管理领域专家</td><td>总报告的完善建议</td></tr>
<tr><td rowspan="5">访谈</td><td>2011.09</td><td>北京市计算中心负责人</td><td rowspan="3">对中关村“1＋6”政策的了解与执行情况；政策执行中发现的问题及建议</td></tr>
<tr><td>2011.09</td><td>北京市理化分析测试中心负责人</td></tr>
<tr><td>2011.12</td><td>北京市科学技术研究院条件处副处长</td></tr>
<tr><td>2011.10</td><td>中关村创新平台</td><td>中关村创新平台运行机制与现状</td></tr>
<tr><td>2011.11</td><td>精诚博桑有限公司主要负责人</td><td>股权激励执行方案与执行效果</td></tr>
</table>

第十二章 首都经济圈地区科技合作与发展战略及其对策研究[①]

首都经济圈地区科技合作与发展已经进入一个新的以强化区域协同创新为特征的发展阶段。加强首都经济圈地区科技合作，将大大促进首都经济圈地区实现科学发展及区域综合竞争力的提升。本章首先分析首都经济圈地区科技合作与发展所面临的科技全球化等环境背景，提出首都经济圈地区科技合作与发展所面临的重要命题。总结首都经济圈地区科技合作与发展的优势、劣势、机会和威胁。凝练出集成整合优势科技资源，实施重大科技合作专项和建设重大产业创新基地，形成互动共赢的区域科技合作与发展机制以及点轴支撑的区域科技发展布局的基本思路；并确定了首都经济圈地区科技合作与发展的 18 个科技优先合作领域、24 个重大科技合作专项以及“三基三带”战略布局。最后提出了包括建立健全组织协调体系；构建联合攻关、自主创新的科技合作平台；建立合作共享的科技投入机制；深化政府科技管理职能的改革，建立统一、公正的市场环境；建设技术转移合作服务体系，促进科研成果的转化和产业化等五大战略对策。

首都经济圈是以国家首都为核心形成的都市圈，是首都经济职能发挥时所波及的空间影响范围，也是支撑首都经济职能发挥的区域基础，包括首都城市及与其具有密切社会经济联系和带有一体化倾向的周边城镇和地区[②]。纵观全球经济的发展态势，以世界城市为核心的首都经济圈地区不仅是世界经济最为活跃的区域，也是科技创新最为活跃的地区。伴随着中关村国家自主创新示范区的建设，以及北京海淀区、天津滨海新区、河北唐山市被列入科技部国家创新型试点城市，首都经济圈地区科技合作与发展开始进入了一个新的阶段。发挥首都经济圈地区科技资源优势，强化区域协同创新，将促进首都经济圈地区加快转变经济发展方式、提升区域整体实力与综合竞争力。

第一节 首都经济圈地区科技合作与发展的背景分析

一、世界科技合作与发展全球化趋势日益明显

在经济全球化以及信息化的大背景下，科技全球化也进入一个新的发展阶段。表现为科技资源配置的全球化、研究开发活动管理的全球化、科技成果的全球转移共享以及科技活动的规则与制度在全球范围内渐趋一致。科技全球化使得技术创新周期日益缩

① 本章由北京大学首都发展研究院课题组完成。北京大学首都发展研究院李国平院长担任课题负责人。

② 本章中的首都经济圈地区包括北京、天津和河北，为广域首都经济圈范围，也即“2+11”方案。

短，国际间技术交流与合作规模日益提升。

科技研究开发资源的全球配置，是科技全球化的核心内容之一，即按照比较优势原则在世界范围内配置研究开发资源，以求得研究开发产出的最大化。科技资源的全球配置，使得科技要素在全球范围内优化重组，外部技术来源的重要性大大增加，先进的技术大量跨国转移，各国科技系统的开放性亦大大增强。

科技全球化的另一个核心内容是科学技术活动的全球管理，即不仅研究开发的组织形式是向全球开放的，而且各国均须在统一的制度框架和标准下，按照共同的国际规则进行科技成果的交易并为科技成果的持有者提供知识产权保护。

科技全球化的核心内容之三是研究开发成果的全球共享，即在一定的规则和条件下，科技研究成果的应用是全球性的，科技的溢出和扩散成为世界经济中的一个重要现象。

在科技全球化的基础上，世界科技发展速度进一步加快，原始科学创新、关键技术创新和系统集成能力已经成为科技竞争的核心；科技转化周期大大缩短，科技创新、成果应用和新产品产业化的速度不断加快；科技与经济、社会、教育、文化的关系日益密切，科技支撑与引领发展的作用明显增强。

科技全球化为国家和区域参与国际合作与竞争、分享全球研发资源、提高科技核心竞争能力提供了崭新的契机，同时科技全球化也客观地要求区域加强科技合作，以区域科技一体化来积极应对。

二、全球竞争中的国家发展需要科技和区域的支撑

20 世纪 80 年代以来，经济全球化的进程深刻地改变着中国和世界。通过对外开放、设立经济技术开发区、兴办科技工业园区等各种措施，中国抓住了全球制造业转移的历史机遇，成为世界制造业的重要基地，使“中国制造”成为世界经济全球化进程中的一项重大事件。进入 21 世纪，科技进步日新月异，知识创新步伐空前加快，全球化进入了研发转移的发展阶段，国家和地区之间的竞争越来越体现在以科技进步为核心的全面自主创新上面，依靠科技创新，特别是原始创新和集成创新，提升核心竞争力的趋势越来越明显，高新技术成果向现实生产力转化的节奏越来越加快，正在推动着全球经济格局的深刻变化和利益格局的重大调整，世界经济逐步进入“科技主导时期”，科技在世界经济社会发展中的促进作用愈加凸显，科学技术在生产力结构中的地位逐步上升到了第一位。

近年来，世界科技发展呈现出一些新的特点。第一，当代科技创新表现为群体突破的态势，重大创新更多地出现在学科交叉领域，新的技术群和产业群蓬勃发展，标志着科学技术进入了一个前所未有的创新密集时代；第二，经济竞争逐渐前移到原始性创新阶段，原始性创新能力已经成为国家间科技竞争成败的分水领，成为决定国际产业分工地位的一个基础条件；第三，科技发展水平高的国家和地区往往垄断性地占领有限的利益空间和资源空间，关系国家命运、具有巨大市场价值的关键核心技术成为国际技术贸

易的“禁区”，越来越难以获取；第四，科技与经济、教育、文化、社会等的联系日益紧密，科技合作的领域和层次也不断拓展和提升；第五，科学技术所依附的空间载体集成趋势明显，科技创新往往集中于那些主导本国发展和影响全球经济的中心城市和区域；第六，区域一体化发展已经成为社会经济发展的重要形态，当代国际竞争与合作更多地体现在区域间的竞争与合作，已经成为国家或地区综合竞争能力的重要标志和支撑。

在新一代信息技术支撑和经济全球化驱使下，具有密切劳动分工的“城市区域”（city-region）正在成为全球经济竞争的基本单元。以“城市区域”的空间形态构建应对全球竞争的区域竞争力，是各国发展和空间规划的重要目标。由于经济活动高度密集和在空间上的压缩，大都市圈往往是一个国家或区域的经济核心区和增长极，也是最具活力和竞争力的地区，通过强化经济活动和生产要素向优势地区集中，可以提高生产要素的空间配置效率，促进国家经济增长。

由此可见，国家的发展依赖区域的发展，国家竞争力的提升需要一个核心区域的科技引领。首都经济圈地区具有独一无二的科技优势，其合作发展可以起到助推国家创新发展的重要作用。

三、首都经济圈地区担负着引领创新型国家建设的重要使命

“十二五”时期是我国转变经济发展方式，推动科学发展，构建和谐社会的关键时期，也是科技在经济和社会发展中起支撑和引领作用的战略机遇期。针对世界科技、经济、社会发展的新趋势，国家中长期科技发展规划确定了“自主创新，重点跨越，支撑发展，引领未来”的新时期科技发展指导方针，把推动自主创新摆在全部科技工作的突出位置，把提高自主创新能力作为推动结构调整、转变经济增长方式和提高国家竞争力的中心环节。

根据“国民经济与社会发展第十二个五年规划纲要”的总体安排，首都经济圈地区作为一个正在崛起的大都市圈，是我国最重要的政治、经济、文化与科技中心，其地域相连、文化相近，具有地域的完整性和较强的人文亲缘性，在区位、人力、技术和资源方面具有天然互补优势，在我国三大经济区域中具有极其重要的战略地位和强烈的发展个性，是国家自主创新战略的重要承载地，肩负着我国参与全球竞争和率先实现现代化的重任，在实现国家科技和经济战略目标中将起到至关重要的作用。

当前，首都经济圈地区整体上开始进入了由投资驱动型经济增长向创新驱动型发展的转型期，北京已经迈进创新驱动型发展阶段，天津开始步入创新驱动型发展阶段，河北则主要处在投资驱动发展阶段。首都经济圈地区未来发展的整体目标应该是充分依靠强大的“自主创新”的能力和资源，建设中国创新中枢，引领科技协调发展，转变经济增长方式，提升产业结构水平、提高资源利用效率，减少环境污染和生态破坏，推进城市化、工业化和知识化进程，促进区域协调持续发展。

四、首都经济圈地区科技合作与发展面临的重要命题

新的区域发展格局和区域发展战略的形成，科技全球化浪潮的推进与带动，治国方略的转变和科学发展观的统筹与引领，使得首都经济圈地区科技合作和发展面临着前所未有的机遇。

如何确立首都经济圈地区在全国乃至世界科技发展和创新体系中的地位，建立完善的区域科技创新体系；如何提高区域科技的核心竞争力，协调区域内部科技的发展；如何加强科技研发成果与产业应用的联系，拓宽科技产业化的途径；如何用高新技术改造提升传统产业，形成创新驱动的新格局，成为摆在首都经济圈地区科技合作和发展面前的重要命题。

第二节　首都经济圈地区科技合作与发展的SWOT分析

一、首都经济圈地区科技合作与发展的优势分析

首都经济圈地区是我国的重要经济区域之一，也是我国高校、科研院所和科技产业园区最为密集的地区，区域科技发展表现出“博、大、精、深”的特征。“博”——拥有着广博的科技学科体系和丰富的科技人力资源；“大”——充足的科技资金投入，保障了首都经济圈地区丰硕的科技研究成果与活跃的技术市场的运转；“精”——区域内产业正朝着精细化方向发展；“深”——众多科技领域发展深入，优势、特色产业创新链初步形成。

（一）学科门类广博，技术体系完整

首都经济圈地区作为全国科技和教育的中心，聚集了大量的高等院校和科研机构，也承担着大批国家重大、重点研究项目和产业化项目，拥有数量众多的国家重点实验室和重点学科，形成了门类广博的科学技术学科体系。

在自然科学与工程技术领域，包括数学、力学、物理学、工程技术基础学科等在内的各领域基础扎实，信息科学、材料科学、航空航天、生物与医学等高新技术领域实力雄厚，交通、环境及多个轻工业部门亦处于国内领先地位。

在人文与社会科学领域，无论是文史哲等人文基础学科领域，还是政治、经济、管理等社会科学领域，首都经济圈地区都凝聚了全国一流的高端人才，在人文和社会科学研究领域中都取得了丰厚的成果。

（二）投入总量较大，科研成果丰硕

人力资源优势明显，资金投入比较充足。首都经济圈地区是全国高校和科研机构最为集中的地区，在科技人力资源拥有量上具有明显的优势。到2010年年底，首都经济

圈地区拥有普通高等学校358所，占全国的15.53%，首都经济圈地区共有研究与试验发展人员31.48万人，占全国的12.33%，其中，研究人员17.74万人，占全国总数的14.65%。每万人拥有的研究与试验发展人员数为30人，远高于全国平均水平的19人。2010年，全国内地31个省（自治区、直辖市）中研究与试验发展人员超过5万的有17个，北京、天津和河北均在其中。

科学研究经费投入方面，该区2010年R&D经费内部支出为1206.8亿元，占全国的17.09%，R&D经费内部支出占地区GDP的比重为2.76%，远高于全国1.76%的平均水平，接近世界发达国家的平均水平。

科技研究成果丰硕，技术市场活跃。2010年，首都经济圈地区被SCI、EI、ISTP三大检索系统收录的科技论文数达到5.99万篇，占全国的23.58%，遥遥领先于全国其他经济区域（表12-1）。

表12-1　2010年被SCI、EI、ISTP三大检索系统收录的科技论文数（单位：万篇）

地区	合计	SCI	EI	ISTP
全国	25.40	10.88	9.30	5.22
首都经济圈	5.99	2.51	2.16	1.32
占全国比例/%	23.58	23.05	23.26	25.39

资料来源：《中国科技统计年鉴》（2011年）

2010年，首都经济圈地区技术市场成交合同金额为1718.2亿元，占全国的43.98%，在全国主要经济区中高居榜首（表12-2）。

表12-2　2010年技术市场成交合同金额对比表

项目	金额/亿元			占全国比重/%	
	全国	首都经济圈	长江三角洲	首都经济圈	长江三角洲
技术市场成交合同金额	3906.58	1718.17	741.13	43.98	18.97

资料来源：《中国科技统计年鉴》（2011年）

2010年，首都经济圈地区国家高新技术产业开发区企业数达到20 227家，占全国的37.67%，净利润1178.4亿元，占全国的比重也达到了26.39%，区域内的产品出口也主要以高科技产品为主。

（三）产业向精细化、高端化方向发展

首都经济圈地区产业结构不断向高级化、服务化方向发展。移动通信、软件、网络、集成电路、数字电视、新材料、现代医药、现代农牧业、海洋产业、工业制造技术等重点应用技术领域不断发展，创新链条正在形成，为科技对区域经济发展和产业结构高级化奠定了坚实基础。

借助科技的强大支持，首都经济圈地区产业正朝着精细化、高端化方向发展。首都经济型社会服务业、总部经济型生产服务业、知识密集型高新技术产业、技术密集型现代制造业和现代都市型农业和农产品加工业等产业，都相当程度地融入现代科学技术发展的成果，产业分类精细化，生产技术高级化，服务技术水平专业化。

（四）文化底蕴深厚，众多领域研究深入

首都经济圈地区具有悠久的历史，丰厚的文化底蕴，在诸多的科技领域具有明显优势。在包括农业科学、医药科学、工程技术科学以及人文社会科学的基础研究领域方面居于全国领先水平。在包括电子信息技术、生命科学与新医药、新材料、空间技术、健康卫生、农业、资源、环境、海洋等众多高新技术研究领域及其产业化方面都具有明显优势。

二、首都经济圈地区科技合作与发展的劣势分析

首都经济圈地区科技发展仍存在若干问题，主要表现为两方面：一是综合竞争力不足，虽然在全国表现出较高的科技实力，但与发达国家相比仍处于落后水平，部分产业技术也落后于长江三角洲地区和珠江三角洲地区；二是区域内部发展不协调、不平衡，产业与科技发展不协调，局部科技优势尚未形成整体产业优势。

（一）科研成果与技术转化结合度偏低，实用技术创新趋缓

首都经济圈地区科研成果丰富，但及时转化和应用程度低，科技促进经济社会发展的针对性和配套性不强，制约了科技对经济社会发展的支撑和引领作用。

在专利的申请与获取授权方面，在2006～2010年，尽管专利受理总数从4.71万件增加到9.56万件，但占全国比重却呈现略微下降的趋势，从10.01%降低到8.61%（表12-3）；国内专利申请授权量为5.46万件，占全国的7.37%，低于2006年8.72%的水平（表12-4）。

表12-3　2006～2010年三种专利受理数对比表

年份	受理数/万件			占全国比重/%	
	全国	首都经济圈	长江三角洲	首都经济圈	长江三角洲
2006	47.03	4.71	14.23	10.01	30.25
2007	58.65	5.53	20.51	9.42	34.97
2008	71.71	7.09	27.08	9.88	37.76
2009	87.76	8.12	34.51	9.25	39.32
2010	110.94	9.56	42.78	8.61	38.56

资料来源：《中国科技统计年鉴》（2011年）

表 12-4　2006～2010 年三种专利授权量对比表

年份	专利授权量/万件			占全国比重/%	
	全国	首都经济圈	长江三角洲	首都经济圈	长江三角洲
2006	22.39	1.95	6.69	8.72	29.89
2007	30.16	2.59	9.83	8.59	32.60
2008	35.24	3.00	12.19	8.52	34.58
2009	50.18	3.72	20.21	7.41	40.28
2010	74.06	5.46	30.12	7.37	40.67

资料来源：《中国科技统计年鉴》（2011 年）

2010 年，首都经济圈地区的发明、实用新型和外观设计三种专利授权量分别占全国的 17.67%、8.80%和 3.25%，在发明专利方面仍具有比较明显的优势，而实用新型专利和外观设计专利方面，则远逊于长江三角洲等国内主要经济区（表 12-5）。

表 12-5　2010 年三种专利申请授权数对比表

项目	件数/万件			占全国比例/%	
	全国	首都经济圈	长江三角洲	首都经济圈	长江三角洲
发明	7.98	1.41	2.05	17.67	25.68
实用新型	34.23	3.01	11.06	8.80	32.31
外观设计	31.86	1.04	17.02	3.25	53.41

资料来源：《中国科技统计年鉴》（2011 年）

在新产品开发方面，2010 年，首都经济圈地区高技术产业新产品开发项目 3824 项，占全国的 8.93%，而新产品总产值则为 2289 亿元，占全国总量的 13.87%（表 12-6）。

表 12-6　高技术产业新产品开发项目数

项目		绝对数/亿元			占全国比例/%	
		全国	首都经济圈	长江三角洲	首都经济圈	长江三角洲
新产品开发项目数（千项）	2009 年	60.33	6.55	15.46	10.86	25.62
	2010 年	42.82	3.82	9.55	8.93	22.30
新产品开发总产值（亿元）	2009 年	13697	2351	4081	17.16	29.79
	2010 年	16503	2289	4385	13.87	26.57

资料来源：《中国科技统计年鉴》（2010 年）、《中国科技统计年鉴》（2011 年）

（二）优势产业发展趋于缓慢，新的增长点尚未形成

首都经济圈地区拥有强大的科技人员队伍，在许多科技领域中具有明显优势，也形成了一系列各具特色的优势产业。然而，近年来，首都经济圈地区一些具有优势的高新

技术产业发展逐步趋缓，优势正逐渐丧失；新的优势高新技术产业尽管正在形成，但规模还尚小。

2010 年，首都经济圈地区高新技术产业总产值为 6078.3 亿元，占全国的比重由 2006 年的 13.01%下降到 8.14%。年均增长率仅为 7.52%，远低于全国 20.91%的平均水平（表 12-7）。

表 12-7 2010 年高新技术产业总产值

年份	总产值/亿元			占全国比例/%		年增长率/%	
	全国	首都经济圈	长江三角洲	首都经济圈	长江三角洲	首都经济圈	长江三角洲
2006	34953	4549	11969	13.01	34.24	—	—
2007	42337	5038	15606	11.90	36.86	10.75	30.39
2008	57869	5502	20860	9.51	36.05	9.22	33.67
2009	60430	5287	21245	8.75	35.16	-3.90	1.84
2010	74709	6078	26592	8.14	35.59	14.96	25.17

资料来源：《中国科技统计年鉴》（2007 年）、《中国科技统计年鉴》（2011 年）

首都经济圈地区快速增长的高科技产业领域主要是医药制造业和仪器仪表制造业（仪器仪表及文化、办公用机械制造业）等。医药制造业增加值由 2003 年的 147.84 亿元上升到 2010 年的 296.54 亿元，占全国该行业的比重为 12.90%，具有明显优势；仪器仪表及文化、办公用机械制造业增加值由 2003 年的 46.11 亿元上升为 115.04 亿元，占全国该行业的比重为 8.74%。但这些产业目前规模还普遍偏小，成长尚需时日。

（三）传统产业技术老化，产业间科技发展不协调

首都经济圈地区与长江三角洲、珠江三角洲相比，各省（自治区、直辖市）产业发展与科技的分工尚不明晰，科技与产业发展不协调，特别是传统产业科技发展尤为缓慢。

首都经济圈地区尤其是天津、河北拥有众多传统企业，仍以重化工业为主，传统产业仍有很大的发展空间，但是传统产业设备陈旧、技术老化、创新能力较弱，已经成为制约首都经济圈地区经济社会发展的瓶颈。此外，传统产业的技术开发经费投入与技术改造和技术引进相比仍然薄弱，新产品开发薄弱，严重制约着产业的自主创新。加强首都经济圈地区产业分工体系建设，加大对传统产业的科技投入，尤其是加强利用信息技术对传统产业的改造，成为首都经济圈地区面临的重大课题之一。

（四）核心技术和核心产品少，科技优势尚未转化为产业优势

首都经济圈地区高技术产业增加值低于珠江三角洲地区和长江三角洲地区（表 12-7），与其科技资源投入及科技优势形成强大反差。同时，区域内部经济发展水平的巨大差异，产业技术水平差异大，制约了产业技术成果在首都经济圈地区的转化落地。另

外，企业技术创新主体地位尚未真正形成以及应用推动力量不足等直接导致该地区的科技优势没有转化为产业优势。

（五）生产要素的流动与共享缺乏，区域协调适应能力差

首都经济圈地区科研机构、企业之间的相互协作较少，尤其是北京的众多科研机构和企业与该区的其他省区联系并不密切，而更多的是和长江三角洲地区、珠江三角洲地区的企业和科研机构合作，技术成果流向也多为后两大区域，使得本区的科技成果并没有为产业的发展提供强有力的支持。此外，研究机构缺乏寻求科技成果产业化的激励机制，企业也缺乏将小型发明专利转化为新产品开发的动力。

首都经济圈地区与长江三角洲、珠江三角洲区域相比，统一开放、竞争有序的科技发展和区域创新体系远没有建立起来，市场割裂依然存在，限制了围绕共性问题和需求的联合科技开发和科技成果在区域间的流动。区域内各省（自治区、直辖市）政府对科技协同发展的支持力度不够，缺乏相应的鼓励政策和实际的支持措施。

此外，在环境保护、风沙治理、水资源利用及能源合作等领域，都亟须区域内各省（自治区、直辖市）进行紧密的科技合作，同时也亟须建立起体系完整，权责明晰的科技合作与分工机制。

三、首都经济圈地区科技合作与发展的机遇分析

（一）全球化发展为首都经济圈地区带来的机遇

随着国际产业分工重组，全球产业在加工制造增值活动向中国继续转移的同时，研发活动开始向中国转移。相对富裕的创新人力，海外归国人员的增加，为首都经济圈地区科技合作与发展提供了必要的人才供给；日益庞大的制造业及其现代服务业的发展提出了巨大研发需求，为首都经济圈地区科技发展创造了前所未有的机遇。

（二）中国经济社会发展以及转变经济发展方式带来的机遇

我国国民经济发展已经全面进入到了工业化的中高级阶段（即重化工业阶段），在未来10～20年仍将保持持续发展状态。同时，资源和环境约束进一步被强化，转变经济发展方式已经成为“十二五”期间国家经济社会发展的主线，通过技术进步和结构调整，减轻发展对资源和环境的压力，已经成为国家重大的持久需求，这为首都经济圈地区整合优势科技资源，加速科技合作和发展带来了新的需求。

（三）区域发展政策带来的战略机遇

由于首都经济圈地区资源、信息密集度高，顶级大学、研究机构集中，创新人才丰富，社会软硬件环境建设较为完善，其逐渐成为国内大型企业研发、营销、服务的首选之地。首都经济圈、天津滨海新区、河北沿海地区等区域发展上升为国家战略，也必将加速本地区经济与科技资源的整合、协作与互动。国家已经提出“建设具有国际竞争力

的创新型国家”的目标，必将促进区域创新投入、创新体系结构、创新服务环境等一系列领域的完善与发展。

四、首都经济圈地区科技合作与发展的挑战分析

随着全球化进程的加快和科技对经济的带动作用逐渐提升，许多国家和地区纷纷制定创新战略，为首都经济圈地区发展成对世界经济和科技有重要影响和控制力的创新型区域构成挑战。同时，国外跨国公司对我们展开“抢、逼、围”的策略，试图通过知识产权和技术标准形成科技垄断，实施封堵政策。另外，我国的长江三角洲和珠江三角洲等发达地区也在积极争创中国区域科技发展的龙头区域，纷纷提出引领中国科技发展的目标，科技资源的竞争日益激烈。

（一）周边国家与地区实施创新主导战略的挑战

近年来，很多国家和地区纷纷制定了创新战略。韩国制定“2008年国家综合发展计划”，明确提出韩国发展战略为创新发展战略，争取在10年内进入世界科技八强和经济十强。日本提出“知识产权立国”的口号，在日本全社会推行知识产权保护制度。中国台湾地区制定“挑战2008”六年发展重点计划，明确提出要将台湾地区建设为国际创新研发基地的目标。这为首都经济圈地区发展成对世界经济和科技有重要影响和控制力的创新型区域构成挑战。

（二）来自长江三角洲、珠江三角洲等发达区域的挑战

长江三角洲、珠江三角洲在产业技术创新以及区域科技合作上已经具有良好的基础，很多指标尤其是高新技术产业方面走在了全国的前列，其中部分指标大大高于首都经济圈地区。目前长江三角洲、珠江三角洲都在积极争创中国区域科技发展的龙头区域，纷纷提出引领中国科技发展的目标，这些都对首都经济圈地区科技合作与发展提出了巨大挑战。

（三）区域内部自身发展需求的挑战

首都经济圈地区内部科技发展仍然存在很多问题。制约科技发展最为突出的问题是创新结构不适应以企业为主体的技术创新优先发展的格局。创新行为者相对是大学和科研院所，造成首都经济圈地区知识创新比较突出，但技术创新相对不足，表现在创新链各增值活动上，创新制造环节相对薄弱，不仅影响到了产业发展，也制约了科技的进一步发展。

第三节　首都经济圈地区科技合作与发展的基本思路、优先合作领域及其战略布局

一、科技合作与发展的基本思路

首都经济圈地区科技合作与发展应以科学发展观和《国家中长期科学和技术发展规

划纲要（2006—2020）》为指导，全面贯彻国家中长期科技发展战略提出的“自主创新、重点跨越、支撑发展、引领未来”的指导方针；以首都经济圈地区经济社会发展对科技的需求为基本出发点，注重解决重大共性科技问题；着力提高区域自主创新能力尤其是原始创新能力；依靠科技切实转变经济增长方式，促进区域经济和产业结构升级，提升区域综合竞争力；依靠科技解决能源、资源、环境等发展瓶颈问题；依靠科技解决交通、城市、健康、安全等社会和谐问题；集成整合优势科技资源，强化高端引领作用，实施重大科技合作专项和建设重大产业创新基地，完善区域创新体系，形成互动共赢的区域科技合作与发展机制以及点轴支撑的区域科技发展布局，全面提升首都经济圈地区科技对经济和社会发展的支撑和引领作用；努力将首都经济圈地区建设成为我国经济社会发展的创新中枢、创新型国家建设的先导区、国家知识创新核心区、产业技术创新示范区。

二、优先合作领域及重大科技合作专项

按照国家科技发展对首都经济圈地区的要求，以及首都经济圈地区科技合作与发展的基本思路，为了突出本地区在全国的比较优势，首都经济圈地区科技合作与发展既要满足区域经济社会的紧迫需求，又要考虑科技自身发展的长远需要。在充分考虑到战略接轨、需求驱动、突出重点、互动共赢四大原则基础上确定首都经济圈地区科技合作与发展的 4 大任务和 18 个优先合作领域：一是发挥基础科学优势，提升原始创新能力——包括基础科学领域。二是共同推进产业自主创新，促进区域产业结构升级——包括农业、高新技术产业中的电子信息、生物技术与现代医药、新材料、新能源、制造业中的高端装备制造、新能源汽车、现代冶金、石油化工、现代服务业等领域。三是努力解决能源、资源和环境等瓶颈问题，建设资源节约型、环境友好型区域——包括节能减排、资源节约、生态与环境、海洋资源利用等领域。四是提高公共服务能力，建设和谐社会的公共科技——包括城市发展与交通、人口与健康、公共安全等领域。

重大科技合作专项是实施首都经济圈地区科技合作与发展的重要抓手，是实现区域科技协同共赢、跨越发展的核心。根据国家的战略需求以及当代科学技术发展趋势，在优先合作领域的基础上，通过重大科技合作专项的实施，突破一批具有全局性、带动性的关键共性技术，掌握一批具有战略性、影响区域竞争力的核心技术，培育形成具有区域特色和竞争优势的高技术产业和现代服务产业，解决制约区域经济社会发展的最紧迫的瓶颈问题，带动相关领域技术水平的整体提升，形成区域核心竞争力。

根据是否能够解决区域经济社会发展的重大共性问题，有利于提升区域整体竞争力；是否符合国家当前科技发展的方向，与国家科技发展重点领域及其主题、重大专项相衔接；是否能够充分体现区域特色，具有区域互补性或共同优势，通过合作完成，对促进首都经济圈地区经济科技合作具有示范带动意义；能否体现区域特色并按期顺利完成等标准，凝练出 24 个重大科技合作专项以供参考（表 12-8）。

表 12-8　优先合作领域与重大科技合作专项建议一览表

<table>
<tr><th>主题</th><th colspan="2">优先合作领域</th><th>重大科技合作专项</th></tr>
<tr><td>（一）原始创新能力提升</td><td colspan="2">1. 基础科学领域</td><td>（1）基础科学创新重大专项</td></tr>
<tr><td rowspan="13">（二）区域产业结构升级</td><td colspan="2">2. 农业</td><td>（2）食品安全技术重大专项</td></tr>
<tr><td rowspan="6">高新技术产业</td><td rowspan="3">3. 电子信息</td><td>（3）新一代信息技术重大专项</td></tr>
<tr><td>（4）软件技术重大专项</td></tr>
<tr><td>（5）半导体照明重大专项</td></tr>
<tr><td rowspan="2">4. 生物技术与现代医药</td><td>（6）先进医疗设备、医用材料等生物医学工程产品的研发和产业化重大专项</td></tr>
<tr><td>（7）现代中药等创新药物研制重大专项</td></tr>
<tr><td>5. 新材料</td><td>（8）纳米、超导、智能等共性基础材料研究开发重大专项</td></tr>
<tr><td rowspan="5">制造业</td><td>6. 新能源</td><td>（9）新一代核能技术和先进反应堆研发重大专项</td></tr>
<tr><td>7. 高端装备制造</td><td>（10）重大成套设备与基础制造技术重大专项</td></tr>
<tr><td>8. 新能源汽车</td><td>（11）动力电池、驱动电机和电子控制领域关键核心技术研发重大专项</td></tr>
<tr><td>9. 现代冶金</td><td>（12）新一代可循环钢铁流程工艺技术重大专项</td></tr>
<tr><td>10. 石油化工</td><td>（13）新一代石化生产流程工艺技术重大专项</td></tr>
<tr><td colspan="2">11. 现代服务业</td><td>（14）物流信息系统平台建设重大专项</td></tr>
<tr><td rowspan="6">（三）解决能源、资源与环境问题</td><td colspan="2">12. 节能减排</td><td>（15）高效节能技术装备及产品的关键技术重大专项</td></tr>
<tr><td colspan="2">13. 资源节约</td><td>（16）华北地区农业节水关键技术及其推广重大专项</td></tr>
<tr><td colspan="2" rowspan="3">14. 生态与环境</td><td>（17）华北湖泊、湿地生态环境保护和修复重大专项</td></tr>
<tr><td>（18）官厅水库及其上游环境综合治理关键技术重大专项</td></tr>
<tr><td>（19）渤海湾近海污染综合治理重大专项</td></tr>
<tr><td colspan="2">15. 海洋资源利用</td><td>（20）海水淡化规模化和综合利用重大专项</td></tr>
<tr><td rowspan="4">（四）和谐社会建设</td><td colspan="2" rowspan="2">16. 城市发展与交通</td><td>（21）宜居城市发展与调控重大专项</td></tr>
<tr><td>（22）首都经济圈地区综合交通体系相关技术重大专项</td></tr>
<tr><td colspan="2">17. 人口与健康</td><td>（23）重大疾病防治技术及其推广重大专项</td></tr>
<tr><td colspan="2">18. 公共安全</td><td>（24）主要区域性灾害的防灾减灾关键技术重大专项</td></tr>
</table>

三、首都经济圈地区科技合作与发展的战略布局

以实现首都经济圈地区科技一体化为方向，体现北京作为知识型区域和高端辐射基

地、天津作为产业化和现代制造基地、河北作为资源型和加工制造基地的产业分工特点，进一步强化北京的全国科技研发中心和知识服务中心地位、不断提高天津的产业应用研究与工程化技术研发及转化能力、河北对产业转移与技术转移的承接及应用能力，以具有战略性和全局性意义、牵引带动作用大、关联性强的创新基地与产业带作为首都经济圈地区科技分工协作的重点，形成“三基三带”战略布局构架，三基即中关村科技园区高端研发与知识服务基地、滨海新区现代制造和研发转化基地、曹妃甸原材料能源产业技术研发与应用基地；三带即京津塘高新技术产业带、沿海重化工产业技术示范带、环首都绿色创新创业带（表 12-9）。

表 12-9　战略布局基本构架中的“三基三带”

“三基三带”	选择依据	建设目标	开发重点
中关村科技园区高端研发与知识服务基地	我国科技资源最密集、高技术自主研发能力最强、知识型产业规模最大的地区；国家自主创新综合改革示范区；首都知识型经济发展的重要引擎	具有世界影响力的技术创新级，我国科技创新人才高地、高新技术产业自主创新高地以及新兴产业的策源地	新型知识型服务业；高新技术产业；高端策划中心以及研发中心；与以上相配套的创新环境
滨海新区研究开发和成果转化基地	我国北方重要的现代制造与物流基地；已纳入国家区域开发战略重点；位于京津塘产业带终端	现代制造和研发转化基地、高新技术产业研发与制造基地，北方国际航运中心和国际物流中心	现代制造业、现代服务业、高新技术产业研发转化基地；与以上相配套的创新环境
曹妃甸原材料、能源产业技术研发与应用基地	我国北方重要钢铁、化工、能源产业与物流基地；河北1号工程；河北沿海重点发展地区；首钢转移承接地	超大型能源和原材料集疏港，国际级重化工业基地，国家重要的能源战略储备基地，国家重化工业循环经济工业区	形成大码头、大钢铁、大化工、大电能“四大”主导产业以及支撑其发展的产业技术创新中心
京津塘高新技术产业带	横跨京津冀三省市，中关村与滨海新区首尾相接，是首都经济圈地区最为密集的城市与产业集中区域，沿线已经聚集了多个科技园区和经济开发区	高新技术与战略性产业集聚带；综合配套能力强、产业创新能力强、吸纳产业资源、科技资源能力强的国家级重点产业与人口集聚带	新一代信息技术产业、新材料、新能源、生物与医药等产业创新与产业化；现代装备制造产业；航空航天制造业
沿海重化工产业技术示范带	沿海重化工产业实力雄厚，河北沿海地区规划上升为国家战略，重化工业还将进一步集聚，对产业的工艺创新、装备创新、绿色化技术、节能降耗技术需求大	显著增强重化工产业装备、产业链延伸技术、清洁生产等工艺的自主研发与应用能力	围绕石油化工、海洋化工、煤化工、精细化工、钢铁及深加工，重点开发敏捷制造、绿色制造和网络化制造技术

续表

"三基三带"	选择依据	建设目标	开发重点
环首都绿色创新创业带	环绕首都的河北以及天津的一些区县，可以成为接纳首都创新资源以及高科技产业、文化创意产业转移的承接地；土地和劳动力成本较低，已经具有一定的产业基础；交通等基础设施条件大大改善，与首都一体化的交通网络初步形成	创建一批高新技术产业孵化与研发基地，建设一批与北京分工协作的高技术生产加工基地，发展一批为首都发展配套的文化创意产业基地	孵化研发基地建设；高新技术产业基地建设；文化创意产业基地建设

第四节　首都经济圈地区科技合作与发展的战略对策

为应对国内外经济、科技竞争的强大压力，区域间科技合作已成为各地区寻找发展的重要突破口；而首都经济圈地区受现行两市一省行政区划体制的限制，各自为政、封闭研发、小而全的科技体制严重影响了区域科技的合作与可持续发展。在科学技术日新月异、区域经济一体化步伐加快的国际大背景下，为促进区域经济、社会协调发展，首都经济圈地区在"十二五"期间科技合作的紧迫性大大增强，区域内各省市应采取有效对策，从区域一体化的角度切实推进首都经济圈地区科技合作与发展。

一、建立健全首都经济圈地区科技合作与发展的组织协调体系

由于历史、行政区划以及文化经济发展不平衡等原因，首都经济圈地区三省市各自有不同甚至相差很大的科技政策。为了更好地实现首都经济圈地区的科技合作，三地在科技政策上要统一协调，从过去的相互争夺科技资源，重复建设科技基础设施等，转变为相互之间的合作与补充，各自发挥自己的优势，实现共存共赢。三省市可考虑从中关村、滨海新区和曹妃甸三个重点区域入手，构建引领全国的"首都经济圈地区自主创新示范带（或示范特区）"，争取列入国家和部委重大规划项目，就技术协作、技术研发和转化等领域开展分工协作，弱化三方的产业、税收政策差异，为三方产业技术分工创造公平的政策环境，并发挥科技在聚合三方优势力量中的先导作用。

（一）发挥中央政府的引导和协调作用

鉴于首都经济圈地区包含三个独立的省级行政区，首都经济圈地区科技合作仅靠自发组织、协作是远远不够的。这就必须由中央政府出面进行必要的指导、协调和"牵线搭桥"。中央政府的引导作用包括：一是负责区域科技合作规划的编制、实施推进和总体协调，对首都经济圈地区各地科技规划进行指导、论证、综合平衡和衔接；二是负责

规划实施规则的制定（选定实施对象的标准、进度、预期成果、知识产权保护、考核的指标等），提出有关政策、法规的建议；三是在需要中央政府协调才能解决的财政、金融、税收等方面给予积极支持；四是研究提出首都经济圈地区优势产业发展、新兴产业发展科技支撑与引领计划，协调重点基地、平台建设与运行，在重大科技工程上给予必要的帮助和协调。建议成立由国家科技部牵头、相关部委参加的首都经济圈地区科技工作领导小组，指导、协调首都经济圈地区科技合作与发展工作。

（二）建立由首都经济圈地区三省市高层组成的科技合作机构

首都经济圈地区科技合作是为地方经济社会发展服务的，首都经济圈地区三省市政府应是首都经济圈地区科技合作与发展的主要组织与实施者。建议三省市政府领导联合成立专门的工作小组，研究制定区域科技合作规划，进行区域科技计划的招投标，对实施科技项目的主体实行动态监督和管理工作，组织评估和仲裁机构对科技项目的评审工作进行监督与管理，并在财政、金融、税收等方面给予积极支持。

一是建立“政府牵头、专家参与、统筹协调、利益兼顾”的首都经济圈地区科技合作工作领导办公室。该办公室的主要领导由三省市主抓科技的市长、省长担任，研究、协商、解决影响基础研究和高技术前沿研究工作中的重大问题。具体协调首都经济圈地区科技发展规划、跨区域的大型研发合作项目、区域技术创新政策的制定，组织各种科技交流、信息发布和科研成果的推广与转化服务等。办公室下设若干小组（可按领域划分），小组成员由三省市的相关科技专家组成，秘书处设在三省市的科委（科技厅），实行轮流负责制，每年由秘书处定期召开科技合作会议，遇到重大科技合作事项，经协商可召开临时会议。秘书处具体负责三省市有关部门的沟通、联系，掌握本地区推进科合作情况。各个小组编制三方科技合作的发展战略、发展规划、工作方案，研究提出加快推进三方科技合作发展的政策、措施及建议，根据需要可不定期召开会议。

二是建立三省市科委（科技厅）负责人的定期联席会议制度，负责组织领导首都经济圈地区科技合作，建立和完善三地科技合作联席会议的日常工作制度，商讨解决合作中面临的重大问题，对首都经济圈地区科技合作与发展进行必要的协调。

三是建立科委（科技厅）不同职能部门衔接落实制度，加大三地科委（科技厅）各分管部门官员的交流与合作，具体负责首都经济圈地区科技合作与规划的落实。建立起三省市顺畅的沟通渠道，增强三地的相互了解和分工合作的融洽气氛，落实工作责任，形成三方合力。

（三）完善科技合作政策法规体系

贯彻落实《中华人民共和国科学技术进步法》和《国家中长期科技发展规划纲要（2006～2020）》，围绕首都经济圈地区科技合作与发展的总体战略部署，认真开展调查研究，不断发现科技创新与科技合作体制中的矛盾和问题，探索激励创新、鼓励合作、提高创新能力和合作动力的体制机制，完善科技政策法规体系，为提高首都经济圈地区自主创新能力和建设创新型城市提供科技政策保障。

改革和完善税收政策，鼓励自主创新，促进高新技术产业化。民营科技企业从事科技活动的收入，享受国家和三省市对科技活动的税收优惠政策。民营科技企业的技术开发费用，按税收规定给予税前扣除，而其技术转让、技术开发和与之相关的技术咨询、技术服务，可申请免征收入营业税，其年净收入在 30 万元以下的免征所得税。进口直接用于科学研究的仪器设备，免征增值税。利用政府采购政策，对于需要给予一定扶持的技术项目，可以在政府招标方案安排中多包含具有自主创新的产品，以扶持首都经济圈地区具有自主创新技术企业的发展。

建立提升自主创新能力的金融政策。金融部门对于符合条件的高新技术成果产业化项目应优先发放贷款，创造条件，争取一些高新技术企业、科技型中小企业和民营科技企业上市融资或发行债券。建立首都经济圈地区统一产权交易市场，为高新技术企业创造融资环境。健全风险投资机制，改善风险投资环境。鼓励有条件的大企业采取共建技术开发中心的形式，加强中试工作，共担风险。设立首都经济圈地区科技合作基金或科技合作风险基金，主要用于三省市重点科技合作项目、重点攻关项目；并积极推动科技产业界与金融机构的合作，争取科技合作项目贷款。积极发展证券融资、项目融资、特许权（BOT)、产权或经营权转让、可转换债券等新型融资方式。

（四）组建首都经济圈地区科技合作协会，与产业发展协会共同对首都经济圈地区科技经济合作发展出谋划策

组织有关方面的专家学者对首都经济圈地区科技合作问题集思广益，定期举办首都经济圈地区科技合作研讨会，就首都经济圈地区科技合作的领域、发展、机制等提供建议，就三方科技协作与发展中的问题及时提出建议并进行协调，确保科技合作取得成效。

二、构建联合攻关、自主创新的科技合作平台

从首都经济圈地区三省市区域产业分工来看，三地在产业、技术梯度上有明显的层次性，从而为三省市的科技、经济合作提供了条件。但三省市之间长期以来在科学研究、成果转化、产业分工方面缺乏交流，造成资源的极大浪费，其中一个非常关键的因素是缺少科技合作的平台。要促进三地之间的科技合作，必须加快科技资源的交流融合，提高现代科技资源的使用效率，提高首都经济圈地区整体创新能力和区域竞争力，搭建资源共享、技术研究合作与技术转移、产业合作的平台。

（一）相互开放重点实验室与研究基地，共享科技创新平台

三省市政府要制定相应政策措施，相互开放国家级和省级重点实验室、工程技术研究中心、中试基地、大型公共仪器设备、技术标准检测评价机构、科技信息机构、科技经济基础数据和基础条件，促进各类科研机构合作交流。

三省市共同建设区域科技信息资源共享服务平台，结合国家科技基础条件平台建设

与实施，合力打造为区域服务的文献资源共享服务平台和技术信息平台，共建共享科技文献、科技成果、技术项目、科技报告、科技数据等科技信息资源。发挥信息资源共享与资源互补的优势，形成信息资源共享机制，开展科技信息服务的交流与合作。

发挥“环渤海科学仪器共享平台”的重要作用，进一步完善首都经济圈地区大型科研仪器设备网络。系统规划首都经济圈地区大型科研仪器设备体系，升级可共享使用的部分陈旧落伍的大型科研仪器，新建部分紧缺的大型科研仪器设备，形成首都经济圈地区大型科研仪器设备集群。使首都经济圈地区的国家重点实验室成为孕育自主创新的重要基地。实施“科学数据共享工程”，建设区域科学数据管理中心。

（二）围绕首都经济圈地区优势产业、重点产业进行技术联合攻关

围绕区域经济社会发展重大需求，在区域科技规划的指导下，组织联合攻关，以实现在区域共同需求和区域支柱、主导产业与新兴产业的产业重大共性、关键性技术方面的突破。坚持“有所为、有所不为”，集中力量在一些重点领域、关键环节取得突破，在首都经济圈地区有优势的电子信息、新材料、汽车制造为主的先进制造业、石油化工、钢铁、化工、建材等资本密集型重化学工业，食品、纺织、服装等传统产业和能源、电力、水利等基础产业的技术方面取得进展，在航天、海洋等高科技战略领域超前部署，建立“优势互补、互惠互利”的三省市科技合作的三赢机制，充分发挥各种科技资源的潜力，增强区域整体的科技竞争力。

在对各区域产业与科技发展重点任务研究的基础上，初步确定各区域产业技术重点研发基地，进而在全国形成各具特色、各有重点的产业技术研发基地。在此基础上，加强产业技术对于区域内企业的技术服务，特别是围绕着产业集群、中小企业的技术服务体系，形成以核心主导产业带动相关关联产业的发展，放大主导产业的乘数效应。

（三）建立以企业为主体、市场为导向、产学研相结合的技术创新体系

围绕首都经济圈地区经济社会发展中的重大关键、共性技术，以企业为主体，以产业技术创新为重点开展联合攻关。首都经济圈地区科技研发应注重满足三省市经济社会发展中的重大需求，立足服务于首都经济圈地区企业、产业发展，对三省市具有一定优势的、产业急需的产业技术进行重点攻关。例如，京津的科技研发应适当考虑河北产业发展的需求，而河北参与首都经济圈地区科技共同研发、承接技术转移也不应只是被动地实行“拿来主义”，而应根据产业发展需要提出技术需求，整合三方力量推进技术创新与应用。

鼓励首都经济圈地区具有共同研究目标和需求的企业可组成技术联盟，建立以市场为导向、以技术创新为目标、以合同契约为保证的合作研发实体。加强企业技术中心建设，鼓励应用技术研发机构进入企业，发挥各类企业特别是中小企业的创新活力，鼓励技术革新和发明创造。三省市企业要以科技项目为纽带，主动与高校签订科技合作协议，向高校投资，与高校共建一批工程研究中心，作为产学研结合的基地，实现高校技术产业与企业间的有机结合，推进企业的技术进步。高校要充分发挥学科和科研优势，

对三省市企业的重大科技攻关项目进行研究，并且要把科学研究向下延伸，参加企业的新产品开发工作。此外，应加强基础研究和高技术前沿研究的国际交流与合作，掌握国际科技发展的动态和趋势，扩大国际影响。

三、建立首都经济圈地区合作共享的科技投入机制

区域科技的产出与发展依赖于首都经济圈地区三省市共同的科技投入，加快构建三方共同投资、共同利用的科技投入机制，是促进首都经济圈地区科技合作与发展的重要任务之一。

（一）科技经费的共同投入

依据技术创新的内在要求，打破单位界限、所有制界限，合理配置三省市的科技资源，形成优势组合，发挥科技资源的最大效能。在资金筹集方面，通过中央政府、地方政府、企业等方面的投入，形成多层次的投融资渠道。中央政府通过财政拨款，设立区域科技发展专项计划和专项资金、国债专项资金，扶持首都经济圈地区科技合作与发展。区域内三省市共同设立区域科技合作专项计划和专项资金，建立区域科技合作专项基金或科技合作风险基金，主要用于三省市重点科技合作项目、重点攻关项目；并积极推动科技产业界与金融机构的合作，争取科技合作项目贷款；同时，三省市联合共建重大科研项目基金也是一个可行的方案。对企业等行为主体从事符合区域科技规划合作方向的科技项目，在财政贴息、银行信贷、人才使用等方面给予资助；对跨区域的企业联合开发等行为主体，给予更加优惠的政策。

在共同筹集科技经费方面，要遵循以下原则：一是鼓励企业主体的积极性；二是发挥地方政府参与和引导的功能；三是发挥中央政府引导与调控的功能；四是发挥中央和地方两个积极性；五是真正实现投资主体多元化。

在实施过程中，可以采取“先补后奖”的办法和原则。给予执行主体在财政、金融等方面的优惠政策，主要由执行主体，如企业等先支付从事开发研究；地方政府，特别是区域科技合作基金先给予执行主体的补贴；中央政府采取先补贴一部分，然后根据科技项目的执行与评估等发展情况，逐年奖励。

（二）推动科技人才的共同培养、相互交流和共同利用

区域科技合作与发展的重点问题是人才问题。首都经济圈地区拥有数量较多的科学技术人才，但首都经济圈地区的人才优势并没有完全转化成科技和产业优势。另外，首都经济圈地区科技人才总量与结构不平衡的问题也极为突出。其根本原因在于三省市尚未实现科技人才资源的合理配置，实现人尽其才，才尽其用。因此，首都经济圈地区三省市应共建“科技专家资源共享服务平台”，加强科技人才的交流和共同利用，优化三地科学与技术领域的专家资源配置，促进三地科技合作和经济发展。

进一步建立首都经济圈地区科技人才流动合作机制，加强三省市在高层次人才方面

的合作。为了鼓励、促进联合攻关，必须研究制定鼓励科技人员交流、柔性流动的有效机制。三省市政府部门应协调建立人力资源区域共同市场、人才协调中心、人才政策服务中心，高级人才运营中心等。三省市政府要携手营造公平竞争的环境，建立区域人才流动与人才市场信息发布机制。整体推动区域内高校毕业生接收引进工作，建立区域共享的毕业生实习、创业基地，促进区域内毕业生充分就业。建立区域性人事人才公共服务平台，实现政策共享、业务互通、证书互认，大力开展异地人事代理、社会保险代办、职称评审、人才派遣、诚信调查等人事人才公共服务。要逐步统一三省市高层次人才的就业制度和人事制度，鼓励创新人才在三省市自主、自愿、自由的流动，降低人才流动的成本。三省市可共同在高层次人才的培训、评价、诚信认定、业绩归档信息库建设等方面进行项目合作和开发。

一是共建“科技专家资源共享服务平台”。首都经济圈地区必须加快整合科技专家资源，提高高层次专家对三省市特别是河北省科技经济发展的支撑作用。应共建“科技专家资源信息共享服务平台”，不断推进首都经济圈地区三省市科技专家的资源共享、政策协调、制度衔接和服务贯通，建立首都经济圈地区科技专家资源开发合作机制。三省市应拟订首都经济圈地区科技专家资源开发一体化行动计划，对首都经济圈地区科技专家资源开发一体化的总体目标、合作领域进行梳理和分解，确定合作的具体项目和目标、步骤及时间进度。推动区域内高级专家信息资源共享，充分运用互联网技术，健全区域内高级专家信息交换和发布机制，构筑畅通、快捷的科技专家信息资源共享平台。

二是促进科技管理人才交流。由于首都经济圈地区三省市科技部门在工作内容、工作方式、管理体系等方面的差异，三省市科技合作在客观上存在着较多的障碍，应在三地实施“科技管理人才交流”工程。京津冀三地科委各对口处室、已签署合作项目的机构应建立固定联系；互派科技管理干部到对方对口部门挂职学习、锻炼。通过三地科技系统管理干部的交流，加强三地科委工作内容、工作计划与重点等相应方面的对接，相互借鉴、学习对方的先进管理理念与经验，共同促进双方科技管理水平的提高，有利于今后双方开展更紧密的科技合作。

通过促进三地科技人才的交流与共享，真正做到优势互补，充分发挥科技人才的巨大潜能，对提高首都经济圈地区整体创新能力和区域竞争力意义重大。特别是科技管理人才对口交流能进一步畅通科技合作渠道，将对首都经济圈地区科技合作产生巨大的推动作用。

四、深化政府科技管理职能的改革，建立统一、公正的市场环境

政府对科技管理的职能，应从过去的微观管理转变为宏观管理，从以计划和项目管理为主转变为以制定政策和营造环境为主。使科研项目通过市场来确定，发展资金通过市场来筹集，科技成果通过市场来转化，经济效益通过市场来实现，最大限度地发挥市场机制作用。要围绕制度创新，推动科技要素在首都经济圈地区的合理、便利流动，降低要素的流动成本和交易成本。

(一) 进一步深化科技体制改革，完善科技管理和科技创新的运行机制

一是改革完善科技计划管理体制，使科技立项更加规范化、科学化。对关系首都经济圈地区未来经济社会发展的关键技术和共性问题，应在广泛调研和征求专家意见的基础上，由三地专家决策，筛选确定研究开发项目，由三地科技管理部门组织共同招标，对重点项目实行重点协调和管理。二是改革和完善对科技成果的奖励制度，建立有效的创新激励机制，加大对创新的奖励力度，对推动京津冀科技、经济协作与发展具有重大贡献的科技成果，尝试进行三地共同奖励、重大奖励。三是共同推进、深化科研院所改革。制订转制科研机构产权制度改革的实施意见，支持转制科研院所建立投资主体多元化、个人利益与企业发展密切相关的现代企业制度。制订非营利性科研机构运行管理的具体政策，建立与科研院所改革发展相适应的财政资金投入机制，对非营利性科研机构进行定期评估和考核，促进非营利性科研机构的稳定运营和健康发展。四是改革和完善科技创新机构的利益分配机制，推行按岗定酬、按贡献定酬、技术和专利入股、按利润提成等多种形式的分配制度，建立科技人员能进能出、能上能下的用人机制。

(二) 促进首都经济圈地区一体化市场体系建设

为了真正实现科技合作，要加强工商、质监、食品药品监管、物价、检疫、税务、出版、知识产权、海关等相关部门的合作，努力营造开放、健康、有序的市场环境，按照“效率、公开、公正、公平”的原则，构筑健康的市场竞争环境，保证竞争机制的顺利运行，提高资源的配置效率。加强市场管理制度建设，制定市场建设与运营、市场信息咨询等方面的专项法规，规范市场建设、市场准入和市场交易行为，强化法制管理。为区域内企业的生产、经营和服务活动及企业间的合作交流提供便利，促进区域经济共同发展。

(三) 发挥市场中介组织和非政府组织在科技合作中的特殊作用

加强和完善信息中介服务体系建设，形成首都经济圈地区“明确定位、分工合作”的科技中介组织体系。建立健全三个层面的中介组织：政府层面，以科技开发交流中心、生产力促进中心为主；公共层面，以高校科研院所的生产力技术转移中心为主；市场层面：各类市场化的中介公司。大力发展和规范工程咨询、市场调查、会计师事务所、律师事务所等各类中介服务组织，促进合理有序竞争。对各种学会、商会等非政府组织在科技合作中的作用也要给予充分重视，政府应为其开展活动提供便利条件。加快推进首都经济圈地区科技中介机构的互通、互联、互动、互利，形成科技中介服务集群，强化中介服务组织的网络化。

五、建设首都经济圈地区技术转移合作服务体系，促进科研成果的转化和产业化

以技术转移服务机构为依托，加快组建首都经济圈地区技术交易联盟等技术转移服

务联合机构，联合制定有关管理办法，促进技术交易市场与技术推广服务的发展。建立技术信息共享与交流的合作机制，搭建技术交易信息网络平台，定期举行首都经济圈地区技术信息发布会、技术项目对接洽谈会、难题招标会等，联合举办大型专题国际论坛、各类展示会、展览会等，为首都经济圈地区技术转移或成果跨地区推广、引进国际项目提供系列服务。

（一）首都经济圈地区技术交易联盟

三省市应联手共建首都经济圈地区技术交易联盟，努力建设一个服务全国、形式独特、内容多样、服务质量优良、网络化运作的首都经济圈地区一体化技术交易服务体系。建立首都经济圈地区技术交易联盟管理机构，制定有关管理办法，争取优惠政策支持（如对通过技术交易服务机构的服务促成的技术合作项目给予奖励等）。搭建首都经济圈地区技术联盟的网络信息化平台，为首都经济圈地区技术交易提供信息化公共服务，加强有关技术交易信息的沟通。定期联合举行技术信息发布会、技术交易洽谈会、难题招标会，联合举办各类展示会、展览会等，多形式促进首都经济圈地区技术信息的交流与技术交易。

（二）先进制造技术硬件资源共享平台

为了解决中小企业创新资源缺乏、促进企业对先进制造技术的应用，首都经济圈地区应集成三省市现有先进制造技术开发和推广的硬件资源，建设一个为中小企业服务的先进制造技术硬件资源共享平台。

（三）首都经济圈地区联合孵化创新服务体系

为促进首都经济圈地区孵化器行业的互通有无、相互促进、相互交流，扩大创业孵化创新服务体系的涵盖面，健全各种功能，发挥创业孵化创新服务体系的优势，首都经济圈地区三省市应合作共建各尽所能、各得其所的首都经济圈联合孵化创新服务体系。三省市应定期开展交流会，互相交流技术成果以及创业孵化等信息；互派管理人员不定期进行短期交流培训，互相交流经验；互相推荐科技成果、科研项目，互相推荐适合在对方生产、加工的企业；在市场调研、资本运作等方面积极配合。

（四）首都经济圈地区科技咨询与评估合作

第一，要培育首都经济圈地区科技咨询与评估市场，增加对政府科技决策的咨询，增加政府科技成果的评估，增大市场供给量；第二，要共同制定税收优惠等相关政策，促进科技咨询与评估企业的发展；第三，要联合开设咨询与评估专业培训，共同建立健全咨询与评估专家选拔机制，建立科技咨询与评估职业认证体系，建立两地共享咨询与评估专家人才库；第四，要共同打造具有较高知名度、较高科技水平的中国名牌科技咨询与评估企业，为首都经济圈地区乃至全国科技咨询与评估服务。

产 业 篇

第十三章　科技促进战略性新兴产业组织形态完善的考虑[①]

本章主要研究了国内及北京战略性新兴产业组织形态，认为在发展战略性新兴产业过程中，应建立一个大中小企业共生、分工明确、竞争有序的组织形态。同时，分析了目前这种产业组织形态所面临的挑战，包括当前战略性新兴产业领域面临的激烈的国际竞争，我国大企业与国外巨头创新能力的差距，以及培育新兴产业的实际导向与体制约束、准入难、融资难等问题。报告研究认为北京在发展战略性新兴产业的过程中已经积累了良好的基础，优势产业和产业链已基本形成，拥有一大批骨干企业和创新型中小企业，高端产业创新要素集聚效果显著；但还存在新兴产业领域大型骨干企业数量不足，企业规模普遍偏小；“专、特、精、新”的小巨人企业培育力度还不够；整合产业链还面临种种困难等问题。在此基础上，提出了加强战略研究和分类指导，探索重大科技项目的新型组织模式，完善科技政策的制定和执行等促进战略性新兴产业组织形态优化的三点建议。

第一节　战略性新兴产业应形成良好的组织形态

历史表明，战略性新兴产业大都萌芽于中小企业的技术创新。在新兴产业萌芽和孕育的形成阶段，中小企业迫于生存压力，常常发挥“船小好掉头”的优势，抢先进入风险高、盈利前景好的新兴产业领域。通过大量企业试错，在不断的调整中寻求生存道路，拓展发展空间。在这种试错的过程中，新兴产业的主导设计、主流产品逐步形成。大企业往往由于垄断者的惰性、巨大的沉没成本，很难成为破坏性创新的主导者。因此战略性新兴产业需要一个大中小企业共生、分工明确、竞争有序的组织形态。

但是，在现实中，特别是在我国的战略性新兴产业培育和发展中，这种理想的产业组织形态形成面临着很多的挑战：

第一，我国目前选择的七大战略性新兴产业基本都面临激烈的国际竞争。多个产业、多个环节大都面临和国际巨头同场竞技的局面，而且这些跨国公司基本呈寡头垄断的态势，例如信息产业、生物产业、装备制造产业。国外的巨头为了维持其既得的市场份额和垄断利润，往往会利用自身的实力和优势，利用并购、标准等多种手段打压中国的大企业以及中小企业的创新挑战。例如，在调研中发现，上海交通大学在新兴产业领

① 本章由中国科学技术发展战略研究院产业科技发展研究所课题组完成。产业科技发展研究所刘峰所长担任负责人，陈志等参加了研究工作。

域多个成果、多个团队被跨国公司高价买走，中国潜在的买家往往有心无力。

第二，我国大企业与国外巨头主导产业链的创新能力、创新活力相差甚远。在一些重点领域，往往存在龙头企业的创新投入总和不及一家跨国公司的投入。例如，在节能环保领域，我国缺少集研发、设计、工程总承包、制造、运营服务于一体的大型环保企业集团。2009 年，全球最大环保企业法国威立雅集团营业收入为 320 亿欧元（约合人民币 2814 亿元），第二大环保企业法国苏伊士集团营业收入为 123 亿欧元（约合人民币 1081 亿元），而我国大型环保企业年营业收入只有 20 亿～30 亿元左右，仅为威立雅的 1%。同时，在调研中发现，我国的龙头企业迫于竞争压力和资金投入压力，往往对新兴产业领域前沿技术攻关的意愿相对不足。

第三，国家目前培育新兴产业的实际导向还是以大企业为主，这导致中小型企业特别是科技型中小企业处于弱势，体制约束、准入难、融资难等问题一直未根本解决。根据调研，部分领域的民营企业反映，在战略性新兴产业发展过程中，民营企业在准入、竞争等环节都存在比较严重的“不公平”待遇，尽管当前连续出台社会公平准入文件，但实际情况仍不理想。

第二节　北京市战略性新兴产业组织形态的现状

“十一五”以来，北京坚持走“高端、高效、高辐射力”的产业发展道路，以信息、生物、节能环保、新能源等新兴产业为支撑的高技术产业稳定增长。经过多年培育与发展，北京已经具备了发展战略性新兴产业的良好基础，也为下一步产业组织形态的优化和调整奠定了基础。

一是优势产业和产业链基本形成。从总体看，北京在电子信息、生物医药、交通运输、装备制造等领域优势明显，在这些产业中又形成了具有北京特色的战略性新兴产业集群，同时新能源、新材料产业也蓬勃发展，北京战略性新兴产业“高端引领、区域辐射”的新格局正在形成。“十二五”期间，北京在重点产业链培育方面进行了全面部署，例如在信息领域重点发展六大产业链；在生物领域，重点发展研发创新、高端制造及流通服务等优势环节，打造凸显首都优势的产业链。

二是拥有一大批骨干企业和创新型中小企业。在新兴产业的多个领域，北京均拥有优势企业或者特色企业，如信息领域的联想、同方、龙芯中科，新能源汽车领域的北汽福田，节能环保领域的碧水源。

三是高端产业创新要素聚集。北京是全国智力资源最密集的区域，集中了众多科研院所、高等院校以及企业研发总部，吸引了近百万高素质创新创业人才；拥有众多国家工程技术研究中心、国家级企业技术中心、国家重点实验室；承担了多个国家重大科技专项，创制了 TD-SCDMA、数字电视地面传输标准、闪联、移动多媒体广播等近 20 项重要国际技术标准。

但是，目前北京市战略性新兴产业在产业组织形态完善方面也还存在不少问题：

一是新兴产业领域大型骨干企业数量还显不足，企业规模普遍较小，集中度不高。

以海淀园为例，2010年软件与信息服务业排名前10位企业收入不足海淀全行业的1/3，平均收入67亿元；通信设备行业排名前10位企业的总收入也仅占海淀全行业的38.4%；生物医药产业前10位企业的收入总和也仅仅只有55亿元左右。

二是“专、特、精、新”的小巨人企业培育力度还不够。经过多年努力，北京涌现了中星微、北方微电子、科兴生物等一批创新型企业。但是由于国家层面的创新资源很难惠及到中小微企业，产业与资本的对接还不够紧密，一些体制机制障碍例如户口、教育等问题难以解决，导致广大中小企业的发展还面临种种掣肘。

三是在全市乃至全国范围内整合产业链还面临种种困难。作为首都，北京不可能在战略性新兴产业领域布局大量的制造环节，而是着眼于创新驱动，聚焦高端环节，因此不可避免地要在更大的视角下整合资源，从而发挥北京的优势，推动北京的企业成为新兴产业价值链的“链主”。但是在现实中，一些原有的产业管制体系还没有调整，例如在三网融合领域，产业融合举步维艰。同时，地方政府出于对本地经济的考虑，容易在发展过程中追求产业链的“本地化”，市场融合问题较多。这都为北京企业的发展、产业组织的优化带来了更多的困难。

第三节　科技促进战略性新兴产业组织形态优化的思考

针对战略性新兴产业发展中的产业组织优化、企业竞争秩序规范的问题，科技主管部门其实大有可为。科技主管部门应该积极地进入新兴产业培育的主战场，更加注重提高企业特别是中小企业的创新能力，更加注重集中资源支持重点环节的重点企业。初步的思考和建议如下：

第一，加强战略研究和分类指导。利用专项规划和执行计划进一步明确北京特别是科技部门的（竞争）战略，突出重点和优化布局。目前国家和北京都相继出台了战略性新兴产业相关的专项规划，但是相对还是比较分散，重点不突出。建议从重点新兴产业的竞争态势、北京产业的组织形态、企业的优劣势等具体情况入手，结合科技系统已有的基础，制定科技部门的战略重点和操作策略，尽量聚焦战略性新兴产业发展中热点、难点和潜力点。

第二，探索重大科技项目的新型组织模式，推动多类型企业的分工与合作。目前在新兴产业领域形成了很多战略联盟，但大多数联盟仍然流于形式，很难从实质上组织产业内部的企业共同研发、共同获益。科技部门应该积极探索基于利益共享机制下的战略联盟等组织模式，有效地促进大、中、小不同类型企业、科研院所之间的合作，快速提高中小企业的创新能力。

第三，完善科技政策的制定和执行。目前北京市、中关村已经拥有很多先行先试的制度优势，但是在实际操作中还面临着很多的困难，不同的政策效果与决策者初始的意愿也有很大差别。科技部门应加强政策的评估和执行，联合有关部门在市场准入、标准制定等方面对民营企业、中小企业有所倾斜。

第十四章　北京生物医药产业发展重点及策略研究[①]

生物医药产业是北京重点发展的战略新兴产业。近年来，北京生物医药产业发展整体势头良好，生物制药快速发展，中药制药高速增长，化学制药基础坚实，医疗器械优势明显，研发服务贡献突出，2010 年开始实施的“G20 工程”成效显著。同时，北京生物医药产业发展整体上面临现有产业规模与突出的战略地位存在差距，资源优势没有完全转化为竞争优势，国际化程度及国际竞争力不足，自主创新能力有待提升等制约因素，在具体细分行业方面也存在亟待解决的问题。未来五年，北京应抓住新版 GMP 实施机遇，引导企业集中发展；推动全球生物医药创新与合作，力促北京成为全球技术转移重地；完善关键政策，形成部门联动机制，鼓励企业加大自主创新投入；建立生物医药投资专业基金，实现科技与金融的有机结合；“选育联”并重，打造生物医药人才高地。细分行业而言：化学制药行业应重点搭建高端原料药平台，突破原料药瓶颈；生物制药行业应重点研制重点品种，促进产业规模化发展；中药制药产业应重点大力打造首都“十病十药”品牌；医疗器械产业应重点攻克大型医疗装备核心部件的关键技术，推动医疗器械产业高端化发展；研发服务业应重点解决关键技术和平台，促进研发服务业向全产业链服务模式转变，全面提升生物医药产业发展水平。

作为北京市重点发展的战略性新兴产业之一，生物医药产业正处在跨越发展的历史机遇点上，并已具备跨越发展的基础和能力。一是近年来北京生物医药产业发展迅速，连续多年产业增速近 20%，利润率连续 6 年全国第一，为跨越发展奠定了坚实的基础。二是北京生物医药产业结构合理，生物制药、化学制药、数字化医疗器械等高端产业已经成为引领产业发展的关键。

本课题运用专家调研访谈等多种方式，针对国内外及北京生物医药产业发展规律，研究了解北京生物医药各细分领域发展现状及将来趋势，紧抓各细分领域市场机会和技术发展趋势，在充分考虑国家生物医药重大专项布局的基础上，根据北京现状及潜力，明确北京需要迫切解决的关键问题及发展重点，初步形成未来 5 年北京生物医药产业细分领域发展重点及发展策略。

---

① 本章由北京生物技术和新医药产业促进中心课题组完成。北京生物技术和新医药产业促进中心张泽工副主任担任课题负责人，李琼、程伟、周智峰、戴浩森、卫江波等参加了研究工作。

第一节　国内外生物医药产业发展的主要特征

一、全球生物医药产业发展的主要特征

受全球经济复苏缓慢、各国采取财政紧缩政策、专利药品到期等因素影响，尽管北美、日本和欧洲等传统主流医药市场仍占据主导地位，但药品销售增长率普遍缓慢，而新兴市场国家由于人口基数大、老龄化、慢性病发病率增高、政府医疗投入加大等因素影响，成为全球医药市场的亮点，药品销售额都保持着两位数的快速增长。在全球医药市场格局演变、欧洲债务危机困扰、世界各国医疗改革的推进、医疗服务提供通道的变化等多重因素影响下，全球生物医药产业发展呈现出以下四个主要特征：

一是新兴市场国家成新增长点，跨国药企布局全产业链。跨国制药公司通过加强与新兴市场国家中的本土制药公司合作和并购，或利用本土制药公司的销售渠道快速进入新兴市场国家，或利用新兴市场国家的成本、临床资源等优势建立研发中心，加大对新兴市场国家研发和生产的投资。种种迹象表明，跨国制药公司对成长性确定的新兴市场国家的布局，正在从原先的处方药销售转向战略性布局医药全产业链。

二是仿制药竞争加剧，生物制剂成为热点。由于研发产出的持续下降，以“重磅炸弹”级药物维持业绩发展的时代即将过去；政府面对医疗成本上升的压力，不断对药品降价施压；新兴市场则更偏向物美价廉的仿制药，全球仿制药市场正在每年以10%～15%的速度增长，远高于医药行业整体发展速度。而品牌药市场份额已从2005年的70%下滑至2010年的64%，至2015年预计进一步下滑至53%，仿制药市场将占年度全球药物市场的一半。生物仿制药虽然高门槛，但随着越来越多生物制剂的专利到期，新药开发又稍显疲软、美国等各国监管当局的生物仿制药政策陆续出台，生物制品良好的市场前景吸引着不同背景的生产商进入这一领域。RevaPharma预测，至2015年，将有640亿美元生物专利药到期。全球生物仿制药市场将从2010年的2.23亿美元，增长至2020年的200多亿美元，未来10年全球生物仿制药市场将扩大90倍，年复合增长率将达到56%。

三是新药产出持续走低，研发服务涨势强劲。重磅药品专利保护期和新药产出却持续走低，迫使制药企业更加注重研发成本，随着制药企业注重对预算项目的评估，并将药品研发环节的很多业务外包给专门从事研发服务的机构，促进了全球研发外包服务业（CRO）的快速发展，全球CRO市场2010年达360亿美元，年增长率达16.3%，大大高于同期全球9.6%的R&D投入增长幅度。目前全球近1/3的新药开发工作由各类CRO企业承担，Ⅱ、Ⅲ期临床中，CRO参与的占2/3。Quintiles公司雄踞第一，市场占有率达全球的15%。美国和欧洲CRO市场居全球前两位，分别占全球CRO市场的48%和29%。但成本和患者招募的优势使得印度、中国等新兴工业化国家和地区对跨国制药公司具有更强的吸引力，发展态势强劲。

四是医药融合信息技术，企业创新商业模式。随着信息技术的发展和渗透，基于信息技术的信息战略将在制药公司的战略制定方面发挥重要的作用，大多数商业模式创新将以新技术平台、网络和数据来源为基础。目前大多数制药公司已经与信息领域巨头有了实质性合作。雅培开发德语 iphone 应用程序 DiabetesMapp，可以使患者发现附近的糖尿病专家、足科专家、心理治疗专家和患者互助小组等医药融合信息技术的商业模式预示着基于信息技术的信息战略将在制药公司的战略制定方面发挥重要的作用。种种迹象表明，制药产业正迎来一个新的时代——Pharma 3.0，制药公司将不再只是专注于研发和销售药品，而是和政府、物流商、网络信息公司、医生和患者等一起协作致力于提高患者的健康水平。

二、国内生物医药产业发展的主要特征

2010 年，受国民经济较快增长、新医改政策的实施、庞大人口基数及老龄化趋势、人民生活水平的提高、健康意识的增强等需求拉动等因素影响，我国生物医药产业恢复高位增长，总体呈现持续向好态势，主要呈现出以下三个特征：

一是生物制药发展喜人，中药利润大幅增长。2010 年生物制药发展态势喜人，销售利润率位于各子行业之首，2010 年达到 14.6%，已经接近世界领先医药企业 15%的平均利润率水平。2010 年增速最快的中药制药工业，工业总产值、主营业务收入和利润总额分别增长了 30%、30.7%和 44.2%，其中中药饮片分别增长了 42.3%、43.6%和 72.1%。从 2010 年年初开始，全国 537 种常用中药材中有 84%的品种价格上涨，涨幅一般为 5%～180%。由于国内中药材价格上涨，也带动了中药材饮片出口金额的增长。

二是制造业集中度提升，五企业规模过百亿。近年，我国制药企业通过资本运作、兼并重组、研发创新、企业大联盟等手段，不断发展壮大，规模优势日益扩大，总体水平显著提升，产业集中度进一步增加。2010 年，我国医药并购市场完成 41 起并购交易，同比增长高达 310%。通过并购重组，百强企业整体的集中度达到 43.43%，排名前 5 强企业扬子江药业、修正药业、哈药集团、上海医药和石药的规模均超过 100 亿，50 亿～100 亿级企业由 2009 年的 7 家增加到 2010 年的 21 家。

三是研发服务潜力巨大，中国成为亚洲首选。中国在研发服务外包方面具有人口基数大、患者招募相对容易、疾病谱广、成本低等优势，已经成为全球研发服务外包的主要选择地，普华永道报告显示，中国已经超过印度成为亚洲研发外包的首选地，2010 年中国 CRO 市场规模接近 170 亿元，且正在以 30%速度增长。全球 CRO 巨头美国昆泰，以及 Quintiles Transnational、Covance、Kendle 等跨国 CRO 公司都已纷纷进入我国市场，以药明康德、康龙化成为代表的一批本土 CRO 企业承接国际业务能力显著提升，构成了我国 CRO 的主要力量群体。

第二节　北京生物医药产业发展现状及“G20 工程”实施成效

一、北京生物医药产业发展基本情况

北京生物医药产业健康快速发展，已基本形成数字化诊疗设备、诊断试剂、中药保健品、研发服务业等一批优势产业，2011 年全年实现销售收入（不含商业）超过 700 亿，医药工业增加值在全市 37 个工业领域中居第 4 位。“用北京药放心”品牌效应日渐彰显，产业高质量高利润，在全国具有领先水平，2010 年销售利润率达 15.7%，高于全国平均水平 4 个百分点。北京生物医药产业创新成果不断涌现，全球第一个上市的生物可降解载体药物洗脱冠脉支架爱立（TIVOLI）、我国第一个启动循证医学研究的具有自主知识产权的抗心律失常中药新药参松养心胶囊等一批具有自主知识产权的创新产品实现产业化。我国第一个人源化单抗药物泰欣生、一类止血新药“苏灵”等一批已进入产业化的独家品种迅速扩大规模；国内第一个成规模出口日本的前地列尔注射液（凯时）等创新药走向国际主流市场，其中“凯时”连续 6 年被评为中国十大畅销药之一，2011 年销售额超过 10 亿元，成为首个本土培育的 10 亿元大品种。国际战略地位日趋突出，丹麦诺和诺德、德国默克雪兰诺、德国拜耳、美国 GE 医疗等一批全球知名跨国制药企业将北京作为布局中国、亚太乃至全球市场的战略要地；赛科药业、以岭药业、民海生物、同仁堂在研发、生产、市场等多方面深入开展与欧美主流市场的合作。美国默沙东、瑞士默克雪兰诺、浙江新和成等 9 家国内外企业在京投资建立研发中心或总部基地，总投资金额 57.7 亿元。一批 CRO 和 CMO 公共服务平台建设进展顺利，中关村生命科学园、大兴生物医药产业基地和北京经济技术开发区等园区软硬件配套环境进一步完善。

目前，北京生物医药产业已形成化学制药、中药、生物制药、医疗器械四轮驱动的医药工业格局，研发服务业贡献突出。

一是生物制药快速发展，行业利润大幅上升。北京市一直是我国生物制药业的高地，尤其在疫苗、抗体和重组蛋白质药物等技术密集型的生物制药领域，北京目前有 9 家疫苗制造企业以及 5 家左右正在进入疫苗领域的企业。在抗体领域，北京拥有百泰生物等多家抗体药物研发和生产企业。此外还拥有如义翘神州、诺赛基因，昭衍等一批从事关键技术和生物技术服务的专业性公司，已经打造了具有生物医药开发的全产业链。近年来生物制药发展迅速，百泰药业、科兴生物、天坛生物等一批拥有自主知识产权的创新型企业对北京医药工业的增长做出了突出的贡献。2010 年生物制药实现工业总产值 57.9 亿元，同比增长 21.3%；实现利润 18.7 亿元，同比增长 38.2%，排名全国第二。从近 5 年子行业格局来看，生物制药在北京医药工业各子行业的占比整体呈上升趋势，其中主营业务收入占比从 2006 年的 8.7%提高到 2010 年的 13.7%，利润总额占比从 13.7%提高到 26%，而目前全国生物制药行业利润总额仅占 13%。

二是中药制药高速增长，龙头企业品牌鲜明。北京中药制药行业以同仁堂等品牌中药企业为代表，2010 年实现工业总产值 80.0 亿元，实现利润 10.3 亿元，其中同仁堂健康药业利润总额占全市中药制药行业利润的 28.2%。中药饮片成为北京中药制药行业新增长点，2010 年实现工业总产值 32.3 亿元，增长 52.6%；主营业务收入 25.8 亿元，增长 33.1%；利润总额 3.2 亿元，增长 35.4%；增速远高于北京医药行业平均水平，在全国排名分别为第 3、第 8 和第 5 位。同仁堂集团作为北京中药龙头企业 2010 年共实现主营业务收入 42.2 亿元，占全市中药行业 58.8%，利润总额 8.2 亿元，占全市中药行业 80.1%。同时，绿色金可、北大维信、以岭药业等一批具有特色的现代中药企业以及落户本市的一些国内著名中药企业正在迅速崛起，成为北京中药产业发展的一支重要力量。

三是化学制药基础坚实，产值几占半壁江山。化学制药是北京医药产业贡献最大的子产业，拥有一批规模大的老企业，也有一批快速增长的新企业。悦康药业规模最大，以快速市场开发为特点迅速发展起来；泰德制药则以靶向制剂产品为优势；紫竹药业在奠定了其在生殖健康类产品市场的坚实地位的同时，积极开发其他产品，进行产品的国际认证；赛科药业经过多年的努力，完成了化学制剂产品向国际主流市场进军的第一步，取得了可喜的成绩；双鹤药业是北京历史最久的上市公司，规模大、效益高同时关注创新，综合实力较全面；嘉林药业和万生药业，规模相对较小，但企业处于快速增长期，潜力巨大。长期以来，北京化学制药以高端制剂为特色，2010 年实现工业总产值 222.5 亿元，实现利润 27.7 亿元，同比增长分别为 16.1%、11.7%，在北京医药工业各子领域中排名均是第一位，在全国化学制药领域排名均为第八。其中化药制剂工业总产值达到 217.5 亿元，占化学制药总产值的 97.8%，占北京医药工业总产值的 47.4%，几乎占据北京医药工业产值的半壁江山。

四是医疗器械优势明显，本土企业增长强劲。医疗器械行业是北京生物医药产业发展的优势领域，2010 年，医疗器械实现工业总产值 89.1 亿元，利润总额 14.7 亿元，占比分别为 19.4%、20.4%，在全国排名分别为第 5 和第 4。植入材料、医疗影像设备等领域在全国具有优势地位。乐普、万东、博奥、超思等一批本土医疗器械企业通过自主研发创新，增长迅速，主营业务收入均过亿元。其中，博奥生物作为国内最大的生物诊断芯片生产企业之一，2010 年主营业务收入增长率达到 40%以上，其遗传性耳聋基因检测芯片、细胞活力电旋转检测芯片等十余项生物芯片均为世界首创；乐普是世界上最早掌握药物涂层支架生产的企业之一，2010 年实现主营业务收入 7.7 亿元，增长率 30%以上，拥有全球第一个上市的无载体药物洗脱支架“同心”。

五是研发服务贡献突出，ABO 联盟助推发展。北京有近百家研发服务企业和机构，集中在亦庄、大兴、中关村生命科学园，服务领域涉及早期药物发现、药理毒性、剂型、配方开发、工艺开发、中间产品和 API（有效药品成分）、分析测试、Ⅰ-Ⅲ期临床研究、政策法规咨询、产品物理成型、产品推广及发布、销售支持、药物经济学评价、商业咨询及药效追踪等多个环节。2010 年北京生物医药研发服务业收入达 76 亿元。技术市场发展步伐显著加快，成交额 38.7 亿元，比上年增长 29.7%，占全国医药技术交

易总额的 15.7%，排名第三。中国生物技术创新服务联盟（ABO 联盟）作为国内首个专注于生物技术创新服务的联盟，由 39 家拥有先进专有技术的创新服务机构组成。成立以来，联盟以市场和标准为主线，通过构建生物、化学技术服务链，积极为全球创新服务，已经成为促进北京生物医药研发服务业发展的重要力量。2011 年总收入突破 14 亿元，同比增速 25.6%，国际业务突破 50%（表 14-1）。

表 14-1　2010 年北京医药各子行业主要经济指标及在全国的排位

行业名称		工业总产值/亿元	在全国排位	增长率/%	利润总额/亿元	在全国排位	增长率/%
北京医药工业		458.6	10	16.3	72	6	8.2
子行业	化学制药工业	222.5	8	16.1	27.7	8	11.7
	中药制药工业	80	—	27.1	10.3	—	23.7
	其中：中成药	47.6	20	14.2	7.1	18	19.1
	中药饮片加工	32.3	8	52.6	3.2	5	35.4
	生物生化制品	57.9	10	21.3	18.7	2	38.2
	医疗仪器设备及器械	89.1	5	5.0	14.7	4	-24.4
	卫生材料及医药用品	4.4	14	51.8	2.5	16	911.6
	制药专用设备	4.8	5	10.9	0.5	6	27.9

资料来源：2010 年中国医药统计年报。

二、“G20 工程”实施成效

2010 年 4 月，北京市政府启动了北京生物医药产业跨越发展工程，即“G20 工程”。北京市政府本着先行先试原则，推动“中关村国家自主创新示范区”优惠政策的落地，充分发挥目录、定价、招标三个行业政策的杠杆作用，推动优质创新药品进入医保目录，提高定价环节的行政效率，在北京市药品招标采购中推行质量优先，建立北京市流通药品的再评价机制。同时，从自主创新、人才引进、企业融资、产业宣传、鼓励民营、总部经济等方面推出一系列切实有效的支持措施以保障 G20 工程的落实，形成北京良好的产业发展环境，成效显著。

一是“中国药谷”进展顺利，园区环境进一步优化。“G20 创新成果转化基地”在亦庄启动，成为推动创新成果在京转化落地的重要平台。奥达国际“生物新药开发和放大生产代工线”等 8 条国际化 CMO（合同加工外包）代工线加快建设，其中天然植物提取物多功能生产线等 4 条完成建设，产值达 5.5 亿元；诺赛基因“高通量生物信息学技术平台”等 10 个高水平的 CRO（合同研究组织）公共服务平台初步建成。

二是对接国家重大专项，促进成果转化落地。“十二五”第一批国家重大专项中，北京获得项目 43 项（G20 企业 13 个），经费 3 亿元，占总经费的 50%。建设“创新药物孵化基地”和“生物医药产业基地”两个国家级基地，获得国家专项资金 8626.5 万元，支持品种近百个，关键技术平台 14 个，公共服务平台 5 个。“成果驿站”共汇聚国内外有价值的成果 1470 项，2011 年日本 LTT 制药株式会社的“治疗类风湿性关节炎药物”、中国医学科学院肿瘤医院的“肝癌诊断标志物及产品开发”等 20 项成果落地北京。

三是“选育联”并举，G20 人才行动显实效。G20 工程通过建立“选育联”人才体系，以“选招”海外领军人才、“内联”本土高端人才和“培育”应用型人才为核心的“G20 人才行动”已初显实效。截至目前，北京生物医药领域入选中组部“千人计划”62 名、北京“海聚工程”58 名、中关村“高聚工程”37 名，均居各行业前列，海外高端人才创业企业已成为支撑 G20 工程的重要力量。针对 G20 企业应用型人才需求，启动了“G20 工程应用型人才培养计划”，为企业培养了近 200 名研发、生产一线应用型、技能型人才。

四是深化科技资源招商，实现新增投资近百亿。通过分析 47 家医药工业骨干企业的相关数据发现，招引企业对北京生物医药产业发展起了重要的拉动作用，招商引资企业对产业增量的贡献率超过 10%以上，全市医药产业总量从 2003 年的 141.3 亿元发展到 2011 年的 700 亿元，其中招商引资企业产业规模比例 40%提高到 70%，北京医药产业的格局发生了显著变化。G20 工程充分利用首都信息、科技、人才、临床、金融、市场等优质禀赋，积极开展以引进“创新技术”为核心，以优化产业升级为导向的科技资源招商，大力引进京外、境外、海外优质实业资本，同时“以安商促招商”，多资源多要素帮扶企业发展。2011 年实现资源“招引”项目 21 个，总金额 93.7 亿元。其中包括美国默沙东制药“中国研发中心”、四环医药控股“研发生产基地及运营总部”、重庆智飞生物“北京绿竹疫苗产业化基地”等 5 个过 10 亿大项目。

五是“金融激励”支撑 G20 工程成效显著。科技是“信号源”，金融是“放大器”，是产业发展的血液。北京生物医药企业尤其是科技型中小企业融资难，已经成为制约产业发展的重要瓶颈。2010 年 4 月，北京市科委与中国人民银行营业管理部、北京银监局共同出台了《推动北京生物医药产业跨越发展的金融激励试点方案》。通过设立专项资金的方式，引导商业银行、担保公司等金融机构为北京生物医药企业增加贷款。在 2011 年央行 9 次上调存款准备金率和存款基准利率，货币总规模同比增长下降 6%的形势下，全年 11 家试点商业银行为北京生物医药企业发放贷款额达 34.3 亿元，同比增长 27.4%。其中，中长期贷款额达 5.5 亿元，比去年同期增长 2.4 倍，为康龙化成新药研发服务外包基地、科兴生物流感疫苗产业化基地、北京修正药业等重点项目建设提供资金支持。

第三节　北京生物医药产业发展面临的主要问题

一、北京生物医药产业整体面临的问题

一是北京现有产业规模与突出的战略地位之间存在差距。作为八大战略性新兴产业

之一，生物医药产业的国民经济支柱性产业地位和国际战略性新兴产业地位日益凸显。相对于我国医疗资源紧张、民生改善的迫切需求，北京的产业规模仍然较小，2010 年北京生物医药产业产值仅占 GDP 总值的 3.3%。企业近千家，但缺乏强有力的百亿级龙头企业；产品数量众多，但高端产品、附加值高的产品较少。大多数企业建立的研发中心规模不大，尚未形成核心技术体系；科研机构和企业没有形成有效的合作机制，科技成果转化链条不畅等问题也直接制约了产业规模的发展壮大。

二是资源优势没有完全转化为竞争优势。北京生物医药产业在信息、科技、创新、资金、人才、临床、市场等方面具有得天独厚的优势。但是，如此巨大的资源优势还没有形成完备流畅的机制体系，使其完全转化为发展优势、竞争优势。人才服务还难以全面实现个性化、全方位、无障碍的服务要求；知识产权管理体系不完善；产学研结合不紧密，创新成果难以顺利转化为能够进入市场的成熟产品等，都是制约资源优势转化的亟待解决的问题。

三是国际化程度及国际竞争力不足。与北京“世界城市”地位要求相比，北京生物医药产业的国际影响力和竞争力需大幅提升。争抢高端产品市场，产品充分与国际接轨，药品的生产及审批达到国际标准，获得国际认可，对北京产品或企业进入国际市场，与国际制药企业竞争助益良多。

四是自主创新能力有待提升。新药研发具有高投入、高风险且周期长的特点。虽然近两年国外大量专利药品到期，但是企业更愿意借此机会将精力投入到仿制药市场，而非药物的原始创新中。企业研发投入少、自主创新能力薄弱，经济效益低。鼓励制药企业新药研发，建立并完善创新机制将成为北京医药产业发展的重要问题。

二、五大细分行业面临的主要问题

一是化学制药原料药瓶颈有待突破。北京市原料药的生产在国内处于劣势的地位，在美国、欧洲、印度这三个具有竞争力的原料药国家和地区中，中国出口的厂家没有北京的企业，说明北京的原料药市场相对比较落后，和国内的江苏、浙江、安徽等地还有一定的差距。其中，原料药合成供应缺乏、生产中试放大受阻是原料药生产面临的最大问题。出于政策变动、环境污染等原因，北京市难以找到进行中试放大实验的厂房、条件，使得原料成本过高，不利于化学药行业的发展。

二是生物制药规模化生产受制约。北京生物制药产业与全国生物制药产业相似，存在规模小，产品品种少，创新水平不高等问题，无论从产业类型还是地理分布上看，产业集中度不高，比较分散；缺少创业的群体和氛围，融资渠道单一，发展资金缺乏。除此之外，北京生物制药产业发展还存在以下几方面的问题：一是经济总量小，整体竞争力不强。缺乏具有国际竞争力的龙头企业和“重磅炸弹”产品；二是企业数量多、规模小、经营效益低，特别是中小企业发展能力不足；三是首都科技优势没有充分发挥，企业自主创新能力弱，未真正成为创新主体；四是北京的发展环境、资源对产业的限制效应日益突出。随着首都生态保护、资源节约与综合利用、循环经济要求的提高，北京的土地、水、能源受到限制或成本不断提高，加大了产业经济的运营成本。

三是中药产业资源紧缺，价格成本压力大。2011年3月以来，国内200种传统产用药材整体价格开始了新一轮的上涨。中药材六合网数据显示：2012年一季度，中药材价格最低涨幅达10%，最高涨幅达400%。5月17日，中药协会中药材信息中心发布5月市场价格监测报告，其中537种常用大宗药材品种单月升价品种达371种，占总量约69%，其中21%～50%涨幅段的品种数量最多，占40%；涨幅在181%～300%及以上的则有16个。其公布的中药材价格指数几乎成一段笔直的上升走势。目前，中药材已进入第四轮涨价高峰期，也正处于10年来最快的涨价时期。中药产业属于资源依赖型产业，野生药材资源供应紧缺的状况更加严重，中药材价格上游上涨，但下游压价成为制约中药产业可持续发展的瓶颈。

四是医疗器械核心部件的关键技术有待突破。北京企业的产品技术水平普遍偏低，多集中在低端产品上，且同质化严重。以GE、PHILIPS、SIEMENS、TOSHIBA、HITACHI为代表，牢牢占据着医疗器械领域中高端市场。北京企业普遍呈现小、散、弱的特点，基本在低端市场残酷竞争，具备一定规模的企业即使在中国本土市场上，尚不具备与跨国企业集团竞争的实力。中高端X射线机系统的核心部件X球管、FPD，X-CT系统的核心部件X-CT球管、轴承、滑环、探测器，MRI系统的超导磁体、梯度放大器，彩超的探头、主处理板等只能依赖进口，无法自己制造。

五是研发服务业发展模式亟待转型。由于研发服务企业以服务出口为主，对这种新型业态下的企业，出口方面必然存在其独有的特点和需求。报关几乎是每一个研发服务机构都面临着的一个难题。由于生物制品（如病毒、微生物等）存在安全和遗传资源等问题，因此在海关出口和国外物流公司运输时，审批十分严格，须经过国家进出口检验检疫局和公安部下属的第三方检测公司均出具检测合格报告后，方能审批通过。而目前存在的问题是：两次检测的时间较长、手续较繁琐，由此导致的效率低下往往会使研发服务企业丧失商机。另外，研发服务企业以服务出口为主，附带的生物样品（如：病毒、化学合成样品）往往是少量甚至微量的，且价格昂贵，然而在检测时所需要的样品用量往往要高于出口样品，这使得研发服务企业承受着极大的成本压力。由此可见，目前服务外包出口方面的需求已经与生物科技的迅速发展不相适应，急需优化报关程序。

第四节　未来5年北京生物医药产业发展的主要策略

未来5年，全球人口即将突破70亿，基于人口的增长生物医药产业将迎来亚洲市场的巨大机遇。北京生物医药行业发展应加强与亚洲区域内企业合作，抓住国家大力发展战略新兴产业的机遇，抓住国家重大新药创制专项实施和大量专利药到期机遇，抓住新医改和新版GMP实施机遇，根据北京城市定位和资源禀赋，使生物医药产业成为北京调整产业结构、促进经济发展方式转变的重要抓手，将北京建设成为全国生物医药产业发展的主阵地和全球重要的药品研发中心、高端制造基地和市场中心，使生物医药产业成为北京产业结构调整、经济发展方式转变的重要力量。

一、北京生物医药产业总体发展策略

一是抓住新版GMP实施机遇，引导企业集中发展。继续坚持“G20工程”中提出的“抓大放小”原则，抓住新版GMP实施机遇，推动企业兼并重组，支持龙头企业发展，加快扶植一批具有研发、生产和医药物流全程核心竞争力的新兴龙头企业集团，鼓励优质资产、产品和资源向优势企业集聚，提高产业总体竞争力。引导生物医药产业向生命科学园、大兴生物医药基地、经济技术开发区集聚，通过组建“中国药谷发展公司”等方式，采用市场化手段，全力推动中国药谷的建设，深化“G20成果转化基地”建设，利用专业园区发展专业中介服务机构和企业，降低企业在产业化过程中的各项交易成本，扶植有较好发展前景的企业和项目；围绕冻干制剂等方面，大力建设新型CMO代工线和CRO公共服务平台，孵化中小企业，培育龙头企业，促进优势互补、资源整合，形成产业集聚效应。

二是推动全球生物医药创新与合作，力促北京成为全球技术转移重地。针对美日韩等医药发达国家在技术溢出上日趋明显，应不断拓展成果渠道，汇聚国内外有价值的成果，进一步完善“北京生物医药成果驿站”，引进成果集中在经济危机发达国家的中小创新企业、跨国公司暂停研发的药物和规模较小但适合中国市场的药物，促进重大的、有特色的项目在京落地。支持和引导在京院所成果在本地落地。积极引导鼓励企业在新药研发上的投入，加强知识产权保护，以企业为主体组建产学研创新技术联盟，推动大学和研发机构与企业共建开发实验室，促进企业医院共同开发优秀院内制剂。

三是完善关键政策，形成部门联动机制，鼓励企业加大自主创新投入。坚持鼓励创新、促进企业提升产品质量的价格基本原则，根据创新程度，对成本费用和利润实行差别控制。逐步形成医保目录药物、基本药物价格谈判形成机制；市卫生局在北京市药品招标采购中推行质量优先原则，促进企业对药品质量的监控，建立国内外统一的质量管理和质量保证体系并加强产品注册后的监督检查；考虑医药企业对北京产业发展，经济、社会贡献等综合因素，加大定价、招标、目录等终端环节对北京自主创新、出口国际主流市场等产品的支持力度。对于实验用药品的进口，建立相关政策，适当减免关税，鼓励创新。

四是建立生物医药投资专业基金，实现科技与金融的有机结合。政府引导，投资机构、担保机构、银行等多部门共同参与，继续深化“金融激励试点方案”，引导银行、担保机构加大对北京生物医药领域的投入，尤其是对中小型企业的支持力度。改善金融机构的知识结构，针对生物医药领域设立专门的金融服务产品，加大对北京生物医药产业的金融支持力度。长期关注生物医药领域投资机构，成立并逐步扩大投资联盟，对具有独特技术的中小型企业在其发展的起步阶段进行资金扶持，通过政府的资金引导，构建专业风险投资机构，支持企业上市融资，形成一个相互促进、良性循环的产业发展金融环境。

五是“选育联”并重，打造生物医药人才高地。实施“G20人才行动”，将吸引高端海外人才回归纳入国家或地区发展规划，并长期坚持，切实加大投资力度，建立和完善有竞争力薪酬激励机制，努力为留学人才创造良好的居住环境和创业环境。充分利用各方面的资源，加强与广大留学人才的联系，特别是利用留学人才与海外的广泛联系，力争实现“人才、团队、项目”一体化引进。建立应用型人才培养基地，以高校、职业学校和相关企业为依托、以专业为载体、以产学研结合为途径合作培养应用型人才、开展产业技术创新的重要社会平台，逐步形成应用型人才培养体系。

二、北京生物医药细分行业发展重点及建议

(一) 化学制药行业发展重点及建议

化学制药行业应全面提高创新能力，生产高水平、高品质的仿制药，打响“北京药放心”的牌子，发展创新药物的关键技术，在源头上发现新靶标、新活性分子，推进规范性临床前药学平台的共享性和开放性；加强与国际制药巨头的合作与联系，引进外商投资，打造高水平原料药；提高药物制剂的合成技术，抢占制高点。保持化学制药行业增速 15%以上，2015 年产值达到 450 亿元。

一是搭建高端原料药平台，突破原料药瓶颈。抓住大量药品专利到期机遇，通过搭建高端化学原料药平台、建立与国内高端原料药制造企业和地区的战略合作关系，解决北京化学原料药供应问题。可效仿浙江省一对一扶植周边省市，建立化工中试园区的模式，与东北地区即将建立的原料药制造基地进行合作，由政府扶植，促进合作发展；招商引资选择国内特色原料药的生产企业落户北京，为北京地区化学药的生产提供有力保障。

二是突破关键技术，以仿创并重实现化学制药高端化发展。抓住全球仿制药市场快速增长及一批临床用量大的专利药专利陆续到期的机遇，创仿结合，集中力量提高北京对国外大品种到期专利化学药物的仿创研发能力，通过技术创新，改进优化生产工艺，争取在第一时间推出一批重磅仿创新药上市，形成新的产业增长点，建立国际市场新优势。鼓励企业加强对传统药物的剂型改造和二次开发提升，加强缓释控释、透皮吸收、黏膜给药、靶向给药等新型制剂技术和新型辅料在药物开发中的应用，开展缓控释微球、缓控释凝胶、渗透泵控释等新型制剂关键技术研究。同时，大力发展高端原料药，优化北京化学制药产品供应链，引进企业生产与国际大品种药物对接的高端原料药。依托优势企业和科研院所，建立“产学研”联合攻关机制，重点突破化学仿制药手性药物的不对称合成和拆分转化、合成工艺优化、中试扩大。积极支持具有我国自主知识产权及国内首次开发药物的产业化研究，推动化学药 3.1 类以上品种的研发，加快进入临床研究。同时，作为北京化学药发展的重要依托，积极重视从国际企业引进高端原料药，将北京化学仿制药市场做大做强。

三是以现代生物技术改造传统医药化学制药工业。运用基因重组技术、原生质融合技术进行微生物发酵的菌种改良和工艺流程优化。在抗生素、维生素、皮质激素等大宗原料药传统优势领域推广应用酶法、生物转化等绿色清洁生产工艺替代化学工艺。以微

生物培养和发酵工艺生产天然活性成分。利用酶法、生物转化、膜技术、结晶技术、手性技术、超临界等绿色环保节能降耗的关键性以及共性技术装备，推进清洁生产和循环经济，大力节能、节水、节粮、节约化工原料，实施低碳经济。

四是推动符合新版 GMP 制剂生产车间建设，保障药品质量安全。稳步推进国家药品质量标准提升和质量管理规范升级，加强药品研制、生产、流通环节监管，提高药品质量安全水平。完善质量授权人和派驻监督员制度，坚决查处违规生产行为。组织开展上市药品的再评价。推行药品电子监管，监督企业完善质量追溯体系，实行更加严格的产品召回制度。倡导新版 GMP，推动大型企业的车间进行改造并第一批通过新版 GMP 审查，提升产品质量，加速创新成果产业化。尽快推动仿制药的临床批件政策调整，制定中国仿制药“橘皮书”，依照原研药参考标准提升仿制药的质量。

（二）生物制药行业发展重点及建议

生物制药行业应加快建立以企业自主创新为主体的技术创新体系，推动引导产学研联合，鼓励自主创新，大力开发具有自主知识产权的关键技术和核心技术，加强引进技术的消化吸收再创新。充分利用北京资源优势，注重资源整合和优势集成，高度集聚资金、技术、人才等要素，构建较完善的产业链，促进教育、科研、生产要素向优势地区集中，培育生物产业区域增长极。行业增速保持 20％以上，2015 年产值实现 144 亿元。

一是研制重点品种，促进产业规模化发展。研制用于治疗肿瘤、心血管疾病等医用活性多肽、蛋白质或靶向生物制品；研制用于防治肝炎、手足病等传染病的新型疫苗；研制人源化单克隆抗体药物；促进常见多发病通用名药物的产业化。

二是突破关键技术，带动产业规模提升。重点支持开展哺乳动物细胞培养、基因工程、蛋白质工程、生物芯片等领域的产品研发，加快实现具有我国自主知识产权的生物工程药物产业化；重点发展新型疫苗、基因工程创新药物；重点发展重大传染病诊断试剂，鼓励诊断试剂向方便、快捷、精确方向发展。鼓励创新型基因治疗药物、长效蛋白药物、治疗性单克隆抗体药物等产品的发展，推进生物芯片的成果转化及产业化进程。鼓励采用新技术改进现有疫苗，加快研制用于疾病预防和治疗的新型疫苗产品。

三是加强在政府采购和医药目录上对企业的扶持。生物制药重点领域产业基本上都是新兴产业，因此，这些企业期望享受政府采购，完善政府采购向创新型企业倾斜。另外，在医保目录方面，由于能否进入医保目录在一定程度上影响产品的市场覆盖面和销量，因此，很多企业希望在医药产品的推广上能够得到扶持。所以，北京应发挥招标、目录、定价等重点行业政策的引领作用，鼓励生物制药自主创新品种纳入《北京市基本医疗保险、工伤保险和生育保险药品目录》、《北京市自主创新产品目录》，对自主创新产品实施区别定价，并在北京市招标采购中推行质量优先。

（三）中药制药产业发展重点及建议

中药制药产业的发展需将传统中药与现代中药相结合、中医与中药相结合、治已病与治未病相结合、国内发展与国际化发展相结合。加快培育和发展现代中药大集团、大品种、大市场、大品牌，增强中药产品的核心竞争力，全面提升中药产业发展水平。大力发展产学研联盟，创建中药技术创新大平台，以市场需求带动科技创新，以科技创新促进企业技术升级，以企业为创新主体增强产品的市场竞争力。开展品牌扩张战略，以品牌扩张带动现代中药国际化发展，加快名优中成药的二次创新和名医名方的深度开发，推出一批新药品种，增强中药产品的国际市场竞争力。加快传统中医药在预防、保健等领域的产品开发和市场推广，大力发展中药保健品产业。行业增速保持 25%以上，2015 年实现产值 244 亿元。

一是大力打造首都“十病十药”品牌，加快实现产业化。建立北京中医药发展专项资金，为“十病十药”产业化提供政策、资金支持。培育一批具有自主知识产权的中药产品和高市场竞争力的中药企业，以“十病十药”品牌扩张带动现代中药国际化发展。

二是重点开发适应现代社会需求的现代中药。发挥中医药高等院校、科研院所的学科、技术优势及中药龙头企业的研发能力优势，新药开发重点瞄准重大疾病防治，如流行性呼吸系统疾病、心脑血管疾病、肿瘤、肝病、病毒性疾病、免疫功能性疾病、糖尿病、老年性疾病和妇科疾病等。特别要加快研制具有自主知识产权的原创中药新药品种。重点发展高效、速效、长效和剂量小、毒性小、副作用小及使用方便的新型中药。

三是以现代中药为核心发展生命健康产业。从保健品、新资源食品等非医疗性健康服务寻找突破口，重视传统中医药在预防、保健等领域的产品开发和市场推广。近些年，我国保健品产业出现了新的发展趋势，2010 年我国获得国家食品药品监督管理局 SFDA 批准的保健食品市场规模约为 700 亿元，如果加上各类以普通食品形态存在的保健品，到 2010 年产业总规模达 2780 亿元，这为保健品产业提供了广阔的发展空间。未来 5 年北京应树立“大中药产业”的发展观，重视传统中医药在预防、保健等领域的产品开发和市场推广，以现代中药为核心发展生命健康产业，并拓展生命健康产业的新领域，包括中医药养生领域、药膳、草本饮料及中药化妆品等领域，大力提升中药保健品生产和销售的规模，使本市中药产业领域出现新的增长点。

四是建立以企业为主体的药材储备库，缓解中药材价格上涨对企业发展的制约。中药材上游价格上涨，下游价格打压，已经严重制约中药企业发展，应建立以企业为主体的药材储备库，形成上下游政府监管部门的联动机制。

（四）医疗器械产业发展重点及建议

北京医疗器械产业需要在关键技术、核心部件、中高端产品、系统集成及医疗解决方案等多个层次同步创新，形成新的产业商业模式。以关键技术、核心部件为突破口，为中高端产品研发提供基础，提高技术竞争力和产品附件值，实现产品结构调整。借鉴 GE 公司、强生公司、波士顿科技公司、西门子公司、飞利浦公司等全球知名企业的商业模式，加强系统集成及医疗解决方案开发，促进国内企业间紧密合作，构建体系竞争优势和区域竞争优势，通过本土化联合，挑战国际大企业竞争，实现产业结构调整。未来 5 年行业增速保持 15%以上，2015 年实现产值 180 亿。

一是攻克大型医疗装备核心部件的关键技术，推动医疗器械产业高端化发展。大力

促进企业为主体、产学研医相结合的技术创新平台建设，加强基础研究、关键技术攻关和核心部件研制，为国产中高端医疗器械的发展提供重要支撑。在医学影像设备领域，重点研制X线平板探测器、X线球馆、超声探头、超导磁体、磁共振谱仪等核心部件，研发1.5T以上高场强磁共振、多排螺旋CT、PET-CT、PET-MR、平板数字X线机、高功率数字减影心血管机（DSA）、高性能彩超、高分辨电子内窥镜、光相干成像（OCT）等中高端设备的关键核心部件。

二是研究临床应用需求量大、应用面广、急需紧缺的中高端诊断、治疗类医疗器械。重点研发麻醉工作站、生命支持呼吸机、高稳定手术床、多面阵LED手术灯、电外科设备、手术导航系统、医用机器人、遥测监护仪、麻醉深度监测仪、动态电阻抗图像监护仪、麻醉神经刺激器、脑起搏器、自动除颤器、快速输血/输液泵、肿瘤/心电消融仪、骨科/妇科/消化科/呼吸科/泌尿科/心血管/耳鼻喉科内窥镜等先进治疗及微创设备。研发乳腺癌/宫颈癌/胃癌/肺癌、骨质疏松、脑卒中等肿瘤、心脑血管、妇女健康筛查检查设备，开发高性能五分类血细胞分析仪、可穿戴生理信息检测仪、睡眠监测系统、高性能助听器等医用电子检测治疗仪器。

三是抓住基层医疗市场的巨大机遇，开发一批小型化、数字化、新兴网络化家庭数字诊疗终端产品。结合乡镇医疗卫生机构医疗器械配置的大量市场需求，提升医疗器械的安全性、可靠性，推进基层医疗卫生机构配置水平。支持一批成本低、实用性强的产品。如数字化X射线机、免疫分析仪、血液分析仪、心电图机、多参数监护仪、除颤仪、血液净化设备等基础装备，以满足基层医疗机构的基本装备需求。

四是提高生物医学材料发展水平，大力推进组织工程及体内植入材料等科学进展。重点研发可降解血管支架、口腔及骨科植入体、骨/韧带修复材料、新型人工晶体、个性化人工关节、人工椎间盘、小口径人造血管、介入型心脏瓣膜及防钙化生物瓣、新型封堵器和栓塞剂、神经修复材料、口腔正畸修复材料、可承力骨修复材料、创面快速无痕修复材料、高品质医用导管/导丝等产品。

五是加强临床医院与企业之间的合作。医疗器械行业医工结合非常重要，医疗器械产品的更新换代与医工结合模式相互紧密依存。北京的临床资源，三甲医院众多，技术力量强，有利于在医疗器械的研究开发及评价过程中全程介入。医院参加医疗器械的产品开发主要包括临床调查研究、全程开发研究及医疗器械的再评价。加强临床医院与企业之间的合作对医疗器械产业化发展具有重要意义。

（五）研发服务业发展重点及建议

研发服务业作为北京生物医药产业未来发展的一个重心，能调动北京全部研发资源，挖掘国内市场，拓展国际市场，充分与国际接轨参与全球生物医药研发服务活动，提高北京生物医药企业研发水平，提升北京生物医药产业整体创新能力。重点发展领域的选择要立足北京地区高校、院所、高新企业的技术优势，调动北京研发资源，推动首都科技智力资源优势向经济发展优势转化；要重点发展关键技术领域，掌握国际范围内的核心竞争力；要重点支持能促进生物医药行业进步，推动首都经济优化升级；要有利于培养一批研发服务企业，提升北京生物医药产业整体创新能力。建立符合市场经济运行规律、开放协作、竞争有序、运营高效的研发服务业体系。行业增速保持16%以上，2015年实现收入250亿元。

一是解决关键技术和平台，促进研发服务业向全产业链服务模式转变。力争在药物发现、基因组相关技术、安全评价等优势环节获得国际认可，成规模地参与国际研发分工；在抗体研发和生产、生物技术药物规模化制备、新型释药系统等薄弱环节取得突破，形成率先达到国际水平的典范；整合北京丰富的科技，大型科学仪器、设备、设施、临床资源等进行整合建立技术和设备共享平台；集成北京地区的科技资源，促进社会资源开放共享，形成全市统一的信息服务网络；促进研发服务业向全产业链服务模式转变，提高服务业在北京生物医药产业中的比例。

二是强化互为支撑、共享技术和装备的专业化产业联盟，以ABO联盟的发展带动北京整体研发服务业的发展。北京生物医药研发服务业已具备较完整的链条，应以联盟的形式将各环节的服务型企业，通过业务整合、资源共享、联合营销等手段，联手打造北京生物医药外包服务的国际形象，共同拓展市场、提高服务能力。目前北京研发服务企业各个环节均拥有一定规模的服务能力，包括从临床前期的基因测序和片段合成、蛋白表达和抗体制备、新药二艺路线、样品制备及中试、生物活性和毒性评价等服务，到临床阶段的各项服务，以及后期生产阶段的委托中试、生产服务等。应结合各CRO企业的特点，为客户提供等一系列单项或整合化服务，不断提升北京研发服务企业的整体竞争力，从而带动企业自身快速发展。中国生物技术创新服务联盟（ABO联盟）作为国内首个专注于生物技术创新服务的联盟应积极探索研发服务新模式，进一步探索ABO联盟整体对外接单和分包服务的服务模式；吸收国外高层次CRO企业，形成高、中、低端产品CRO公司并存局面，重完善临床阶段能力，建立统一标准，采取更加紧密的组织形式，形成整体对外服务。参照国际市场的标准和要求，制定联盟各技术环节的服务标准，规范统一自身的服务行为，满足客户的服务需求；通过与国际权威机构合作举办技术培训、开展技术交流、人员互访，推动机构间服务标准的国际互认，加快北京生物医药研发服务业标准与国际接轨的进程。

三是制定行业服务标准，加大知识产权保护力度。国内尚未建立国际接轨的医药研发服务业的服务标准，知识产权保护制度不够完善，这已经成为我国吸引跨国制药公司将研发服务业转移到中国的瓶颈。积极加快与国际标准接轨，加紧服务标准体系建设和服务规范制定，加强标准的宣称贯彻力度，强化行业的标准化意识，按照国际标准来组织和管理研发服务业，是提高我国研发服务水平的必由之路。尊重知识产权，进一步加大知识产权保护力度，完善该领域的立法与实施工作；建立反应迅速、统一协调的知识产权协调机制，加大知识产权保护的宣传、教育、培训力度，加大对侵害知识产权行为的处罚力度，切实保护发包方的合法权利。此外，也要打击一些跨国公司通过各种渠道获取我国技术机密的问题，保护我方知识产权。

第十五章　北京新能源汽车产业发展的态势、问题与对策研究①

新能源汽车产业是北京重点发展的战略性新兴产业。当前，全球新能源汽车产业发展已经形成欧、美、日三足鼎立格局，并呈现不同发展特征，欧洲新能源汽车产业主攻纯电动汽车方向，美国新能源汽车产业主攻增程式和插电式电动汽车，日本新能源汽车产业主攻混合动力汽车。就我国新能源汽车产业发展而言，本章通过对国内新能源汽车产业发展现状的实际调研和分析发现，纯电动汽车是当前发展新能源汽车的主攻方向，混合动力、纯电动、燃料电池汽车也具有各自不同的发展特征。一汽集团、东风汽车、上汽集团、长安汽车、北汽集团、广汽集团、奇瑞汽车、华晨汽车、江淮汽车、吉利汽车等国内十大车企在新能源汽车方面也制定了具体的发展方向和产能规划。近年来，北京积极发展新能源汽车产业，重点以纯电驱动为核心，大力发展电动汽车；以电池租赁裸车销售为模式，加快市场应用发展；以公交领域为突破，逐步把新能源车辆应用推广到私人用车领域，新能源汽车产业集群初步形成，产业政策日趋完善，配套设施不断健全，示范运营成效显著。但同时，北京新能源汽车产业发展也存在关键技术尚存差距、产业链条有待优化、基础设施还需完善、政策支持仍需创新等问题。亟待进一步加快新能源汽车产业关键技术领域创新步伐，全面打造有竞争力的核心产业链，强化以充电网络为核心的基础设施建设，完善产业促进和市场培育政策，全面推进北京新能源汽车产业健康发展。

第一节　新能源汽车发展的主要特征

一、国内外新能源汽车产业发展的主要特征

进入21世纪，地球正面临着一场能源危机，由于石化能源的短缺，油价的不断攀高和对清洁、高效的二次能源的渴求使世界各国把新能源汽车发展放到重要的战略地位。在能源安全和环境保护等因素影响下，我国政府也越来越重视新能源汽车的发展。2010年10月，国务院发布了《关于加快培育和发展战略性新兴产业的决定》(下称《决定》)，新能源汽车被正式列入七大战略性新兴产业之一，计划到2020年，新能源汽车产业成为国民经济的先导产业。在此背景下，如何探索出适合自身发展规律的、科学的新能源汽车技术路径和产业布局成为业界关注的焦点。

---

① 本章由北京汽车新能源汽车有限公司、北京高技术创业服务中心课题组完成。北京汽车新能源汽车有限公司詹文章副总经理担任课题负责人，张青平、周罕华、姜建华、王谦、佀海、张来利等参加了研究工作。

历史上新能源汽车即电动汽车的三个黄金时期：第一，1885～1915 年是电动车的第一次黄金时期。这一期间，由于车用内燃机技术还相当落后，行驶里程短、故障多、维修困难，远远不及电动车，因此电动车在这一时期被普遍认可。第二，1967 年美国通用汽车公司与福特汽车公司分别研发了新型电动汽车，成为 20 世纪后电动车再次迎来黄金时期的开端。此后，美国通用汽车在底特律附近的兰辛市建成 EV-1 电动轿车总装厂；雪铁龙（Citroen）、标致（Peugeot）则将现有车型改装成小型电动汽车。以此为契机，全球掀起了电动车热潮。第三，20 世纪 90 年代以来，国内外电动车的研发有了质的飞跃，而最为关键的是在关键部件——电池上的突破。人们改变了一直使用铅酸蓄电池的习惯，在电动车上应用氢镍电池、铁电池、锂离子和锂聚合物电池，这些新型电池可以有效地增加蓄电池的容量，从而确保汽车拥有足够的动力和续航能力，而大幅下降成本也使得现代电动车得以逐渐成形并量产。目前，全球新能源汽车产业发展已经形成欧、美、日三足鼎立格局，并呈现不同发展特征。

欧洲新能源汽车产业主攻纯电动汽车方向。欧洲历来重视节能和减排，除欧盟委员会外，欧洲各国政府也根据本国情况制定了大量的政策和措施，旨在推动新能源汽车的开发和销售。德国计划到 2020 年拥有 100 万辆纯电动汽车，2030 年拥有 500 万辆电动汽车，并拨款 5 亿欧元用于电动汽车的研发和基础设施建设；法国计划 2020 年前生产 200 万辆清洁能源汽车，并推出了 5 年 10 万辆电动汽车的政府采购计划；英国计划到 2015 年推广使用 24 万辆电动汽车。

美国新能源汽车产业主攻增程式和插电式电动汽车。2002 年，美国能源部批准经费 1500 万美元，用于“工业研究、开发和演示使用电池的电动汽车”的费用共担项目，包括使用效率和动力储存、供电质量等，同时专门拨款 24 亿美元支持新能源汽车的产业化发展，还出台了相关的支持政策和私人购车补贴政策，促进增程式和插电式电动汽车的不断发展。

日本新能源汽车产业主攻混合动力汽车。日本新能源汽车发展迅速。日本地域狭小，资源贫乏，因此异常重视新能源汽车的开发。2006 年 5 月日本政府制定了“新国家能源战略”，战略提出到 2030 年将目前近 50％的石油依赖度进一步降低到 40％。混合动力汽车领域独树一帜。日本混合动力车已形成产业化，鼓励燃料电池和生物燃料的发展。目前，丰田、本田、日产等日本厂商的混合动力汽车不仅在国内热销，在国际市场上也令其他国家厂商望尘莫及（表 15-1）。

表 15-1　国外新能源汽车产业发展的技术路线、技术优势及特点

国家	技术路线	技术优势	特点
日本	形成混合动力产业规模、同时推进增程式纯电动汽车产业化	电池技术、控制技术	地域狭窄，比较适合纯电动或增程式电动汽车
美国	主攻增程式和插电式电动汽车，商业化以增程式为主，仅有一小部分市场为纯电动跑车	传动系统	地域辽阔，比较适合增程式电动汽车
德国	企业主导下，多种技术路线并行，目前已向纯电动汽车倾斜	内燃机技术	建立国家级的电动汽车平台
法国	有几个大的集团联合确定几个车型再由汽车厂生产，主要产品还是纯电动汽车	内燃机技术、传动系统	由上而下通过政府协调来推进示范运行和基础设施建设

二、我国新能源汽车产业发展的主要特征

我国早在“八五”期间就启动了电动汽车的研究和开发工作，在“九五”期间又进而启动了“空气净化工程”，到了“十五”，科技部提出了我国发展新能源汽车的实施方案。2006年，在国家节能减排的宏观政策指导下，科技部在“十一五”启动了“863”计划新能源汽车重大项目。在新能源汽车产业政策和重大项目的不断推动下，我国建立起了电动汽车“三纵三横”(燃料电池汽车、混合动力汽车、纯电动车三种整车技术为“三纵”，多能源动力总成系统、驱动电机、动力电池三种关键技术为“三横”）的研发布局，基本掌握了新能源汽车的核心技术，建立了具有自主知识产权的新能源汽车技术平台、构成了比较完整的关键零部件体系，各大汽车企业相继开发出了具有自主知识产权的新能源汽车产品，实现了小批量的整车生产能力和局部区域的商业化示范运行。

（一）我国新能源汽车产业发展的技术特征

一是纯电动汽车是当前发展新能源汽车的主攻方向。国家新能源汽车补贴政策的出台，明确了向电动汽车倾斜，政策导向逐渐明朗。

二是适应车用能源由传统燃料向代用燃料和电能/氢能转变趋势，车用动力系统将由内燃机驱动经由混合动力向纯电动/燃料电池驱动转型，或直接向纯电动/燃料电池驱动转型。

三是混合动力汽车是电气化转型过程中重要的产品类型，随着电池技术的不断提高，新能源汽车将从混合动力技术转向纯电动技术为主。

四是混合动力、纯电动、燃料电池汽车各自发展特征。在混合动力汽车方面，先期实现微混合技术的大量推广和轻中度混合技术的产业化，适时加快重度和插电式混合动力汽车的研发并推进产业化，带动电池技术的突破与发展。在纯电动汽车方面，根据电池的技术成熟度，适时开展城市型纯电动汽车、增程式纯电动的研发，并逐步推广应用。在燃料电池汽车方面，密切跟踪技术发展趋势，加强基础研究，逐步扩大示范和考核力度，促进技术发展。

（二）国内十大车企新能源汽车发展重点与产能规划

本课题组经过调研，重点对国内几家新能源汽车重点企业的技术方案和产能规划战略进行了分析。

一汽集团。乘用车方面重点发展重度混合动力汽车。计划在A00级乘用车上实现轻混，串联增程式，纯电动方案；乘用车上实现重混及其变型方案。商用车方面重点是发展中度混合动力客车。在客车上和市政用车上实现单电机中度混合方案和双电机中度混合方案。目前已经发布了低碳节能技术战略，将投入98亿元来打造乘用车纯电动平台、混合动力平台、插电式混合动力平台和商用车纯电动平台、混合动力平台等8个新能源车产品平台，共计开发13款新能源乘用车和3款新能源商用车，实现新能源汽车的商品化。

东风汽车。混合动力乘用车将以全混合方案为基础形成完整的技术体系，并以此为基础向微混、轻混、中混、重混和插电式混合动力逐步扩展；混合动力客车以单电机中混合并联方案为基础，扩展开发更高混合度的技术方案。纯电动汽车考虑到电池的安全性、可靠性和成本问题，作为发展中期的重点。中远期重点发展燃料电池汽车。未来5年，东风将分批投入30亿元专项资金，用于节能与新能源汽车的产品技术开发和产业化建设。2015年，东风中重混合动力汽车保有量达到10万辆，具备纯电动汽车的产业化条件并形成5万辆的产销规模，东风旗下节能与新能源汽车的产销量，要占到东风自有品牌乘用车的20%。而到2020年，东风新能源汽车要达到与传统汽车同等的竞争力，技术达到国际先进水平，市场保有量达到80万辆。

上汽集团。乘用车方面主要在推动燃料电池汽车研发升级和示范运行的同时，重点加快推进混合动力和电动汽车产业化。商用车方面主要由超级电容城市客车到混联式混合动力城市客车，再到纯电动城市客车，最后发展燃料电池城市客车，同时也关注二甲醚城市客车。目前上汽已经研发出了荣威550插电式混合动力轿车、荣威350纯电动轿车、E1纯电动概念车、上海牌Plug-in燃料电池轿车、“叶子”概念车等五款新能源车以及一批新能源核心零部件。根据“十二五”规划目标，上汽集团新能源车市场占有率也要达到20%，保持在业界的领先地位。

长安汽车。当前重点推进混合动力产业化，同时，进行燃料电池和纯电动可行性研究。全系乘用车实现微度混合动力方案，在A-B级乘用车上实现串联增程式方案，在C-D级乘用车上实现中度混合动力、并联增程式方案，在A00、A级乘用车上实现纯电动方案。长安汽车对其新能源汽车的发展路径提出“十年三步走”的长期规划：到2012年在新能源汽车上重点投资10亿元，全力推动纯电动汽车研发和产业化，节能与新能源汽车销售占有率达到20%；到2015年实现综合实力基本达到国内一流，国际先进；到2020年将形成节能与新能源汽车销售占有率达到30%，销量超过100万辆。

北汽集团。北汽福田主要发展纯电动商用车（含增程式），推进混合动力汽车的开发。五年内，力争把动力电池做到国际水准。新能源汽车的零部件水平可以提升到一个高度。计划产能：到2015年保守估计纯电动加混合动力4万辆。北汽新能源汽车有限公司大力发展纯电动汽车（含增程式），积极推进混合动力汽车，跟踪发展燃料电池汽车。根据北汽新能源汽车公司“十二五”发展规划，一期（2011～2013年），将在228亩园区内建设拥有4万辆整车产能。二期（截至2015年），在预留的4500亩发展用地上，建设拥有总装、涂装、焊接三大工艺、15万辆整车产能，20万套电控系统产能、15万套电驱系统产能的新能源汽车研发生产基地。

广汽集团。商用车方面以混合动力客车示范应用为电动汽车切入点，由中度混合动力逐步向插电式混合动力发展，最终实现纯电动客车的产业化。乘用车方面以“混合动力/插电式车型为近期工作重点，纯电动车型为主要战略取向，其他新能源车型持续跟进”的原则，全面推进节能和新能源汽车的自主研发工作。2015年实现产销节能和新能源汽车20万辆左右；掌握整车控制、电机系统集成、电池管理技术、电池系统集成

技术及燃料电池技术等五大核心技术；形成电机、电池、控制器三大产品制造能力；建成一个电动汽车国家工程实验室。

奇瑞汽车。微混作为奇瑞标配，中档车采用中混，高级车采用重混，纯电动用于小型车。BSG、ISG技术已经比较成熟，已经形成产品，不作为研发重点，目前重点研发中低速纯电动车辆。重混成本较高，且受国外专利技术的限制，作为未来发展产品。目前奇瑞正加紧对节油率达到30%的强混合动力（ISG）、插电式混合动力（PHEV）和纯电动（EV）产品的产业化，实现新能源技术破局，成为国内新能源汽车产业化领先者，为奇瑞在下一轮竞争中打下基础。

华晨汽车。按照传统乘用车产品序列，形成了多种方案并存的技术路线。在A级平台（A1、A2）实现微混及插电式方案，在尊驰平台实现轻度、中度和重度混合方案，在客车上和市政用车上实现单电机中度混合方案和双电机中度混合方案。目前华晨的混合动力与纯电动动力的产品战略为，在乘用车平台上，华晨将推出中混级别的产品。其中，油电混和的大概比例为7∶3。在A平台，也就是家用车这个平台，华晨正在计划深混方案，油电混和比为3∶7。再往后发展，就是纯电动城市经济型轿车，这其中包括适合城乡结合部、小规模城镇的纯电动汽车，将于2014年批量投产。

江淮汽车。乘用车当前发展重点是微型纯电动汽车、中小型串联式插电式混合动力汽车；近期目标是推进并联式插电式混合动力汽车的产业化；燃料电池汽车作为中长期发展重点。商用车重点放在纯电动及并联式混合动力客车上。产能规划第一步，实现纯电动A级轿车和增程型插电式混合动力B级轿车的示范运行，在商品化运行中发现产品、运行模式和运行保障体系中存在的问题，并逐步改进完善；核心部件开发方面，基本掌握电机及电控开发技术。第二步，集中力量主攻新能源汽车电控系统和电机及电驱动系统，在“两横”上真正掌握具有自主产权和专利群保护的核心技术，实现年产10万辆新能源产业化能力。第三步，在“十二五”末实现全面市场化运行。“十二五”末，江淮汽车将力争实现新能源乘用车年产能10万辆的产业化规模，年销量达到8万辆。

吉利汽车。在电动车方面，吉利已明确基于全球鹰熊猫平台打造锂电池动力的高性能电动车。目前，吉利在电池、电机和控制器布置等关键性技术领域均已获得突破，以熊猫为产品平台打造的纯电动车EK-1和EK-2也已经推出。此外，2009年在北京车展上首次亮相的概念车“吉利智慧”IG，已作为吉利汽车的全新新能源平台予以打造，目前该平台车型的工程开发已基本结束，这将是今后吉利真正为电动车打造的E-CAR平台。

第二节　北京新能源汽车产业发展现状

一、北京发展新能源汽车产业的主要举措

北京市以发展战略性新兴产业为契机，以“科技北京”，“绿色北京”为依托，本着支持自主创新，鼓励应用，加强配套，推进产业的原则来推进电动汽车产业的发展，不断完善新能源汽车产业并且加快新能源汽车市场的培育，持续进行科技创新，国内领先

的新能源汽车研发和产业化基地逐渐发展，主要举措包括以下三个方面。

一是以纯电驱动为核心，大力发展电动汽车。在 2008 年奥运电动公交车成功应用和运行基础之上，北京市在纯电驱动方面积累了丰富经验，在全国乃至世界范围内取得了一定的技术优势。为此，北京确定了以纯电驱动为发展核心，加大技术研发和产业投入，加快推进电动公交车示范运行，大力发展公交车，环卫车，出租车的技术路线。通过这种技术路线推动北京市乃至全国的电动汽车产业化，实现弯道超车，并且确定北京市在电动汽车领域的领先地位。

二是以公交领域为突破，并且逐步把新能源车辆应用推广到私人用车领域。在产业化发展初期，需要大量的政府产业的支持。作为首批国家节能与新能源汽车示范推广试点城市，北京市积极响应了国家的政策号召，并且提出了以公交、环卫、出租、邮政、物流等公共领域为突破口，通过示范试点，加快市场培育的做法。并在这个基础上，积极开展私人用车的探索，北京市已经作为第六个私人购车的试点城市，进入了国家的目录。

三是以电池租赁裸车销售为模式，加快市场应用发展。新能源汽车在技术和性能方面逐步走向成熟，但是在这个过程中还会面临很多的问题，如市场、技术方面。初期阶段需要政府在研发和应用方面给予一定政策和资金的支持，因此结合新能源汽车前期生产成本高、价格贵的情况，北京市提出以电池租赁裸车销售发展思路，目的是在降低用户使用成本，加快市场培育的过程。

二、北京新能源汽车产业发展的主要特点

第一，产业集群初步形成。北京新能源领域已经聚集一大批优秀的企业，在整车领域有北汽集团，福田汽车、北京长安等整车生产企业，从零部件方面有普莱德公司、中信国安盟固利等电池电机核心部件生产企业，充电设施或商业模式探索公司有普天海油，中石化首科等企业。同时北京市积极促进外地新能源相关企业在北京的落户，像亿能公司、亿马先锋等企业已经入驻北京。北京市正加快推进“一园两基地”的规划和建设，加大对重点项目的跟踪服务力度，尽快实现产业集聚，完善产业链条。“一园两基地”包括采育新能源汽车科技产业园，作为北京纯电动乘用车产业基地；昌平新能源汽车设计制造产业基地，形成包括客车、市政工程车等为主的新能源商用车制造基地；房山高端现代制造业产业基地，形成完善的新能源汽车产业体系，并通过这些企业入住，进一步完善了北京市新能源汽车产业链。北京市新能源汽车产业的集群效应已经开始逐步显现。

第二，产业政策日趋完善。从 2009 年起，北京市先后发布“科技北京”行动计划、《北京市调整和振兴汽车产业实施方案》和“绿色北京”行动计划等文件，推动新能源汽车的发展。近年来，北京市在充电站相关标准制定、产业发展政策等方面不断创新，已经制定了充电站相关技术标准，采取集中式充电为主、分散式充电为辅的模式推动发展。同时，实施“北京市私人购买新能源汽车补贴试点实施方案”根据车辆的动力电池

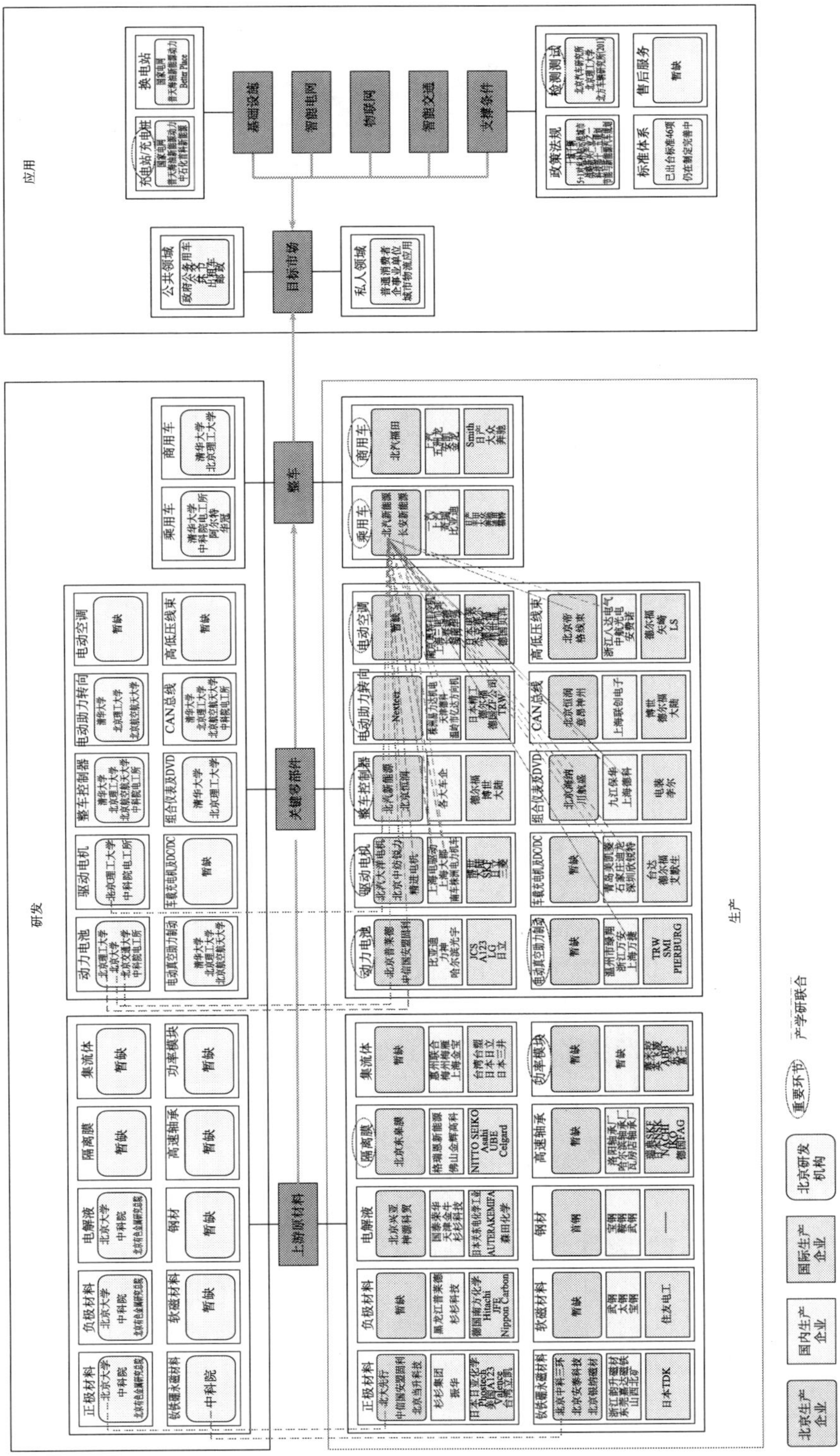

研发

正极材料：北京大学、中科院、北京有色金属研究总院
负极材料：北京大学、中科院、北京有色金属研究总院
电解液：北京大学、中科院、北京有色金属研究总院
隔离膜：暂缺
集流体：暂缺
钕铁硼永磁材料：中科院
软磁材料：暂缺
钢材：暂缺
高速轴承：暂缺
功率模块：暂缺

动力电池：北京理工大学、北京大学、北京交通大学、中科院电工所
驱动电机：北京理工大学、中科院电工所
整车控制器：清华大学、北京理工大学、北京航空航天大学、中科院电工所
电动助力转向：清华大学、北京理工大学、北京航空航天大学
电动空调：暂缺
电动真空助力制动：清华大学、北京理工大学、北京航空航天大学
车载充电机及DC/DC：暂缺
组合仪表及DVD：清华大学、北京理工大学
CAN总线：清华大学、北京理工大学、北京航空航天大学、中科院电工所
高低压线束：暂缺

乘用车：清华大学、中科院电工所、阿尔特、华冠
商用车：清华大学、北京理工大学

上游原材料 → 关键零部件 → 整车 → 目标市场

生产

正极材料：北大先行、中信国安盟固利、北京当升科技；杉杉集团、振华；日本日亚化学、Phostech、美国A123、Valence、台湾立凯
负极材料：暂缺；黑龙江普莱德、杉杉科技；德国南方化学、Hitachi、JFE、Nippon Carbon
电解液：北京兴亚、神源科贸；国泰荣华、天津金牛、杉杉科技；日本关东电化学工业、AUTERAKEMIFA、森田化学
隔离膜：北京东皋膜；格瑞恩新能源、佛山金辉高科；NITTO SEIKO、Asahi、UBE、Celgard
集流体：暂缺；惠州联合、梅州梅雁、上海金宝；台湾台甑、日本日立、日本三井
钕铁硼永磁材料：北京中科三环、北京安泰科技、北京银纳磁材；浙江韵升磁材、东莞嘉达磁铁、山西北矿；日本TDK
软磁材料：暂缺；武钢、太钢、宝钢；住友电工
钢材：首钢；宝钢、鞍钢、武钢；——
高速轴承：暂缺；洛阳轴承厂、哈尔滨轴承厂、瓦房店轴承厂；瑞典SKF、日本NSK、NACHI、KOYO、德国FAG
功率模块：暂缺；暂缺；赛米控、英飞凌、ABB、三菱、富士

动力电池：北京普莱德、中信国安盟固利；比亚迪、力神、哈尔滨光宇；JCS、A123、LG、日立
驱动电机：北汽大洋电机、北京中纺锐力、精进电机；上海电驱动、上海大郡、南车株洲电力机车；博世、西门子、日立、三菱
整车控制器：北汽新能源、北京恒润；各大车企；德尔福、博世、大陆
电动助力转向：Nexteer；株洲易力达机电、天津德科、温岭市亿达方向机；日本精工、德尔福、德国ZF公司、TRW
电动空调：暂缺
电动真空助力制动：暂缺；温州市绿翔、浙江万安、上海万捷；TRW、SMI、PIERBURG
车载充电机及DC/DC：暂缺；青岛美凯麟、石家庄通龙、深圳欣锐特；台达、德尔福、艾默生
组合仪表及DVD：北京海纳川航盛；九江保华、上海德科；电装、李尔
CAN总线：北京恒润、意昂神州；上海联创电子；博世、德尔福、大陆
高低压线束：北京帝格线束；浙江八达电气、中航光电、安费诺；德尔福、矢崎、LS

乘用车：北汽新能源、长安新能源；一汽、上汽、东风、比亚迪；日产、丰田、通用、福特
商用车：北汽福田；上汽、五洲龙、安凯、金龙；Smith、日产、大众、奔驰

应用

目标市场
公共领域：政府公务用车、公交、环卫、出租车、邮政
私人领域：普通消费者、企事业单位、城市物流应用

基础设施
充电站/充电桩：国家电网、普天海油新能源动力、中石化普科新能源
换电站：国家电网、普天海油新能源动力、Better Place
智能电网
物联网
智能交通
支撑条件
政策法规：十城千辆、5+1试点城市……
检测测试：北京汽车研究所、北京理工大学、北方车辆研究所(201)
标准体系：已出台标准46项、仍在制定完善中
售后服务：暂缺

图例：北京生产企业　国内生产企业　国际生产企业　北京研发机构　重要环节　产学研联合

图 15-1　北京市新能源汽车产业链全图

容量，对每辆新能源汽车给予每千瓦时3000元的补助，插电式混合动力乘用车每车最高补助5万元，纯电动乘用车每车最高补助6万元。另外，北京市已出台优惠政策，给予充电站（桩）不超过建设投资30%的财政补贴，吸引了中石化、国家电网、中海油等大型央企参与进来。

第三，配套设施不断健全。2010年7月26日北京市在全国较早发布了电动汽车充电站标准——《电动汽车充电站电能供给与保障技术规范》，并选定航天桥、马家楼、小营、四惠等地建设充电站，并建设至少120处服务于电动小轿车的交流充电桩。截至2011年8月底，北京市电力公司已建成航天桥、延庆、大屯、呼家楼、岳家楼、马家楼、熊猫环岛、西直门8座电动汽车充换电站，“一桩双充式”充电桩86个，可服务659辆电动环卫、公交和乘用车。未来5年内北京还将建成以256座充换电站为骨架，210座配送站为网点的分区分级智能充换电服务网络，满足各类电动汽车的充换电需求。

第四，示范运营成效显著。北京市在公交环卫等领域开展千辆电动汽车示范运行，这个规模在国内是最大的，这里面包括50辆电动公交车、780辆混合动力客车，还有30辆电动环卫车，这是2009年的数据。2010年有1060辆纯电动环卫车，200辆纯电动公交车，50辆谜底出租车已投入到示范运行中。北京市开始逐步启动电动邮政物流车示范项目，并且进一步要明显扩大在公共运输领域纯电动车的应用。

北京市新能源汽车产业链全图，如图15-1所示。

第三节　北京新能源汽车产业发展存在的主要问题

一、关键技术尚存差距

北京已确定“纯电驱动”的发展路径，但在新能源汽车关键技术突破方面还存在以下问题：一是相对同等配置的传统汽车，电动汽车与动力电池价格过高，性价比低；二是动力电池在能量密度、寿命和安全性方面与国际先进水平相比还有较大差距；三是未掌握“三小电”① 关键技术和产业化能力；四是在公共检测条件、标准体系、知识产权保护体系等方面尚待完善。

二、产业链条有待优化

北京正以“一园两基地”为核心合理规划产业空间布局，完善产业链条，谋划市场布局，力争成为具有影响力的新能源汽车应用城市，但目前存在以下问题：一是在电池、电机等关键零部件以及上游的隔膜、IGBT等关键材料的技术水平和生产能力不强；二是整车企业在关键部件的设计、生产和采购方面还以分装为主，以成本控制为核

① “三小电”指小型风力发电、光代发电、微型水力发电。

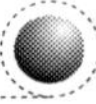

心的新能源汽车模块化生产还未形成，产业链各方积极性尚未激活，规模化的产业链扩张态势不明显。

三、基础设施还需完善

新能源汽车基础设施建设存在以下问题：一是前期政府总体规划有待进一步加强，充电站（桩）、换电站规模还不能满足现有和未来新能源汽车正常运行，与之相应的快充、慢充、换电等运营模式还需进一步探索；二是基础设施建设用地紧张，审批环节较多，周期过长。

四、政策支持仍需创新

北京市已基本确定在指标摇号等方面给予条件放宽，但是在落实免除限行、限购等限制措施、出台停车费、电价、道路通行费优惠等方面的支持力度还不够，新能源汽车产业属于新兴产业领域，还需适应新能源汽车产业发展需要，适时出台新的政策给予重点支持。

第四节　促进北京新能源汽车产业发展的对策建议

北京新能源汽车产业发展应以打造国内领先的新能源汽车产业研发、生产和服务基地为主线，“以应用带产业，以产业促应用”，全力突破核心技术，以整车为龙头打造完整的新能源汽车产业链条，建设新能源汽车产业核心区及扩展区，统筹规划基础设施建设，完善产业政策体系，培育新能源汽车市场，推动新能源汽车产业健康发展。

一、加快新能源汽车产业关键技术领域创新步伐

形成以整车为龙头，政产学研用相结合的创新机制。从市场需求出发，政府牵头，进行市场需求调研，并在此基础上，形成统一规格的系列化车型规格和产量，由整车企业牵头组织开发，合理分配研发、产业链资源及政府资源。

加强自主创新，持续技术研发与创新投入，突破纯电动汽车关键技术。重点以增程器、高性能动力电池、驱动电机及其控制系统为主攻方向，加快产品开发和工程化，组织联合攻关力争实现电池技术突破，着力降低动力电池成本，提高寿命、安全性和能量密度。

重视新能源汽车产品的小型化、时尚化和安全性，适应市场需求。北京城区在汽车使用人群对新能源汽车的市场需求调查结果为：大多数用户都趋向于新能源汽车能够小型化，并体现时尚特征，安全性依然是用户人群最关心的方面。

二、全面打造有竞争力的核心产业链

以应用带产业、以产业促应用。在充分分析形成新能源汽车规模市场的前提下，以市场经济手段为杠杆，形成政府、产业界、研发机构、最终用户、基础设施建设/运营商及政策引导/支持等环节的合理分工和协作，加大产业扶持力度，培育具有自主品牌及核心技术的整车龙头企业和关键零部件企业做大做强。以“一园两基地”（昌平新能源汽车设计制造产业基地、采育新能源汽车科技产业园、房山高端现代制造业产业基地）为核心，在电池、电机等关键零部件以及上游的隔膜、IGBT 等关键领域加强产业引导，鼓励高附加值的企业优先落地，主推研发生产型、研发试制型企业优先发展。引导企业在空间上汇集，实现产业集聚，降低生产成本，形成有竞争力的核心产业链。

三、强化以充电网络为核心的基础设施建设

加强统筹规划，减少审批流程，合理分布建设基础设施，加快布局充电网络，解决“里程焦虑问题”。发挥政府规划引导作用，统筹北京市新能源汽车充电基础设施总体规划，在公共服务领域，按照“充电为主、换电为辅”的电能供给模式，实现整车充电与换电两种模式的有机结合；在私人领域，以“慢充为主、快充补电”的电能供给模式；在可控范围内逐渐扩大纯电动汽车市场规模，逐步推进新能源汽车接收市场检验，同时注重基础设施建设规划与规划、电力规划的统筹融合。

四、完善产业促进和市场培育政策

根据北京市消费者实际需求尽快推出相关的鼓励政策和措施，如不参加摇号、使用专属号段、相关财税减免、财政补贴、政府采购等。

以市场为引导，积极探索北京市新能源汽车发展模式。鼓励成为独立的运营公司进行充电站的运营，引导消费者合理选择充电时段，同时在电动汽车的充电价格、政府资金支持方向、运行模式等方面要加大支持力度，逐步形成充电市场建设管理化、社会化、商业化运行的模式和经营的环境。构建新能源汽车文化建设平台，利用新兴媒体让市场了解并接受电动汽车这一新兴事物，同时消除市场的某些误解，吸引消费者关注和购买。

第十六章　发展物联网：创新制高点的重要战略选择①

全球物联网技术和产业处于整体迅猛发展的前夜，是欧盟、美国、日本、韩国高度关注和支持的领域，也是后发国家切入新兴战略产业的良好时机。我国物联网研究起步于20世纪90年代末，技术和标准与国际基本同步，并已具备了发展物联网的技术、产业和应用基础，已初步形成环渤海、长江三角洲、珠江三角洲以及中西部地区集聚发展的总体产业空间格局，其中以无锡、上海等城市为代表的长江三角洲地区物联网发展最为迅速。“十二五”期间，物联网产业将继续保持高速增长。但是，我国物联网产业发展还面临着关键技术和高端产品受制于人，产业规模小、分布散、产业链不完整，标准制定相对滞后，缺乏顶层设计，信息安全隐患依然存在等问题。

本章分析认为，北京已经形成了相对完善的物联网产业链，拥有强大的物联网产业支撑，具备先进的信息化基础设施和环境，并储备了一批物联网的企业和产业，在政策、标准、技术、产业基础和应用需求等方面具有领先优势。相较于国内其他地区的物联网产业化水平，北京物联网及物联网产业发展具有明显的优势，已经具备了进一步合作、提升、创新的基础条件和产业化经验，产业基础良好，应用需求旺盛。发展物联网产业是北京抢占未来科技发展制高点、推动首都实体经济发展、全面支撑“智慧北京”建设的战略性选择。

在上述判断的基础上，对北京未来几年的物联网产业发展目标、面临的技术瓶颈和技术壁垒进行了深入分析，勾画了北京物联网技术和产业发展路径图，力争到“十二五”末在物联网关键标准研究与指定、核心技术和关键设备的研发与产业化、重点行业应用的示范与推广等方面取得突出成果，形成“创新驱动、应用牵引、低碳环保、安全可控、人文氛围”的物联网发展格局。最后提出了积极参与物联网标准制定；加强物联网产业顶层设计；加快建设物联网基础支撑性平台与设施；加强物联网共性支撑技术研发；加强重点领域应用示范推广等促进北京物联网产业发展的几条政策建议。

第一节　全球物联网产业处于迅猛发展的前夜

物联网（the internet of things）是指将各种信息传感设备与互联网结合起来而形成的一个巨大网络，可使所有的物品与网络连接，方便识别和管理。其技术框架可以分

---

① 本章由北京市科技信息中心课题组完成。北京市科技信息中心胡青华主任担任课题负责人，张文力、周洁、蔡伟、张冬敏、李菲等参加了研究工作。

成感知层、传输层、智能处理层和应用层四层架构。其中感知层主要负责识别物体、采集信息，主要依靠终端设备来完成；传输层主要负责信息传递，当前的主流技术包括：通信网络、无线专网、互联网及融合网络；智能处理层主要通过对传感信息的动态汇聚、分解、合并等处理和服务，为具体行业应用提供支撑；应用层利用经过分析处理的信息，为用户提供多样的特定服务。

由于物联网具有全面感知、可靠传递、智能处理等优点，目前已经引起各国政府、产业界和学术界的密切关注，初步形成了物联网产业链。该产业链以解决政府、行业及个人应用需求为目标，以解决方案提供商为龙头，以平台软件提供商、通信设备提供商及传感器设计生产厂商为环节，属于集成创新价值链。

全球物联网产业的整体发展正处于整体迅猛发展的前夜。目前主要以 RFID、传感器、M2M 等应用项目为主，大部分产业应用是试验性或小规模部署的，能够实现覆盖国家或区域性的大规模应用较少。随着物联网技术的逐步成熟以及应用示范经验的不断积累，预计未来五年，全球物联网产业市场将呈现迅猛增长态势，2012 年全球物联网市场规模或超过 1700 亿美元，2015 年将接近 3500 亿美元，年均增长率接近 25%。

当前，美、欧、日、韩在物联网应用深度、广度以及智能化水平等领域处于国际领先地位，并得到国家战略层次的支持。美国目前已经成为物联网应用最广泛的国家，物联网已在其军事、电力、工业、农业、环境监测、建筑、医疗、空间和海洋探索等领域投入应用。2009 年，奥巴马将 IBM 提出的“智慧地球”提升到国家战略层面。随后，美国出台了总额为 7870 亿美元《经济复苏和再投资法》（*Recovery and Reinvestment Act*），从能源、科技、医疗、教育等方面着手，鼓励物联网技术发展应用。欧洲物联网应用大多围绕 RFID 和 M2M 展开，在电力、交通以及物流领域已形成了一定规模的应用，RFID 广泛应用于物流、零售和制药领域。欧盟委员会于 2009 年宣布发展物联网的行动计划（*Intenet of Things-An action Plan for Europe*），确保欧洲在构建物联网的过程中起到主导作用。日本物联网主要在灾难应对、安全管理等领域，并实现了移动支付领域的大规模商用。2009 年提出“i-Japan”战略，将政策目标聚焦在电子化政府治理、医疗健康信息服务、教育与人才培育等领域。韩国物联网应用主要集中在其本土产业能力较强的汽车、家电及建筑领域。2009 年，韩国通过了《物联网基础设施构建基本规划》，计划到 2013 年，创造 50 万亿韩元的物联网产业规模。

我国物联网研究起步于 20 世纪 90 年代末，技术和标准与国际基本同步，并已具备了发展物联网的技术、产业和应用基础，部分领域形成了可观的产业规模，在安防、电力、交通、物流、医疗、环保等领域已经得到应用，且应用模式正日趋成熟。在安防领域，视频监控、周界防入侵等应用已取得良好效果；在电力行业，远程抄表、输变电监测等应用正在逐步拓展；在交通领域，路网监测、车辆管理和调度等应用正在发挥积极作用；在物流领域，物品仓储、运输、监测应用广泛推广；在医疗领域，个人健康监护、远程医疗等应用日趋成熟。除此之外，物联网在环境监测、市政设施监控、楼宇节能、食品药品溯源等方面也开展了广泛的应用。

根据《物联网“十二五”发展规划》，我国 2010 年物联网市场规模接近 2000 亿元，

其中无线射频识别（RFID）产业市场规模超过100亿元，特别是低频和高频RFID相对成熟。全国大约有1600多家企事业单位从事传感器的研制、生产和应用，年产量达24亿只，市场规模超过900亿元，其中，微机电系统（MEMS）传感器市场规模超过150亿元；通信设备制造业具有较强的国际竞争力。未来“十二五”期间，物联网产业将继续保持高速增长。据新华社发布的《2010～2011年中国物联网发展年度报告》预测，2011年我国物联网产业市场规模将达2300亿元，到2015年，我国物联网产业将实现5000多亿元的规模。

第二节　国家和地方高度重视物联网产业

物联网产业的发展已经得到国家的高度重视，已经将物联网正式纳入战略性新兴产业的重要组成部分，“十二五”规划也明确要求，“推动物联网关键技术研发和在重点领域的应用示范”。一些省市也积极采取措施，大力扶持物联网产业的发展。

一、国家大力支持物联网技术和产业发展

进入21世纪以来，国家不断加强对物联网技术和产业的支持。通过芯片、通信协议、网络管理、协同处理、智能计算等领域的技术攻关，目前已经取得初步成果，特别是在超高频RFID、通信技术以及各类新型传感器等领域取得核心技术的突破性进展。2009年，西安优势微电子公司成功研制出中国第一颗物联网的2.4G超低功耗芯片“唐芯一号”，可以满足各种条件下无线传感网、无线个域网、有源RFID等物联网应用的特殊需要。2010年，我国发布了全球首颗二维码解码芯片，研发了具有国际先进水平的光纤传感器，自主研发的长期演进项目也已通过全球20多个地区的验证。

在标准制定方面，我国在传感器网络接口、标识、安全、传感器网络与通信网融合发展、泛在网体系架构等相关技术标准的研究方面均有进展，已具备攻坚物联网国际标准的能力，是传感器网络国际标准化工作组（WG7）的主导国之一。2010年3月，由无锡物联网产业研究院提出的第一项传感网国际标准《智能传感器网络协同信息处理支撑服务和接口》在国际传感网标准化组织（ISO/IECJTC1）正式立项，这是在国际传感网标准中首个由我国牵头立项的项目。随着各地物联网示范工程的建设，一大批地方应用标准正在形成。

近年来，国家发展和改革委员会、科学技术部、工业和信息化部等相关部门分别支持了一批物联网相关项目。在“973”项目中，2011年扶持了3个物联网相关项目，包括《物联网体系架构的基础研究》、《物联网基础理论和设计方法研究》和《物联网的基础理论与实践研究》，以物联网基础理论、架构研究为主。在国家自然科学基金项目中，2011年扶持了62个相关项目，以在具体行业的示范性应用为主。在《2012年度国家科技支撑计划信息产业与现代服务业技术领域备选项目》中，扶持了物联网相关项目4个，涵盖农业物联网应用、公共安全物联网应用、智能家居和物联网应用支撑平台项

目，其中“北京市物联网应用支撑平台研发和应用示范”项目由北京市科学技术委员会推荐。2011年，工业和信息化部、财政部建立了物联网发展专项资金项目，2012年里将在2011年5亿支持100个物联网项目的基础上，继续向龙头行业应用集中。其他农业部、交通部等国家部委也纷纷制定了物联网在行业内应用发展的推进政策，支持发展物联网在行业内的关键设备研发、应用示范推广。

总体而言，我国物联网扶持项目仍以基础理论研究、顶层架构设计、核心技术突破和具体行业应用示范为主，切合我国物联网产业发展现实应用需求。

二、各省市积极支持物联网产业发展

我国已初步形成环渤海、长江三角洲、珠江三角洲以及中西部地区集聚发展的总体产业空间格局，其中以无锡、上海等城市为代表的长江三角洲地区物联网发展最为迅速。截至2011年年底，已经有28个省（自治区、直辖市）将物联网作为信息产业发展重点，各地方政府纷纷出台相关产业促进规划，明确产业目标和发展重点（表16-1）。

表16-1　各省市物联网产业发展现状

地区	规划	技术发展重点
上海	上海推进物联网产业发展行动方案	先进传感器、核心控制芯片、短距离无线通信技术、组网和协同处理、系统集成和开放性平台技术、海量数据管理和挖掘
无锡	无锡市物联网产业发展规划纲要（2010～2015年）	新型传感器及传感节点研发技术、物联网软件及系统集成技术、物联网应用抽象及标准化技术、物联网共性支撑技术
广州	促进物联网发展建设智慧广东行动方案	RFID芯片设计和设备制造、传感器节点芯片设计和设备制造、卫星导航芯片设计和终端制造、智能装备制造、软件和系统集成服务、信息运营服务
深圳	深圳推进物联网产业发展行动计划	传感器和信息终端、网络传输、应用服务
成都	成都市物联网示范应用工作方案	RFID和定位跟踪产业、新型传感器产业、软件及信息服务业，尤其以物联网信息安全发展较为有特色

三、我国物联网产业发展面临的主要问题

虽然从中央到地方都密切关注、积极支持物联网发展，但要实现大规模产业化仍面临许多亟待解决的突出问题。

（一）关键技术和高端产品受制于人

我国物联网产业发展中的一个重要问题在于关键技术和高端产品受制于人，特别是在智能传感器、RFID、智能仪器仪表与测量控制、嵌入式软件等方面，研发水平相对落后，集成电路芯片80%以上依靠进口，在海量数据处理、数据挖掘、核心芯片、中

间件等方面缺乏核心技术。

（二）产业规模小、分布散、产业链不完整

虽然我国物联网产业发展已经初具基础，但总体产业规模小、分布散，产业链不完整的问题依然存在，缺乏拥有系统集成能力和整体解决技术方案提供能力的龙头骨干企业及大型服务商。

（三）标准制定相对滞后

目前，我国物联网产业的标准体系尚未建立，尤其缺乏具有世界冲击力和影响力的物联网关键标准，从而导致物联网在应用中出现，如物品进入互联网之后的辨识问题，不同厂商的 RFID 标号唯一识别性问题。由于标准缺失导致产业分散、资源整合难度大、行业之间的壁垒多，制约了我国物联网的大规模应用和推广。

（四）缺乏顶层设计

目前，我国各地市政府发展物联网积极性高，但在产业发展过程中缺乏合理的顶层设计，对物联网发展方向和核心技术成熟度把握不准，大多着眼于物联网前端的信息传感装置的硬件制造及其标准化，盲目投资引进国外系统和设备，分散发展，出现了盲目建设、信息孤岛和低水平重复投入等问题。2011 年年底，工信部出台了《物联网“十二五”发展规划》，从宏观层面对物联网未来发展方向进行把握，有助于解决我国物联网顶层设计缺失的问题，但在各重点领域的应用和省（自治区、直辖市）的建设中，仍存在较大的顶层设计缺失的问题。

（五）信息安全隐患依然存在

物联网在智能信息化网络中处于关键地位，承担核心数据采集、传输和处理，涉及如在安全问题尚未较好解决的情况下大规模推广应用物联网，必将面临潜在的信息和经济安全威胁。

这些问题在北京市的鼓励物联网产业发展过程中，也要重点解决。

四、北京物联网产业发展的技术壁垒和共性技术需求

根据北京市物联网产业发展现状和产业特点，课题组通过大量调研和专家专题研讨后认为，目前制约北京物联网产业发展的技术壁垒主要体现在四个层面，分别是感知层、传输层、智能处理层、应用层，这些壁垒需要产学研合作共同突破。

其中感知层的技术壁垒包括：传感器的低成本、低功耗、微型化技术；传感器的高性能、高可靠、长寿命技术；核心芯片、核心元器件的生产工艺技术；面向新型传感器的功能材料技术等，如表 16-2 所示。

表 16-2 感知层技术壁垒

感知层技术壁垒	技术难点	解决时点
传感器的低成本、低功耗、微型化技术	传感器敏感芯片低功耗设计技术；传感器敏感芯片微结构设计技术；传感器检测电路低功耗技术	至 2013 年，研发出多种低成本、微型化的传感器敏感芯片；至 2015 年，突破传感器敏感芯片和检测电路低功耗技术，研发出适于传感网的传感器
传感器的高性能、高可靠、长寿命技术	高精度、高灵敏度传感器设计技术；传感器复杂环境适应性技术	至 2013 年，研发出多种高精度、高灵敏度传感器；至 2015 年，解决传感器的环境适应性，提高传感器的可靠性和寿命
核心芯片、核心元器件的生产工艺技术	核心元器件的生产工艺技术，核心芯片封装技术	至 2015 年，预期能引进和基本掌握国际生产线的相关核心芯片和元器件生产工艺
异构感知技术和感知元件聚合技术	异构网络下环境无线接入技术；异构网络协同技术；多种感知元件聚合技术	至 2013 年，研制可聚合多种元件功能芯片，实现芯片功能多样化；至 2015 年，突破异构网络数据采集技术和异构网络协同技术
集成传感器智能信息处理技术（共性基础技术）	多传感器单片集成技术；传感器敏感芯片与检测电路集成技术；传感器智能信息处理技术	至 2013 年，研制出多参量集成微传感器，实现传感器与检测电路的集成；至 2015 年，实现传感器信息采集、处理、传输的单片集成
传感器集成与制造工艺技术（批产技术）	MEMS 传感器敏感芯片批量化加工、封装、组装与测试技术，多参量传感器集成制造技术	至 2013 年，建立传感器敏感芯片设计、加工、封装、测试平台；至 2015 年，实现若干种传感器的批量化生产
传感器能量获取、存储和管理技术	新型能量获取方法和高转换效率技术；高效能量存储、管理方法和技术	至 2013 年，研发出几种能量获取新方法，提高能量转换效率和使用效率；至 2015 年，开发出几种用于传感网的微能源
面向新型传感器的功能材料技术	传感器新型敏感材料和智能材料的设计、合成与制备技术	至 2013 年，研发出几种新型敏感材料和智能材料；至 2015 年，研发出几种基于新型敏感材料和智能材料的传感器

传输层的技术壁垒包括：传输层设备基础芯片、无线组网与传输技术、传输层数据的协同计算与存储、支持大并发、高带宽和低延迟的传输技术、下一代互联网与 3G 的融合技术等，如表 16-3 所示。

表 16-3 传输层技术壁垒

传输层技术壁垒	技术难点	解决时点
传输层设备基础芯片	嵌入式微处理器；传感网多用途通用核心芯片；异构通用传感节点；多模网关节点	至 2013 年：嵌入式微处理器；传输层多用途通用核心芯片；至 2015 年：异构通用传感节点研发；多模网关节点
组网与传输技术	实用化、大规模组网技术；保证图像、声音、视频等数据可靠、实时传输的无线多跳网络传输技术；短距离的无线传输技术	至 2013 年：实用化、大规模组网技术；至 2015 年：保证图像、声音、视频等数据可靠、实时传输的无线多跳网络传输技术

续表

传输层技术壁垒	技术难点	解决时点
传输层数据的协同计算与存储	通用时间同步技术；节点自定位技术；协同数据传输与处理技术；分布式数据存储与查询技术	至2013年：通用时间同步技术；节点自定位技术；至2015年：协同数据传输与处理技术；分布式数据存储与查询技术
条件保障技术	以节点能量管理为主的低功耗技术；以低复杂度加密机制、密钥分发与管理机制为主的高可信技术	至2013年：以节点能量管理为主的低功耗技术；至2015年：以低复杂度加密机制、密钥分发与管理机制为主的高可信技术
服务支撑技术	大规模传感网的测试与验证技术；研发与产业化推进工作	至2013年：大规模传感网的测试与验证技术；至2015年：研发与产业化推进工作
安全传输技术	数据传输安全保障技术，数据可靠传输技术	至2013年：实现数据可靠传输；至2015年：建立安全可靠的数据传输体系
支持大并发、高带宽和低延迟的传输技术	高并发要求传输技术；高带宽要求数据传输技术；高实时性数据传输技术	至2013年，研制出支持高并发需求传输网关设备；至2015年，研制出支持高带宽、低延迟需求传输网关设备
接入层到传输网关的接入标准	传输网关实现通信技术标准的互联互通	至2015年，制定出相关较成熟的国际化接入标准并在国际上通过
下一代互联网与3G的融合技术	网络层实现互联互通，形成无缝覆盖；业务层互相渗透、交叉；应用层趋向使用统一IP协议	至2015年，形成较成熟的融合技术标准和行业规范

智能处理层技术壁垒包括：海量数据的高效存储、事件处理技术；传感数据的整合、传感数据和应用数据的整合技术；传感数据采集和接入标准技术；数据挖掘和知识发现技术等，如表16-4所示。

表16-4　智能处理层技术壁垒

智能处理层技术壁垒	技术难点	解决时点
数据存储设备的国产化	高端服务器制造技术、纳米级别芯片生产封装技术、超大规模集成电路技术	至2013年，突破相关核心技术难点；至2015年，希望研制出较成熟的高速、海量国产数据存储设备
围绕海量数据的高效存储、事件处理	海量数据抽取、存储和事件管理技术（元数据结构处理平台）	至2013年，构建出基于Hadoop和Google File System的成熟海量数据文件处理的专业应用平台技术
传感数据的整合、传感数据和应用数据的整合技术	异构数据整合，数据整合标准等技术	至2013年，构建出较规范的异构、异质传感数据整合技术规范和相关标准
传感数据采集和接入标准技术	异构数据采集，元数据整理，数据规范化工作	至2015年，构建出成熟的异构传感数据采集、接入、传输平台
数据挖掘和知识发现技术	智能化分析和决策技术	依据国际上相关数据挖掘领域和海量数据计算分析领域不断发展的前沿成果，构建针对物联网数据分析的相关智能分析和决策技术

应用层技术壁垒包括：与应用相关的数据分析处理数学模型技术、行业应用基础之上的跨领域整合技术、行业应用的综合展现技术等，如表 16-5 所示。

表 16-5 应用层技术壁垒

应用层技术壁垒	技术难点	解决时点
与应用相关的数据分析处理数学模型技术	将具体传感器不同应用的采集数据与最适合数据模型的匹配判断、多个不同数据模型的多维验证和验证评测指标的制定	至 2015 年，构建出依据国际前沿技术创建、门类齐全、符合实际应用需求的各领域物联网数据分析模型
传感数据与 Web2.0 应用的融合技术	传感数据跨越 SOA 多个中间层与 Web2.0 的双向沟通互联技术	至 2015 年，构建基于 OGSI 的物联网 Web2.0 数据应用融合中间件体系
创新性行业应用需求	具体针对行业具体应用需求，并结合相关国际前沿成果进行创新的思路和技术	至 2015 年，研制出依据行业应用进行创新性需求设计和引导的较成熟技术路线与方法
行业应用基础之上的跨领域整合技术	跨领域异构、异质数据的融合	至 2013 年，研制出针对物联网行业的跨领域异构、异质数据的稳定融合平台技术
行业应用的综合展现技术	海量行业应用数据的融合、海量计算、可视化展现技术	至 2015 年，研制出针对物联网行业海量数据的融合、计算平台
物联网应用支撑平台的运营模式和商业模式	经济管理学领域的相关商业运营与经营管理技术	至 2015 年，归纳出较完整的经济管理学领域和物联网应用领域之间的应用点与学术理论的映射机制
与业务相关的技术发展需求	具体依据各个具体业务而映射到各自然科学、社会科学领域	至 2015 年，归纳出物联网应用领域的具体业务技术与国际前沿技术之间的对应关系
通用性综合展现技术	数据可视化技术、分析技术	至 2015 年，研制出较成熟的海量数据可视化展现、分析技术

结合北京物联网产业发展的技术现状、应用需求特点，并对物联网重点应用领域的关键技术、共性技术和产品化设备进行认真科学的分析后，课题组初步确定北京物联网产业发展的 4 类技术研发需求，其中共性技术研发项目 15 项，产品设备研发项目 17 项，产业化项目 14 项，应用示范 24 项。

其中共性技术研发项目包括：物联信息统一接入、存储与共享技术；物联设备统一编码、统一识别技术；海量异构传感数据接入技术；低功耗、高性能传感器技术；物联网和下一代互联网 3G 等核心协议栈；复杂事件处理技术；海量数据存储、处理；多维物联信息综合汇聚与展现技术；行业应用数学模型技术等共 15 项。

产品设备研发项目包括：智能低功耗热量传感器、工业自动化中的压力、温度、流量无线传感器研究与产业化、带短距离无线传感功能、多物理量的复合智能传感器、物联网智能网关设备、多模节点设备研发与产业化、安防光纤应力传感器、行业智能终端设备、带无线传输功能的同时用于气象测量的温度、湿度、大气压力、照度的复合传感器的研制与产业化、带地址标识、单一物理量（或化学量）的智能传感器、视频及多光谱分析检测传感器等 17 项。

产业化项目包括：基于超高频的RFID标签产品芯片产业化；宽带无线通信可测量温度、湿度、大气压力、光照度复合，农业用传感器研发与产业化；电网安全监测传感器与系统研发与产业化；水污染监测传感器研发、应用示范与产业化；冷链物流中，对温度测量和记录的、并带标识的集成传感器研究与产业化；低功耗、高性能接入网关设备产业化；基于TD-SCDMA/GSM/GPRS的M2M通信模块与传感器集成产品产业化等14项。

应用示范项目包括：地铁反恐报警安全检测系统应用示范（核/生物/化学/爆炸物质监测）项目；物联网在产品质量安全监管与追溯中的应用示范；基于手机的食品安全追踪、追溯与预警系统；人体健康生命体征监测系统应用示范；电梯安全管理监测系统；建筑/大型机电设备安全测振监测系统；物联网实现建筑节能减排及智能控制系统应用示范等共24项。

第三节　发展物联网是北京占据创新制高点的战略选择

一、北京物联网产业发展优势明显

北京物联网产业发展优势明显，处于国内领先水平。目前，北京已经形成了相对完善的物联网产业链，拥有强大的物联网产业支撑，具备先进的信息化基础设施和环境，并储备了一批物联网的企业和产业，在政策、标准、技术、产业基础和应用需求等方面具有领先优势。

（一）政策推动性强

在政策推动方面上，北京颁布了《关于印发北京市城市安全运行和应急管理领域物联网应用建设总体方案的通知》，提出了要基于物联网技术建设北京城市安全云运行和应急管理体系，建立应用示范的“1+1+N”的总体框架，为北京物联网明确了重点应用方向。

（二）研发资源丰富

北京拥有全国最强的产业研发资源，航天系统、中国科学院系统、国家一流大学聚集于此，在物联网领域拥有众多知名高校、科研院所、企业研发机构以及优秀研发团队，在物联网标准制定、核心技术攻关上领先全国。

（三）产业基础较为完备

北京物联网产业在技术研发和产业应用上均走在全国前列，形成了从标准及技术研发、终端及设备制造、网络建设到应用服务提供的完整产业链条，具备较为完备的产业基础。

感知层芯片研发实力较强，生产制造能力薄弱。感知层方面，拥有京仪、航天704

所、时代光电、昆仑海岸、同方微、中星微、北大微电子学院、微电子所等国内领先的传感器及传感芯片研制企业，形成了传感器设计、加工、组装、测试等较为完整的传感器产业链。其中，京仪集团是国内最大的仪器仪表企业；航天时代在光纤传感器领域达到国际先进水平，并突破了 10 千米中等距离分布式光纤温度传感器的关键技术；北大微电子学院在 MEMS 器件、小尺寸器件等领域处于国际领先水平。

传输层在标准制定和技术研发方面具有优势。传输层方面，拥有大唐移动、中国普天、北京邮电大学、东土科技、天地互联、赛尔网络、威讯紫晶等厂商及研究机构，在传输标准制定、技术研发及设备制造上具有优势。其中，大唐移动在 TD-SCDMA 和 TD-LTE 领域具有自主知识产权，在基站设备上具有较大优势；东土科技是国内工业用物联网交换机领域的龙头企业；天地互连参与并主导 IPv6 认证国际标准。

智能处理层在数据挖掘和应用支撑上具有较强优势。智能处理层方面，拥有同方股份、方正集团、首信股份、太极计算机、千方集团、东方通、拓尔思、中国科学院计算所、声学所等厂商及研究机构，在异构数据存储、海量数据挖掘、数据应用支撑等方面具有较强优势。

应用层具有提供全行业应用解决方案能力。应用层方面，拥有同方股份、首信公司、太极计算机、大唐移动、时代凌宇、华胜天成、方正集团和北京市信息资源管理中心等厂商和政府机构，具备提供物联网全部应用领域解决方案的能力。其中，北京市信息资源中心建设的北京物联网应用支撑平台实现各部门的应用信息接入、汇聚和整合，为北京物联网应用奠定基础；同方股份 2010 年在物联网领域收入达到 20 多亿元，在物联网应用领域处于国内领先水平；首信公司启动建设覆盖北京的物联网数据专网，投资总额达到 3.51 亿元。

（四）市场需求旺盛

在应用需求上，北京对物联网的应用需求非常大。目前，物联网技术在交通、物流、医疗、市容、环保等领域已经初步应用，并在“北京奥运会”和“建国 60 年大庆”中都有成功应用，未来在城市管理、智能交通、智能环保、智慧医疗、智能农业、智能家居等领域应用前景巨大。

二、物联网：北京创新发展的重要制高点

目前，物联网尚处于早期发展阶段，北京物联网产业发展还存在一定困难，如技术方面还缺乏完整的标准体系，面临着智能设备、能量提供、标准化等问题；在高端设备和关键技术上相对落后，目前有近 80%的芯片还依赖于进口；信息安全尚未得到较好解决的情况下难以实现大规模的应用推广；产业化方面缺乏成熟的商业运营模式，产业化水平低、行业融合不够等；在传统传感器的生产制造方面相对落后于长江三角洲及珠江三角洲地区。除此之外，兄弟省市高度重视物联网产业发展，无锡、上海、成都等兄弟省市不断加大对物联网产业的投入，通过一系列优惠政策吸引重大科技成果在本地转

化，对北京市在物联网领域的优势地位产生了巨大冲击。

但总体而言，我国物联网产业发展环境良好，国家政府高度重视发展物联网产业，将其提升到国家发展的战略高度。北京市作为战略性新兴产业的策源地，在电子信息产业中具有良好的技术和应用基础，发展物联网产业是北京抢占未来科技发展制高点、推动首都实体经济发展的战略选择。

北京市在物联网领域的技术研发和核心技术产业化方面取得了丰富的研究积累和产业化经验。相较于国内其他地区的物联网产业化水平，北京物联网及物联网产业发展具有明显的优势，已经具备了进一步合作、提升、创新的基础条件。

本报告分别从内部优势（strengths）、劣势（weaknesses）、外部机会（opportunities）、外部威胁（threats）四方面对北京市物联网产业发展现状进行了综合分析，如表16-6所示。

表 16-6　北京物联网产业发展 SWOT 分析

内部因素	内部优势（S）： 政府推动力度大 技术资源、企业资源，人才资源优势明显，源头创新基础好 产业链初步形成，高端环节优势明显 市场应用需求旺盛	内部劣势（W）： 产业规模尚待提高 成熟的应用模式较少，跨领域综合应用不足 传感器研发、制造能力不足 标准规范不统一 物联网应用顶层设计架构尚未形成
外部因素	外部机会（O）： 产业环境良好，政策推动力度大 全国市场空间巨大，前景广阔 北京市已形成初步的技术基础 北京市对全国示范作用强	外部威胁（T）： 标准制定的滞后导致研发方向出现偏差 行业应用缺乏具体规划 信息安全存在隐患 涉及民生的重点示范应用运营能力不足 兄弟省市发展迅速，抢占物联网产业中心地位

第四节　北京物联网产业发展目标和发展路径

一、北京物联网产业发展目标

结合北京技术研发实力强、应用需求大、人文环境氛围浓厚的技术优势和需求特点，课题组初步提出了北京市物联网产业发展的目标：到2015年，北京市要在物联网关键标准研究与指定、核心技术和关键设备的研发与产业化、重点行业应用的示范与推广等方面取得突出成果，形成创新驱动、应用牵引、低碳环保、安全可控、人文氛围浓厚的物联网发展格局。到2015年，北京市物联网产业规模达到2000亿元，龙头企业（超过10亿）达到10家左右，完成物联网示范工程40～50项。具体来说，包括以下方面：

第一，显著增强技术创新能力。到2015年，北京市要组织攻克一批物联网产业的核心关键技术，加强关键设备的技术攻关和产业化发展，并推动一批应用示范企业、重点实验室等创新载体，形成可持续的技术创新能力。

第二，形成较为完善的物联网产业链和较为完备的产业配套体系。结合北京物联网产业现状和发展目标，建立从芯片设计封装、设备制造、系统集成、应用设计与开发到运营服务的较为完善的产业链，并配套建设起一批覆盖面广、支撑力强的公共服务平台，形成门类齐全、布局合理、产学研用高度协同的物联网产业发展体系。

第三，显著提升物联网的应用规模和应用水平。结合北京市在民生、人文、城市管理等领域的应用需求，提升物联网在重点领域的应用水平，扩大整体产业应用规模，形成较为成熟并可持续发展的运营模式。在政府应用领域，大力开展城市管理应用，应用管理，社会公共民生服务，以及城市基础设施建设的物联网应用方案，全面支撑“智慧北京”建设，率先完成物联网在北京市政务领域的战略布局，占领高新技术的制高点，实现北京市从电子政务的领军城市到政务物联网应用领先城市的转变。在行业应用领域，积极培育行业的解决方案，结合北京物联网应用优势和“智慧北京”建设需求，以应急安防、车联网、健康物联网和智能电网等细分领域为龙头，提炼一批技术成熟、应用前景广泛的解决方案，将北京建设成为物联网行业应用解决方案的重要研发和应用基地。在个人应用领域，促进商业模式的创新，大力培育物联网在个人大众领域应用的发展，积极探索物联网企业运营商、用户和企业之间的新型合作模式。

二、北京物联网发展路径

根据对北京市物联网产业相关研究机构、企事业单位和用户的深入调研，课题组分别从技术和产业两个维度描述北京市物联网未来几年重点发展的行业应用和关键技术。

从产业应用来看，北京市物联网应用将以政府引导为主，逐步推广到在智能交通、环境监控等方面具有局部领先的物联网应用，未来将继续深化城市管理、公共安全等领域应用，并逐步向整合应用和协同应用的趋势发展。从技术发展来看，近期重点突破物联网产业的技术壁垒，为物联网未来大规模应用推广扫清技术障碍。未来几年的不同阶段推动满足市场需求的工作特点，如图 16-1 所示。

三、北京物联网目标规划路径图

通过对物联网产业发展背景、国内外产业发展概况、北京物联网产业基础情况进行分析，结合北京市现有的产业现状和未来产业发展的形式，课题组提出北京物联网产业发展的总体目标，并根据北京物联网产业发展目标，分析绘制了 2011～2015 年物联网产业发展目标规划路径，如图 16-2 所示。

四、北京物联网感知层技术路径图

北京在感知层领域较为薄弱，设备生产制造能力不足，高端传感器仍然依赖国外进

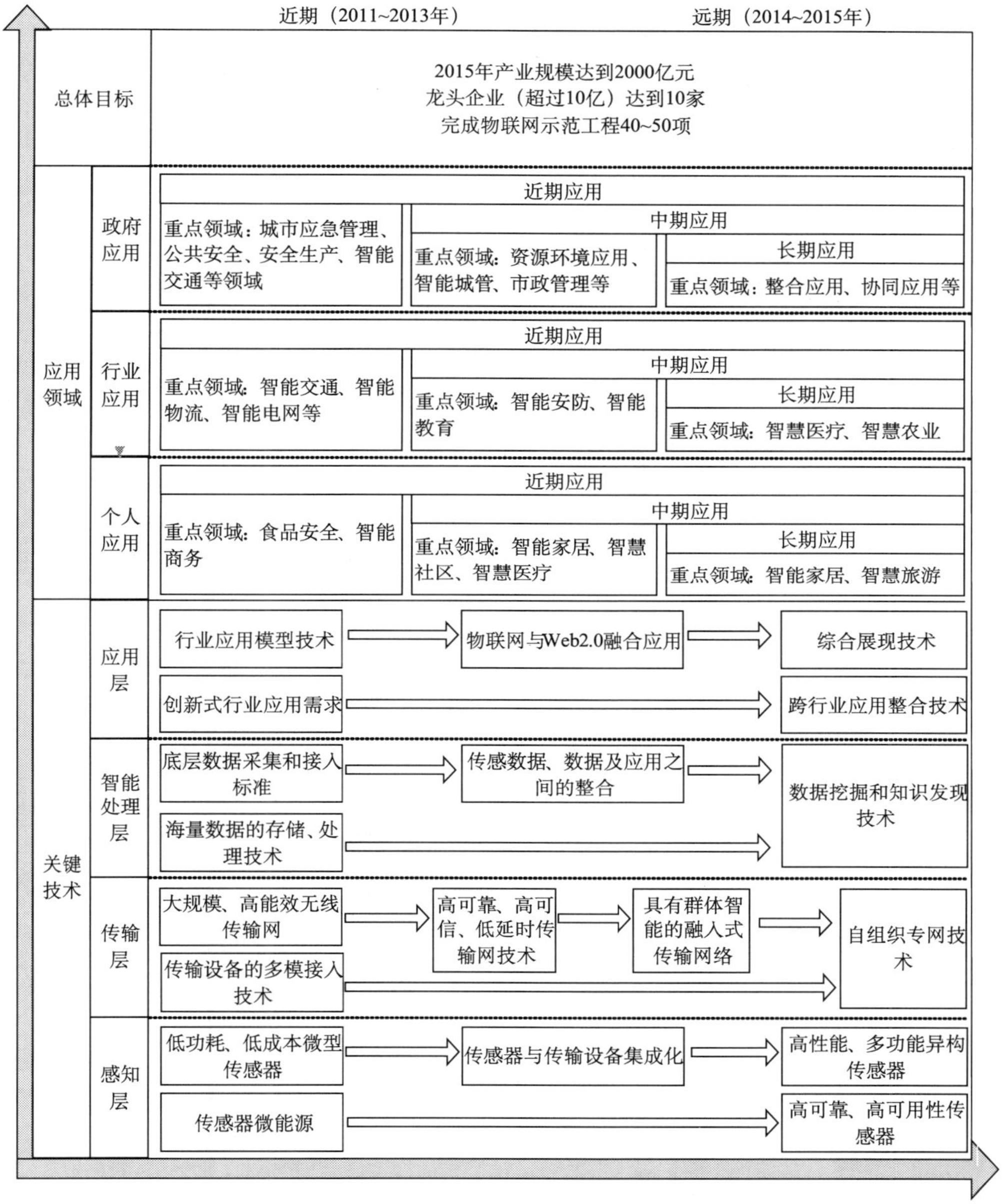

近期（2011~2013年）　　远期（2014~2015年）

总体目标

2015年产业规模达到2000亿元
龙头企业（超过10亿）达到10家
完成物联网示范工程40~50项

应用领域

政府应用
- 近期应用　重点领域：城市应急管理、公共安全、安全生产、智能交通等领域
- 中期应用　重点领域：资源环境应用、智能城管、市政管理等
- 长期应用　重点领域：整合应用、协同应用等

行业应用
- 近期应用　重点领域：智能交通、智能物流、智能电网等
- 中期应用　重点领域：智能安防、智能教育
- 长期应用　重点领域：智慧医疗、智慧农业

个人应用
- 近期应用　重点领域：食品安全、智能商务
- 中期应用　重点领域：智能家居、智慧社区、智慧医疗
- 长期应用　重点领域：智能家居、智慧旅游

关键技术

应用层
- 行业应用模型技术 → 物联网与Web2.0融合应用 → 综合展现技术
- 创新式行业应用需求 → 跨行业应用整合技术

智能处理层
- 底层数据采集和接入标准 → 传感数据、数据及应用之间的整合 → 数据挖掘和知识发现技术
- 海量数据的存储、处理技术 → 数据挖掘和知识发现技术

传输层
- 大规模、高能效无线传输网 → 高可靠、高可信、低延时传输网技术 → 具有群体智能的融入式传输网络 → 自组织专网技术
- 传输设备的多模接入技术 → 自组织专网技术

感知层
- 低功耗、低成本微型传感器 → 传感器与传输设备集成化 → 高性能、多功能异构传感器
- 传感器微能源 → 高可靠、高可用性传感器

图 16-1　北京物联网发展路径图

口，但在新型材料研制，关键技术突破等方面具有较强的研发优势。目前在感知层技术壁垒主要集中在传感器的低成本、低功耗、微型化技术；核心芯片、核心元器件的生产工艺技术；传感器集成与制造工艺技术；异构感知和感知元件聚合技术；新材料技术。

	近期（2011~2013年）	远期（2014~2015年）
总体目标	➢ 2015年产业规模达到2000亿元左右，龙头企业（超过10亿）达到10家左右 ➢ 完成物联网示范工程40~50项	
标准	➢ 制定与节能技术相结合的标准 ➢ 制定应用中间件相关标准 ➢ 制定物联网传感接入平台标准 ➢ 制定传感数据服务接口标准	➢ 形成完整的接入平台的标准技术体系 ➢ 形成传感中心数据库 ➢ 拥有若干主流的物联网相关标准，占据国际和国内外物联网产业应用相关标准的核心位置 ➢ 形成体系完整的技术联盟、标准联盟、产业联盟
关键技术	➢ 完成物联网的顶层设计 工作 ➢ 实现敏感芯片的设计 、关键设备制造技术 的突破 ➢ 实现公共技术支撑平台研发 ➢ 突破海量数据处理技术	➢ 实现共性技术 的突破，包括物联网架构技术 、标识和解析技术、安全和隐私技术、网络管理技术等 ➢ 实现基础技术的突破，包括嵌入式系统技术、微机电技术 、软件算法技术 、电源储能技术、新材料技术等 ➢ 实现“感、传、知、用”各层的关键技术壁垒的突破
重点应用	➢ 实现城市应急管理的应用 ➢ 实现城市资源管理应用 ➢ 实现环境管理方面的应用 ➢ 实现食品安全、安全生产应用 ➢ 实现智能交通应用	➢ 实现社会管理 、民生 、服务和企业服务等方面应用集成，并实现各类民生应用的集成 ➢ 推进物联网在新兴行业应用示范 ，拓展物联网产业的应用范围 ➢ 建立实际高效的应用示范，逐步形成成熟的商业模式和运营模式 ➢ 加强物联网跨领域整合应用工作 ，形成统一的物联网产业发展应用框架

图 16-2　北京物联网产业发展目标路径

未来几年北京市将重点突破感知层技术壁垒，重点突破新兴敏感材料、低成本、微型化、高可靠性传感器，传感器异构感知技术，传感设备统一编码、多功能复合智能传感器研制等。

以上感知层技术壁垒及关键技术难点的发展思路总结如图 16-3 所示。

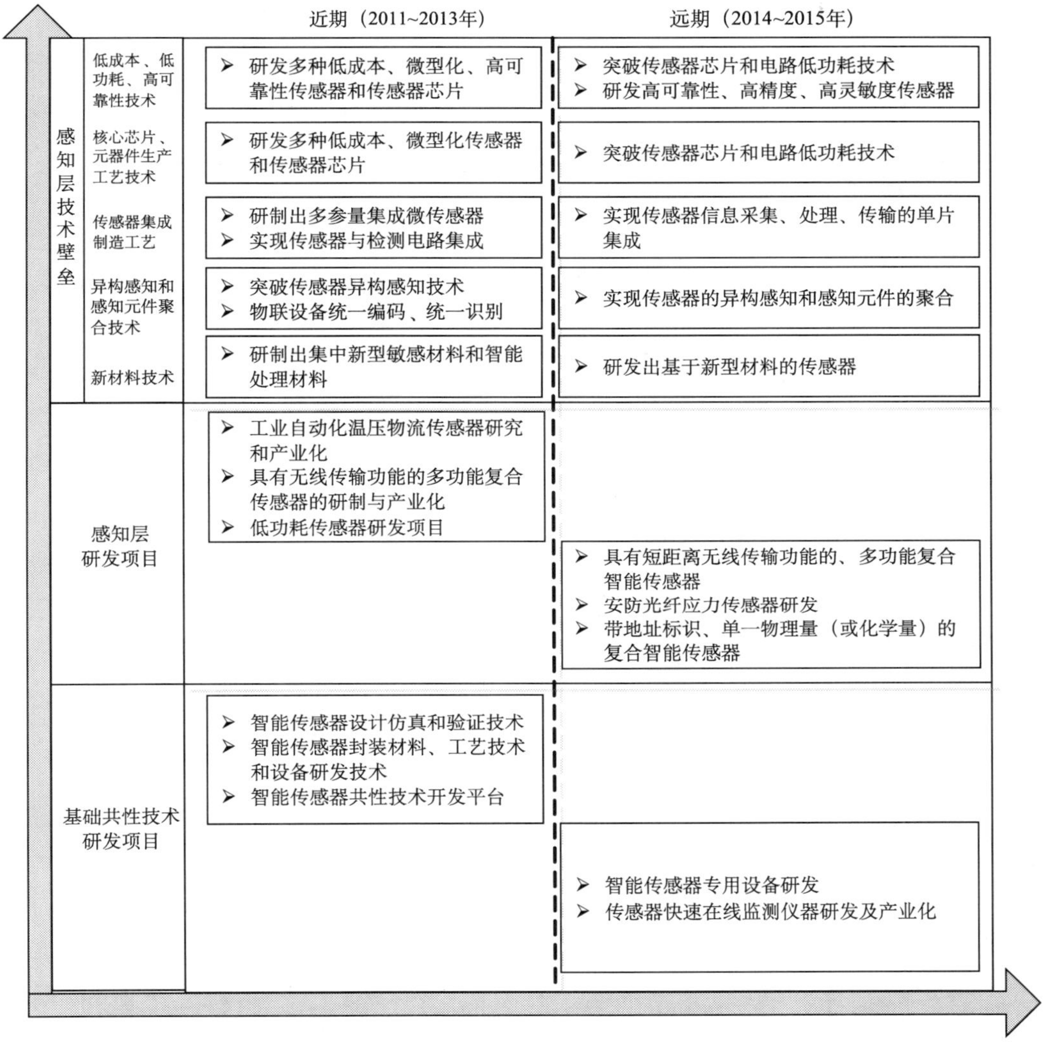

		近期（2011~2013年）	远期（2014~2015年）
感知层技术壁垒	低成本、低功耗、高可靠性技术	➢ 研发多种低成本、微型化、高可靠性传感器和传感器芯片	➢ 突破传感器芯片和电路低功耗技术 ➢ 研发高可靠性、高精度、高灵敏度传感器
	核心芯片、元器件生产工艺技术	➢ 研发多种低成本、微型化传感器和传感器芯片	➢ 突破传感器芯片和电路低功耗技术
	传感器集成制造工艺	➢ 研制出多参量集成微传感器 ➢ 实现传感器与检测电路集成	➢ 实现传感器信息采集、处理、传输的单片集成
	异构感知和感知元件聚合技术	➢ 突破传感器异构感知技术 ➢ 物联设备统一编码、统一识别	➢ 实现传感器的异构感知和感知元件的聚合
	新材料技术	➢ 研制出集中新型敏感材料和智能处理材料	➢ 研发出基于新型材料的传感器
感知层研发项目		➢ 工业自动化温压物流传感器研究和产业化 ➢ 具有无线传输功能的多功能复合传感器的研制与产业化 ➢ 低功耗传感器研发项目	➢ 具有短距离无线传输功能的、多功能复合智能传感器 ➢ 安防光纤应力传感器研发 ➢ 带地址标识、单一物理量（或化学量）的复合智能传感器
基础共性技术研发项目		➢ 智能传感器设计仿真和验证技术 ➢ 智能传感器封装材料、工艺技术和设备研发技术 ➢ 智能传感器共性技术开发平台	➢ 智能传感器专用设备研发 ➢ 传感器快速在线监测仪器研发及产业化

图 16-3　北京物联网感知层技术路径图

五、北京物联网传输层技术路径图

北京物联网产业在传输层领域相对成熟，在标准制定、关键技术、产业化等方面具有一定优势。目前北京市物联网产业在传输层的技术壁垒主要集中在：传输层设备基础芯片上需要研发嵌入式微处理器；组网与传输技术上需要大规模的实用化组网技术；协同计算与存储技术上需要研发通用时间同步技术和节点自定位技术；条件保障技术上需要研发传感节点的低功耗技术；服务支撑技术上需要研发大规模传感网的测试与验证技术。未来几年，北京市将关注下一代互联网的快速演进和 4G 网络的逐步推广背景下的关键技术突破，重点研究传输网核心芯片研发及产业化、大规模组网与传输协议栈，物联网与下一代互联网融合技术、多模节点设备、传感网仿真技术等技术。

以上传输层技术壁垒及关键技术难点的发展思路总结，如图 16-4 所示。

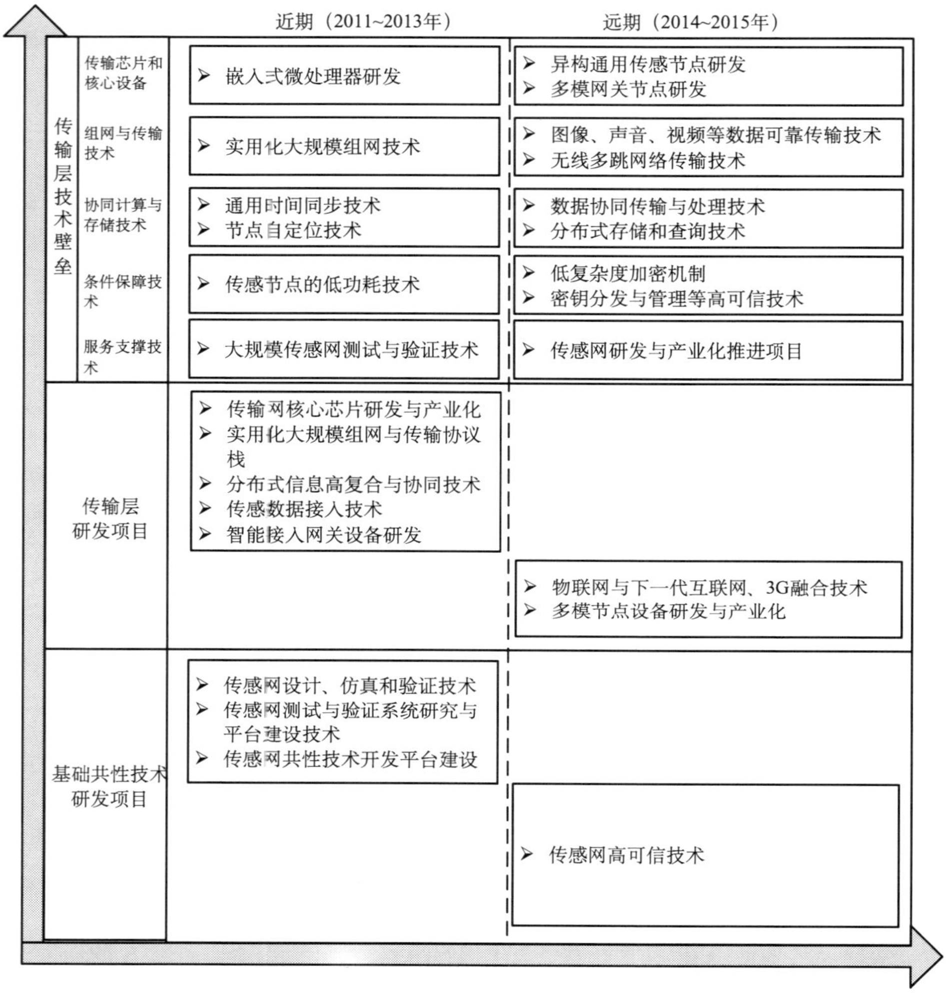

		近期（2011~2013年）	远期（2014~2015年）
传输层技术壁垒	传输芯片和核心设备	➢ 嵌入式微处理器研发	➢ 异构通用传感节点研发 ➢ 多模网关节点研发
	组网与传输技术	➢ 实用化大规模组网技术	➢ 图像、声音、视频等数据可靠传输技术 ➢ 无线多跳网络传输技术
	协同计算与存储技术	➢ 通用时间同步技术 ➢ 节点自定位技术	➢ 数据协同传输与处理技术 ➢ 分布式存储和查询技术
	条件保障技术	➢ 传感节点的低功耗技术	➢ 低复杂度加密机制 ➢ 密钥分发与管理等高可信技术
	服务支撑技术	➢ 大规模传感网测试与验证技术	➢ 传感网研发与产业化推进项目
传输层研发项目		➢ 传输网核心芯片研发与产业化 ➢ 实用化大规模组网与传输协议栈 ➢ 分布式信息高复合与协同技术 ➢ 传感数据接入技术 ➢ 智能接入网关设备研发	➢ 物联网与下一代互联网、3G融合技术 ➢ 多模节点设备研发与产业化
基础共性技术研发项目		➢ 传感网设计、仿真和验证技术 ➢ 传感网测试与验证系统研究与平台建设技术 ➢ 传感网共性技术开发平台建设	➢ 传感网高可信技术

图 16-4　北京物联网传输层技术路径图

六、北京物联网智能处理层技术路径图

北京物联网智能处理层具有一定的技术优势，在传感数据存储、处理等方面具有较大技术优势。目前北京智能处理层的技术壁垒主要集中在海量数据存储技术、应用中间件技术、信息融合、信息共享等支撑性技术。未来几年，北京市将在海量数据处理技术上重点突破海量数据存储技术和大数据流接入技术；在应用中间件技术上重点突破传感

数据自适应匹配技术以及复杂事件捕捉和处理技术；在存储芯片上重点突破数据存储架构技术和新型存储介质技术；测试技术上重点突破物联网传输网络测试平台技术；在支撑性技术需要突破信息融合、信息共享技术；在基础共性技术平台上，重点加强物联网应用支撑平台建设项目和物联网应用测试平台建设项目建设。

以上智能处理层技术壁垒及关键技术难点的发展思路总结，如图 16-5 所示。

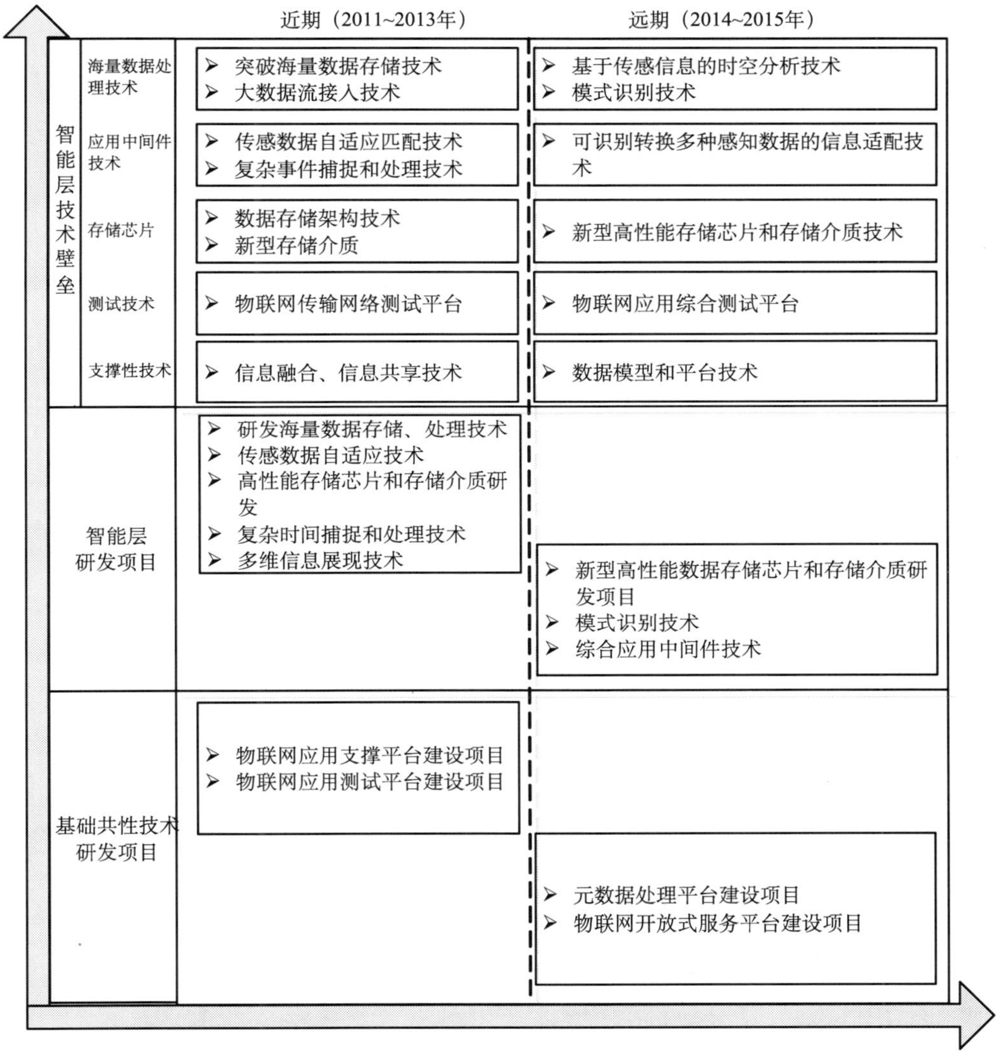

		近期（2011~2013年）	远期（2014~2015年）
智能层技术壁垒	海量数据处理技术	➢ 突破海量数据存储技术 ➢ 大数据流接入技术	➢ 基于传感信息的时空分析技术 ➢ 模式识别技术
	应用中间件技术	➢ 传感数据自适应匹配技术 ➢ 复杂事件捕捉和处理技术	➢ 可识别转换多种感知数据的信息适配技术
	存储芯片	➢ 数据存储架构技术 ➢ 新型存储介质	➢ 新型高性能存储芯片和存储介质技术
	测试技术	➢ 物联网传输网络测试平台	➢ 物联网应用综合测试平台
	支撑性技术	➢ 信息融合、信息共享技术	➢ 数据模型和平台技术
智能层研发项目		➢ 研发海量数据存储、处理技术 ➢ 传感数据自适应技术 ➢ 高性能存储芯片和存储介质研发 ➢ 复杂时间捕捉和处理技术 ➢ 多维信息展现技术	➢ 新型高性能数据存储芯片和存储介质研发项目 ➢ 模式识别技术 ➢ 综合应用中间件技术
基础共性技术研发项目		➢ 物联网应用支撑平台建设项目 ➢ 物联网应用测试平台建设项目	➢ 元数据处理平台建设项目 ➢ 物联网开放式服务平台建设项目

图 16-5　北京物联网智能处理层技术路径图

七、北京物联网应用层技术路径图

北京物联网应用层领域发展相对领先，拥有同方股份、大唐移动、千方集团、时代凌宇等一批优秀企业，具有一大批能够提供整体行业解决方案的厂商，并形成了一批重大示范应用工程。未来几年，北京市在应用层重点突破与行业应用相关的数学数据模型技术、通用性综合展现技术、跨行业传感数据和业务数据整合技术等。

以上应用层技术壁垒及关键技术难点的发展思路总结如图 16-6 所示。

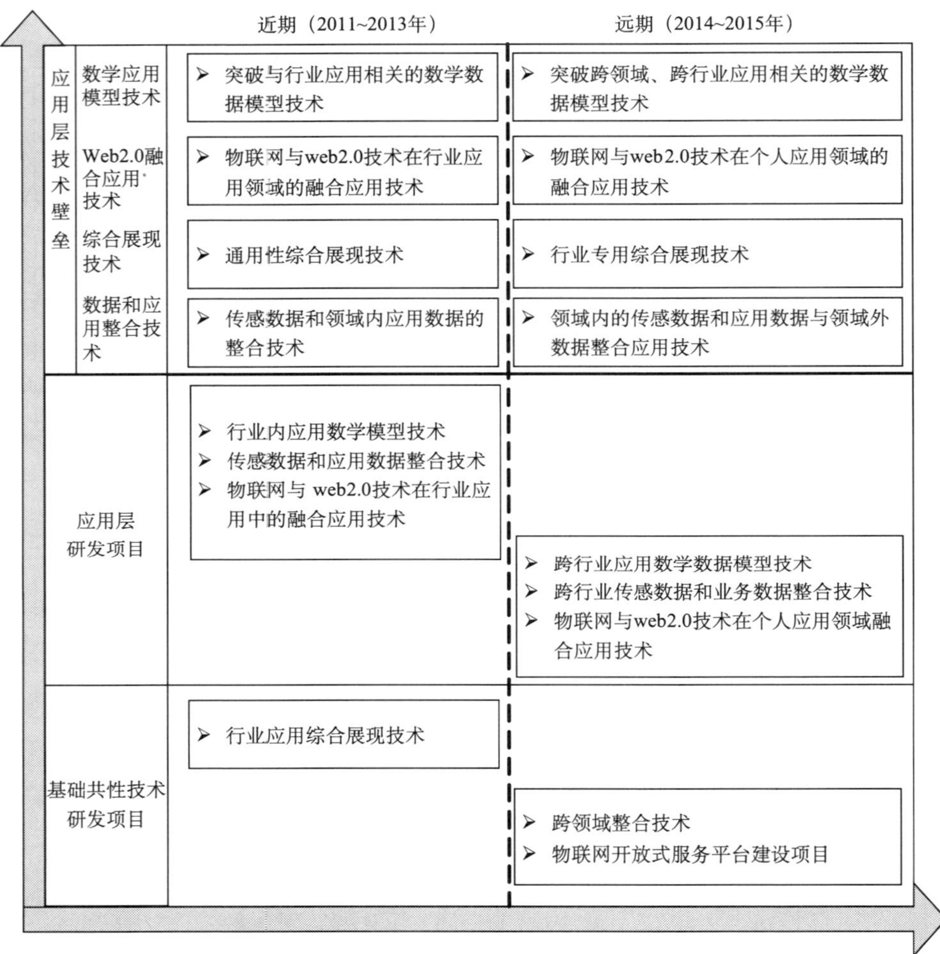

图 16-6 北京物联网应用层技术路径图

八、北京物联网产业化及应用示范项目建议

北京物联网行业应用示范具有一定领先优势，在智能交通、环境监控等重点应用领域形成了一批重大应用示范工程，目前正按步骤有层次稳步推进物联网示范工程建设。未来几年，北京市将加强如下工作：大力开展行业应用示范，大力开展城市管理，社会

公共民生服务，支撑“科技北京”建设；培育行业解决方案，在应急安防、车联网等重点领域提炼一批技术成熟、前景广泛解决方案，促进典型应用解决方案的成果产业化和规模化；加强商业模式创新，加强运营服务与商业模式创新；建设公共服务平台，提升物联网、产业化，推广应用等方面的公共服务能力。

以上应用示范建议总结如图 16-7 所示。

	近期（2011~2013年）	远期（2014~2015年）
产业化项目	➢ 具有无线传输功能的多功能传感器研发与产业化 ➢ 基于 TD-SCDMA/GSM/GPRS 的M2M通信模块与传感器集成产品产业化 ➢ 冷链物流中，并带标识的集成传感器研究与产业化 ➢ 对高污染企业综合监控、公共场所环境监测综合信息管理系统应用示范与产业化 ➢ 移动支付物联网应用产业化项目 ➢ 物联网核心芯片生产	➢ 基于超高频的RFID标签产品芯片产业化 ➢ 支持实时可靠信息交换的车载设备研制与产业化 ➢ 基于传感网的文物鉴定、管理系统产业化 ➢ 水污染监测传感器研发、应用示范与产业化 ➢ 智能接入网关产业化
应用示范项目	➢ 地铁反恐报警安全检测系统应用示范 ➢ 有限空间有毒有害气体监测系统应用示范 ➢ 危险源（核/生物）放射源安全管理监测系统应用示范 ➢ 人体健康生命体征监测系统应用示范 ➢ 北京市供热服务综合管理系统 ➢ 智能交通应用示范项目 ➢ 产品质量安全监管与追溯中的应用示范	➢ 建筑/大型机电设备安全测振监测系统 ➢ 交通信息服务平台 ➢ 高精度定位跟踪系统 ➢ 电梯安全管理监测系统 ➢ 室内空气品质监测系统 ➢ 民用水箱水质监测系统 ➢ 物联网实现建筑节能减排及智能控制系统应用示范 ➢ 智能家庭应用示范

图 16-7　北京物联网产业化及应用示范项目建议

第五节　加快北京物联网发展的政策建议

北京物联网产业基础良好，应用需求旺盛，并在未来几年实现快速增长。但北京物联网产业目前尚处于初级阶段，需要系统配套政策支持，特别是需要一些重大应用示范项目投入、项目审核、标准制定及税收财政支持等方面，给予必要的政策支持和激励推动，来促进整个产业发展。

第一，积极参与物联网标准制定。

在物联网国家标准框架下，制定相关的标准支持政策，支持企业开展物联网技术协同创新，尤其是以产业联盟或协会组织与参与制定相关技术的国际标准、国内标准、行业标准。增加北京市科研院所与相关企业在国内外物联网标准制定领域的话语权，提升北京市物联网产业在国际与国内市场的行业影响力。为支持企业参与相关标准制定，建议北京市对主导与参与物联网相关领域标准制定的科研院所与相关企业给予资金支持，并协助企业获得参与标准制定的机会。

第二，大力发展物联网顶层设计。

围绕“人文北京、科技北京、绿色北京”战略和建设中国特色世界城市的目标，紧扣北京市城市安全运行、应急管理、民生等领域应用需求，以示范工程建设为北京市物联网顶层设计的突破口，推广交通、环保、医疗、城市管理、应急维稳、安全生产等行业应用示范，不断提高北京城市管理水平和人民生活品质，推动物联网基础设施建设，带动物联网产业发展。

第三，加强物联网共性支撑技术研发。

针对物联网产业发展的共性技术需求，加强基础共性技术研发扶持工作，突破物联网产业发展中的技术壁垒。重点突破技术方向包括：传感器的低成本、低功耗、微型化技术；核心芯片、核心元器件的生产工艺技术；传感器的高性能、高可靠、长寿命技术；组网与传输技术；海量数据的高效存储、识别和综合展现技术等。通过资金和政策支持并推动一批具有实力的企业在重点技术应用实现技术壁垒的突破。

第四，加快建立物联网基础支撑性平台与设施。

针对产业化面临的共性技术问题，对于目前企业难以独立投资建设的，具有共性需求的共性技术平台、产业化测试平台。建议通过支持公共支撑性平台的建设，以“政府建设运营、企业申请应用”的方式，为产业链各环节企业提供开发、测试等支撑性公共平台服务，促进相关产品及解决方案的成熟，为北京物联网企业的迅速壮大提供基础环境。

第五，支持物联网关键技术设备研制及产业化。

针对于物联网行业未来市场继续突破的关键性技术设备，建议通过政策性引导，通过资金扶持、税收减免以及政府投入的行业应用示范等，加强关键性技术设备的研制及产业化促进工作。重点研制设备包括：高性能、低功耗、低成本、微型化传感器；物联网核心芯片；物联网传输网关设备等。通过扶持产品研发、测试，解决关键技术研发与科研成果转化问题，提升整体的产业化水平。

第六，加强物联网重点领域应用示范推广。

针对北京市的实际情况，建议重点关注如下应用领域：

智能交通：缓解城市拥堵、增强应急处置能力、提升百姓出行体验。

应急安全：加强应急联动能力，提高突发事件处置能力。

智能农业：加强食品安全监管、质量追溯、绿色农业种植等领域应用。

城市管理：城市精细化、智能化管理、提高城市运行效率。

安全生产：提高北京市安全生产监督和监管能力。

在推广路径上，建议通过政府网站、知名的行业媒体等刊登路线图的核心成果，或选择适宜的时机（如科技周、科博会、产业高峰论坛等）广泛开展宣传推广，加强政府、企业、行业等对物联网产业的认识和未来发展趋势的了解和认识；通过建立行业合作交流平台促进北京地区物联网产业链上下游企业、科研院所的广泛合作，通过行业合作交流平台进行行业最新资讯的交流以及研发难题的探讨，通过创建产学研三方的沟通环境，促进行业内的交流，推动产业链整合，实现“产学研用”一体化；建立技术及产业路径研究更新升级机制，总结提炼路线图实施过程中的新发现，分析和归纳宣传、实施过程中的反馈信息，实现路线图研究的知识积累效应，从而更好地更新、优化产业路线图规划。

第十七章 发挥北京 LED 产业优势走高端精品发展路线①

近年来，全球半导体照明市场增长强劲。中国内地半导体照明产业起步较晚，但发展速度较快，同时呈现地区发展不均衡的特点。目前北京半导体照明在总体规模、企业数量方面还处于快速发展之中。与广东、福建等地相比，北京半导体照明技术力量和研发水平全国领先，部分研究成果达到国际领先或先进水平，通过示范工程的推动，产业和技术发展步伐加快，半导体照明产品检测和标准制定方面的优势明显。与此同时，北京半导体照明产业规模相对较小，发展处于各自为战的状态，资源优势没有转化为产业优势、核心竞争力有待提高等问题较为突出，亟须加强顶层设计和政策引导，制定发展规划。

本章基于对半导体照明产业技术和市场发展规律的系统研究，在充分考虑国家产业政策的基础上，根据北京半导体照明产业现状及潜力，根据"有所为，有所不为"的原则，提出了北京半导体照明产业应紧紧抓住两头，定位于产业链的上、下游高端领域，即高端半导体照明材料外延和芯片研发、高端半导体照明光源设计和制造；努力打造成为在世界上占有重要地位的高端半导体照明材料外延和芯片研发基地、高端半导体照明光源设计和制造基地、半导体照明产品标准制定基地、半导体照明人才培训、技术服务基地和出版高地。

为实现上述定位和产业发展目标，本章还提出了配套政策建议：统一归口管理，统筹布局产业发展；强化研发优势，集中突破关键技术；强化成果转化，提高技术创新能力；以专利为重点，促进上游技术研发；强化特色优势，狠抓标准体系建设，发展技术服务，加强培训与出版事业。

第一节 国内外半导体照明产业发展现状

全球半导体照明市场增长强劲。中国内地半导体照明起步较晚，但发展速度较快，同时呈现地区发展不均衡的特点。在能源危机和环境保护政策的刺激之下，全球以发光二极管（LED）为核心的半导体照明需求持续升温。同时，由于 LED 发光效率大幅度提升，单位流明的价格逐渐下降，各类创新型半导体照明产品不断涌现，照明质量不断提高，节能减排能力持续提升，2010 年全球半导体照明的市场年增长率高达 54%左右，

① 本研究由清华大学电子工程系、集成光电子学国家重点联合实验室课题组完成。罗毅教授担任课题负责人，韩彦军、凌玲、李洪涛、汪莱等参加了研究工作。

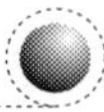

市场规模达到了创纪录的 260 亿美元。预计未来 2～3 年，全球半导体照明产业将进入快速爆发期，半导体照明成为项目研发和投资热点。

一、中国产业规模位居全球第一，其中广东省表现抢眼

中国内地 LED 产业起步于 20 世纪 70 年代，经过近 40 年的发展，已经形成了包括外延片生产、芯片制备、封装和系统应用产品，以及配套原材料、设备等在内的完整的产业链，从业人数达数十万人，研究机构近百个，企业数千家。近几年来，在“国家半导体照明工程”的推动下，已形成了深圳、上海、大连、南昌、厦门、扬州、石家庄等 14 个国家半导体照明产业化基地。长江三角洲、珠江三角洲、闽南三角地区以及以北京、大连为中心的北方地区，成为我国 LED 产业发展的聚集地，已初步形成有优势、有配套能力、有公共测试服务的产业集群，有效带动了我国 LED 产业的发展。

近年来，我国 LED 产业以每年 35%～40%的速度高速增长，在全世界占据了举足轻重的地位，产业能力占到全球的约 70%，位居全球第一。根据国家半导体照明工程研发及产业联盟公布的数据，2010 年我国半导体照明和 LED 显示产业的市场规模约为 1200 亿元人民币，其中芯片产值为 50 亿元人民币，LED 封装产值为 250 亿元人民币，半导体照明应用领域的规模为 900 亿元人民币。尤其是，广东省的 LED 产业规模约为 800 亿元人民币，占全国的 70%，表现特别突出。

二、龙头企业的带动作用继续扩大，产业集中度有所提升

中国内地半导体照明产业近年来保持了良好的发展势头，外延芯片企业的产能有了一定提升，封装企业自动化水平提升较快，以道路照明为主的照明应用产业取得了突破性发展。在产业规模迅速增长的同时，产业结构也有了较大提升，龙头企业的带动作用继续扩大，产业集中度有所提升。

2010 年，中国内地外延芯片设备增加较快，芯片产能增长迅速。据统计，国内从事 LED 芯片生产的企业超过 40 家，企业的 MOCVD 拥有量达到 300 台，其中已经安装的生产型 GaN MOCVD 超过 270 台，生产型四元系 MOCVD 30 台左右，国内科研院所的研究型设备也有所增加。各企业的外延芯片投资计划进一步加快，未来 3 年的设备购进计划超过 1000 台，外延芯片产能仍将保持快速增长。

2010 年中国内地芯片产值比上年增长 117%，达到 50 亿元，其中年国产 GaN 芯片产能增长非常突出，较 2009 年增长 150%，实际年产量达到 390 亿只，国产率提升到了 65%。国产芯片的性能得到较大提升，在显示屏、信号灯、景观照明等领域已经占据主流，在照明、中小尺寸背光等高端应用也逐步获得认可，在芯片市场需求增加和各地政策支持力度加大的背景下，预计未来几年，国内芯片产能和企业经营状况仍将处于一个快速的提升过程之中。

2010 年 LED 封装产值达到 250 亿元，较 2009 年的 204 亿元增长 23%；产量则由

2009年的1056亿只增加到1335亿只，其中高亮LED产值达到230亿元，占LED总销售额的90%以上。同时从产品和企业结构来看国内也有较大改善，SMD和大功率LED封装增长较快。

2010年中国内地LED应用产品及相关联产业的产值已过千亿元，景观照明、通用照明、消费类电子产品背光、显示屏、信号、指示等应用成为主要应用领域，其中通用照明和背光应用的增长最为突出，年增长率均超过150%。2010年，在我国“十城万盏”和广东省“千里十万盏”应用示范工程的带动下，户外照明发展较快，已经有十多万盏LED路灯被应用到示范照明工程中，同时LED射灯等室内照明应用发展迅速。我国LED大尺寸背光应用取得了重要进展，海信、TCL等主要电视品牌均推出了LED背光电视，并作为今后几年的重点开发和推广产品。此外，汽车灯具方面也取得了一定进步，但形成产业规模还需一定时间。

从长远发展看，世界照明工业正在转型，包括我国在内的许多国家提出淘汰白炽灯、推广节能灯计划，纷纷将半导体照明产业作为未来新的经济增长点。随着我国产业结构调整、发展方式转变进程的加快，我国半导体照明产业作为节能减排的重要措施正在迎来新的发展机遇。

第二节　半导体照明发展路径概述

一、半导体照明主要技术路线及其独特发展规律

基于半导体材料制作成的二极管在正向导通时发光的物理现象早在1907年就被观察到了，但直到1968年才制作出具有实用价值的GaAsP基红光LED。此后，随着材料外延生长技术的改进、结构的优化以及器件制备技术的发展，AlGaInP基红、黄、橙光LED的性能逐步提高。20世纪90年代初期GaN基蓝、绿光LED的研发成功，不仅使LED发光的颜色扩展到整个可见光波段，而且使得半导体照明成为可能。

目前实现半导体白光照明的主要技术路线有三个：

一是把红、绿、蓝三色LED芯片，集成封装在单个器件之内，通过调整三色LED的工作电流来产生白光；

二是采用超高亮度的近紫外或紫外LED泵浦三基色荧光粉产生红/绿/蓝三原色，混合形成白光，此种方式非常类似于荧光灯的工作原理；

三是以GaN基高亮度LED产生的蓝光（波长约455纳米）为基础，激发无机荧光粉或有机荧光染料，由激发获得的荧光与原有蓝光混合产生白光。

蓝光泵浦光源加荧光粉的技术路线具有生产成本低、器件性能稳定、市场容易接受等优点，是最经济有效的产生白光的技术路线，因此，目前半导体照明几乎全部采用此种技术路线。

采用紫外光泵浦三基色荧光粉的方法，缺乏寿命长、稳定性好、发光效率高的泵浦光源和高效率、高可靠性的荧光粉，因此，这种技术方案目前尚不具备实用性。

采用三基色混光的技术路线，具有颜色可变、显色指数高等优势，以目前的技术水平和性价比，该方案适用于景观照明、吧台以及舞台等演艺场合的特种照明。由于本方案在光度和色度方面具有潜在的优势，是未来在通用照明领域具有竞争力的技术路线之一。

半导体照明和LED显示产业是一个复杂系统。一方面，从外延片到最终照明和显示应用，产业链的各个环节都能形成独立的产品，并具有各自的技术壁垒和研发需求；另一方面，终端应用产品的质量会受到每个环节的影响。

半导体照明产业发展的显著特点之一是其技术和市场一起成长。一方面只有当技术的发展使得半导体照明灯具在效率、照明品质、设计新颖性等方面相对传统光源取得优势，半导体照明才可能进入并不断开拓市场；另一方面，市场的扩大会促使产量扩充及业界研发投入的增加，加速技术进步，从而使性能提升并且成本与价格逐渐下降。上述两个过程交替往复，最终促进了半导体照明产业的快速发展。

二、半导体照明技术路径归纳

在材料外延环节，我们对衬底技术、MOCVD设备、外延生长技术等的发展趋势进行了归纳总结。例如，目前外延生长技术的发展方向包括改进两步法生长工艺、氢化物汽相外延（HVPE）技术、选择性外延生长或侧向外延生长技术、悬空外延技术、UV LED外延技术、半极性和非极性外延技术、新型量子阱结构设计、新型单芯片白光技术等。

LED芯片技术发展方向包括全方位反射膜、芯片形状设计、表面粗化技术、衬底剥离技术、垂直结构技术、键合技术、倒装芯片技术、大功率大尺寸芯片技术、提高侧向光利用效率、光子晶体、微芯片阵列等。

LED封装的关键技术包括封装级散热技术（散热工艺、结构、机理分析和设计）、高取光效率的封装结构和工艺、荧光粉涂覆方式、荧光粉制备技术、低色温高显色性、色品一致性、多芯片集成封装技术、静电防护技术、检测技术与标准、筛选技术和设备及可靠性等。

LED模组和灯具的关键技术包括系统级散热技术，适用于背光、室内/外显示、室内/外照明等不同环境的光学设计，照明灯具设计，室内照明灯具的显色性、色品一致性和人眼舒适性设计，LED显示屏的像素失效率、芯片色品一致性控制、驱动控制等技术，LED背光源的高效、超薄化设计技术，智能、高效、高可靠性LED驱动技术等。

三、未来半导体照明主流产品分析

半导体照明市场最大的部分将是通用照明，包括室内照明和室外照明两大类。这两类应用都要求灯具具有高发光效率、长寿命、环保等特性，其主要差别在于室内照明光源对照明效果和品质（包括显色性、色品一致性、光源的出射度和均匀性、人眼舒适性等）有较高的要求，且其面向的消费群体对灯具价格更敏感。因此，受限于成本和照明品质，半导体照明将率先在室外照明大规模应用，之后随着技术的不断发展逐渐进入室内照明领域。另外，随着每千流明成本的不断下降，半导体照明还将在设施农业照明、医疗照明等需要特殊谱线照明的领域发挥重要作用。

就中国来说，2010 年用电总量为 41 900 多亿千瓦时，其中照明用电占用电总量的 13%左右，并且随着经济和社会的发展我国用电总量和照明用电所占比例都将逐渐增大。

从长远发展看，世界照明工业正在转型，包括我国在内的许多国家提出淘汰白炽灯、推广节能灯计划，将半导体照明产业作为未来新的经济增长点。随着我国产业结构调整、发展方式转变的进程加快，半导体照明产业作为节能减排的重要措施将迎来了新的发展阶段。据估计，未来 5 年我国半导体照明产业将保持 40%左右的年增长速率，到 2015 年将达到约 6000 亿元的市场规模。可以说，半导体照明产业方兴未艾。

最终凝练出的未来半导体室外照明的主流产品包括：LED 路灯；LED 隧道灯；LED 庭院灯；LED 草坪灯；LED 地埋灯；LED 水底灯；LED 广告灯；LED 室外场馆照明灯。未来半导体室内照明的主流产品包括：LED 球灯；LED 管灯；LED 吸顶灯；LED 筒灯；LED 射灯；LED 室内装饰灯。

另外，随着每千流明成本的不断下降，半导体照明还将在设施农业照明、医疗照明等需要特殊谱线照明的领域发挥重要作用。

四、未来 LED 背光和显示主流产品分析

液晶本身并不发光，需要背光源提供光源，目前主流大型背光源为 CCFL 背光源，但 CCFL 超细灯管的机械强度不足，在大屏幕电视整机中问题很突出，而且三基色荧光粉配合彩膜色彩表现能力欠佳。LED 作为 LCD 的背光源，与 CCFL 背光源技术相比，其优势主要体现在色域好、节能、寿命长等诸多方面。

随着 TFT-LCD 面板应用领域的不断拓展，LED 背光源凭借其独特、压倒性的优势，逐渐显示出强大的应用前景。

笔记本电脑用 LED 背光源较 CCFL 有许多不可比拟的优点：节能、长寿命、轻薄、无汞。尽管 LED 背光源价格是 CCFL 背光源的 1.5～2 倍，但因为其价格占整个笔记本电脑总价的比重有限，所以笔记本电脑用 LED 背光源的普及相当快。索尼、富士通、东芝等几家公司是这个领域的先行者，苹果、戴尔、宏基、惠普等笔记本电脑厂商也不甘落后。2006 年，LED 背光源在笔记本电脑领域的渗透率仅为 0.6%，2007 年增加为 3.2%，2008 年增长到 10%，到 2010 年年底 LED 背光源在笔记本电脑面板的市场占有率已经在 90%以上。

在电视领域，LED 背光源已经和传统 CCFL 展开了激烈的较量，LED 极有可能以其轻薄节能及出色的光学性能成为最终的获胜者。2004 年索尼公司首先推出使用 LED

背光源的40英寸液晶电视。2006年三星电子发布了采用LED背光源的40英寸液晶电视，采用LED背光源后，比该公司原来使用CCFL背光源的液晶电视色域范围扩大了46%、对比度高达10 000：1，通过追加新的帧图像，提高了动态视频信号的显示画质。目前主要的LCD面板制造商及电视/显示器厂商都已涉足LED项目，LED正在LCD背光源领域稳步增长，而LED背光源液晶电视/显示器的价格也在逐渐下降。此外，LED背投电视及LED口袋投影仪技术都已日趋成熟。三星是采用LED背光源的LCD显示器、LCD电视及背投电视三大领域的领导者。我国LED背光LCD-TV发展迅速，海信、康佳、创维等本土品牌相继推出了LED背光LCD-TV。2010～2012年用于液晶电视的LED背光面板的市场占有率将以25%以上的年增长率高速增长。

LED显示产业具有巨大的市场潜力，包括LED显示屏和LED背光源。毋庸置疑，LED显示屏在户外显示屏领域具有绝对优势。对于室内显示来说，目前有多种选择，包括PDP、TFT-LCD、全彩色LED显示屏等。但是，相比之下，PDP和LCD较难实现超大尺寸显示，并且整体效率低、功耗大；而LED室内显示屏一方面能提供高品质的显示且易实现超大尺寸，另一方面有利于节能环保。一般认为，LED显示屏已经是成熟的产业技术。然而，在室内超大屏幕显示领域，要充分发挥LED显示屏高显示品质、大尺寸、节能、环保等优势，普通的大像素间距的LED显示屏远不能满足应用需求。在若干关键技术突破的基础上，大到体育场馆、展览馆、大型会场，小到中小型礼堂、会议室乃至家居场所，都将是LED显示屏施展其特长的舞台。

经过凝练，LED显示和背光领域的未来主流产品包括：LED室外显示屏；LED大尺寸背光源；LED中小尺寸背光源；LED室内显示屏；3D LED显示屏。

五、支撑未来半导体照明产品和LED显示主流产品的核心技术总结

目前半导体照明灯具仍然存在如下一些问题，限制了其更大规模的应用：

一是半导体照明灯具的照明效果和品质包括显色性、色品一致性、人眼舒适度等有待进一步提高。基于目前封装技术的高效白光LED大多色温偏高、显色指数较低，而包括家居在内的室内照明、体育场馆照明和广告照明等领域要求有较高的显色指数；另外，目前的封装技术不同批次甚至同一批次不同个体之间的色品一致性较差。这些因素使得半导体照明灯具在室内照明等领域相对于传统光源尚不具备明显的优势。LED具有的小体积、接近半空间180°发光的特性使得可以利用多种手段对其发光的远场分布进行调控，从而形成人眼舒适、环境友好的新型照明光源。但是目前能够充分发挥LED上述优势的创新、实用的设计理念和设计方法还比较少。

二是半导体照明灯具的可靠性还存在一定问题。目前半导体照明灯具的实际寿命与理论预期还有较大的距离，尚需从系统级散热、灯具制造工艺以及高效率、长寿命的驱动电源技术等方面进行深入研究。

三是节能优势尚需进一步提高。目前市场上可获得的高水平功率型白光LED的发

光效率已经超过了 100 lm/W，但从市场上大批量可以获得、价格较低的白光 LED 的光效还没有那么高，由此构成的室内/外照明灯具的效率还比较低，影响了客户的消费心理和市场规模的扩大。

四是高端产品成本高。发光效率高、热阻低、寿命长的半导体照明产品对材料外延、管芯制作工艺、后步封装工艺以及灯具制造工艺有较高的要求，造成了产品的制造成本高；加上国外和我国台湾地区对向我国出口高端产品的限制，使得高端产品价格居高不下。目前，市场上可获得的高端产品每流明的成本大约在 0.3 元人民币左右，远远高于现在的传统照明方式，是制约半导体照明发展的瓶颈之一。

一方面，在半导体照明光源方面，项目组经过归纳总结出人眼舒适、环境友好、高光能利用效率的 LED 照明系统二次光学设计，空间受限情况下半导体照明灯具整体散热设计，高可靠性高效率的智能化驱动系统设计和制作，低成本半导体照明产品制作技术，新颖的半导体照明灯具设计，色温可控、色品一致性好的高效率高可靠性 LED 封装技术，半导体照明灯具的安全防护技术，半导体照明灯具标准化和检测技术等 8 项系统级技术。

另一方面，现阶段 LED 显示技术在某些领域已经取得了明显优势，包括环保性能、宽的色域、快的响应时间等特性，但是仍然有如下的问题限制了其市场份额和应用领域的进一步扩大。

一是亮度和色度一致性差，其最重要的原因是 LED 管芯的离散性和电路元器件的离散性，而且这种离散性会随着环境、时间的变化而加剧。

二是色保真度有待进一步提高。LED 色域是传统彩色电视的 1.8 倍，也就是说它能够表现出比传统电视丰富得多的颜色。但是温度的不均匀性会使得 LED 显示模组的色域出现明显的差别，造成视觉上明显的失真。

三是超薄动态直下式背光源还有待于进一步发展。随着人们生活水平的提高，对超薄大尺寸的 LCD 平板电视有着更高的要求，LED 相比传统 CCFL 背光源理论上具有明显的优势，但封装后 LED 点光源发出的光具有很强的方向性，使其难以以较短的光程在屏幕上形成可拼接的均匀的亮度。此外，在这种情况下，LED 芯片的综合尺寸与芯片和 LCD 之间的距离可比拟，点光源的适用条件已经破坏，面向扩展光源的非成像光学理论设计方法尚需要进一步发展。

四是 LED 显示屏的分辨率还不够高。LED 显示屏具有很宽的色域，同时颜色丰富，色彩艳丽，在很多方面有强烈的市场需求。但目前其较大的像素间距限制了其在家居等视距较短的场合的推广应用。事实上，像素间距的缩短会带来可靠性、散热、驱动等一系列的问题，需要进行深入的研究。

五是 LED 显示模组的可靠性还有待进一步完善，高端产品成本偏高，比如同等尺寸的背光源，LED 是 CCFL 价格的 1.5～2 倍。

在 LED 背光和显示领域，项目组经过凝练总结出高分辨率 LED 显示屏的设计和制作技术，LED 显示屏色度和亮度的逐点调控技术，3D 和曲面异型等 LED 显示屏设计和制作技术，宽色域、超薄、动态控制、大尺寸 LED 背光源的设计和制造技术、高效、

智能化驱动电源管理系统、视觉效果好且节能的封装技术，安全防护设计等7项系统级技术。

经过凝练，材料外延和芯片制备环节的核心技术包括高晶体质量的材料外延技术、高内量子效率的外延结构设计、低工作电压的材料外延生长和器件制备、高外量子效率的器件制备、低热阻的芯片制备技术、欧姆接触电极的制备技术、可靠性评测及失效机理、低成本的器件制作技术等。

六、现有半导体照明相关专利分析

为了实现北京市LED产业发展目标，必须对制约主流产品性能的核心技术进行攻关，确定自主技术研发的突破口是关键。选择目前国外专利壁垒较为薄弱，而自身具有专利优势的环节进行突破是发展北京市LED产业技术的重要战略选择。为此，需要对目前的LED专利情况进行调研和分析。按产业链分为材料外延和芯片制作、器件封装、应用四个环节，每个环节内部再按技术细分为若干类，对每类的专利数进行了统计。从统计数据可以看出上、中游产业的专利数目要远多于下游产业的专利数目，同时上游产业的中国专利数量明显处于劣势，而下游产业的中国专利在数量上所占比例明显增大。这表明目前LED产业中的专利还集中在上、中游产业，下游产业技术还有待进一步发展。在我国申请的专利中，下游产业的比重比上游产业更大，这也从一个侧面反映出我国的部分企业在下游技术上已经具备了一定的实力。

从目前世界范围内GaN基LED产业的发展来看，日本、美国和欧洲的企业的技术水平，尤其是高端产品的研发水平处于领先地位。其中比较著名的公司主要包括：日本的Nichia、Toyoda Gosei，美国的Cree、Lumileds，德国的Osram等。这些公司拥有80%～90%的原创性发明专利（集中于材料生长、器件制作、后步封装等方面），引领技术发展的潮流，占有大多数的市场份额。而中国内地的若干研发单位、台湾地区的一些光电企业（如国联光电、光宝电子、光磊科技、亿光电子、鼎元光电、莹宝科技等）以及韩国的若干研发单位，在工艺和封装以及材料外延方面也具备各自的若干自主知识产权，占有一定的市场份额。

依据2010年中关村半导体照明产业联盟提供的年报，当年共申请和授权中国专利120多项，其中材料外延和芯片制备领域专利共计10余项，半导体照明光源相关专利共计100多项，相关装备制造领域专利共计10余项。

表17-1列出了在材料外延和芯片制作领域申请中国大陆专利的主要企业。可以看到，Nichia和Cree这两家LED产业界的巨人，凭借其材料外延和芯片制作技术上的优势，依然拥有着较多的中国内地专利。在国内的企业中，厦门三安、上海蓝光和台湾地区的企业在专利数量上处于比较领先的地位，杭州士兰明芯则在芯片制作上具有一定数量的专利。清华大学、中国科学院半导体研究所、中国科学院物理研究所、北京大学等北京的研究机构申请了的专利占国内企业和研究机构申请专利的一半以上。

表 17-1　材料外延和芯片制作领域专利分布

公司名称	材料外延领域中国专利数量	芯片制作领域中国专利数量
日本 Nichia	12	7
美国 Cree	13	7
美国 Lumileds	1	3
日本 Toyoda Gosei	11	3
德国 Osram	8	11
厦门三安	6	8
武汉迪源	1	6
上海蓝宝	2	3
上海蓝光	16	21
大连路美	0	4
杭州士兰明芯	1	13
广州普光科技	0	4
清华大学	2	3
中国科学院半导体研究所	4	7
北京大学	5	2
中国科学院物理研究所	6	2
璨圆光电（台湾地区）	11	3
炬金（台湾地区）	5	7
其他	199	96
总计	292	206

在技术水平方面，北京在外延及芯片制备工艺、LED 应用产品方面的专利较强，但 LED 芯片等仍主要仰赖外商和国内其他地区供应。这就使得北京光电技术产品进口、出口结构差异明显，出口产品技术含量相对较低而进口产品技术含量相对较高。虽然出口迅速增长，但是核心技术不足。

下游产业是北京比较具有优势的环节。表 17-2 统计了部分北京企业和研究机构在 LED 应用上的专利分布。可以看出，与材料外延和芯片制作相比，LED 应用技术在企业数量和专利数量上都更具规模。

表 17-2　部分北京企业和研究机构的应用技术授权发明专利分布

企业名称	专利特色	专利数量
北京星光影视设备科技有限公司	LED 显示地板、LED 水晶板、LED 聚光系统等	4
北京利亚德光电股份有限公司	LED 显示器、电视机等	7
清华大学	半导体照明光学系统设计、散热系统设计	10
北京京东方科技集团股份有限公司	LED 背光源	4
北京工业大学	LED 路灯	1

从表17-2可以看出，应用是北京LED产业中规模最大、特点最鲜明的部分。而且，北京的企业在应用种类上分工比较明确。比如，清华大学在半导体照明光源的光学系统设计上形成了鲜明的特色，发展了具有自主知识产权的非成像光学系统设计方法；北京利亚德光电股份有限公司主要从事LED显示上的应用；北京京东方科技集团股份有限公司在LED背光源的开发上独树一帜；而北京星光影视设备科技股份有限公司在舞台灯光的设计和工程应用上达到了领先水平。

从上述对LED产业的专利分类和统计来看，目前LED产业中的专利大部分集中在上游环节，中、下游部分的专利相对要少很多。这一结果也是和LED技术的发展进程相关的。从20世纪90年代初Shuji Nakamura研制出GaN基LED以来，大量的研究工作致力于材料外延和芯片制作，从各个细节入手提高GaN基LED的性能。在这个过程中，上游产业技术得到了快速的发展，涌现了大量的专利技术，其中很多还是核心技术，而中游和下游产品开发则相对滞后。这样就形成了目前专利技术“上重下轻”的状况。

第三节　北京半导体照明的特色和优劣势分析

目前北京LED产业在总体规模、企业数量方面还处于快速发展之中。据不完全统计，目前北京LED相关企业约有150余家，这些企业的产品分布较为广泛，涵盖上中下游整个产业链及相关配套产业。从产业链分布上看，显示和照明应用产品企业数量最多，约占74.5%；封装相关企业次之，约占22.8%；衬底、材料外延和芯片制备企业数量最少，不到2.7%。

与全国相比，2010年北京市半导体照明产业规模较小，约为90亿元人民币，其中90%以上的产值为下游产业所贡献。

一、北京半导体照明的特色和优势

（一）政府非常重视LED产业的发展

北京市高度重视奥运后北京半导体照明的发展。2009年6月成立“中关村半导体照明产业技术联盟”，该联盟由企业、科研机构、测试机构、应用单位、行业组织等上下游20余家相关单位共同组建。通过联盟凝聚资源，以下游示范应用带动上游研发及产业发展，将北京建成我国半导体照明工程技术研发中心、标准制定中心、高端特色产业中心和应用示范中心，全面助力北京半导体照明产业发展。北京市已于2011年获批成为全国第二批“十城万盏半导体照明应用工程试点”城市，北京市政府相关部门正在积极组织实施相关工作。

（二）技术力量和研发水平全国领先，部分研究成果达到国际领先或先进水平

国内半导体照明领域主要研发机构大多集中在北京，拥有清华大学集成光电子学国

家重点实验室、北京大学宽禁带半导体中心、北京工业大学光电子技术实验室、中国科学院半导体研究所、中国科学院物理研究所、北京有色金属研究总院等一批研发机构，在半导体照明材料外延、芯片制造、荧光粉研制、半导体照明系统设计以及应用工程等领域处于国内领先地位。据不完全统计，北京半导体照明相关科研机构和企业在2009年承担的科学技术部“863”计划半导体照明重大工程项目达11项、其他国家部委及地方项目13项，合计获国家财政经费超过2亿元；2010年，承担国家及地方项目达17项，参与制定国家标准1项，获得专利达近120项。

通过多个国家“863”计划、“973”计划、自然科学基金以及北京市科技计划等重大项目的支持，在新型量子阱制备技术、单芯片白光技术、荧光粉配套材料、半导体照明的二次光学系统设计等方面取得系列突破，形成自主知识产权的核心技术，有力地支撑了我国半导体照明产业的快速发展。

（三）上游产业开始起步，下游部分应用产业已形成品牌优势

以太时芯光公司和同方股份有限公司为代表的外延生产、芯片制备产业正在起步；以利亚德、世纪澄通等为代表的20多个LED显示屏企业已初步形成企业集群，约占全国10%以上市场份额；四通智能交通公司在LED交通产品、良业照明公司在景观照明、申安集团在户外照明方面等具有较高知名度，在技术、产业规模、市场认可等方面居国内领先地位。特别值得一提的是，星光影视公司在传统舞台照明领域已占据70%的市场份额，目前，正在开发各类LED新型灯具以实现产业升级，新型大功率LED灯具已成功应用于中央电视台等多个演播室、长安大戏院示范工程等，随着文化产业振兴规划的实施，以星光影视为代表的新型舞台照明企业将会迎来更大的发展机遇。

（四）众多示范工程大力推动了产业和技术发展

以水立方景观照明、鸟巢和玲珑塔的景观照明、开幕式画轴以及梦幻五环等示范项目为代表，半导体照明和LED显示在2008年北京奥运会上的成功应用取得了举世瞩目的成绩，极大提高了半导体照明的公众认可度，有力推动了全球半导体照明产业的发展，据统计，北京因奥运会直接拉动的半导体照明工程收入额达5亿。在国庆60周年庆典上，LED全彩显示屏向全世界成功展示了LED显示的巨大魅力，具有巨大的影响力。以世贸天阶LED天幕显示屏、四环路内LED交通显示系统、西城区辟才胡同等路灯改造工程、郊区县太阳能路灯示范、首都国际机场和金融街等地高杆路灯工程等为代表一系列LED标志性重点示范工程的实施，极大宣传了半导体照明的优异效果和节能优势，提高了半导体照明的普及。由星光公司等承担的长安大戏院示范工程已于2010年9月完工，实现综合节电80%，示范效果良好，在世界上首次实现了LED在舞台剧场的全面应用。

（五）半导体照明产品检测和标准制定力量优势明显

北京拥有全国照明电器标准化技术委员会、信息产业部半导体照明技术标准工

作组、中国电子工业标准化技术协会、中国质量认证中心、国家电光源质量监督检验中心、国家建筑工程质量监督检验中心采光质检部、住建部等标准制定和电光源质量检测单位，已参与制定多项LED相关的国家和行业技术和产品标准，在全国位居一流。

二、北京半导体照明产业发展面临的问题

（一）产业定位和发展目标不清晰

北京半导体照明产业的发展处于各自为战的状态，亟须加强顶层设计和政策引导，制定产业发展规划。

（二）资源优势没有转化为产业优势

在半导体照明的全产业链中，北京拥有清华大学、北京大学、中国科学院半导体研究所、中国科学院物理研究所等多个国内顶尖的技术研发机构，每年均申请或授权相当数量的发明专利。但北京的这些研发成果几乎全部在外省市进行产业化，造成“墙内开花墙外香”的局面。除了LED舞台灯光等产品，北京半导体照明产品市场竞争力均较差，整体产业优势不明显。此外，北京是我国的政治、文化、科技、教育、体育等中心，每年都会举办重大国际、国内体育赛事和重大政治、文化活动，在目前节能减排政策的推动下，半导体照明在道路照明、夜景亮化、舞台表演、商业照明等领域发挥着重大作用，北京的半导体照明市场巨大，位居全国前列。同时，北京还是全国半导体照明人才最集中的区域，半导体照明产品检测和标准制定力量全国最强，并在资金筹措等方面拥有得天独厚的优势。但北京的半导体照明产业定位不清晰，如此巨大的资源优势还没有通过最优化的机制体系形成合力，转化为北京半导体照明产业的发展优势和竞争优势。

（三）核心竞争力有待提高，企业研发投入不足缺乏拳头产品

目前虽然北京地区半导体照明研究机构和相关企业形成了一定数量的自主知识产权，在某些领域取得国际先进成果，但是具有和国际大厂竞争的核心专利技术不多。因此，首先如何突破国外的专利壁垒是北京LED产业发展面临的一个重大问题。其次，除个别企业能够针对市场自主研发LED应用产品外，大多数LED企业生产的产品档次还不够高，在研发上的投入不够多，缺乏具有核心技术的、具有市场竞争力的拳头产品。

（四）产业集聚度还较小，龙头企业还不够突出

虽然在某些领域有些企业已经显示出突出的实力，如世纪澄通公司等在LED显示屏应用方面，星光影视公司在舞台照明领域，四通智能交通公司在LED交通应用领域，良业照明公司在景观照明领域，申安集团在户外照明领域等，但总体上说还缺乏能够带

动整个行业的龙头企业。

（五）细分产业链存在的问题

上游材料外延和芯片制备领域属于技术密集型和资金密集型产业，所需的设备和原材料几乎全部依赖进口，北京的企业规模还比较小，产量还没有达到规模化的程度，无法形成规模经济参与国际竞争；中游 LED 器件封装属于劳动力密集型产业，目前处于以规模和价格取胜的阶段，北京的劳动力价格过高、配套产业不完善非常不利于此类企业的生存；下游模组和光源制造领域，属于技术和劳动力密集型企业，影响半导体照明产品发展的某些关键共性技术尚需进一步攻关，这些关键共性技术主要包括 LED 产品的可靠性、高成本问题以及照明效果等。

三、北京 LED 产业发展优劣势（SWOT）分析

通过上面对北京 LED 产业优势、问题等的详细深入的分析，凝练形成了北京 LED 产业发展 SWOT 分析表，如表 17-3 所示。

表 17-3　北京 LED 产业 SWOT 分析

内部因素 外部因素		优势（S）	劣势（T）
		政府大力支持 上游研发优势突出 部分技术处于国际领先水平 下游已经形成某些特色应用产业 检测、标准制定机构众多 人才资源丰富 产学研联盟已经形成 示范工程众多且影响力大，公众认可度高	研发优势没有转化为产业优势 产业聚集度小，龙头企业还不够突出 企业研发投入不足，缺乏拳头产品 核心知识产权还不够多 细分产业链问题，上游规模小，中游劳动力成本高、配套不完善，下游核心技术尚需进一步公关 核心配套设备生产能力不足
机遇（O）	国内外巨大市场需求 目前能源短缺，亟须发展新型节能产业 国际上一些核心专利技术包围圈逐渐到期 国内中下游专利市场还存在抢占空间 地区技术人员流动量较大 检测标准的亟待制定	SO 战略（依靠内部优势，利用外部机遇） 加速资源整合，统筹规划，集中力量有重点的选择优势产业链环节进行突破，将研发优势转化为产业优势 突出北京特色，发展拳头产品 充分发挥研发优势，抢占专利空间 制定检测标准，规范产业发展	WO 战略（利用外部机会，克服内部劣势） 通过核心专利包围圈的突破，增强上游产业环节 稳定内部技术人员，吸引外部人才；利用高校和科研机构集中的优势，加速人才培养，构建人才创新体系，解决技术不足 通过扩大市场需求，制定标准，减少恶性竞争，并加大扶持若干有特色产品和专有技术的重点企业

续表

内部因素 / 外部因素		优势（S）	劣势（T）
		政府大力支持 上游研发优势突出 部分技术处于国际领先水平 下游已经形成某些特色应用产业 检测、标准制定机构众多 人才资源丰富 产学研联盟已经形成 示范工程众多且影响力大，公众认可度高	研发优势没有转化为产业优势 产业聚集度小，龙头企业还不够突出 企业研发投入不足，缺乏拳头产品 核心知识产权还不够多 细分产业链问题，上游规模小，中游劳动力成本高、配套不完善，下游核心技术尚需进一步公关 核心配套设备生产能力不足
威胁（T）	国际大公司之间通过专利的互相转让增进联合，抵制国内LED照明及显示产业发展；对一些LED企业的专利审查构成LED产业发展的一个困扰 很多国家的LED发展规划已经制定并开始实施 国内其他地区产业发展的竞争	ST战略（依靠内部优势，回避外部威胁） 加速创新体系建设，联系产业实际，研发具有自主知识产权的核心技术，规避专利技术壁垒 政府引导，加速本土半导体照明及LED显示产业的发展	WT战略（减少内部劣势，回避外部威胁） 把具有优势的上游、下游产业做大做强：由科研单位牵头，开展LED材料外延和芯片制备的关键技术研发，提高上游环节的竞争力；有研发优势的科研单位和在行业内有重要影响力、有特色拳头产品的企业联合，发展特色应用产业 规范市场秩序，避免区域内企业恶性竞争

第四节　北京半导体照明产业的定位、目标及配套政策

一、北京半导体照明产业的定位

完整的半导体照明产业链包括材料外延、芯片制备、器件封装、模组和灯具制造以及相关的配套产业。依据北京现有的人才、资金、技术、市场、检测优势，规避北京在劳动力成本、配套原材料等方面的不足，根据“有所为，有所不为”的原则，建议北京半导体照明产业要紧紧抓住两头，定位于产业链的上、下游高端领域，即高端半导体照明材料外延和芯片研发、高端半导体照明光源设计和制造。

这里需要强调如下几点：

首先，考虑到我国广东省已经在LED封装领域占据了世界市场的70%，并且广东省在劳动力、配套原材料和市场通路等方面具有得天独厚的优势，在北京重点发展LED产业的中游领域——LED封装技术很难形成优势地位。北京半九集团的晶辉光电子公司长期以来很难做大做强，就是一个例证。彩虹集团公司有意在北京进军LED封装领域，但该公司普遍反映招工难，因此劳动力的成本是必须要考虑的因素，其最终的发展态势还有待于进一步证明。

其次，北京的半导体照明产业要强调“高端”。在过去的 2010～2011 年中，我国在半导体照明方面的投资出现了过热的现象，许多公司大量引进 MOCVD 设备，纷纷上马半导体照明光源或灯具的生产线。考虑到国内半导体照明产业人才普遍匮乏，上述公司并没有强有力的技术支撑，势必会造成低水平、低价产品大量充斥市场的局面。北京要在未来的市场竞争中立于不败之地，必须坚持走“高端产品”的研发和生产路线，坚持走“精品”路线，唯有如此，才能长期赢得市场和客户的青睐。

二、北京半导体照明产业发展的目标

经过 3～5 年的努力，形成在世界上占有重要地位的高端半导体照明材料外延和芯片研发基地、高端半导体照明光源设计和制造基地、半导体照明产品标准制定基地、半导体照明人才培训、技术服务基地和出版高地。到 2015 年，北京的半导体照明产业规模达到 600 亿元，约占全国的 10%，其中，半导体室外照明产品、室内照明产品、LED 背光源、LED 显示屏的市场规模分别将达到 200 亿元、40 亿元、160 亿元、200 亿元左右，这些市场是由前面确定的主流产品支撑的，同时涌现 4～5 个半导体照明龙头企业。北京市 LED 产业可提供就业岗位接近 10 万个；按照 LED 灯具比传统灯具节能至少 50%计算，北京 LED 产业可每年节能 42 亿千瓦时，相当于每年可节约标准煤 150 万吨，可以减少煤粉尘产量 45 万吨，减少二氧化碳排放量 390 万吨，减少二氧化硫排放量 4.2 万吨。

三、促进北京半导体照明产业发展的配套政策建议

（一）统一归口管理，统筹布局产业发展

在此方面，可借鉴广东省的做法。广东省将所有涉及半导体照明的政府管理统一归口到省科技厅，由科技厅统一调度各种资源，理顺了各方面的关系，大大提高了对半导体照明产业的指导和扶持力度。建议将涉及半导体照明产业规划制定、政府产业配套资金使用、人才引进、新产品示范应用、税收优惠政策等管理统一归口，统筹安排北京半导体照明产业发展。

（二）强化研发优势，集中突破关键技术

目前 LED 芯片的光效还不够高、半导体照明光源的成本高、照明效果差等众多影响半导体照明产业发展的共性关键技术亟待解决，建议北京市建立长效机制，积极争取科学技术部、国家发展和改革委员会等部委的各类政策、重大项目资源，引导相关资金投入，整合各方资源，集中优势力量进行攻关，突破影响材料外延、芯片制备，以及半导体照明光源设计和制造产业发展的共性关键技术，以支撑和促进北京半导体照明产业的快速发展。

（三）强化成果转化，提高技术创新能力

面对北京地区 LED 企业技术力量不足的问题，采取设立产学研基金、科技成果在京转化基金等多种机制和体制，强化高端研发成果在北京当地的转化和产业化，全市统筹规划，积极促进产学研有机结合，以发明专利等知识产权为纽带，聚集技术研发力量服务于北京半导体照明产业的发展，有步骤地在半导体照明和 LED 显示领域建立数个国家级或市级重点实验室、工程技术研究中心，提升企业的研发水平和创新能力。同时，建议设立半导体照明和 LED 显示专项科技奖励基金，鼓励技术创新。

（四）以专利为重点，促进上游技术研发

针对高端 LED 材料外延和芯片研发，建议鼓励探索新型的材料外延和芯片制备技术路线，抢占专利制高点；在有创新思路和初步成果的前提下，逐步发展半导体照明材料外延装备制造。

（五）强化特色优势，狠抓标准体系建设

在高端半导体照明光源设计和制造领域，建议全市统筹布局，以凸显北京特色的半导体照明示范工程建设等为抓手，推动北京市急需的设施农业照明、美容医疗特殊谱线照明、景观亮化、道路照明、大型商业照明、体育场馆照明、剧场照明、文化创意、LED 电视等的示范应用，进一步强化产业特色和优势。同时，以标准体系建设为重点强化产品质量监管，建立公认的检测标准，设置市场准入门槛。鉴于产业发展现状，可以先行制定行业规范和技术规范，促进产业内部自律；随着产业发展，逐渐利用国际上通行的和国家现有的电子元器件质量标准整顿市场秩序；积极推动有关 LED 国家行业标准的建立。

（六）发展技术服务，加强培训与出版事业

依托清华大学、北京大学、中国科学院半导体所、中国科学院物理所等相关科研机构，搭建国际化的公共服务平台，形成企业难题凝练、技术服务、中试生产等一条龙技术服务体系；依托中关村半导体照明产业联盟，打造国际化的人才培训基地；设立半导体照明出版基金，大力促进半导体照明版权交易，提升北京半导体照明领域的出版水平。

第十八章　北京光伏产业发展战略：现状、市场定位及配套政策①

光伏发电清洁、可再生、应用范围广，是一种非常具有潜力的清洁能源。随着光伏发电成本的逐渐降低，光伏发电越来越具有竞争力。预计 2015 年将有包括中国、美国、德国、意大利等国家在内的 27 个国家实现“平价上网”。我国已发展成了世界第一大光伏制造国，2010 年多环节产品产量均达世界第一。国内涌现出多个光伏大省，如江苏省 2010 年产值达千亿元以上，浙江省产值 900 亿。相比国内一些光伏大省，北京光伏产业产值在百亿左右，规模较小，产业潜力有待开发。

2011 年起光伏产业形势严峻，国际经济低迷市场需求增速减缓、国内产能严重过剩，这些问题导致光伏企业竞争加剧，光伏产业面临新一轮的洗牌。在此背景下，北京应抓住机遇，客观分析目前的优势、劣势以及机会、挑战，在产业关键技术、关键装备及国内市场方面下足工夫，充分发挥自身优势，促进光伏产业的大发展。北京光伏产业的市场定位是：以设备、研发、技术服务能力的发展，将北京打造为高端设备制造中心、高端研发中心及高端技术服务中心，具有整线交付与技术服务能力、系统集成与关键设备制造能力，实现北京光伏产业高附加值增长，在下一轮产业爆发中异军突起。

根据北京光伏产业特点及产业发展目标与定位，建议出台北京中长期产业发展纲要，进一步完善政策法规环境；加大科技研发投入，提倡企业为主导的科研机制；加强光伏产业技术的创新与合作，促使北京成为全国乃至全球的技术研发中心；围绕整线集成与技术服务，打造光伏产业技术转移平台，实现实验室技术快速产业化；培养一批领军人才和科技骨干，支撑北京光伏产业的发展。

第一节　国内国际光伏产业扫描：现状、市场前景及发展趋势

光伏产业涉及电池种类较多，电池种类不同其产业链构成也不同。占光伏市场份额最大的晶体硅产业链最长，涉及上游的多晶硅提纯、中游的硅片制造及电池制造，以及下游的组件制造与系统集成。对薄膜电池而言，则产业链短很多，主要是沉积薄膜形成电池后封装成为组件，然后系统集成。除主产业链外，光伏产业还需配套的设备产业及辅材产业，为光伏产品制造或系统集成提供相应的设备与辅材。

① 本章由中国科学院电工研究所课题组完成。王文静研究员担任课题负责人，李海玲、赵雷、周春兰、刁宏伟、闫宝军等参加了研究工作。

一、光伏产业现状分析

（一）主产业链产能过剩，企业竞争加剧

1. 晶体硅提纯

多晶硅提纯产业属于光伏产业链中附加价值最高的一个环节，多年平均毛利率在40%以上。由于对技术及初投资要求非常高，导致全球主要的多晶硅生产厂家很少，多晶硅产业的行业集中度非常高。全球太阳能多晶硅生产主要集中在美国、德国、中国、韩国等国家。

2010 年，世界光伏用多晶硅料产量达到约 16 万吨，与 2009 年的 10.5 万吨相比，增长了 52%，其中德国 Wacker 公司以 30 500 吨的产量位居全球首位，美国 Hemlock 公司以约 2.7 万吨的产量位居次席，中国保利协鑫以 1.75 万吨的产量位列第三位，韩国 OCI 公司以近 1.6 万吨的产能位列第四，挪威 REC 公司以 1.3 万吨的产能位列第五。世界前五家企业的产量约占据全球总产量的 60%，前十产量占据全球总产量近 80%。

我国多晶硅产业发展迅速，一方面，产业规模不断扩大，2007 年我国市场所需多晶硅料 90%依赖进口，2010 年实现 50%依赖进口，已快速发展为仅次于德国和美国的世界第三大多晶硅料制造国，并涌现出了世界级的多晶硅大厂，如保利协鑫及 LDK，2010 年排位至世界前十；另一方面，近年来通过技术引进及消化吸收，我国多晶硅提纯技术取得了很大进步。一些实力强劲的多晶硅料制造商在耗电量、副产物综合利用及成本方面都达到了世界先进水平。

2. 硅片制造

2010 年全球硅片产能从 2007 年的 6777MW 增加到了 23 079MW，年复合增长率达到 51.6%。从全球太阳能硅片生产企业来看，截至 2010 年年底，全球太阳能硅片产能排名前五的厂商分别为保定协鑫、赛维 LDK、挪威 REC 公司、德国 Deutsche Solar 公司和中国昱辉阳光公司，产能分别达到 3500MW、3000MW、1925MW、537MW 和 525MW。

我国已经发展为世界最大的硅片制造国，产能达到世界的 50%左右。世界前 15 位的企业中我国占据 10 位（包括中国台湾地区），其中保利协鑫和赛维 LDK 分居世界的第一位和第二位。

3. 电池制造

全球太阳能光伏电池制造业保持着快速增长态势。根据 GTM 统计，2010 年，全球太阳能光伏电池产量达到 24GW，同比增长达 122%。从生产区域来说，我国 14.2GW 位列世界第一，其中大陆地区 10.6GW。欧盟以 3.127GW 的产量位列第二，其后是日本，2.182GW，再后为美国，1.116GW。从技术来说，传统晶体硅电池占83%，高效晶体硅电池占4%，CdTe电池占6%，薄膜硅电池占5%，CIGS电池占2%。世界前15位的企业中除了First solar生产CdTe薄膜电池外，其余都为晶体硅电池。在薄膜方面，产业规模最大的为CdTe电池，美国的first solar公司通过成功地将CdTe电池技术商业化，成为薄膜中唯一的达到GW规模的电池厂，2010年产量达到1.4GW，2011年达到2GW，预计2012年可以达到2.7GW。薄膜硅电池商业化程度相对较高，企业数量较多，较大的企业有Sharp（2010年产量195MW）、深圳创意（2010年产量138MW）、United Solar（2010年120MW）。CIGS电池企业普遍规模较小，2010年产量均低于100MW。到目前为止，日本的solar frontier规模最大，有望成为薄膜领域中第二位GW级企业。

我国的电池制造能力从2007年起已经连续5年保持世界第一，甚至今后的几年都具有实力继续维持世界第一位置。2010年世界前5中，中国有4家企业；世界前10中，中国有6家企业；世界前15中，中国有9家企业。光伏电池制造成为我国为数不多的与国际先进水平一致的产业。

4. 组件制造

从全球太阳能电池组件的产量来看，截至2010年年底，组件产量20GW。全球光伏电池组件排名前五的厂商分别为无锡尚德、赛维LDK、First solar、阿特斯、德国Deutsche Solar公司，产量分别达到1800MW、1500MW、1400MW、1300MW和1000MW。

我国光伏组件制造规模同样世界最大。世界前15中有8家中国企业。从我国光伏电池组件的产量来看，截至2010年年底，我国光伏电池组件排名前五的厂商分别为无锡尚德、保定英利集团、常州天合、阿特斯及韩华公司，其产量分别达到1558MW、1061MW、1060MW、804MW和798MW。

（二）设备制造技术垄断，集中于欧美日国家

从设备制造来说，由于电池制造工艺繁琐，因此相关设备种类繁多，主要设备多掌握在欧美日手中，且呈现技术垄断状态，只有少数几家企业能够自主生产。

VLSI Research公司统计了2009年及2010年世界前10位的光伏设备制造商，结果如表18-1所示。可以看出，2010年世界前十的设备制造商中有9家都是欧美日公司，只有一家中国公司——中国电子科技集团公司第48所，首次出现在榜单中，位列世界第9，主要依赖国内市场的快速扩张，通过销售大量扩散炉、清洗机、等离子去边机等非关键设备获得了大量订单。榜单说明了我国设备制造实力与国际的差距。

上榜的10家设备制造商中有两家主要从事薄膜真空设备，Ulvac及Oerlikon，都为日本公司，其余8家都为晶体硅相关设备，主要生产设备涉及PECVD（SiNx膜用）、丝印机、多晶硅清洗制绒机及铸锭炉与多线切割机，都为相关生产环节的关键设备。

表 18-1　2010 年世界前 10 位的光伏设备制造商

公司	2009 年排名	2010 年排名	2010 年销售收入/百万美元
Applied Materials	1	1	1495
Centrotherm	2	2	825
GT	4	3	775
Meryer Burger	6	4	735
Gebr. Schmid	3	5	570
Ulvac	7	6	380
Routh &Rau	8	7	325
RENA	—	8	300
中国电子科技集团公司第 48 所	—	9	295
Oerlikon	5	10	195

资料来源：VLSI Research。

1）我国晶体硅产业方面的设备情况

我国设备制造水平虽然与国际水平仍有一定差距，但是经过多年的发展已经取得了长足的进步。国内目前设备制造领域涵盖了产业链各个环节，主要集中在单晶拉制（或多晶铸锭）、切片、电池/组件制造及应用系统与相应辅助设备上。

在多晶硅生产装备方面，主要的生产设备包括电解制氢装置、HCl 合成炉（配干燥装置）、三氯氢硅沸腾床加压合成炉、三氯氢硅水解凝胶处理系统、粗馏/精馏塔、硅芯还原炉、磷检炉、尾气干法回收装置、硅料清洗设备等。在此生产环节，大部分设备依赖进口，我国设备制造能力较国外差别较大，主要表现在产能、工艺等方面。

在切片环节主要的设备有单晶炉/铸锭炉、切片机、清洗机等。此环节的设备中，单晶炉很早就实现了国产化，因为成本低、质量可靠等优点几乎占据了国内市场。多晶硅铸锭炉随着国内多晶硅市场的扩张也逐步发展起来，而且进步迅速，京运通、精功等企业打破了国外设备的垄断局面；但在线切割方面，国内设备能力较差，主要产品用于开方，且市场占有率低，在切片方面完全依赖国外进口。

在电池片制造环节，主要设备包括清洗/制绒机、扩散炉、二次清洗机、去边设备、PECVD 设备（氮化硅）、丝网印刷机、高温烧结炉、测试分选仪等。依赖于国内半导体行业的丰富经验，我国光伏设备企业在短短的数年内已基本具备晶体硅太阳电池制造设备的整线装备能力。但是在一些关键设备上，国产设备的竞争力较弱。在几种设备中，单晶电池生产用槽式硅片清洗机几乎全部国产，多晶硅清洗机多采用链式结构，几乎全进口，国内已有个别企业能够提供类似设备，但市场份额极小；扩散炉大部分国产，中国电子科技集团公司第 48 所、七星、捷佳创等公司的产品占领了国内大部分市场份额；干法（等离子）刻蚀机几乎全部国产，湿法去边仍依赖进口；PSG 去除设备已在国内生产线占据主导地位；PECVD 方面，国内可提供管式和板式两种，管式设备市场份额极小，板式设备刚刚进入市场，还需经过市场的检验；丝网印刷机方面，全自动丝网印刷机已经面世，但是可靠性、精度等方面还与国外设备具有很大差距，国内生产线仍依赖国外进口设备；烧结炉主要为进口设备，且主要集中在几个厂家上；自动分选机方面也主要依赖进口，国内产品仍具有差距，无法满足大规模生产的要求。

在组件生产环节的主要设备包括串焊机、层压机、装框机、测试仪等。由于组件生产环节技术水平相对较低，主要设备层压机基本以国产为主。但是组件生产过程中的自动设备仍靠进口。

2）我国薄膜产业方面的设备情况

薄膜硅组件生产方面，主要的玻璃清洗机、PVD（或 LPCVD）、激光划线机、PECVD（硅薄膜）、测试设备等。我国薄膜硅薄膜设备因为起步较晚且没有 TFT-LCD 设备制造基础，关键的薄膜生长设备 PECVD 成为制约因素，无法满足现在的产业发展方向——非晶/微晶叠层电池的生产。其他薄膜电池如 CdTe、CIGS 电池方面，其工艺设备目前市场上无定型设备，都是电池生产商根据工艺自行研发涉及，我国在此方面与国际的差距更大，因为其产业化设备制造不仅依赖于设备制造能力，还严重依赖对电池原理及工艺的深入理解。

目前国际上的 CdTe 和 CIGS 电池产业关键设备都依赖自主开发，国内无相关产品。

总之，国产设备经过一段时间的发展在某些方面已经具备了很强的竞争力，且价格低、售后服务好、交货期短，为降低我国电池制造成本做出了极大的贡献。但是在一些关键设备上，仍与国外差距较大，尤其是高温热场和气场的均匀性与稳定性方面及自动化程度方面。

（三）光伏逆变器增长强劲，欧盟占据主要市场份额

全球的光伏逆变器销售收入从 2004 年的大约 12 亿美元增加到 2010 年的 64.9 亿美元，年复合增长率达到 32.5%。欧盟的光伏逆变器占据主要市场份额。德国的 SMA 是最大的光伏逆变器制造商，其市场份额 2009 年为 40%，2010 年为 38.5%；SMA 后是西门子，其市场份额为 2009 年 7%，2010 年 8.1%；Fronius 公司 2009 年 7.8%，2010 年 7.2%；Schneider 公司 2009 年 6.2%，2010 年 7.2%；Kaco New Energy 公司 2009 年 7%，2010 年 8.1%；Sputnik 公司 2009 年 4.7%，2010 年 4.5%。世界前 10 位的制造商中有 8 个来自欧盟。

国内企业在逆变器行业研究多年，已经具备一定的规模和竞争力，具有较大规模的厂商有合肥阳光（专业生产离网/并网光伏及风力发电逆变器）、南京冠亚（控制逆变为主）、北京科诺伟业（系统集成及逆变器）等。整体上仍是合肥阳光一家独大的局面，但一些实力较强的电源企业正在转入，对市场格局造成影响。随着国内市场的逐渐打开，国内逆变器市场逐渐增长。虽然目前国内仍是国内逆变器占大部分市场份额，但随着国外知名逆变器厂家进入中国，国内逆变器市场受到挤压。

二、光伏产业技术现状

（一）光伏产业技术现状

1. 晶体硅电池产业技术现状

在晶体硅电池制造方面，我国处于世界前列。特点是成本世界最低、质量世界领先，在个别技术点上取得了突破。我国传统晶体硅电池的产业化技术达到国际一流水平，但在高效电池技术上则多靠引进。如表 18-2 所示国内及国外典型高效电池技术及进展。

表 18-2　国内及国外典型高效电池产业化技术及进展

制造商	技术名称	技术来源	现状	产业化电池效率
晶澳	赛秀纳米硅墨水	innovalight 公司的硅墨水技术	2010 年 5 月开始试生产，正式生产在 2010 年下半年	18.9%（中试）
韩华	单晶硅的选择性发射极	技术引进	开发中，2011 年可能量产	18.5%
尚德	Pluto 单晶硅电池	与新南威尔士大学合作	小规模量产，2010 年每月产量为 4MW	19.5%
天合	HIT、其他高效电池	技术引进	2010 年量产	18.1%
英利	PANDA，n 型单晶硅	ECN	中试，2010 年第三季度量产	18.5%（中试）
三洋	异质结（HIT）电池	自主开发	量产，2010 产量为 400MW	19.8%
Sunpower	全背接触单晶电池	自主开发	量产，2010 年 620MW	22.0%

2. 薄膜硅电池产业化技术

由于非晶硅具有严重的光致衰减效应，为了提高薄膜硅电池效率，目前国际上研究和产业热点集中在非晶硅/微晶硅叠层电池上。叠层电池技术主要掌握在几个先进制造商手中，欧洲 Oerlikon、日本的 Ulvac 及美国 Applied Material 水平国际领先，可以提供交钥匙工程（尽管美国的 Applied Material 公司设备后来发现有些不足之处，宣布不再提供交钥匙工程）。我国自主的薄膜硅电池技术仍停留在非晶硅薄膜电池技术上。目前硅薄膜生产企业主要有两种，一种依赖国外进口的交钥匙设备生产非晶/微晶叠层电池；另一种依赖国产设备生产非晶硅叠层电池。国内企业已经调试出稳定效率大于 9%的非晶硅/微晶硅叠层电池组件。我国的非晶硅电池组件稳定效率为 6%左右，采用的国产的硅基薄膜电池生产设备主要基于美国 EPV 公司的单室沉积技术。通过消化吸收，不断完善，国产的单室沉积非晶硅电池的设备水平和工艺完整与可靠性，均已达到国际同类水平。

（二）光伏研发现状

1）晶体硅电池技术

单晶硅电池实验室转换效率最高为25%，由澳大利亚新南威尔士大学（UNSW）制备得到；多晶硅电池实验室最高转换效率为20.4%，由Fraunhofer研究所制备得到；国外著名研究机构有澳大利亚新南威尔士大学、德国的Fraunhofer研究所及荷兰的ECN等，所开发电池结构包括PERL电池、MWT电池、双面电池等。我国在晶体硅电池研究方面的主要有中国科学院电工研究所，上海交通大学、中山大学等，在HIT电池、SE电池及MWT电池等方面展开了研究。

2）薄膜电池

国外一些研究机构在硅薄膜研究上取得了一定成绩，取得较高效率的有瑞士Oerlikon，效率达10.1%（衰减后），为目前单结最高效率；其余的有美国United Solar Ovonic LLC、德国Dresden等，都取得了较高的效率。在叠层方面，Uni-Solar公司采用a-Si/a-SiGe/a-SiGe三结叠层电池，小面积电池（0.25cm^2）效率达到15.2%，稳定效率达13%，900cm^{2}组件效率达11.4%，稳定效率达10.2%，产品效率达7%～8%。2005年日本三菱重工和钟渊化学公司的非晶硅/微晶硅叠层电池组件样品效率分别达到11.1%（40cm×50cm）和13.5%（91cm×45cm）。我国在薄膜硅电池的研究上也取得了一些成果。主要研究团队有南开大学、中国科学院半导体所、中国科学院研究生院、中国科学院电工所。其中南开大学光电子薄膜器件与技术研究所研制的小面积非晶硅/微晶硅叠层电池效率达11.8%，10cm×10cm组件效率10.5%。另外中国科学院半导体研究所在硅基薄膜材料稳定性及其高效非晶硅电池研究方面、科大研究生院在硅基薄膜生长和输运机理方面、电工所在非晶硅锗薄膜特性方面取得了多项研究成果。

三、市场应用及政策情况

（一）市场应用情况

得益于一些国家政府对光伏产业发展的支持，光伏装机量逐年大幅上涨，近十年年复合增长率达到47.9%。2008年全球累计装机容量达到16GW，2009年达到23GW，2010年几乎达到40GW，每年产生约50TWh的电力。从全球累计安装量的角度来说，欧盟仍是主要光伏市场，截至2010年累计装机容量达到30GW，相当于75%的世界累计装机容量，与2009年的70%相比又出现了上升。日本（3.6GW）和美国（2.5GW）分列其后。欧盟中主要安装国家为德国和意大利，德国累计安装量17GW，占世界安装量的43%。截至2010年我国光伏安装量达到893MW，占世界安装总量的2%。

从应用形式来说，光伏并网比例逐年增加，光伏建筑并网成为光伏应用主要形式。我国应用比例最高的为大型荒漠，达到48%的比例；其次为城市并网，约占32%。

（二）支持光伏产业发展政策情况

太阳能光伏发电由于发电成本较高，在全球范围内仍处于政策推动阶段。目前，包括欧洲、日本、美国和我国在内的主要国家和地区都已经出台了一系列的光伏发电政策，用于促进光伏发电的规模化应用，主要包括：电价政策、补贴政策和财税政策等多种类型，具体如表 18-3 所示。其中上网电价取得效果最好、应用国家最多。

表 18-3　世界主要国家光伏政策

国家		政策类型			
		电价政策	补贴政策	财税政策	保障政策
欧洲	德国	固定上网电价			配额政策
	西班牙	固定上网电价			配额政策
	意大利	固定上网电价			配额政策
	捷克	固定上网电价			配额政策
	法国	固定上网电价			配额政策
	英国	固定上网电价			配额政策
日本		净电表制度＋固定上网电价	初始投资补贴	税收优惠	配额政策
美国		净电表制度		税收优惠	配额政策
中国		固定上网电价	初始投资补贴		
印度			初始投资补贴		
韩国		上网电价			

除了中央政府政策以外，在保增长、拉内需、促发展的新的形势下，各级政府把振兴经济当作主要工作予以重视，并根据地方的条件和优势，颁布实施了一系列的光伏发电地方优惠政策，如表 18-4 所示。

表 18-4　国内主要光伏大省扶持政策一览表

省（自治区、直辖市）	具体政策
江西	《江西省光伏产业发展规划》 目标：国内重要的光伏等新能源装备研发和制造基地
海南	《海南省建设厅关于组织申报太阳能光电转矩应用财政资金项目的通知》 主要内容：对太阳能光电建筑项目实施财政补贴
浙江	《关于加快光伏等新能源推广应用与产业发展的意见》 关于浙江省太阳能光伏发电示范项目扶持政策的意见 主要目标：推动太阳能光伏发电示范项目的建设和运营，促进光伏技术的进一步突破及其产业化，打造具有竞争优势的新兴产业

续表

省（自治区、直辖市）	具体政策
青海	《关于促进太阳能光伏风能发电等新能源产业项目用地意见》。该文件明确规定，太阳能光伏、风能发电等新能源产业用地均采取划拨方式供地；同时明确了以青海省被国家能源局确定为光伏电站建设示范基地为契机，积极争取国家在下达建设用地计划指标时向青海省倾斜，在下达指标计划时优先安排、单独下达，确保用地计划指标的落实和项目顺利落地
江苏	《江苏省光伏发电推进意见》，大力发展江苏光伏发电； 《江苏省“十二五”培育和发展战略性新兴产业规划》，重点突破适度规模、分布式光伏发电和大型光热发电成套设备生产技术和集成技术，大力发展电站成套设备与系统，加快推进与建筑结合的光伏和光热利用技术及产品发展，促进太阳能利用技术和产品的推广应用。着力提升光伏产业链各环节技术水平和生产效率，光伏晶硅电池转换效率达到20%以上，光伏发电成本加快达到“一元一度”水平
上海	《上海推进新能源高新技术产业化行动方案（2009～2012年）》 规划到2012年新能源产业重点领域总产值达到1100亿元，占全市工业总产值比重从当前的不到1%提高到3%；太阳能产业在薄膜太阳能电池、核心装备研发制造等方面达到国内领先、国际先进水平
山东	《关于扶持光伏发电加快发展的意见》，并制定了价格扶持政策和资金扶持政策，希望通过3年的政策扶持，力争光伏发电有一个较快的发展
宁夏	《关于支持太阳能和风力发电等新能源产业项目用地有关事项的通知》，明确免收土地出让金、免收新增建设用地有偿使用费、免收土地管理费和成本从低政策的用地政策，吸引了大批的项目开发商

为促进北京光伏产业的发展及应用，北京市政府分别在2009年和2011年年底出台了“北京市加快太阳能开发利用促进产业发展指导意见”与“北京市‘十二五’时期新能源和可再生能源发展规划”，对北京光伏利用及产业发展方向进行了规划。

四、技术发展趋势

过去的半个多世纪中，多种多样的新材料、新结构电池不断涌现。经过多年的发展，一些电池逐渐表现出了优秀的性能和发展潜力，成为目前产业的生力军，如晶体硅电池、薄膜硅电池、CIGS电池、CdTe电池及聚光电池。几种技术的发展趋势分述如下：

（一）晶体硅电池仍将是市场主流

晶体硅电池是目前最具竞争力的一种电池技术，具有低成本、高效率及性能稳定的优点，全球电池市场份额达80%以上，2011年预计达到90%以上。毫无疑问晶体硅在不远的未来仍将是市场主力。产业规模的扩张、更低成本的多晶硅料、优化的工艺控制和持续不断的效率改进，这些确保了晶体硅在未来五年都将更具有竞争性。

晶体硅电池技术的发展方向为高效率低成本。其发展方向如表18-5所示。

表 18-5　晶体硅电池产业技术发展方向

产业环节	技术发展方向
多晶硅提纯	物理法提纯
	冷氢化技术
硅片制造	准单晶
	金刚石线切割
电池制造	高效电池：HIT 电池、背场钝化电池、MWT 电池、SE 电池等
	新工艺：等离子注入、黑硅、金属电镀电极、P+钝化膜等
组件制造	高新能封装材料的开发：新型密封剂、低成本背板等

（二）薄膜电池技术的发展很大程度上取决于晶体硅电池的成本

薄膜电池占世界电池的市场份额一度高达 20%，2011 年又跌至 10%以下。薄膜的市场发展较为艰难。除了个别企业，整体而言薄膜制造的工艺不稳定性、较低的效率及较高的发电成本限制了薄膜产业的扩张。薄膜产能的扩张将主要取决于多晶硅料价格的变化，如果多晶硅料价格上升到 150 美元/公斤，则薄膜电池又重新具有竞争力。

薄膜电池技术的普遍问题是由于缺乏可借鉴的产业技术，其产业化技术薄弱、产业化装备开发能力较差，产业生产过程中，对工艺及设备稳定性的控制性较差，导致产品稳定性较差。为提高薄膜电池竞争力，薄膜电池技术在未来几年的主要研发方向为提高电池转换效率、降低电池生产设备成本。主要研发方向如表 18-6 所示。

表 18-6　薄膜电池主要研发方向

薄膜技术种类	技术途径	研发方向
硅薄膜电池	提高效率	大面积、均匀高转换效率的叠层结构等
	降低成本	满足快速生产的高质量 PECVD 设备等
CdTe 电池	提高效率	寻找新合金材料等
	降低成本	满足快速生产的高质量 CdTe 沉积设备、超薄 CdTe 电池等
CIGS 电池	提高效率	电池机理的深入研究
	降低成本	解决 CIGS 生产重复性，提高产品优良率

（三）聚光电池成本还有待降低

聚光系统利用透镜或者反射镜将太阳光聚焦到光伏电池中，从而减小给定功率所需要的太阳电池面积。目的是用较为便宜的光学材料降低昂贵的光伏组件的面积来大大降低发电成本。经过多年的发展研究光伏聚光系统仍未得到大规模应用，主要因为其相对高昂的成本。虽然通过聚光有效提高了电池转换效率，但是增加的聚光系统、在高倍聚光条件下的冷却系统及应用于聚光系统的电池本身都增加了系统发电成本。为提高聚光系统的竞争力，必须解决其高成本问题，开发出新的低成本的 GaAs 沉积系统，更为经济可靠的跟踪系统及组件的设计，其他技术障碍还包括来源于高热和高电流密度造成的电池封装难度。

（四）系统集成技术尚处起步发展阶段

光伏系统形式主要有大型并网光伏电站、建筑光伏并网发电系统、光伏微电网系统和独立光伏系统，不同系统的设计集成及平衡部件技术也各不相同。目前，除独立光伏系统技术比较成熟以外，其他三类系统技术仍在不断发展或刚刚起步。现阶段主要围绕着大型并网光伏电站、建筑光伏系统和光伏微电网三种形式展开光伏规模化利用技术研发，重点包括系统设计集成技术、运行控制技术及核心设备开发，同时进行光伏功率预测技术、与电网关系及与生态环境关系等研究。

五、产业前景广阔，未来三年市场需求仍将保持增长态势

光伏发电，不仅仅是一种“理想”的实现能源与环境目标的方案，而且非常现实并具有竞争力！光伏发电经过多年的发展，从技术和经济上证明了其实力与潜力，不再被认为是传统能源的补充能源，而被重新定义为未来的重要替补能源，将在人类能源系统中贡献重要力量。

国际能源署（IEA）在 2010 年发布的光伏产业路线图中认为，光伏将在 2050 年提供全球用电量的 11%，达到累计 3000GW 的容量，年发电量达到 4500TW·h。IEA 修改了之前发布的《能源技术前景 2008》中指定的“到 2050 年，太阳能将提供全球发电量的 11%，大约一半来自光伏（6%）……”。由于近几年，光伏成本的降低和光伏技术的发展，越来越多的国家都将光伏定位为未来主要替代能源。光伏将在未来能源体系中发挥重要作用。

虽然光伏市场受到世界经济低迷的影响，但未来三年光伏市场需求仍将保持增长态势。2012 年将可能是光伏需求增长最缓慢的一年，当年需求量可能仅为 25.5GW。从 2013 年开始，随着光伏产品成本进一步降低，市场需求将逐渐恢复，光伏产业发展逐渐加速，2015 年预计达到 46GW，产业规模扩大一倍。

从细分市场来说，不同国家的补贴政策决定了各国的细分市场的发展。欧盟地区仍将以住宅系统（1～10kW）市场可能增长显著，但是商用系统（100～500kW）仍占最大市场份额。就亚太地区而言，大型电站（MW 以上）需求将引领亚洲太阳能市场需求的成长，成为未来最大的细分市场类别。美国的各细分市场都将得到发展，但是大型电站仍将占据主导位置。我国光伏应用将主要集中在大型荒漠电站、与建筑结合的光伏系统（商用系统）两个方面。由于具有大量荒漠地区，加上国家出台的一刀切的 1 元/kW·h 的电价补贴导致在西部日照资源丰富地区的获利更高，因此国内在未来几年仍将以大型荒漠电站为主。同时财政部去年底发布的《关于组织实施 2012 年度太阳能光

电建筑应用示范的通知》将2012年补助标准暂定为9元/W和7.5元/W，表明了国家在“十二五”期间力促光伏建筑一体化的信心和决心。另外，在《关于组织实施2012年度太阳能光电建筑应用示范的通知》中首次提出推广微电网并网技术，提高光伏发电对现有电网的适应能力。微电网将逐渐成为我国及世界光伏应用的一种重要形式。

第二节　北京光伏产业剖析：发展现状及SWOT分析

一、北京光伏产业现状分析

北京光伏产业经过几年的发展也达到了一定的规模。北京光伏产业主要集中在产业链的中下游环节，不涉及上游和中游的多晶硅提纯和拉棒/铸锭、切片环节。

（一）多晶硅提纯

北京不涉及多晶硅提纯产业。其高能耗及高污染可能性使其不适宜在北京发展。

（二）硅片制造

北京光伏产业涉及拉棒/铸锭、切片产量较少，2010年京运通销售单晶硅片736万片，多晶硅片689万片，达到约50MW的产量。预计2015年将达到250MW左右的规模。

（三）电池与组件制造

北京电池产业北京光伏产业中涉及电池制造的企业较少，落地北京生产的企业仅有6家（表18-7），包括中轻太阳能电池责任有限公司（以下简称中轻）、北京捷宸阳光科技发展有限公司（以下简称捷宸阳光）、北方微电子、北京中科信电子装备有限公司和北京中锦阳电子科技有限公司，北控绿色科技产业有限公司引进的20MW。

表18-7　落地北京电池生产企业一览表

公司名称	开展光伏业务时间	初期产能	2011年电池产能	2011年组件产能	企业类型	技术种类	企业其他业务
中轻	2005年	25MW	90MW	50MW	国企	多晶硅	系统集成
捷宸阳光	2008年	50MW	50MW（2012年达到230MW产能）	50MW	民企	多晶硅	
北京中科信	2006年	25MW	340MW	100MW	国企	单晶硅、多晶硅	光伏设备制造
北方微电子	2010年	50MW	50MW	0	国企	单晶硅、多晶硅	光伏设备制造
北京中锦阳	2009年	75MW	75MW	75MW		薄膜硅	
北控绿色科技	2010年	20MW	20MW	20MW		聚光	系统集成
总计		245	625MW	295			

2011 年，北京电池产能在 625MW 左右，相比国内 30GW 以上的产能，北京产能占全国产能的 2%以下。

北京几家企业扩张速度较慢，中轻太阳能 2005 年建厂初期为 25MW 产能，目前为 90MW；捷宸 2008 年 50MW 产能，到 2012 年实现 230MW；中科信 2006 年 25MW，目前为 340MW。相比国内，2010 年一年国内新装线达 400 条左右，新增产能达 10GW，北京电池制造产业规模扩张落后全国水平。

近两年，一些大型企业开始了太阳能电池制造及相关的业务，如汉能集团、国电集团、中节能、吉阳集团、恒基伟业等。这些企业都将总部放在北京，生产基地放在外地，形成总部经济，如表 18-9 所示。

（四）组件制造

现有的北京光伏企业中，涉及组件制造的企业有中轻、中科信、捷宸阳光及中锦阳。相比国内组件产能，规模较小。

（五）系统应用

现有北京光伏企业中，涉及系统应用的企业有：科诺伟业、中海阳、京东方、计科电、中广核、北京京仪绿能电力系统工程有限公司、天威新能源等，具有国内大量光伏电站建设的经验。另有一些企业、设计院，如中国建筑设计咨询公司、中冶建筑研究总院有限公司、北京江河幕墙股份有限公司等，具有 BIPV 设计能力，并承接了多项国内 BIPV 项目。

（六）设备制造

北京光伏产业在配套设备方面形成一批优势企业。在设备制造方面，北京现有企业的制造范围包括硅原料制造、电池生产两个环节。北京光伏设备制造产业的特点为：初步具备晶体硅和薄膜硅电池生产线的整线交付能力。

北京已经初步具备了晶体硅和薄膜硅电池生产线的整线交付能力。关键设备，如 PECVD 设备、丝印机等北京均有开发。具体北京生产企业如表 18-8 所示。

表 18-8 在硅材料制备方面北京设备制造厂家情况分析

设备类别		北京生产厂家	备注
硅材料制备设备	还原炉	京运通、京仪世纪	有待进入市场
	单晶炉	京运通、京仪世纪、七星	国内市场份额
	铸锭炉	京运通、京仪世纪	国内领先
	切方机	京运通	
	带锯式切割机	京仪世纪	
	晶体切方机滚磨机	京仪世纪	
	电子束（物理法）	北京有色院	

具体生产产品如表 18-9 所示。

表 18-9 在电池制造方面北京设备制造厂家情况分析

设备类别		北京生产厂家	备注
晶体硅电池生产设备	单晶清洗/制绒设备	七星	市场较高占有率
	多晶清洗/制绒设备		七星列入研发计划
	扩散炉	七星	市场较高占有率
	等离子去边	七星	市场较高占有率
	管式 PECVD	中科信、七星	国内先进
	板式 PECVD	北方微电子	国内先进
	全自动丝网印刷机	中科信	已开发
	烧结炉	中科信	
	自动分选机	中科信	国内先进
薄膜电池生产	PECVD	北仪创新控股	EPV 技术的消化吸收方面国内较领先
		铂阳精工	专供汉能公司
		七星华创	列入研发计划

组件封装方面的设备制造北京光伏产业没有涉及。

PECVD 系统及铸锭炉设备优势明显。北京光伏设备中，尤以 PECVD 系统及铸锭炉优势明显。PECVD 系统，单晶硅生产与薄膜硅生产的关键设备，且在未来新技术开发中极具潜力，北京有多家企业都具有 PECVD 开发能力。中科信和七星华创的管式 PECVD，已推向市场多年，并占据了一定市场份额。北方微电子的板式 PECVD 性能指标达到国际先进水平，于 2010 年推向市场。铂阳精工的薄膜硅用 PECVD 系统国内技术领先，其产品已广泛应用于汉能集团。北京北仪创新技术主要来源于美国“EPV”公司的“单室多片技术”，并在此基础上进行了小范围技术升级，产能已有所提高。铸锭炉方面，北京的京运通公司，已发展成为国内一流、国际先进水平的龙头企业。

具有深厚半导体设备制造基础。北方微电子、七星华创、中科信等都是国内一流的半导体设备制造商，具有丰富的半导体设备制造经验及雄厚的资金实力，因而在投入大见效慢的光伏关键设备开发方面具有优势。

新兴设备开发占先机。随着光伏产业技术的进步，一些新型工艺设备逐渐被开发出来，成为产业发展的热点方向，具有逐渐推广开来的趋势，如等离子注入实现扩散、Al_2O_3 钝化膜、$SiNO_x$ 钝化膜、等离子制绒等，其相应设备北京均有相应的设备开发基础，如北方微电子、中科信、中国科学院微电子研究所等。

（七）平衡部件

平衡部件主要包括逆变器、控制器、蓄电池、支架等。核心设备为光伏逆变器。在光伏逆变器方面，北京企业相对较多。北京的厂商有北京科诺伟业、索英、京仪绿能、能高、日佳等。其中北京科诺伟业是中国科学院电工研究所可再生能源研究产业化基地，是国内最早从事风力发电、光伏发电研究及产品开发的单位之一。一直致力于具有自主知识产权的控制器、逆变器、监控系统、电流变换器以及户用电源等系列产品的研发、生产和销售及提供相关服务。京仪绿能公司自主研发的500千瓦大功率逆变器已通过国家"金太阳"认证；并已通过欧盟CE和TUV安全认证。

但总体来说，在光伏逆变器方面，目前国内仍是合肥阳光公司一家独大的局面，尤其在大功率（500kW）逆变器方面，北京的科诺伟业和京仪绿能属国内少数几家实现了500kW并网逆变器的企业，但市场占有率低。近一两年来，随着一些大型的有实力的电源企业的转入，将对北京光伏逆变器产业造成很大冲击。

（八）北京光伏应用情况

北京光伏应用主要集中在国家的金太阳工程、北京的"阳光校园工程"及一些其他示范工程方面，主要应用类型为与建筑结合的系统和各种光伏灯具。截至2010年光伏发电装机容量累计约2.3MW，共计安装太阳能灯13万盏以上。

二、北京光伏产业技术与研发现状分析

北京在光伏技术研发方面实力位居国内先列，研究范围涵盖所有电池种类，中国科学院电工研究所、中国科学院半导体研究所、中国科学院研究生院、清华大学等分在不同领域处于国内领先位置。产业技术包括晶体硅、薄膜硅及聚光电池。晶体硅方面开发的激光掺杂电池中试技术，转换效率国内先进；薄膜硅电池采用独特非晶硅/非晶硅锗叠层技术，在铂阳精工自主开发生产的PECVD设备上实现了高效低成本优势；北控集团引进的聚光电池技术国际上最高转换效率超过40%。此外，目前正在研发的背结太阳电池、离子注入制备pn结技术、非晶硅/晶体异质结太阳电池、氮化硅膜制备设备等也都处于国内领先水平（表18-10）。

表18-10　北京及国内研发水平对比

项目	国际最高	国内最高	北京最高
高效单晶体硅电池	25%（UNSW）	20.4%（天津电源研究送）	19.8%（北京太阳能研究所）
激光掺杂电池	19.5%（尚德） （新结构20.3%）	19.5%（尚德） （新结构20.3%）	19%（中国科学院电工研究所、中轻）
HIT电池	23.6%（三洋）	17.2%（中国科学院研究生院）	17.2%（中国科学院研究生院）

三、北京光伏产业SWOT分析

（一）北京光伏产业优势分析

研发基础雄厚，国内处于领先位置。北京作为我国的政治经济中心，在科研方面实

力雄厚。经过多年的发展在新能源领域北京已经成为科研基础雄厚的技术研发和示范应用中心，在新能源领域有明显的科研优势，形成了一定的技术优势和产业规模，并初步形成了企业、研发机构、产业联盟相互促进的创新格局。

从光伏产业技术来说，北京高校和科研院所众多，技术研发方面的实力在国内较强。北京光伏技术研究涉及内容广泛，在电池技术方面涵盖晶体硅电池技术、薄膜硅电池技术、CIGS 电池技术、CdTe 电池技术、染料敏化太阳电池技术、有机太阳能电池技术，同时涉及在光伏应用方面的研发，很多技术的研究水平都处于国内领先的位置。如前文所述，在高效电池方面，如晶体硅/薄膜硅异质结（HIT）电池、激光掺杂电池、背场钝化电池等，及新型、高效薄膜电池方面，如非晶硅/微晶硅叠层电池、纳米硅线薄膜电池等，实力国内领先。

设备制造实力国内领先，拥有国内先进企业。北京光伏设备制造业水平国内领先，所制造设备涉及光伏产业链多个环节，具有较强的设备研发能力，并拥有一些实力较强的设备制造企业。如京运通公司，专注光伏设备制造的本土龙头企业，在单晶硅方面，其拟推出的大尺寸单晶炉（1000/1100 型），其投料量和单位电耗等指标明显优于市场主流产品；在多晶硅方面，已推出的 JZ-800/1000 型多晶铸锭炉投料量高达 800～1000kg，其硅锭有效利用率高达 75%，超越现有竞争对手 68%的利用率，水平国际领先。铂阳精工公司，在其生产的 PECVD 设备上已经生产出了高达 8%～10%的非晶硅/非晶硅锗/非晶硅锗三叠层组件，具有高效低成本优势。北方微电子、七星华创、中科信等生产的 PECVD 均达到国际先进性能，并且七星、京仪世纪、中科信、北方微电子等企业一方面都具有深厚半导体制造基础，一方面资金实力雄厚，在开发投入大、开发周期长的光伏关键设备上具有技术与资金优势。

检测认证优势明显。认证方面拥有国内仅有的两家认证中心：北京鉴衡认证中心（CGC）和中国质量认证中心（CQC）。认证范围包括：地面晶体硅光伏组件、薄膜光伏组件、聚光组件、控制器、逆变器、独立系统等。检测方面拥有中国科学院电工所光伏检测中心，依据国际电工委员会（IEC）标准对光伏电池及组件进行产品检测及质量评估，为国内主要光伏组件生产企业提供技术服务。并且，中国科学院光伏检测中心一直承担着我国光伏领域重大科研及工程项目的产品/样品的检测与验收工作。为我国在光伏行业的科研机构提供了第三方、公正的测试平台与技术支撑。

人才基础良好。一方面，由于独特的地理及政治经济地位，北京吸引了大量人才聚集。近年来，北京市提出了建设世界高端人才聚集之都的目标，并贯彻落实了一系列鼓励海外人才来京创业的优惠政策，如落实中央的“千人计划”，实施“北京海外人才聚集工程”等。通过这些政策的落实，北京吸引了大量海外人才聚集。通过多年的发展积淀，北京已经逐步发展成为国内创新创业最为活跃、高层次人才向往并主动汇聚的“人才之都”。另一方面，长期在光伏领域的研究，造就北京在光伏研发方面形成一些优势团队，如电池方面的中国科学院电工研究所、中国科学院微电子研究所、中国科学院研究生院等，在逆变器制造方面的科诺伟业、索英等，在设备制造方面的京运通、七星华创、北方微电子、中科信等。

（二）北京光伏产业劣势分析

优势的技术研发能力未能转化为产业竞争力。北京光伏产业在研发阶段基础雄厚，一方面拥有众多知名大学与科研机构，另一方面众多光伏企业将自己的研发中心建在北京市，自发投入新产品的研究开发。与国内许多地区相比，北京市的研发基础非常雄厚。但由于缺乏技术孵化平台，研发优势多停留在实验室或中试阶段，未能有效转换成为产业竞争力。

行业竞争激烈，北京优势地位遭威胁。行业发展潜力巨大，大量相关领域的实力强劲企业纷纷转行进入，且大量有实力企业纷纷斥资进行技术引进或技术开发，对北京优势地位造成冲击。

国内及国际竞争力有待提高。与北京突出的政治经济地位相比，北京在光伏产业的国内及国际竞争力略显不足。北京光伏产业中缺乏龙头企业，无境外上市公司，北京整体品牌影响力较低。

细分行业问题。从硅片到组件制造方面，北京企业规模小，缺乏规模优势，成本控制力差；系统集成制造方面进入门槛较低，市场竞争激烈；设备制造领域虽然技术国内先进，但市场占有率较低，技术与品牌影响力有待提升。

（三）北京光伏产业机会分析

设备市场需求将持续增大。2010 年世界光伏设备销售额达到 650 亿元人民币，我国作为光伏制造大国，在总销售额中占 50%，在设备购买方面消耗 300 亿元人民币，且其中绝大部分都用来购买国外设备。根据统计，为保持产品竞争力，基本上光伏设备 5 年一更新。因此虽然国内产能扩张速度放缓，但光伏设备的购买、维护及更新将成为常态，设备市场将继续增长。假设国内设备市场以每年 10%的速度增长，则 2012～2015 年国内设备市场将分别达 363 亿、399 亿、439 亿、483 亿。

高效电池市场份额将逐渐扩大。随着产业技术的发展，对产品性能及产品差异化的要求将越来越高。新型、高效晶体硅电池、薄膜电池、超高效聚光电池在未来几年将陆续实现量产并占据一定市场份额。

国内光伏应用市场潜力巨大。随着国内上网电价的出台，国内市场逐渐打开的趋势已经日渐明显。国家政府几次上调太阳能装机目标，2015 年装机目标从 5GW 上调为 10GW，接着又上调为 15GW，2020 年装机目标则上调为 50GW。以目前形势来看，国内极有可能超过预期安装量。逆变器占系统价格的 10%左右，假设未来 5 年平均系统价格为 10 元/W，则至 2015 年累计产生 120 亿的产值，折合年平均 30 亿元。按照 EPIA 预测，2030 年我国将成为世界主要光伏安装国家，累计装机容量将达到 100GW 以上，系统集成与逆变器市场极具潜力。

技术服务市场待开拓。一方面，庞大的光伏产业急需检测认证机构。尽管我国光伏产业规模庞大，我国的光伏测试及技术服务体系还没有建立起来，具体表现在：测试单位少，设备陈旧、能力弱、测试资质没有被国际权威机构认可。因此我国企业在与测试

相关的技术服务方面十分缺失，很多企业尤其是中小企业完全凭经验，没有建立起基于测试体系的精确的企业质量管理体系，严重影响到企业产品质量的稳定性。另外，我国数百家光伏企业的产品都要拿到欧美认证，消耗大量资金，而且受到欧美国家的技术标准的限制，很容易形成技术壁垒，限制了中国光伏产品在欧美的销售。并且，随着国内光伏市场的逐渐打开，国内认证市场将快速增长。另一方面，随着光伏朝高技术方向发展，老旧生产线技术的升级换代产生技术服务需求，将带动技术服务业的发展。

（四）北京光伏产业威胁分析

系统集成商数量繁多，进入门槛低，竞争激烈。以 2015 累计 15GW 计算，国内每年约 3GW 的安装量。但由于进入门槛较低，国内系统集成商众多，大量电池组件制备商纷纷进入系统集成领域，造成市场竞争激烈。

设备制造能力国内领先，但总体技术水平仍落后国外发达国家。虽然北京设备制造能力国内领先，但在关键设备上，仍与国际一流水平存在技术差距。

制造业竞争压力大。我国光伏产业整体水平处于世界前列，每个环节都存在一流制造商，在技术、资本及成本控制上具有优势，并经过多年积累形成了良好的口碑与稳定的市场占有率。这些企业的存在对北京光伏产业威胁较大。

自由市场还未形成，市场受政策影响大。光伏发电仍未达到平价上网水平，市场发展仍受控于政策变化。在世界经济不景气的大背景下，未来几年市场发展充满变数。

第三节　北京光伏产业发展战略：市场定位、目标、发展路径及配套措施

一、市场定位

巩固现有优势，定位高端。近年来全球光伏产业利润不断被挤压、产业竞争压力进一步加剧，但同时也为北京市提升光伏技术创新能力、实现高端引领发展提供了重大机遇。在这样的背景下，通过整合北京光伏产业在研发、设备制造、检测与认证中心等方面的优势资源，经科学规划，以新技术新装备为突破点，以技术服务、设备输出为目标，带动北京光伏产业发展高端化，在新一轮产业洗牌过程中异军突起。因此北京光伏产业市场定位为：以设备、研发、技术服务能力的发展，将北京打造为高端设备制造中心、高端研发中心及高端技术服务中心，具有整线交付与技术服务能力、系统集成与关键设备制造能力，实现北京光伏产业高附加值增长。

二、发展目标

北京光伏产业发展目标：经过 3～5 年的努力，涌现 2～3 家的光伏龙头企业；突破一两种关键设备制造，实现与国际水平相竞争的低成本产品，实现总体设备国内市场占

有率第一；突破一两项高效电池产业化技术，实现国内及国际技术领先；初具一到两项新技术的设备整线交付及技术服务能力；形成在世界上占有重要地位的高端设备制造中心、高端技术研发中心、高端技术服务中心，光伏产品标准的主要制定者。

三、技术发展路径

围绕北京光伏产业定位，建议北京光伏产业技术以高端设备、高端研发及高端技术服务为核心，以实现高端技术服务为目的，有重点、有选择地分阶段地实现北京光伏产业的目标及定位。

根据以上分析，建议北京大力发展以下三个重点方向：

一是大力发展技术密集型的高端设备制造业，巩固设备制造优势、提升设备制造竞争力。不同于国内一拥而上的电池/组件制造业，国内光伏产业设备制造商相对较少，拥有一定研发能力且占据一定市场份额的大型企业更少。随着产业规模的扩大及国际市场对组件成本的压力逐步加大，市场对高性价比国产设备的需求将持续扩大，市场前景看好。北京光伏产业在设备制造方面具有优势，应充分发挥北京现有的制造及研发优势，依托优势单位围绕高效晶体硅/薄膜光伏电池关键设备，实现单晶铸锭炉、线切片机、新型 PECVD 等高端设备的产业化；积极开发大型并网光伏电站关键技术与设备、多能互补的光伏微网关键技术与设备、区域光伏建筑发电系统的关键技术与装备等。

二是大力投入高端技术研发，抢占技术制高点。光伏组件成本的降低不仅依赖于产业规模的扩张，更加依赖于电池技术的提高，新型高效电池已成为近期光伏产业的重点发展方向之一。并且，北京具有深厚的研发基础。通过结合中央及北京市研究机构与生产企业，如中国科学院电工研究所、中国科学院半导体研究所、中国科学院研究生院、中国科学院微电子研究所、清华大学、北京电力研究院及中轻太阳能、北方微电子、捷宸、中科信与中锦阳等公司，在新型高效电池方面取得突破，包括 HIT 电池、背场钝化电池、MWT 型电池、高效薄膜硅叠层电池、柔性薄膜电池、聚光电池等，将对提升北京市电池/组件制造技术水平、创造技术服务经济起到极大的支撑带动作用。

三是大力发展技术集成与服务能力，开拓技术服务市场，创造光伏产业新经济增长点。整合北京现有资源，提升光伏电池生产线整线工程建设与技术服务能力，包括晶体硅电池、薄膜电池等；提升系统集成设计与服务能力，包括大型并网光伏电站关键技术与设备、多能互补的光伏微网关键技术与设备、区域光伏建筑发电系统的关键技术与装备等；依托现有基础，与国外优势企业或机构合作，搭建一批高水准测试与检测平台，面向国内外电池企业，搭建失效分析及工艺服务平台，为解决产业发展中的共性问题提供技术服务，同时做大做强电池、组件、系统及平衡部件认证，将北京打造为全国光伏产业标准的主要制定者和认证基地；围绕新型高效，搭建高效低成本电池技术及新型设备研发平台，打造新型高效低成本电池的技术推广与设备整线交付能力。总之，通过技术凝练、新技术与新设备开发及测试检测分析服务，以整线输出及产业技术服务的形式

开拓光伏产业新经济增长点。

四、配套措施

制定中长期发展纲要，进一步完善政策法规环境。根据北京光伏产业特点及产业发展目标与定位，出台北京中长期产业发展纲要，为北京光伏产业发展提供稳定政策环境，明确企业发展目标，增强企业对光伏产业的信心，调动企业参与科研的积极性。

加大科技研发投入，提倡企业为主导的科研机制。在光伏产业化技术方面，一方面加大科技投入，促进科技成果的产出；另一方面建立以企业为主导、科研机构为辅的研发框架，促进研究成果产业化。

加强光伏产业技术的创新与合作，促使北京成为全国乃至全球的技术研发中心。利用北京的政治、经济、地域及信息优势，加强北京与国内外先进研究机构及企业的交流与合作；采用优惠措施，通过开发区建设吸引国内外先进企业研发中心落户北京，在研发方面形成集群与配套效应，促进北京光伏技术研发实力的增强。

围绕整线集成与技术服务，打造光伏产业技术转移平台，实现实验室技术快速产业化。依托现有联盟，充分利用北京现有优势单位，包括研发机构、设备制造商、电池制造企业、检测认证中心及下游应用单位，打通设备与技术的研发到产业化的技术转移通道，通过联合技术攻关，有针对性地进行技术突破，提升北京光伏产业整体竞争力。

培养一批领军人才和科技骨干，支撑北京光伏产业的发展。围绕光伏产业的发展需求，加强创新性人才的引进、培养和使用，加强人才科学管理，促进人才资源优化配置。通过项目培养、人才引进等形式，优化人才结构，扩充科技领军人才，为产业发展提供高端人才支撑。

第十九章　北京大规模储能技术路径及产业化发展趋势[①]

电力储能是指通过一种介质或设备，将电能用适当的形式存储起来，并根据应用的需求释放的过程。我国发电装机容量从2000的年319GW增加到2011年1050GW，年平均增长率超过11.4%，同时电网的负荷峰谷差不断增大，区域性、时段性、季节性缺点较为突出，其中2011年全网最大电力缺口超过30GW，迫切需要电力储能系统削峰填谷，平滑电力负荷，延缓电网系统升级，提高电力系统供电稳定性和可靠性；同时，电力储能系统可以“拼接”可再生能源且能克服其间歇性和不稳定性的缺点，促进可再生能源的发展推广；此外，电力储能系统也是解决分布式能源系统故障率高、容量小、负荷波动大等问题的关键设备。

本章结合国内外电力储能产业发展现状与趋势，调研分析了北京储能产业发展现状，指出北京的优势在于电力储能技术研究队伍庞大、研究实力强，具有优异的成果转化及其产业化发展的先决条件；储能相关企业数量多，龙头企业全国领先。但同时应看到，电力储能产业属于新兴产业，处于朝阳阶段，产业发展环境尚不完善，北京储能产业还面临着技术、应用、机制方面的挑战。针对技术、应用和政策等问题，报告从政策推动、产业化应用、机制环境优化等方面对北京地区发展储能产业提出了具体的对策和建议，为北京大规模储能技术开发及产业化推广提供思路和可操作方案策略。

第一节　大规模储能技术国内外发展及应用现状

目前已有的电力储能技术包括抽水蓄能、压缩空气储能、电池储能、超导磁能储能、飞轮储能和电容器储能，其中电池储能包括铅酸电池、镍镉电池、钠硫电池、镍氯电池、锂电池、燃料电池、金属-空气电池、钒电池和锌溴电池等。超导磁能储能、飞轮储能和电容器储能等技术释能时间很短，目前已有的产品储能容量小，还不能适合大规模储能。因此，下面主要介绍抽水蓄能、压缩空气储能和电池储能。

一、抽水蓄能

抽水蓄能电站在用电低谷通过水泵将水从低位水库送到高位水库，从而将电能转化

① 本章由中国科学院工程热物理所课题组完成。陈海生研究员担任课题负责人，谭春青、徐玉杰、孟爱红、王亮、严晓辉等参加了研究工作。

为水的势能存储起来，其储能总量同水库的落差和容积成正比。在用电高峰，水从高位水库排放至低位水库驱动水轮机发电。抽水蓄能电站的工作方式同常规水电站类似，具有技术成熟、效率高、容量大、储能周期不受限制等优点，是目前广泛使用的电力储能系统。但是，抽水蓄能电站需要优越的地理条件建造水库和水坝，需要的建设周期很长（一般约 10～15 年），初期投资巨大。不仅如此，建造两个大型水库会淹没大面积的植被甚至城市，造成生态破坏和移民问题。

典型的抽水蓄能电站功率约为 100～3000MW，在目前已有的储能技术中规模最大，被广泛应用于能量管理、频率控制和备用电源。自从 1890 年代第一台抽水蓄能电站在意大利和瑞士使用，1929 年第一台大规模商用抽水蓄能电站在美国（洛基河抽水蓄能电站）开始运行以来，目前全球已有超过 200 座和 123.4GW 的抽水蓄能电站投入运营，并且全世界抽水蓄能电站装机容量以每年 5GW 的速度增长。

抽水蓄能电站也是我国主要采用的储能技术，从 20 世纪 60 年代就开始了研究开发抽水蓄能电站。1968 年，我国首次在河北省岗南水电站引进两台由日本制造的抽水蓄能机组，1972 年又有两台国产的抽水蓄能机组安装于北京市郊密云水电站。截至 2010 年年底，我国已建成抽水蓄能电站 26 座，总装机容量约 19.3GW，并且规划到 2020 年前另有 23 座抽水蓄能电站投入建设。我国学者对抽水蓄能电站从多方面做了深入研究。河海大学对抽水蓄能电站的技术、运行经济学以及建筑施工等问题进行了广泛研究。华北电力大学对抽水蓄能电站的关键科学问题、优化调度、风险管理、经营管理、经济评价等方面做了广泛研究。大连理工大学、天津大学和浙江大学等也从技术、经济和管理角度对抽水蓄能进行了探索等。

二、压缩空气储能

传统压缩空气储能系统是基于燃气轮机技术的新型储能系统。其工作原理是，在用电低谷，将空气压缩至高压并存于储气室中，使电能转化为空气的内能存储起来；在用电高峰，高压空气从储气室释放，进入燃烧室燃烧，利用燃料燃烧加热升温后，驱动透平发电。传统压缩空气储能系统具有储能容量较大、储能周期长、效率高和投资相对较小等优点，目前已在德国和美国得到商业应用，在日本、以色列、芬兰等国家也开展了有关研究。但是，传统压缩空气储能系统不是一项独立的技术，它必须同燃气轮机电站配套使用，不能适合其他类型，如燃煤电站、核电站、风能和太阳能等电站，特别不适合我国以燃煤发电为主，不提倡燃气燃油发电的能源战略。而且，传统压缩空气储能系统仍然依赖燃烧化石燃料提供热源，一方面面临化石燃料逐渐枯竭和价格上涨的威胁，另一方面其燃烧产生氮化物、硫化物和二氧化碳等污染物，不符合绿色（零排放）、可再生的能源发展要求。此外，同抽水蓄能电站类似，压缩空气储能系统也需要特殊的地理条件建造大型储气室，如岩石洞穴、盐洞、废弃矿井等。

目前世界上已有两座大型电站分别在德国和美国投入商业运行。第一座是 1978 年投入商业运行的德国 Huntorf 电站，其压缩机组功率 60MW，释能输出功率为

290MW，机组可连续充气 8h，连续发电 2h。系统将压缩空气存储在地下 600m 的废弃矿洞中，矿洞总容积达 3.1×105m³，压缩空气的压力最高可达 100bar。冷态启动至满负荷约需 6min，在 25%负荷时的热耗比满负荷高 211kJ，其排放量仅是同容量燃气轮机机组的 1/3，但燃烧废气直接排入大气。该电站在 1979～1991 年共启动并网 5000 多次，平均启动可靠性 97.6%，平均可用率 86.3%，平均容量系数为 33.0%～46.9%。第二座是于 1991 年投入商业运行的美国的 McIntosh 压缩空气储能电站。其压缩机组功率为 50MW，发电功率为 110MW，可以实现连续 41h 空气压缩和 26h 发电。其地下储气洞穴在地下 450m，总容积为 5.6×105m³，压缩空气储气压力为 7.5MPa，机组从启动到满负荷约需 9min。

此外，日本于 2001 年投入运行的上砂川町压缩空气储能示范项目，位于北海道空知郡，输出功率为 2MW，是日本开发 400MW 机组的工业试验用中间机组。它利用废弃的煤矿坑（约在地下 450m 处）作为储气洞穴，最大压力为 8MPa。瑞士 ABB 公司（现已并入阿尔斯通公司）正在开发联合循环压缩空气储能发电系统，该项目发电机用同轴的燃气轮机和汽轮机驱动。储能系统发电功率为 422MW，空气压力为 3.3MPa，系统充气时间为 8h，储气洞穴为硬岩地质，采用水封方式。该系统的燃烧室和燃气透平都分别由高压和低压两部分构成，采用同轴的高、中、低压三个透平，机组效率可达 70.1%。目前除德、美、日、瑞士外，俄、法、意、卢森堡、南非、以色列和韩国等也在积极开发压缩空气储能电站。

我国对压缩空气储能系统的研发起步较晚，但随着电力储能需求的快速增加，相关研究逐渐被一些大学和科研机构所重视。中国科学院工程热物理研究所、华北电力大学、西安交通大学、华中科技大学等单位对压缩空气储能电站的热力性能、经济性能、商业应用等进行了研究，但大多集中在理论和小型实验层面，目前还没有投入商业运行的压缩空气储能电站。其中，中国科学院工程热物理研究所自 2007 年起开始液化空气储能和超临界压缩空气储能系统的研究，目前 15kW 超临界压缩空气储能系统已基本建成，1.5MW 示范系统已开始建设。

三、蓄电池储能

蓄电池将电能转换为正负电极的化学能存储起来，它不仅不需要燃烧化石燃料从而大大减小环境污染，而且具有对负荷反应快、容易同多种电站组合及能够增加电力系统的稳定性等优点。同时，建造蓄电池设备不需要特殊的地理条件、建设周期短，而且进行增扩容改造（模块化）方便等，因此特别适合作为电力系统储能设备。但是，目前的蓄电池技术仍存在价格昂贵、使用寿命短、能量密度低和废弃物化学污染难于消除等缺点。目前全球电池储能总装机为 451MW，占全球电力储能总装机的 3.6%，其国内外的应用情况如表 1 所示，其中在钠硫电池方面，自 1966 年美国福特汽车公司发明了钠硫电池以来，钠硫电池在日本和欧洲获得了快速的发展。早在 20 世纪 80 年代日本东京电力公司（TEPCO）就意识到钠硫电池作为电力储能的潜力，与 NGK 公司合作开发，

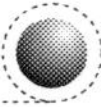

在90年代后期已经完成了多个钠硫电池储能系统工程。目前，钠硫电池在日本已得到广泛应用，已经在超过30个地区进行示范，总数超过200MW的电能为每天6h的用电高峰做存储。例如，东京电力公司的6MW/48MW·h机组和日立公司8MW/58MW·h机组。此外还有Rokkasho风电场34MW/255MW·h机组等可再生能源领域内的应用。钠硫电池在美国市场的应用正在评估中，美国电力公司已经在俄亥俄州启动了第一个容量为1.2MW的钠硫电池系统示范项目；在国内，则从2006年起中国科学院上海硅酸盐研究所与上海市电力公司合作开发以储能为目标大容量钠硫电池，在关键材料、电池技术、系统等方面取得了进展。由上述模块组成的10kW的储能与供电系统，已稳定运行超过6000小时，实现了电池整充单切，保证了模块的持续稳定运行，基于上述5kW电池模块成功研制100kW/800kW·h钠硫电池储能系统，并用在上海世博园智能电网综合示范工程（上海漕溪能源转换综合展示基地）。

在锂电池方面，2008年11月美国的A123公司率先开发出2MW的锂离子储能电池，应用于AES公司的H-APU（hybrid ancillary power unit）系统，实现电能质量的调节和备用电源的作用，电池效率达到90%。在2011年10月位于美国西弗吉尼亚州Laurel山区风电储能项目正式投入运行，其采用锂电池储能，装机为32MW（目前世界上最大）；风电场总装机97.6MW，由61台1.6MW风电机组组成，年发电量为260GW·h；我国国家电网公司建立了锂离子电池的研究与测试平台，能够对不同生产厂家、不同类型的锂离子电池进行全面的特性实验研究，开展了20kW以下级别的锂离子电池成组的研发，为锂离子电池大规模成组奠定了基础；并系统分析了不同梯级应用场合对电池性能的要求、影响因素及相关表征量，建立了锂离子电池梯级利用的检测和评价体系。由国家电网公司电力科学研究院主持、国家发展和改革委员会投建的张北“国家风电监测研发中心”，拟用1MW锂离子电池试验储能对风电场发电及其电网接入的作用。南方电网正在建设5MW/20MW·h锂离子电池储能示范电站，电池采用车用锂离子电池技术，以10kV电缆分别接入深圳110kV碧岭站，其主要功能定位为移峰填谷。

在液流电池方面，2005年日本住友电工公司在日本北海道苫前町建立了4MW的全钒液流电池储能系统用于与36MW风力发电站匹配，平滑风电输出，这是目前国际上最大的全钒液流电池工程示范系统。据住友电工介绍，三年的应用示范结果表明，液流储能电池技术是最适合风电调峰的储能技术。2009年11月，美国政府资助Painesville电力公司与俄亥俄州市电力管理局合作，在一个32MW的燃煤发电厂进行1MW/8MW·h的液流储能电池示范项目，该项目是美国首个兆瓦级全钒液流储能电池项目。欧洲各国积极开展液流电池技术的研究和应用示范。西班牙REDES 2025项目，开发智能电网用1MW/2MW·h液流储能电池系统。德国Fraunhofer研究机构研究了用于离网可再生能源发电储能用1～10kW级液流储能电池系统。奥地利Cellstrom公司研制的10kW/100kW·h全钒液流储能电池系统用于新能源电动车；我国从20世纪80年代末开始相关的基础研究工作，从2000年开始以中国科学院大连化学物理研究所为代表的研究单位的努力使得中国的液流储能电池技术进入快速发展时期。目前，100kW级全钒液流储能电池系统和10kW级电池模块已完成成果鉴定。5kW/50kW・h和60kW/300kW・h液流电池示范工程正在西藏和辽宁建设。北京普能世纪科技有限公司收购了加拿大VRB公司，并于2010年向国家电网公司电力科学研究院提供500kW全钒液流电池示范系统（表19-1）。

表19-1　电池储能技术应用情况简介

储能技术	国外应用情况	国内应用情况
铅酸电池	德国柏林的8.5MW/1h系统，美国的10MW/4h等	没有示范储能系统运行
镍镉电池	美国的46MWA系统，其中15min/27MW，7min/40MW	没有示范储能系统运行
钠硫电池	全球总装机约300MW	上海硅酸盐所100kW/8h系统
镍氯电池	英国Beta R&D生产，在北约新型潜艇救援系统中使用	没有示范储能系统运行
锂电池	美国的32MW（26 000MW・h/a）系统	深圳5MW/4h系统，张北6MW/6h（比亚迪股份有限公司）和4MW/4h（东莞新能源科技有限公司）系统等
燃料电池	德国将建设超过20个氢-燃料电池示范电站项目	没有示范储能系统运行
金属-空气电池	美国Fluidic Energy公司参与产品研发	没有示范储能系统运行
钒电池	美国的1MW/8h系统	河北　500kW/2h　系统和辽宁的60kW/5h系统等
锌溴电池	美国的0.5MW/4h系统	没有示范储能系统运行

第二节　大规模储能技术发展需求预测

大规模储能技术具有功率等级、释能时间和存储周期的特点，其应用领域包括替代常规电网调风机组、可再生能源（太阳能和风能）和分布式能源系统。下面将结合大规模储能相关产业发展需求进行大规模储能技术发展需求预测。

一、大规模储能相关产业发展需求

近几年太阳能和风能装机容量以约100%的年增长率快速发展，占全国电网总装机容量的比例也越来越大，可再生能源的间歇性、不稳定性与电网稳定运行的矛盾也越来越突出，因此急需电力储能系统整合可再生能源，其中包括可再生能源的周期性存储释放、可再生能源发电的电力质量管理以及可再生能源与常规电网联合运行时的过渡电源等。此外，随着人民生活水平的提高和产业结构的调整，我国电网峰谷差逐年增大。据

国家电力调度通信中心统计，2000年以来，多数电网的高峰负荷增长幅度在10%左右甚至更高，而低谷负荷的增长幅度则维持在5%甚至更低，峰谷差的增加幅度大于负荷的增长幅度，电网最大峰谷差的增加大于平均峰谷差的增加，电网调峰任务重、难度大；同时电力部门却不得不根据最大负荷要求建设发电能力。这一方面造成了大量发电能力的过剩和浪费，另一方面，电力部门有时又不得不在用电高峰时段限制用电。特别是近年来，我国电力电网中的大型机组不断增多，电力系统的自身功率调节能力受到限制，而电力系统负荷的峰谷比却不断增大，因此迫切需要经济、可靠、高效的电力储能系统与之相配套。而分布式发电是指直接布置在配电网或分布在负荷附近的配置较小的发电机组，以满足特定用户的需要或支持现存配电网的经济运行。通过调研，梳理出全国和北京市大规模储能相关产业在2015年及2020年发展需求如表19-2、表19-3所示。

表19-2　全国大规模储能相关产业2015年和2020年发展需求

年份	太阳能/GW	风能/GW	常规电网/GW	分布式发电/GW
2010	0.86	44.7	960	5
2015	10	130	1430	8
2020	50	200	1640	50

表19-3　北京大规模储能相关产业2015年和2020年发展需求

年份	太阳能/MW	风能/MW	常规电网/GW	分布式发电/MW
2010	70	152.5	6.31	51.2
2015	280	610	9.38	205
2020	490	1067.5	10.76	359

二、大规模储能技术发展需求

对太阳能发电、风电和常规电网系统，合适的储能比例是必要的。储能系统装机容量过大会造成投资及系统资源的浪费，而过小则难以满足应用需求。如本报告开头所提出的，经过初步测算，预计到2020年，北京市大规模储能装机容量最大值将达到1.7GW左右，价值规模最大将达24.1亿美元左右。以北京市产业工人人均创造社会财富20.3万元，约为2.98万美元计算，则到2020年北京市储能产业最多需要81 000个就业岗位，能够提高社会就业率，有效促进社会主义和谐社会建设。

第三节　北京储能产业发展现状

截至2010年年底，我国电力储能总装机约为16 345MW，约占全国电力总装机的1.7%。目前，我国电力储能基本上全部是比较成熟的抽水蓄能电站，而电池蓄能、压缩空气储能、飞轮等电力储能技术产品在我国正处于起步状态。随着电网容量迅速膨胀、峰谷差不断增加，风能、太阳能等间歇式可再生能源给电网带来的冲击越来越严重，同时受自然地理条件限制，抽水蓄能的发展空间远远满足不了市场对电力储能的需求。面临现状与需求，我国高度重视发展电力储能技术，并将储能列入“国家战略性新兴产业发展‘十二五’规划”。

北京拥有一大批优秀高等院校、顶尖科研院所、先进企业，为储能技术及产业发展打下了坚实基础。北京早在20世纪70年代就投运了密云抽水蓄能电站，现阶段在各种电力储能技术开发与产业化方面也取得了较快发展。

一、储能技术研究实力强，部分技术国内领先

北京地区电力储能技术研究队伍庞大、研究实力强，具有优异的成果转化及其产业化发展的先决条件。目前，科研院校在各种储能技术方向上均开展了相应研究，包括压缩空气储能、飞轮储能、超导储能、锂电池储能、液流电池储能、燃料电池储能、镍氢电池等，取得了一定的成绩，而且部分技术在国内达到了领先水平，例如：中国科学院工程热物理研究所搭建了全国首个15kW压缩空气储能示范系统，目前正在同京能集团合作建设1.5MW先进空气储能示范电站；清华大学成功完成了奥运示范项目“燃料电池客车动力系统技术平台”；中国科学院电工研究所研制了我国第一台25kJ（300A/220V）超导储能实验样机等。

二、储能相关企业数量多，龙头企业全国领先

北京涉足电力储能技术及产品的企业较多，通过初步调研，与蓄电池相关的企业有20余家，如：北京普能世纪科技有限公司、北京金能燃料电池有限公司、北京金源环宇电源科技有限公司和中信国安盟固利等；与压缩空气储能相关的企业有7家；与飞轮相关的企业有4家；与电容器相关的企业有北京集星联合电子科技有限公司和北京合众汇能科技有限公司。部分龙头企业具有行业显著的竞争力，如：北京普能世纪科技有限公司形成了44项已授权、56项待授权的专利技术体系，并拥有商业化的全钒液流电池储能系统产品及系统解决方案；北京飞驰绿能电源技术有限公司是我国最大的氢能源系列产品与质子交换膜燃料电池产业化生产企业；中信国安盟固利是国内最大的锂电池正极材料（钴酸锂和锰酸锂）生产厂家，也是国内外著名的大规模生产动力锂离子电池的厂家。

三、储能产业发展环境有待完善

电力储能产业属于新兴产业，处于朝阳阶段，产业发展环境尚不完善，主要体现在：财政支持力度相对较小；产业化优惠激励政策不完善，如融资、贷款、投资补贴、

电价补贴等；企业投资缺乏有力引导，特别对具有大的发展潜力的电力储能技术需要把握时机，以加大产业政策导向为切入点，培植和优化产业发展环境，引导其发展壮大。

第四节　北京储能产业发展存在的问题与挑战

通过对世界上主要发达国家和我国当前以及未来储能产业发展分析，结合北京储能产业发展现状调研，可以预测北京储能产业未来拥有很大发展空间。尽管北京在储能技术研发上具有明显优势，但目前储能产业的发展也面临着一些问题和挑战，包括：

技术挑战。储能技术种类多，但除抽水蓄能已得到大规模应用外，其他储能技术的成熟度、可靠性、经济性尚需进一步验证，也缺乏规模化应用示范项目去验证不同储能技术的应用可行性，技术整体发展路线也有待明确。

应用挑战。储能技术在电力行业中应用时间短，将储能技术同电力系统进行集成和规模应用，以期达到最佳效果，尚需实践检验；同时，电力行业对产品可靠性和稳定性要求较高，储能产品在规模生产和应用前需一定时间的测试和使用。因此，储能技术的产业化和大规模应用需经历一个较长过程。

机制挑战。目前储能技术尚无法直接通过市场机制盈利，而相关的产业扶持政策及盈利机制尚不明确。具体包括国家对储能系统的嵌入位置没有明确规定；针对储能产业的增值税、企业所得税等税收优惠政策及财政补贴政策缺失；涉及储能系统规划、建设、运营的责权利明晰的管理机制尚在论证制定过程；配套标准与规范缺失，包括含储能系统的多能源系统发电并网技术规范、系统运行、审查标准等；此外，储能产业还没有国家层面的统一发展规划，也在一定程度上制约了产业的发展。

第五节　对策与建议

为更好促进未来北京储能产业发展，针对不同的问题和挑战，我们提出如下对策和建议。

一、按照“多元发展、重点扶持”发展路线推动储能产业发展

基于北京具有雄厚的科研力量、夯实的电力储能产业化基础，建议北京实施“多元发展、重点扶持”的大规模电力储能技术产业发展路径。

（一）重点扶持技术成熟度高、产业化基础强的储能技术

对于技术上和产业化上均具优势的储能产业，应给予宽松的政策支持，提升企业的竞争力的同时，扩大产业规模，使产品早日应用到大规模电力储能，实现产业化推广。例如：液流电池，特别是钒电池，通过收购国外企业，实现了将国际先进技术和中国低成本制造结合，已经达到了一定产业规模；在锂离子电池方面，北京已经形成了产学研

相结合的正极材料及动力锂离子电池生产企业。

（二）重点培育市场空间大、技术相对成熟的新兴储能技术

对于技术较成熟、市场需求大的储能产业，应加大资金与政策支持力度，加快研发推广进程，培育出新兴产业，占领国内乃至国际市场。例如：压缩空气储能具有高效、环保、低成本的优势，在未来大规模电力储能市场会占有相当大的比例。北京在压缩空气储能研发力量在国内最强，正在进行国内首套 MW 级先进压缩空气储能的研制与示范，但在相关配套装备加工制造方面基础较薄弱，需重点扶持。

（三）支持前沿新型储能技术研发，做好技术储备

对于飞轮储能、超导储能、超级电容器和燃料电池等储能技术，虽然短时间内很难大规模应用于电力储能，但它们是提供电网辅助服务的必要技术形式，是国内外电力储能研究的重点。应继续支持研究所、高校及企业联合开展技术攻关及前沿研究，以便作为未来北京储能产业发展的技术战略储备。

二、加快推进储能技术的产业化应用

（一）进一步降低储能技术成本，增强经济可行性

经济性是储能技术是否产业化应用的关键问题，虽然已有一部分储能技术（如液流电池和锂电池等）发展成熟或趋近成熟，但目前由于成本高，用户企业缺乏投资动力，难以规模化发展。因此，需要通过国产化和规模化降低制造成本，通过工程设计优化降低工程造价，增强技术应用经济性。

（二）鼓励引导社会资金积极参与示范工程建设，推动产品应用

电力质量管理、电力调峰和新能源并网等不同的应用场景对储能技术有不同的要求，需要通过示范项目来验证储能技术的适用性，因此建议一方面由相关部门引导电力企业积极参与，寻找适用领域去鼓励新技术的示范应用，另一方面积极引导财政资金与商业资本相结合支持储能技术的研发示范，并借助智能电网、分布式能源等能源解决方案的实施，检测储能技术的应用效果，进行技术系统的整体优化。

三、建立健全储能产业发展机制环境

（一）制定和完善发展规划、标准体系及人才机制

制定北京储能产业发展的中长期规划和短期项目执行计划等，明确储能产业发展方向；加强政府的引导作用，发挥行业协会的协调作用，联合科研院所组织制定储能系统的技术标准和含储能系统的电力并网技术规范等相关评估审查标准，推动技术发展与产

品应用，规范行业健康发展；在储能技术研发过程中，注重核心人才队伍的培养，掌握储能系统的核心技术。落实产业人才引进、培养和激励机制建设，促进研发、管理和技术等专业人才来京发展。

（二）加大财税扶持力度

税收优惠：根据国家和北京市的有关政策，在所得税、增值税、城市建设维护税和教育费附加等税收给予减免或抵免等税收优惠政策，降低储能产业投资成本，促进行业发展。

贷款优惠：对于符合信贷条件的储能产业开发利用项目，提供有财政贴息的优惠贷款，以此减轻项目还贷压力。

财政补贴：设立专项资金用于补贴储能技术与产业的发展，补贴的形式可包括价格补贴和企业亏损补贴等，支持的对象包括应用于可再生能源、电网调峰调频和分布式能源系统的储能系统研发及应用示范等。资金来源方式多元化，如财政专项资金，与储能产业的附加收入（如储能电价附加收入）相结合的方式。

（三）实行峰谷电价、两部制电价和储能电价

储能技术对削峰填谷、提高电网可靠性和可再生能源并网等方面具有多方面价值，制订峰谷电价、两部制电价或单独的储能电价，可拓展储能产业发展盈利空间，体现储能技术应用的巨大经济效益。

第二十章　聚焦高端产业，建设国家现代农业科技城[①]

建设国家现代农业科技城是充分发挥首都优势，加快我国现代农业发展，促进城乡经济社会发展一体化的重大战略举措。目前农科城建设已经取得积极进展。

本报告根据“是否具有发展成为高端产业的潜力”、“是否能满足农科城建设需要”、“是否属于北京市经济社会发展的规划重点”和“是否属于国家战略发展前沿和经济社会发展的规划重点”四个定性指标，提出了农科城发展高端产业应聚焦的八个重点领域，即基于生物育种技术的现代种业、基于生物制造技术和新材料技术的新型农业投入品产业、基于农业物联网技术的精准农业、基于农业废弃物循环利用技术的生态农业、基于农产品加工新技术的现代食品制造业、基于冷链贮运技术的现代农业物流业、以科技金融为代表的农业金融服务业、以科技创意为代表的休闲创意农业现代服务业。根据这八个产业的发展特点和农科城的现实条件，提出了三种技术路径：

第一，“集群化”的发展路径。即通过政策引导和项目支持，使相关企业在空间上明显集中，在规模上显著扩大，在产业内部竞争、合作与共生。这一路径适用于基于生物育种技术的现代种业、基于生物制造技术和新材料技术的新型农业投入品产业、以科技金融为代表的农业金融服务业、以科技创意为代表的休闲创意农业。

第二，“产业化”的发展路径。即按照生产性、商品性、求利性和组织性的产业化四要素条件，扩大生产主体规模，培育多级交易市场，最终实现产业的可持续发展。如基于农业物联网技术的精准农业可以“农业智能化”为中心，形成“创新驱动”和“需求带动”相结合的发展模式。基于农业废弃物循环利用技术的生态农业可以“生态农业科技”为中心，形成“技术适用、生产高效、产品差异”的发展模式。

第三，“高端化”的发展路径。即通过高新技术引进和自主创新，增强产业的技术前沿性，提升产业的附加值。这一路径适用于基于农产品加工新技术的现代食品制造业和基于冷链贮运技术的现代农业物流业，前者可形成“以文化创意为引领、用先进技术作支撑、以绿色健康为理念、从生产源头来保障”的发展模式，后者可形成“高效率、成网络、保全程、可追溯”的科学发展模式。

第一节　农科城建设已取得积极进展

建设国家现代农业科技城（以下简称农科城）是充分发挥首都科技、人才、服务产

① 本章由北京市农林科学院农业科技信息所课题组完成。孙素芬研究员担任课题负责人，张峻峰、龚晶、刘娟、罗长寿、刘月仙等参加了研究工作。

业优势，加快我国现代农业发展，促进城乡经济社会发展一体化的重大战略举措。目前，农科城建设已经取得积极进展。

一、企业规模不断壮大，整体实力逐步提高

第一，在现代种业领域，北京目前共有籽种经营企业 1361 家，成为国内种业企业聚集密度最大的地区。其中，部级发证企业 28 家，占全国的 11%，市级发证企业 64 家，区县级发证企业 233 家，零售商 1036 家；注册资本 3000 万以上、育繁销一体化企业 11 家，占全国的 12%；注册资本 1000 万以上、具备种子进出口权的企业 11 家，占全国的 10%；外商投资企业 8 家，占全国的 24%；全国种业前 10 强中有 4 家，全球 10 强种业巨头有 8 家在京建立研发或分支机构。

第二，在现代食品制造业领域，北京目前已经形成了农副食品加工、食品制造、饮料制造三大主导产业。根据北京市统计年鉴公布的数据，截至 2010 年年底，北京市有各类农产品加工业法人单位数 2456 个，其中，农副食品加工业有 957 个，食品制造业有 1074 个，饮料制造业有 425 个，食品制造单位数占总数的 43.7%。截至 2010 年年底，北京市共有规模以上农产品加工企业 504 家，其中，农副食品加工业 213 家，食品制造业 226 家，饮料制造业 65 家，食品制造企业占总数的 44.8%；规模以上食品制造业企业实现工业增加值 435 298 万元，资产总计 2 503 116 万元，利润总额 88 560 万元。

二、研发机构集聚发展，技术水平领先全国

第一，在现代种业领域，作为种业科技创新中心，科技研发水平领先。北京拥有种业研发机构 80 多家，专业育种者 1000 多人；保存的国家级种质资源达到 39 万份，列世界第二位；每年引育农作物新品种数量约占全国 20%，祖代蛋种鸡全国市场占有率 20%、良种奶牛冻精占 40%、祖代肉种鸡占 50%、虹鳟鱼苗种占 40%、鲟鱼苗种占 50%；初步建成林果花卉育种研发科研网络。

第二，在精准农业领域，北京市聚集了大批技术研发机构，主要包括中国农科院、中国农业大学、国家农业智能装备工程技术研究中心、北京农业机械研究所等，已有福田雷沃、现代农装、京鹏科技、派得伟业、益农机械等相关企业几十家，产品类型包括数字化农作物生理生态信息传感器、农业环境及作物生命信息采集设备、现代温室环境计算机控制系统、精密施肥机、植物生理生态检测系统、数字温室、智能移动喷灌机、植物工厂和大型智能农业机械及配套装备等。

第三，在新型农业投入品领域，北京农业生物技术发展迅速，部分成果已经用于农业生产并初见成效，逐步成为农业生物技术科技创新的源泉和科技成果高端辐射的中心。目前，中关村已经有 52 个基因系列取得了自主知识产权，具有自主研发的植物功能基因系列（EST）11 000 多个。

第四，在生态农业领域，北京具有发展生态农业的科技资源优势，通过推广农田废

弃物循环利用技术、畜禽粪便循环利用技术，有效地推动了基于农业废弃物循环利用技术的生态农业的快速发展。在植物纤维类废弃物方面，研发了直接还田、膜下发酵、商品有机肥、发酵池处理、废弃物回收等多种模式，在全市推广生物防治技术36.8万亩，减少化学农药30多吨，回收废弃物53万个，建立8个循环利用示范点，年处理废弃物1.6万吨，年产生约4000吨有机肥回田利用。在动物类残余废弃物方面，研发了沼气利用、商品有机肥、生物堆肥等三种利用模式，在全市建立2000家规模养殖场，完成治理826家，其中，生猪638头，消纳COD约4000吨，累计建沼气集中供气工程102个，建沼气池3.65万个，建设规模化养殖粪污处理与资源化利用工程800个。

三、发展模式不断创新

农科城建设启动以来，为加快现代种业的发展，积极探索实践，创新发展模式。一是成立良种创制中心，创新了科研合作方式。良种创制中心采用商业化的产学研合作机制，实行“网络＋协议”式合作，逐步吸引国内、国际农业生物技术领域的顶尖人才聚集并开展高端研发工作。二是启动通州国际种业科技园，创新了示范展示方式。种业园开展育种研究、试验示范和展示交易，承接农科城良种创制中心的重大科技成果推介功能。三是探索建立商业化育种后补助制度，创新了科研支持方式。四是与中国农科院签署“5＋1”战略协议，加强包括育种在内七个领域的合作，创新了政研合作方式。五是开展一批重大攻关项目，创新了科技支撑方式。启动实施了“首都现代农业育种服务平台建设”项目，围绕育种技术的薄弱环节开展攻关，并牵头制定《关于建设国家现代农业科技城开展科技支撑与成果惠民工程的意见》，实施“科技支撑籽种产业发展工程”，将优秀种业研发成果推广应用到广大农村，支撑农村民生改善。

除此之外，北京作为特大型消费城市，发展农产品物流业的地位非常重要。为推进流通信息化进程，政企合作，共同打造农村流通信息平台，构建以综合信息服务、支付服务、物流服务为主体的服务网络。以怀柔区为例，该区在整合信息化资源的基础上，设立全市首家农村物流信息服务中心。

四、政策支持力度不断加大

近年来，北京围绕科研资源整合、科技人才引进、科研成果转化等，积极开展了一系列工作，为农科城发展高端产业营造了良好的发展环境。

一是以培育农业生物新品种为出发点，汇聚国内外56个单位，包括7位院士在内的国内外450名高水平专家，搭建了北京农业育种基础研究创新平台；同时，积极同发达国家和国际机构合作，结合国家科技计划和重大项目的实施，建设一批生物育种基地，加强了生物育种相关工程技术研究中心和重点实验室建设，并由种业企业、高校科研院所和科技服务机构联合发起成立了农业生物技术联盟和籽种产业科技创新服务联盟。以“公共技术平台助推农业生物育种产业发展”为服务特点，建成国内首个农业生

物技术孵化器。连续举办“生物技术与农业峰会”，在跨国种业公司与国内政府、企业之间，国内政产学研之间建起了沟通桥梁。

二是围绕相关技术设备的推广应用，积极实施“北京精准农业示范工程”、“精准农业科技示范平台建设”、“精准农业关键技术研究与示范”等项目，并建设了小汤山国家精准农业示范基地、大兴精准农业示范区、密云精准农业示范区等示范展示平台。其中，小汤山国家精准农业示范基地于 2002 年 10 月竣工完成，占地 2500 亩，总投资 5209 万元。该基地建立了以 3S 技术为核心和智能化农业机械为支撑的节水、节肥、节药、节能的资源节约型的精准农业技术体系。大兴区已在 5 个镇、6 个村示范推广包括智能温室娃娃、室外气象自动监测、负水头精准灌溉、液肥精准施用、静电精准喷药等 16 项精准农业专利技术，实时定量监控农作物在不同生长周期所需的温度、湿度、光照、二氧化碳浓度等，调节水肥药的投入，帮助农民实现更高层次的精耕细作。密云县则在平头村建立了 3000 亩精准农业示范区，以小麦、玉米为主导产品，严格管理，随时监测植株营养需求和配方肥料使用情况，保证植株生长。

三是构建现代化农产品流通体系。农科城建设启动伊始，启动实施“新发地国际绿色物流区建设”项目。项目通过应用“从农田到餐桌”的全程检测和追溯管理技术系统、食品与农产品进出口“一站式”服务和电子交易技术系统、IC 卡会员管理和交易结算技术系统以及交易数据综合处理技术系统等先进科技成果，实现农产品安全保障、食品与农产品国际化流通贸易、信息决策与安全预警等功能。

第二节　高端产业：农科城发展的战略选择及重点领域

农科城的发展必须聚焦高端产业，这是首都农业转型升级的必由之路，也是建设世界城市的有机组成部分，是完成农科城建设目标的基本要求。根据“是否具有发展成为高端产业的潜力”、“是否能满足农科城建设需要”、“是否属于北京市经济社会发展的规划重点”和“是否属于国家战略发展前沿和经济社会发展的规划重点”四个定性指标，课题组研究后认为农科城发展高端产业应聚焦于八个重点领域。

一、发展高端产业是农科城发展的战略选择

发展高端产业是首都农业转型升级的必由之路。北京农业已步入都市型现代农业发展阶段，农业功能不断扩充，农业生产方式深刻转变，同时，北京的农业生产资源也面临着土地成本和人力成本不断上升和水资源日益短缺的局面，在这一背景下，要发挥农业对首都国民经济发展的保障功能，实现环境友好和资源节约型可持续发展，必须发挥资金和技术优势，发展资本替代型和技术替代型的高端农业产业，利用有限的土地、水，依托高素质的人才队伍，进行新品种、高新农业生产技术和综合配套技术的研发示范，加强对农产品的深加工，提高产品的附加值。同时，首都农业在着力生产技术革新与推广应用的同时，还要发挥市场引导功能，建立现代化的农产品流通与质量监控检测

管理体系，建立农业新技术交易转化和产业化融资平台，通过发展高端服务业，完善规范市场，优化资源配置，促进产销对接和技术成果落地，提高产品流通效率和技术转化效率，使北京成为现代农业技术和产品转化、流通的枢纽。

发展高端农业是建设世界城市的有机内容。从纽约、东京等世界城市的发展经验看，农业在城市建设中发挥着保障世界城市市民高品质生活的物质基础，是优化城市环境，体现城市文化的重要依托。首都农业在开发引进新品种、提高农产品品质的同时，还要建立国际化的农产品物流配送体系，形成区域农产品交流展示中心，满足消费者对高端、多样的农产品供给需求。同时，农业作为世界城市景观与文化的重要组成部分，迫切需要与生态产业、文化创意产业相结合，提高农业对生态建设的积极作用，提高农业的观赏性和文化内涵。

发展高端产业是完成农科城建设目标的基本要求。农科城建设规划明确提出了“通过高端研发与现代服务引领现代农业走‘高端、高效、高辐射’之路”。发展高端产业是实现这一目标的基本路径。农科城建设旨在通过发展高端农业和高端涉农服务业来优化首都和周边乃至全国的农业资源配置，构建“高端研发、品牌服务和营销管理在京，生产加工在外”的产业模式。因此，必须依托首都的科技、市场和区位优势，发展处于现代农业产业链中关键控制性节点的高端产业，以点带链，以对高端产业的集中扶持和投入带动整个产业链条的升级和整个产业的快速健康发展，发挥出农科城的创新性、引领性和先导性作用。

二、农科城发展高端产业的八个重点领域

农科城高端产业的选择应着眼于未来，即未来能作为高端产业推动农科城和都市型现代农业发展。从这一角度考虑，对农科城高端产业的选择要关注目标产业是否具有发展成为高端产业的潜力，而不是是否已经成为高端产业。除此之外，高端产业的选择还要重点考虑以下三个方面：①所选高端产业必须能满足农科城建设的需要；②所选高端产业应属于北京市经济社会发展的规划重点；③农科城定位于“面向世界、立足首都、服务全国”，并致力于成为全国农业科技创新中心和现代农业产业链创业服务中心，因此，所选高端产业应属于国家战略发展前沿，且符合国家经济社会发展的规划重点。为此，根据“是否具有发展成为高端产业的潜力”、“是否能满足农科城建设需要”、“是否属于北京市经济社会发展的规划重点”和“是否属于国家战略发展前沿和经济社会发展的规划重点”四个定性指标作为农科城高端产业的选择标准。

根据提出的选择标准，课题组研究后将基于生物育种技术的现代种业、基于生物制造技术和新材料技术的新型农业投入品产业、基于农业物联网技术的精准农业、基于农业废弃物循环利用技术的生态农业、基于农产品加工新技术的现代食品制造业、基于冷链贮运技术的现代农业物流业、以科技金融为代表的农业金融服务业、以科技创意为代表的休闲创意农业作为农科城发展高端产业的八个重点领域。

（一）基于生物育种技术的现代农业

现代种业是以产业为主导、企业为主体、基地为依托、产学研相结合、育繁推一体化的种业体系。生物育种就是用生物学技术培育优良生物品种，包含诱变育种、杂交育种、单倍体育种、多倍体育种和细胞工程育种等方法。

（1）是否具有发展成为高端产业的潜力。现代种业属于产业链的前端，对整个农业产业链具有引领作用，特别是生物育种，更是具备技术前沿性、方向前瞻性、发展引领性、价值超常性等高端产业的基本特征，且在北京已具备坚实的发展基础，是名副其实的高端产业。

（2）是否能满足农科城建设需要。发展现代种业是建设农科城“五中心”中的良种创制与种业交易中心的根本要求，可谓是农科城必备的一项产业。

（3）是否属于北京市经济社会发展的规划重点。《北京市“十二五”时期科技北京发展建设规划》明确提出“推动以籽种产业为核心的农业高端产业发展。”而《北京种业发展规划（2010～2015年）》的发布实施，更充分地说明了北京对种业发展的重视。

（4）是否属于国家战略发展前沿和经济社会发展的规划重点。《国务院关于加快培育和发展战略性新兴产业的决定》将生物育种列为战略性新兴产业；而《国务院关于加快推进现代农作物种业发展的意见》则明确指出要加大对生物育种产业的扶持力度。

（二）基于生物制造技术和新材料技术的新型农业投入品产业

新型农业投入品是指基于先进技术生产的，具有绿色、安全、高效等特殊功效的农业投入品。采用生物制造技术和新材料技术，均可生产出新型农业投入品。

（1）是否具有发展成为高端产业的潜力。采用生物制造技术可以生产诸如生物肥料、生物饲料、生物农药、生物疫苗等绿色、无害的农业投入品。这种农业投入品产业是广义农业产业链的重要一环，由于能决定农产品的质量和安全水平，因而对农业产业链具有引领作用。生物制造技术属于前沿性技术，且代表了未来的发展方向，应用该技术制造出来的农用品绿色、安全，因而能获得较高的附加值。由此可见，基于生物制造技术的新型农业投入品产业已经成为高端产业。此外，运用新材料技术，同样可以生产出安全、高效的新型农业投入品，如纳米农药、稀土饲料等。这种安全、高效的农业投入品也是广义农业产业链的重要一环，由于能提升农业生产效率和农产品质量，因而对农业产业链具有引领作用。新材料是国家重点发展的战略性新兴产业，具备技术前沿性和方向前瞻性的特征，用新材料技术生产出的新型农业投入品附加值高于传统投入品。因此，基于新材料技术的新型农业投入品产业具有成为高端产业的潜力。

（2）是否能满足农科城建设需要。发展该产业是提升都市型现代农业效率、充分发挥其生产功能的必要举措，也是实现农科城“高端、高效、高辐射”的需要。

（3）是否属于北京市经济社会发展的规划重点。《北京市“十二五”时期科技北京发展建设规划》指出，要加强生物农业技术开发，重点开展生物肥料、生物饲料、生物农药、天敌昆虫、畜禽新型生物疫苗等方面的技术攻关。同时，也对基于新材料的农业投入品发展做出要求，即“研发应用高光效、防雾、防老化、高抗压的覆盖薄膜；强度高、质地轻、造价低、耐腐蚀的棚架材料；保温性能好、质地轻、造价低、使用寿命长的温室保温材料。”

（4）是否属于国家战略发展前沿和经济社会发展的规划重点。《国务院关于加快培育和发展战略性新兴产业的决定》明确指出，要积极推广绿色农用生物产品，促进生物农业加快发展，同时，也将新材料列为国家战略性新兴产业的七大领域之一。

（三）基于农业物联网技术的精准农业

精准农业是以信息技术为支撑，可根据空间变异，定位、定时、定量地实施一整套现代化农事操作技术与管理的系统。物联网技术可用于建设精确监测平台，对农产品生长环境中的温湿度、pH 值、光照以及土壤养分等数据进行采集和传输；可用于建设精准农业的数字化管理系统，在现代农业领域有广阔的应用前景，是未来精准农业发展的关键支撑技术。

（1）是否具有发展成为高端产业的潜力。作为新一代信息技术的代表，物联网技术是当今信息技术的发展前沿，同样是信息技术未来发展的总体趋势。随着农业物联网技术的大范围推广应用，精准农业的技术前沿性和方向前瞻性会大幅提高，对现代农业产业链向精准化、智能化的引领作用会大幅加强，同时，由精准化农业生产而带来的效率提升和产品的标准化能显著增加现代农业的附加值。所以，基于农业物联网技术的精准农业具有成为高端产业的潜力。

（2）是否能满足农科城建设需要。发展精准农业是建设农科城“五中心”中的农业科技网络服务中心的功能需求之一，是农科城必备的一项产业。

（3）是否属于北京市经济社会发展的规划重点。《北京市“十二五”时期科技北京发展建设规划》明确提出“重点培育籽种农业、生物农业、精准农业等高端产业。”

（4）是否属于国家战略发展前沿和经济社会发展的规划重点。《国务院关于加快培育和发展战略性新兴产业的决定》明确指出把物联网技术作为新一代信息技术产业的重要内容。《我国国民经济和社会发展第十二个五年规划纲要》同样对物联网的发展提出了要求。

（四）基于农业废弃物循环利用技术的生态农业

生态农业是以生态学理论为指导，运用系统工程的方法，以合理利用自然资源与保护良好的生态环境为前提而组织进行的农业生产。

（1）是否具有发展成为高端产业的潜力。生态农业是广义农业产业链的重要一环，由于能改善农业生产环境，提高对农业资源的利用效率，因而对农业产业链具有引领作用。生态农业是未来农业发展的重要方向之一，而随着科技进步和对农业生态环境保护重视程度的不断提升，一些高新技术将逐步应用到农业废弃物循环利用领域，从而使之具有前沿性。通过生态方式生产的农产品，被赋予了生态安全的内涵，因而可获得高附加值。所以，基于农业废弃物循环利用技术的生态农业具有成为高端产业的潜力。

（2）是否能满足农科城建设需要。发展生态农业有助于实现农科城现代农业的“高端、高效、高辐射”，同时，也是充分发挥都市型现代农业生态功能的必然要求。

（3）是否属于北京市经济社会发展的规划重点。《北京市国民经济和社会发展第十二个五年规划纲要》强调，要大力发展籽种农业、休闲农业、循环农业、会展农业、设施农业、节水农业等都市型现代农业，其中，循环农业的核心内容就是对农业废弃物的再利用。

（4）是否属于国家战略发展前沿和经济社会发展的规划重点。《国务院关于加快培育和发展战略性新兴产业的决定》明确提出“加快资源循环利用关键共性技术研发和产业化示范，提高资源综合利用水平和再制造产业化水平”。

（五）基于农产品加工新技术的现代食品制造业

食品制造业包括粮食及饲料加工业、植物油加工业、制糖业、屠宰及肉类蛋类加工业、水产品加工业、食用盐加工业以及其他食品加工业等行业和部门，是农产品加工业中包含行业最多的产业，也是制造业中第一大产业。

（1）是否具有发展成为高端产业的潜力。食品制造业处于产业链末端，对整个农业产业链具有引领作用。农产品加工新技术是高新技术中现代农业技术的重要领域之一，具有技术前沿性和方向前瞻性等特征。而且，利用农产品加工新技术制造出来的功能性、保健性和创新性食品，可以获得高附加值。所以，食品制造业具有成为高端产业的潜力。

（2）是否能满足农科城建设需要。发展食品制造业是农业科技创新产业促进中心的功能需求之一，是农科城必备的一项产业。

（3）是否属于北京市经济社会发展的规划重点。《北京市“十二五”时期科技北京发展建设规划》对发展食品制造业做出明确部署，指出要研发应用功能物质的提取与产品开发技术，开发高附加值的保健型产品，促进首都农产品加工产业提升发展，进而推动都市型现代农业生活功能的充分发挥。

（4）是否属于国家战略发展前沿和经济社会发展的规划重点。《我国国民经济和社会发展第十二个五年规划纲要》明确提出“推进农业产业化经营，扶持壮大农产品加工业和流通业，促进农业生产经营专业化、标准化、规模化、集约化”。

（六）基于冷链贮运技术的现代农业物流业

现代农业物流是指以满足顾客需求为目标，运用现代化的物流手段，对农业生产资料和农产品等实体相关服务及信息，从供应源到消费源所进行的组织、控制与管理的经济活动过程。而冷链物流就是把易腐、生鲜食品的生产、运输、销售、经济和技术等各种问题集中起来考虑，协调相互间的关系，以确保食品在加工、贮藏、运输和销售过程中的质量和安全，是一项高科技含量的低温系统工程。

（1）是否具有发展成为高端产业的潜力。现代农业物流业处于产业链末端，对整个产业链条具有引领作用。冷链贮运应用高新技术，是解决生鲜、易腐食品贮运的关键，也是农业物流的发展趋势。而通过扩大生鲜、易腐食品的供应效率，农业现代物流可以获得高附加值。因此，现代农业物流业具有成为高端产业的潜力。

(2) 是否能满足农科城建设需要。发展现代农业物流业是建设农业科技创新产业促进中心和国际绿色物流区的需要，也是实现高端服务功能的需要。

(3) 是否属于北京市经济社会发展的规划重点。《北京市国民经济和社会发展第十二个五年规划纲要》明确要求“建立与首都多元化消费需求相适应的农产品物流体系和农产品市场信息体系。”同时，也指出要积极发展冷链物流。

(4) 是否属于国家战略发展前沿和经济社会发展的规划重点。《我国国民经济和社会发展第十二个五年规划纲要》明确提出“积极发展农产品流通服务，加快建设流通成本低、运行效率高的农产品营销网络”。

(七) 以科技金融为代表的农业金融服务业

金融服务是指金融机构运用货币交易手段融通有价物品，向金融活动参与者和顾客提供的共同受益、获得满足的活动，包括保险、存款、贷款、财务租赁、担保、证券发行、货币经纪、资产管理等形式。科技金融服务主要包括以政府科技投入为主的科技财力资源配置、创业风险投资、科技贷款、科技资本市场和科技保险等服务。

(1) 是否具有发展成为高端产业的潜力。由于起步时间较早，企业的经营环境及发展态势较好，金融服务业已经逐步发展成为北京现代服务业中集中度高、辐射力强的第一支柱产业。而在此大环境下，科技金融服务的成效同样显著。例如，充分利用信贷市场，发挥信贷资金服务高新技术企业的主导作用；建立多层次资本市场，实现资本与科技的高效对接；健全征信资信体系，为投融资营造良好的环境；加强财政与金融合作，支持科技金融发展等。生产性服务业是北京规划的四大高端产业领域之一，金融服务业则是生产性服务业的典型代表。

(2) 是否能满足农科城建设需要。作为现代服务业的一种，发展农业金融服务是建设科技金融服务中心和实现高端服务功能的需要，同样也是引领高端产业发展基本要求，而且有利于发挥都市型现代农业的多功能性。

(3) 是否属于北京市经济社会发展的规划重点。《北京市“十二五”时期科技北京发展建设规划》强调，要促进包括金融服务在内的生产性服务业发展，并全面加强面向农业的技术服务、金融服务、信息服务和市场服务。

(4) 是否属于国家战略发展前沿和经济社会发展的规划重点。《国家“十二五”科学和技术发展规划》强调，要重点发展研发设计、技术转移转化、创新创业、科技咨询和科技金融等服务，开展面向产业集群的科技服务集成平台、科技金融服务平台等建设与应用。

(八) 以科技创意为代表的休闲创意农业

休闲创意农业是休闲农业和创意农业的有机结合，是指基于农业创意的休闲、观光和旅游。科技创意是指利用创意思维将新技术、新品种、新工艺、新设备成果开发成展

示品或消费品，是将科技融入现实生活的一种新颖途径。

(1) 是否具有发展成为高端产业的潜力。文化创意产业是北京规划的四大高端产业领域之一。2010年，全市文化创意产业实现增加值1692.2亿元，占地区生产总值的比重达到12.3%。休闲创意农业是文化创意产业新的增长点。

(2) 是否能满足农科城建设需要。发展休闲创意农业是推进农科城产业链创业和发挥高端服务功能的需要，也是引领高端产业发展的基本要求，同时也有利于拓展都市型现代农业的生态、示范功能。

(3) 是否属于北京市经济社会发展的规划重点。《北京市“十二五”时期科技北京发展建设规划》强调，大力发展籽种农业、休闲农业、循环农业、会展农业、设施农业、节水农业等都市型现代农业。

(4) 是否属于国家战略发展前沿和经济社会发展的规划重点。《全国现代农业发展规划（2011～2015年）》提出：“加快发展以园艺产品、畜产品、水产品为重点的高效农业、精品农业、外向型农业和生态休闲农业”。

从产业类型来看，基于生物育种技术的现代种业、基于生物制造技术和新材料技术的新型农业投入品产业、基于农业物联网技术的精准农业、基于农业废弃物循环利用技术的生态农业、基于农产品加工新技术的现代食品制造业五个产业虽然涵盖了三种不同的产业类型，但是，由于它们分别服务于农业的产前、产中和产后三个环节，从产业融合的角度，可以将其视为广义的“现代农业”。基于冷链贮运技术的现代农业物流业、以科技金融为代表的农业金融服务业、以科技创意为代表的休闲创意农业三个产业则属于现代服务业。可见，农科城高端产业重点领域的选择同样体现出了“以现代服务业引领现代农业”的发展理念。

第三节　农科城发展高端产业面临的突出问题

在明确农科城发展高端产业的战略和重点领域后，我们还要清醒地看到，发展这些产业仍面临一系列的突出问题，需要严肃对待，认真解决。

一、产业内部发展不平衡，集聚程度偏低

在现代种业领域，一方面，种业企业规模比较小，行业集中度低。据统计，国内前10强种子企业仅占国内种子市场份额的13%。另一方面，缺少大规模的种业集群。虽然我国种子企业已有7300多家，但多分散于全国各地，没有形成规模大、具有重大影响力的产业集群。课题组所调研的通州种业科技园目前有入驻企业14家，已初步形成种业企业聚集的局面，但是，要想扩大聚集规模，形成产业集群，还面临着产业组织、产业结构、商业模式、基础设施等考验。

在现代食品制造业领域，规模以上企业在产业规模、吸纳就业、经济效益方面都远远好于规模以下企业。这在整个农产品加工业都体现得较为明显。2008年，全市规模

以上农产品加工企业502家，总资产531.2亿元，占全部资产的90%，规模以上企业平均总资产和固定资产分别为1.1亿元和0.3亿元，而规模以下企业平均总资产和固定资产则分别仅有500万元和100万元；规模以上企业共吸纳就业人数约9.9万人，占总体的89%；规模以上企业实现销售收入509.9亿元，占总销售收入的96.7%，实现利润12.3亿元，比行业总利润高出19个百分点；规模以下企业销售收入仅为17.5亿元，占总销售收入的3.3%，亏损2亿元。

二、市场需求不足，产业化缺乏动力

从目前来看，精准农业还处于项目支持下的技术研发和示范应用阶段，真正有大量供需双方参与并自由交易的市场还没有最终形成。课题组在调研京鹏“植物工厂”时了解到，该技术国内领先，工厂化洁净生产理念超前，成本较高，研发的家庭版植物工厂等还基本处于大型会展和科研机构试验展示阶段。

与精准农业一样，生态农业技术设备的应用会提高农业生产成本，对小规模经营的农户来讲，应用的积极性并不高。课题组在调研德清源时，发现生态农业也还主要处于项目支持下的技术研发和示范应用阶段，或者被合作组织、企业等大规模经营主体采用，距离真正产业化应用的市场形成还有差距。

三、科技资源未有效整合，成果转化和产业化渠道不畅

在生物制造类新型农业投入品方面，以天敌昆虫为例，缺乏相应天敌昆虫产品的生产与质量标准以及市场准入，尚未进入农业生产资料的流通领域。我国涉及工厂化生产技术规程的只有生物防治用赤眼蜂一个行业标准和螟黄赤眼蜂一个地方标准，北京在这方面尚属空白。

同样，在新材料类新型农业投入品方面，科技创新主要集中在高校和科研院所，科研成果转化需要产学研之间的合作。但是，高校、科研院所的成果常停留在实验室阶段，与企业发展需求相脱节，加之科研人员普遍“重学术、轻技术，重成果、轻转化”，致使产学研间出现脱节。此外，新材料科研成果转移的中介机构专业性不强，效率较低，还不能为科研成果的市场化和产业化提供强有力的支撑。

四、对产业链整体的控制力较弱，现代服务业引领力度不够

在现代种业领域，北京稀缺的土地资源和高昂的劳动力成本使得企业的良种生产环节普遍转移到了京外，弱化了北京种业对整个产业的控制力。现代服务业对高端产业发展具有引领作用，种业也不例外。在国外，现代服务业已经覆盖到整个种业产业链。例如，国外种业依靠精准营销服务来降低市场风险；依靠信息服务来充分了解产品的特性和客户的需求，实现以需定产；依靠到田间地头手把手教农民打药、背着袋子帮助农业

播种的教育培训服务来提高品牌认可度。相比之下，国内这种引领模式还没有形成。

在精准农业领域，目前国内大部分精准农业从业者的研发-生产-市场销售能力亟待增强，产品配套性和标准性比较差，产业集中度弱。例如，派得伟业由北京市农林科学院和北京农业信息技术研究中心共同投资组建，办公面积只有2000多平方米，员工也仅有140多人，还缺乏经济规模。

在生态农业领域，目前为止，还没有出现国内外知名的大型农业废弃物循环利用技术设备生产制造商。课题组通过对德清源的调研发现，由于目前行业标准不健全，缺乏规范，加之知识产权保护不足，企业蒙受巨大损失。与发达国家相比，北京水果蔬菜等农副产品在采摘、运输、储存等物流环节上的损失率在25%～30%左右，新发地批发市场在流通环节的损耗率为20%～30%，发达国家流通环节损耗率控制在5%以下，美国的损耗率仅有1%～2%。此外，课题组在新发地市场调研时发现，批发市场的交易方式还比较落后，以现货交易为主，交易的农产品较为初级，导致土、菜叶等垃圾较多，容易造成环境污染。

第四节　农科城高端产业发展目标与实现路径

根据农科城高端产业的现状和问题，我们建议不同的产业确定不同的发展目标和发展路径。

一、发展目标（表20-1）

表20-1　农科城高端产业重点领域的发展目标

重点领域	发展目标
基于生物育种技术的现代种业	形成现代种业具有分工合理、产学研相结合、资源集中、运行高效的育种新机制 培育一批具有重大应用前景和自主知识产权的突破性优良品种 产生一批育种能力强、生产加工技术先进、市场营销网络健全、技术服务到位的“育繁推一体化”现代农作物种业集团 形成职责明确、手段先进、监管有力的种子管理体系
基于生物制造技术和新材料技术的新型农业投入品产业	培育一批具有自主知识产权的创新产品 培养出规模大、竞争力强、科研水平高的生产主体 形成一定规模的新型农业投入品企业集群 显著扩大市场规模，提升新型农业投入品在都市型现代农业中的应用率
基于农业物联网技术的精准农业	形成顺畅的产业化渠道，提升精准农业研究成果的转化率 研发一系列先进适用、操作简单、成本低廉的设施农业、精准农业装备，并实现产业化 培育一批实力雄厚、技术过硬、效益显著的精准农业装备龙头企业 促进“十二五”期间精准农业装备应用水平的提升

续表

重点领域	发展目标
基于农业废弃物循环利用技术的生态农业	形成较为完善的生态农业技术体系 研发出成套的生态农业适用技术设备，并实现产业化 培育大型的生态农业生产企业和生态农业装备企业，推进生态农业的产业化进程
基于农产品加工新技术的现代食品制造业	规模以上食品制造企业增多，产值大幅提高，产业规模显著扩大 形成与国际接轨的食品制造标准体系和全程质量控制体系，全面提高食品制造业标准化水平，产品质量和功能性水平显著提升 在向一产提出需求的同时，能对一产需求做出反应，对一产的带动能力明显增强 培育一批在国内外市场具有较大潜力和较高市场占有率的名牌产品
基于冷链贮运技术的现代农业物流业	建立起覆盖城乡的现代化物流网络，提升物流业对现代农业的服务能力 培育一批大型的专业化物流龙头企业，扩大农业现代物流产业规模 充分应用农业物联网技术成果，实行精准化管理，提升农业物流效率 完善农产品质量安全追溯体系，提升农产品安全水平
以科技金融为代表的农业金融服务业	针对处于不同发展阶段的企业的特点和需求，建立集小额贷款、知识产权质押贷款、融资担保、创业投资及信用保险为一体的科技金融服务体系 培育一批大型的农业金融服务中介机构 制定一系列行之有效的行业政策和标准
以科技创意为代表的休闲创意农业	形成1～2个大规模的休闲创意农业集群 培育一批实力强、规模大的休闲创意农业企业 显著提升科技创意在休闲创意农业产品中所占比重

农科城以“高端、高效、高辐射”为宗旨，以农业“高端研发、产业链创业和现代服务业引领”为核心，实现高端服务、总部研发、产业链创业和先导示范四大功能，并采取“一城多园”的布局思路，建设农业科技网络服务中心、农业科技金融服务中心、农业科技创新产业促进中心、良种创制与种业交易中心、农业科技国际合作交流五个中心。

农科城发展高端产业，需要以“五个中心”为支撑平台，以“多园”为实施载体，逐步形成“中心”与“园区”互动、城与外埠园区网联的发展格局，并通过资本、技术、信息等现代农业服务要素的聚集，形成“高端研发、品牌服务和营销管理在京，生产加工在外”的现代农业产业模式，力争5～10年内成为全国农业科技创新中心和现代农业产业链创业服务中心，为全国现代农业发展提供技术引领和服务支撑。

二、发展路径

根据不同产业的发展特点和农科城的现实条件，课题组研究后建议采取三种路径实现发展目标。

第一，基于生物育种技术的现代种业、基于生物制造技术和新材料技术的新型农业

投入品产业、以科技金融为代表的农业金融服务业、以科技创意为代表的休闲创意农业可采取“集群化”的发展路径。即通过政策引导和项目支持，使相关企业在空间上明显集中，在规模上显著扩大，在产业内部竞争、合作与共生。其中，现代种业建议实施“籽种产业发展科技支撑工程”，逐步形成“空间分层、链条分类、服务分解、利益分配”的可持续发展模式；新型农业投入品产业建议实施“新型农业投入品发展科技带动工程”，形成“政策共用、资源共享、协同共进”的发展模式；农业金融服务业建议实施“农业金融服务体系科技建设工程”，形成“信息对称、服务公平、风险共担、利益分享”的高效发展模式；休闲创意农业建议实施“休闲创意农业科技提升工程”，形成“创新提升、融合共进”的互动发展模式。

第二，基于农业物联网技术的精准农业、基于农业废弃物循环利用技术的生态农业可采取“产业化”的发展路径，即按照生产性、商品性、求利性和组织性的产业化四要素条件，扩大生产主体规模，培育多级交易市场，最终实现产业的可持续发展。为此，建议基于农业物联网技术的精准农业实施“农业智能化提升科技促进工程”，形成“创新驱动”和“需求带动”相结合的发展模式。建议基于农业废弃物循环利用技术的生态农业实施“生态农业发展科技引领工程”，形成“技术适用、生产高效、产品差异”的发展模式。

第三，基于农产品加工新技术的现代食品制造业、基于冷链贮运技术的现代农业物流业可采取“高端化”的发展路径。即通过高新技术引进和自主创新，增强产业的技术前沿性，提升产业的附加值。为此，建议基于农产品加工新技术的现代食品制造业实施“食品制造传统产业升级改造科技推动工程”，形成“以文化创意为引领、用先进技术作支撑、以绿色健康为理念、从生产源头来保障”的发展模式。建议基于冷链贮运技术的现代农业物流业实施“绿色供应链打造科技服务工程”，形成“高效率、成网络、保全程、可追溯”的科学发展模式。

参考文献

北京市统计局编. 2011. 北京统计年鉴（2006～2011年）. 北京：中国统计出版社.

波特 M E. 2008. 2007～2008全球竞争力报告. 北京：经济管理出版社.

陈劲，柳卸林. 2011. 自出创新与国家强盛. 北京：科学出版社.

陈劲. 2008. 走向自主——浙江产业与科技创新——浙江改革开放三十年研究系列理论篇. 浙江：浙江大学出版社.

方新. 2007. 中国科技创新与可持续发展（中国可持续发展总纲第16卷）. 北京：科学出版社.

国家统计局，科学技术部编. 2011. 中国科技统计年鉴（2006～2011年）. 北京：中国统计出版社.

国家统计局编. 2010. 中国基本单位统计年鉴（2006～2011年）. 北京：中国统计出版社.

国家知识产权局编. 2010. 专利统计年报（2005～2010年）. 国家知识产权局规划发展司.

韩国科技创新态势分析报告课题组. 2011. 韩国科技创新态势分析报告. 北京：科学出版社.

纪宝成，赵彦云编. 2009. 中国走向创新型国家的要素：来自创新指数的依据. 中国人民大学出版社.

蒋玉宏. 2010. 知识产权制度对城市竞争力的影响. 知识产权出版社.

李应博. 2009. 科技创新资源配置机制、模式与路径选择. 北京：经济科学出版社.

刘江华，张强，张赛飞，等. 2009. 中国副省级城市竞争力比较研究. 北京：中国经济出版社.

倪鹏飞，等. 2011. 南京城市国际竞争力报告——科技创新提升城市竞争力. 北京：社会科学文献出版社.

潘教峰，等. 2010. 国际科技竞争力研究报告. 科学出版社.

瑞士国际管理发展学院. 2002. IMD世界竞争力年鉴2002. 北京：中国财政经济出版社.

沈志渔. 2011. 中国特色自主创新道路研究. 北京：经济管理出版社.

世界银行. 2007. 政府治理、投资环境与和谐社会：中国120个城市竞争力的提升. 北京：中国财政经济出版社.

田红娜. 2009. 中国资源型城市创新体系营建. 北京：经济科学出版社.

王克里. 2010. 甘肃省科技创新能力及其绩效评价研究. 南京：南京东南大学出版社.

吴奇修. 2008. 资源型城市竞争力的重塑与提升. 北京：北京大学出版社.

徐晓雯. 2011. 中国政府科技投入：经验研究与实证研究. 上海：上海三联书店出版社.

薛澜，柳卸林，穆荣平，等. 2011. OECD中国创新政策研究报告. 北京：科学出版社.

闫傲霜. 2010. 科技成果转化"北京模式"的探索与实践. 科技日报.

闫傲霜. 2012. 协同创新、主动作为，"科技北京"建设成效显著. 科技日报.

袁望冬. 2010. 科技创新与社会发展. 第二版. 长沙：湖南大学出版社.

袁卫，赵路，钟卫. 2009. 中国R&D理论、方法及应用研究. 北京：中国人民大学出版社.

张先恩. 2010. 科技创新与强国之路. 北京：化学工业出版社.

赵宏. 2009. 可持续发展中的科技创新——滨海新区实证研究——中国软科学研究丛书. 北京：科学出版社.

中关村科技园区管理委员会等编. 2011. 中关村指数2011. 北京：中关村科技园区管理委员会.

中国风险投资研究院编. 2011. 中国风险投资年鉴2010. 北京：民主与建设出版社.

中国科技发展战略研究小组. 2011. 中国区域创新能力报告2010——珠三角区域创新体系研究. 北京：科学出版社.

中国科协发展研究中心——国家创新能力评价研究课题组. 2009. 国家创新能力评价报告. 北京：科学出版社.

中国科学院. 2010. 2010科学发展报告. 北京：科学出版社.

中国科学院创新发展研究中心. 2009. 2009中国创新发展报告. 北京：科学出版社.

中华人民共和国科学技术部编著. 2011. 中国科学技术指标. 北京：科学技术文献出版社.

周程. 2011. 科技创新典型案例分析. 北京：北京大学出版社.

周寄中. 2011. 科学技术创新管理（第二版）. 北京：经济科学出版社.

附　录

附录 1　2011 年全球十大最具创新力企业[①]
——汤姆森路透"2011 年全球 100 大最具创新力企业奖"前十名企业

2011 年 11 月，当前全球最大财经信息及数据服务商——汤姆森路透社[②]发布报告，公布首次评选出的"全球 100 大最具创新力企业"。汤姆森路透社知识产权解决方案业务部总裁 David Brown 先生表示，上榜企业必须凭借其全球领先的创新能力、对创新成果的保护力及商业发展力，以及对未来科技的影响方能荣膺这一称号。

汤姆森路透"2011 年全球 100 大最具创新力企业"的评定，主要依据以下四个方面的标准：一是专利申请成功率，申请专利的代价昂贵，而且并非所有申请都会获得批准，因此汤姆森路透计算了各公司过去 3 年里专利申请数与获得批准专利数的比例；二是专利申请的全球性，在全球四大市场美国、欧洲、日本和中国，如何保护自己的发明都是衡量一家公司对自己知识产权重视程度的指标之一；三是专利影响力，即其他公司引用专利的频率可衡量发明的影响力，汤姆森路透计算了过去 5 年里每家公司专利被引用的数量；四是创新专利数，汤姆森路透把创新专利定义为首次提交有关新技术、新药品、新业务流程等的专利申请文件，分析了所有在最近 3 年申请了 100 件以上创新专利的组织。

据报告称，此次上榜的全球 100 大最具创新力公司在 2010 年创造了 40 多万个新工作岗位，市值加权平均营收增长 12.9%，研发支出比标准普尔 500 指数成分股公司高 1 倍多，74.2%的上市公司股价上涨。名单中美国公司占 40%，在半导体及电子组件制造上处于领先；亚洲占 31%，在计算机硬件制造和汽车制造上领先；欧洲占 29%，在机械制造上处于领先，其中瑞典占了该类别一半多；法国在科学研究上处于领先，也是上榜公司最多的欧洲国家。目前，中国的专利申请数量虽然已全球领先，但尚未进入该

---

① 本部分由北京市科学技术研究院、北京决策咨询中心团队翻译编辑而成。综合编辑自：大公网，http://www.takungpao.com/tech/web/2011-11-16/1018029.html；新浪网，http://auto.sina.com.cn/service/2011-12-01/1039879126.shtml。

② 汤姆森路透社由汤姆森和路透在 2008 年 4 月 17 日合并而成，同日在伦敦、多伦多和纽约三地同步上市。作为信息提供商，汤姆森、路透合并前分别占全球金融信息终端市场份额的 11%、23%，两者份额相加后，已然高于彭博资讯的 33%，成为全球最大财经信息及数据服务商。

奖名单，主要是因为在专利的质量和影响力方面与世界创新企业相比仍存在一定差距，可见中国未来的创新发展空间还较大。

一、3M公司（3M Company）①

3M公司全称明尼苏达矿务及制造业公司，1902年在美国明尼苏达州成立，是一家多元化跨国企业。成立至今，它开发生产的优质产品已经服务于通信、交通、工业、汽车、航天、航空、电子等诸多领域。

3M公司为道·琼斯30种工业股之一，1997年被《财富》杂志评为全球最著名的19家企业之一。著名的《财富》杂志每年都出版一份美国企业排行榜，其中3M公司在过去15年中有10年均名列前10名。3M公司所有产品都通过了ISO 9002质量认证体系。在《巴伦周刊》公布的2006年度全球100家大公司受尊重度排行榜中名列第15位。

2011年，3M公司全球销售额达27亿美元，业务遍及65个国家和地区，3M每年约有35%的销售收入来自于近5年内开发的新产品；员工总数约为8万人，其中研发人员7350人；在全球拥有70多个实验室，年营收总额的7%用于研发。3M的创新源泉在于其“视革新为成长方式，视新产品为生命”的企业战略和文化，并在公司运作的每一方面得到落实。

3M公司采取的多元产品发展策略，使这个巨型企业把创新渗透到各个领域、各个环节、企业管理的各个方面。迄今为止，3M公司总共已经发明了5万种新产品，几乎平均每年推出100种以上新产品。近年来，3M的年开发新产品数量甚至高达500种，平均每2天开发3种新产品。3M拥有40个产品部门，而且每年都会有新的产品部门成立。3M公司每年申请成功的新专利达500多个。如此惊人的创新能力使3M公司为客户带来了巨大价值，从而获得了业界“创新之王”的美誉。

二、ABB集团（ABB，Ltd.）②

ABB集团全称阿西布朗勃法瑞，是全球500强企业，1988年由瑞典ASEA公司和瑞士BBC Brown Boveri公司合并而成，是一个业务遍及全球的领先电气工程集团。集团下设电力技术、自动化技术和石油/天然气/石化行业三个业务部门。

ABB集团始终致力于为工业和电力行业客户提供解决方案，以帮助客户提高业绩，同时降低对环境的不良影响。为了维持技术领先地位，ABB集团长期投入巨资用于研

---

① 综合编辑自：http：//solutions9. 3m. com/wps/portal/3M/zh _ CN/WW2/Country? WT. mc _ id = www. 3m. com/cn，http：//baike. baidu. com/view/3527. htm，http：//www. ellsworth. com. cn/news _ show/newsId = 4db55fd1-9989-456a-b31f-016dc98a540f. html。

② 综合编辑自：http：//www. abb. com. cn/，http：//www. chuandong. com/publish/news/2011-7/1723172. html，http：//baike. baidu. com/view/152681. html。

究与开发。1991年ABB的R&D投资金额为23.42亿美元，约占集团销售收入的8%；2009年的R&D投资上升至81.3亿美元，占销售收入的4.1%。ABB集团拥有7个研究中心，6000名研究和开发人员，并得到世界上70个大学的合作，目前管理约4780位活跃的专利人员和大约1.9万个活跃的专利申请。

在电力技术领域，ABB集团作为全球输配电行业最大的供应商，坚持将精力集中在开发各种新技术与解决方案上，使客户能够以最高效率、最低价格提供最安全的优质电力。在自动化领域，ABB不断开发各种创新解决方案，进一步扩大自动化应用范围，帮助客户提高生产力。在工业IT领域，ABB公司可为整个企业内的数据、运营、配置以及维护提供统一解决方案。经过认证，ABB公司已有3000多种产品达到工业IT标准。

截至2011年年底，ABB集团的业务已遍布全球100多个国家，雇佣员工达13.4万人。2011年，ABB订单总数4.021万，收入379.9亿美元，收益46.67亿美元，净利润31.68亿美元。ABB最近的创新成果占到其目前在市场上行销的产品和服务的50%～92%。ABB集团超过一半的营业额来自欧洲市场，近1/4来自亚洲、中东和非洲市场，1/5来自南北美洲市场。

三、AMD公司（Advanced Micro Devices，Inc.）①

AMD超微半导体公司成立于1969年，总部位于加利福尼亚州桑尼维尔。AMD公司专门为计算机、通信和消费电子行业设计和制造各种创新的微处理器（CPU、GPU、APU、主板芯片组、电视卡芯片等）、闪存和低功率处理器解决方案。AMD致力为技术用户——从企业、政府机构到个人消费者——提供基于标准的、以客户为中心的解决方案。

AMD开发新产品时不会单纯为创新而创新，力求产品能够满足客户需要。AMD每做出一个决定，都会考虑“以客户为中心进行创新”，并以此作为指导思想，让公司员工清晰知道产品的发展方向，也让公司能够在此基础上与业务伙伴、客户及用户之间建立更密切的合作关系。高效的、基于合作伙伴的研发模式，确保了AMD产品和解决方案可以始终在性能和功率方面保持领先。

AMD公司在全球各地均设有业务机构，在美国、中国、德国、日本、马来西亚等国设有制造工厂，并在全球各大主要城市设有销售办事处，拥有超过1.6万名员工。迄今为止，全球已经有超过2000家软硬件开发商、OEM厂商和分销商宣布支持AMD 64位技术。在福布斯全球2000强中排名前100位的公司中，75%以上在使用基于AMD皓龙处理器的系统运行企业应用，且性能获得大幅提高。2008年，AMD推出新的企业品牌理念——The future is fusion（融聚未来），目的在于把AMD独特技术的结合和计

① 综合编辑自：http：//www.amd.com/CN/ABOUTAMD/CORPORATE-INFORMATION/Pages/corporate-info.aspx，http：//tech.sina.com.cn/it/2004-07-18/1427389289.shtml，http：//baike.baidu.com/view/16340.htm。

算机制造商之间密切的关系，导向直接深入了解最终用户需求，从而推出下一代在工作、家庭和游戏方面的解决方案。

AMD的发展史就是不断创新的过程。2000年AMD一年内申请超过1000多个专利，2003年推出能从32位平滑过渡的64位处理器，2006年并购ATI之后成为唯一一家可以提供CPU和GPU以及芯片组的整合平台制造商，2011年推出Fusion加速处理器，第一季度出货量即达300万颗。2011财年，AMD营业收入达到65.68亿美元。

四、空中客车公司（Airbus）[①]

空中客车公司又称空中巴士，1970年成立于法国，是业界领先的飞机制造商。空中客车公司由欧洲两个最大的军火供应制造商——欧洲航空防务航天公司（80%股份）和英宇航系统公司（20%股份）共同拥有。

在空客看来，作为行业的后来者，模仿别人永远无法超越别人，成功的关键在于不断创新。空客公司始终秉承倾听和满足客户需要的经营理念，为客户提供比竞争对手更舒适、成本更低、更能赢利的产品，是空客创新的出发点和落脚点。空客的企业文化以改革、创新和自由思索为基础，其组织机构在保留文化和语言的多元化的基础上确保顺畅的跨国工作形式，公司的多元文化也因此成为公司发展的主要财富。

在环保方面，空客致力于确保空中旅行继续成为最安全、最有效和最环保的交通方式之一。2007年1月，空客成为首家通过ISO 14001环境认证的航空制造企业。在设计方面，空客在创新的EMS框架内，基于公认的标准，建立了一个在整个产品生命周期内描绘飞机对环境影响的方法。其中一项创新计划是降低发动机机舱风扇噪声的无接缝进气道技术，作为专利获得了法国生态与可持续发展部颁发的大奖。

空客全球员工约5.4万人，在美国、中国、日本和中东设有全资子公司，在汉堡、法兰克福、华盛顿、北京和新加坡设有零备件中心，在图卢兹、迈阿密、汉堡和北京设有培训中心，在全球各地还设有150多个驻场服务办事处。空客还与全球各大公司建立了行业协作和合作关系，在30个国家拥有约1500名供货商网络。截至目前，空客已经售出了9800多架飞机，拥有超过300家客户/运营商。2010年，空中客车公司的营业额将近300亿欧元，已牢固掌握全球约一半的民用飞机订单。

五、阿尔卡特-朗讯（Alcatel-Lucent）[②]

阿尔卡特-朗讯总部设于法国巴黎，是一家提供电信软硬件设备及服务的跨国公司，

---

① 综合编辑自：http：//www.airbus.com.cn/，http：//www.17k.com/chapter/47813/1737485.html，http：//baike.baidu.com/view/302841.htm。

② 综合编辑自：http：//www.alcatel-lucent.com/wps/portal/，http：//news.ccidnet.com/art/1032/20111212/3355343_1.html，http：//baike.baidu.com/view/658900.htm。

2006 年 12 月 1 日由美国的朗讯科技和法国的阿尔卡特正式合并而成。新集团成为仅次于美国思科公司的全球第二大电信设备制造企业，阿尔卡特和朗讯分别持有 60%和 40%的股份。

阿尔卡特-朗讯致力于通过创新模式，实现旗下世界级专利组合的商业价值，在保留专利所有权的同时，面向各行各业拓展专利组合的访问权限。自 1925 年诞生以来，贝尔实验室就坚守通信技术的关键基础性研究，其发明和创新几乎奠定了当今社会的科学基础，包括晶体管、激光、信息论、光通信、蜂窝电话等。依托贝尔实验室的前沿性研究，阿尔卡特-朗讯不断推出领先市场的技术和产品。2011 年，阿尔卡特-朗讯发布了依托贝尔实验室发明的 light Radio™（“灵云无线”）、FP3 等改变通信技术格局的新技术。

阿尔卡特-朗讯拥有 7.9 万名员工，业务遍及 130 个国家。2007 年 11 月 26 日，阿尔卡特-朗讯与中国移动和中国联通正式签署了总额为 7.5 亿欧元的移动通信解决方案及服务框架协议。阿尔卡特-朗讯提供的解决方案将大幅提高中国移动和中国联通的网络容量及移动网络覆盖率，更好地满足中国市场不断增长的移动业务需求。根据市场调研公司 Dell’Oro 的数据，2011 年第三季度阿尔卡特-朗讯领跑全球 LTE 市场，服务了 Verizon 140 万 LTE 商用用户。至今，阿尔卡特-朗讯在中国保持了 GPON 32%、CDMA 39%、DSL 39%、光通信 35%～40%、微波 40%五个领域的第一位置。

六、爱尔康公司（Alcon，Inc.）[①]

爱尔康公司成立于 1947 年，是全球最大的眼科药品与医疗器械专业公司。通过不断的资源整合和规模壮大，爱尔康已拥有能为全世界提供包括眼科手术产品、眼药和视力保健产品的最为宽泛的产品线。

爱尔康始终坚持品质至上的理念，力求不断改善业务流程与质量管理体系的各个方面，竭力使工作达到法规最高水平，并力争达到或超过各个国家与地区的标准。爱尔康在全球拥有近 2000 名专业研发人员和 5 个研发中心，致力于满足全球最紧迫的眼科保健需求。爱尔康现正在不断研发新的产品以解决最紧迫的眼病需要，如白内障、青光眼、老年黄斑变性、屈光不正、眼部过敏、干眼症、眼部感染和炎症。未来 5 年中，爱尔康计划在研发方面投资 30 亿美元，在新产品方面投资 40 亿美元。

爱尔康在全球约有 2.2 万名员工，平均任职时间 9 年，但很多员工已经在爱尔康工作了 25 年或 25 年以上。除了没有开展生产销售眼镜及隐形眼镜产品的业务以外，爱尔康涉足了眼科学产品的所有领域。爱尔康公司高层管理人员敏锐的洞察力和雀巢公司坚定不移的支持，爱尔康公司一直保持其在眼科市场上的领先地位及在全球范围内飞快的发展速度。

---

① 综合编辑自：http：//www.alcon.com.cn/about/about_g01.html，http：//www.vertinfo.com/vertnew/showcom.asp? cid=1156，http：//baike.baidu.com/view/2970081.htm。

目前，爱尔康产品已销往全球180个国家和地区，并在75个国家开设了经营机构。2008年销售额超过63亿美元，遥居同行业榜首。在美国《财富》杂志“100个最值得工作的公司”年度调查中，爱尔康公司连续多年榜上有名。

七、阿法拉伐公司（Alfa Laval）①

阿法拉伐公司成立于1883年，总部位于瑞典斯德哥尔摩。阿法拉伐向客户提供加热、冷凝、分离和运输产品，产品涉及石油、水、化工、饮料、食品及医药品等。公司分为加工技术部门和设备部门——加工技术部门利用创新技术为客户生产加工提供服务，设备部门为客户提供高质量产品。

阿法拉伐保持长盛不衰的秘诀在于它从不故步自封，而是将创新的理念深深融入企业文化之中。阿法拉伐将其在竞争激烈的世界市场中取胜的核心要素归纳为：依靠出色的员工，提供创新性的产品和服务，为客户创造价值，创新服务。阿法拉伐拥有三项核心技术，分别是离心分离，热交换和液体处理。持续不断的产品开发是增强竞争优势不可或缺的条件，公司每年将总销售收入的2.7%左右投入研发工作，每年都会发布25～30种新产品。截至2005年，阿法拉伐自有产品专利数量超过200个。

阿法拉伐目前在全球拥有约1.25万名雇员，大多数雇员在瑞典、丹麦、印度、美国、法国和中国。公司拥有27个大型生产基地（欧洲15个、亚洲7个、美国4个、巴西1个）和70个服务中心。产品销往近100个国家，并在其中的50个国家拥有自己的销售机构。阿法拉伐的客户现在已经超过2万家，包括巴斯夫、拜耳、BP、Heineken、Tetra Laval等国际大型公司。

阿法拉伐公司在自己的业务领域内占据着全球领先的市场地位。2007年，换热器的新签订单占了57%，分离产品为22%，流体处理产品为11%。最成功的市场定位是板式换热器，估计在市场上的占有率已超30%。高速离心机和沉降式离心机占的市场份额估计为25%～30%，流体处理产品占全球市场份额的10%。

八、亚德诺半导体技术公司（Analog Devices，Inc.）②

亚德诺半导体技术公司创建于1965年，从位于美国马萨诸塞州剑桥市一座公寓大楼地下室的简陋实验室开始起步，已发展成为全世界特许半导体行业中最卓越的供应商之一。

亚德诺半导体技术公司将创新、业绩和卓越作为企业的文化支柱，并基此成长为该

---

① 综合编辑自：http：//local. alfalaval. com/zh-cn/Pages/default. aspx? bdclkid = 1e-EJ5R-H0rznOHO1x _ FbNtspR0K0gsDZdAHUvak2Q7Is81E3J，http：//local. alfalaval. com/zh-cn/about-us/pages/default. aspx。

② 综合编辑自：http：//baike. baidu. com/view/4801135. htm，http：//page. chinahr. com/2010/sh/analog _ 1014/index. aspx。

技术领域最持久高速增长的企业之一。ADI 数字信号处理芯片与德州仪器生产的芯片特点相比较，具有浮点运算强、SIMD（单指令多数据）编程的优势；ADI 提供的 Visual DSP＋＋2.0，3.0，4.0，4.5，5.0 编程环境，可以支持软件人员开发调试。

ADI 公司是业界广泛认可的数据转换和信号处理技术全球领先的供应商，拥有遍布世界各地的 6 万家客户，涵盖了全部类型的电子设备制造商。作为领先业界 40 多年的高性能模拟集成电路（IC）制造商，ADI 的产品广泛用于模拟信号和数字信号处理领域。公司总部设在美国马萨诸塞州诺伍德市，设计和制造基地遍布全球。ADI 公司的股票在纽约证券交易所上市，并被纳入标准普尔 500 指数。

阿法拉伐对创新的承诺使公司在保持发展的同时也始终保持着较高的盈利水平。2006 年上半年，阿法拉伐业务的全球增长率达到了 31.3%。在阿法拉伐所涉足的各个市场和应用领域中，其产品和服务的需求都在不断加大和攀升。2008 年 1 月 12 日，阿法拉伐宣布 3.5 亿美元完成对 ADI 手机芯片收购。完成此项收购后，公司将增加新的手机基频、射频芯片，包括 GSM、GPRS、EDGE、WCDMA、TD-SCDMA 等产品线，加速进军 3G 手机芯片市场。

九、苹果公司（Apple，Inc.）[①]

苹果公司原称苹果电脑公司，是全球第一大手机生产商，是全球最大的 PC 厂商，也是世界上市值最大的上市公司，由乔布斯、斯蒂夫·沃兹尼亚克和 Ron Wayn 在 1976 年 4 月 1 日创立。2007 年 1 月 9 日，苹果股份有限公司在旧金山 Macworld 大会上宣布改名。

苹果公司有七大创新秘诀，分别为：做你喜欢做的事；要有改变世界的理想；跨界创新；卖的不是产品，是梦想；少即是多；提供超酷的体验；要懂得说故事。苹果的产品创新境界集中体现在“像素完美模拟”上——苹果之所以是苹果，就在于其产品所带来的不只是多样的功能，还有一种追求极致的文化，苹果对于消费者来说就是“完美”的代名词。苹果的产品创新体系可以浓缩为“10 到 3 到 1”——在苹果公司，对于任何一项新的设计，设计师们首先要拿出 10 种完全不同的模拟方案，然后公司会从中挑出 3 个方案来仔细研究，最终决定得出（不一定是选出）一个最优秀的设计方案。“两次设计会议”堪称苹果产品创新方法的集中体现——第一次是头脑风暴会议，这次会议完全要求成员不受任何的条件限制，自由地思考，进行自由创意；第二次是成果会议，设计师和工程师必须明确每一件事情，确定疯狂想法是否能在实际中应用。

苹果的 AppleⅡ于 1970 年代助长了个人电脑革命，其后的 Macintosh 接力于 1980 年代持续发展。最知名的产品是其出品的 Apple II、Macintosh 电脑、iPod 数位音乐播放器和 iTunes 音乐商店，它在高科技企业中以创新而闻名。2011 年，苹果公司总人数

① 综合编辑自：http：//www.apple.com.cn/，http：//stock.hexun.com/2011-08-10/132301118.html，http：//baike.baidu.com/view/15181.htm，http：//wenku.baidu.com/view/07c201d1240c844769eaeeaf.html。

6.04 万，其中一半以上员工都在零售店工作。目前苹果公司在全球电脑市场上的占有率为 8.3%。2012 年 2 月底，苹果市值在派息预期的刺激下大涨，一举突破 5000 亿美元关口。

十、美国应用材料公司（Applied Materials，Inc.）[①]

美国应用材料公司成立于 1967 年，是为电子行业提供纳米制造技术方案的全球领先企业。应用材料的产品对于全球的半导体集成电路市场具有举足轻重的地位和意义，全球知名的半导体企业均采用应用材料的设备和服务生产集成电路产品，包括设备、服务和软件被广泛应用于半导体芯片、平板显示器、太阳能电池、软性电子产品和节能玻璃面板等。

应用材料公司坚持“应用今天的创新去成就明天的产业”，使智能手机、平板电视和太阳能面板等创新产品以更普及、更具价格优势的方式惠及全球商界和普通消费者。截至 2011 年 10 月 30 日，应用材料公司在全球 19 个国家设立了 87 个分支机构，员工人数达到 1.46 万人，总共获得专利约 9500 项。

在半导体行业，应用材料公司自 1992 年起就确立了行业领导地位。公司的员工和创新产品遍布世界上每个半导体工厂，帮助客户打造每一颗先进芯片。半导体技术不断推陈出新，推动芯片朝着更小、更快和功能更多的方向发展。在显示器行业，应用材料公司自 1993 年以来一直是显示器技术的领导者，目前是 TFT-LCD 产业里排名第一的设备供应商。在太阳能行业，应用材料公司以生产规模提高工厂生产力，以技术进步提高电池效率，是目前世界第一的太阳能光伏设备供应商。在软件行业，应用材料公司的自动化软件可以对工厂生产进行全面的协调和优化，包括工艺、设备和人员，帮助客户提升竞争优势。

自成立至今，应用材料公司为全球信息产业的迅猛发展和高速增长提供了技术的可能。2002 年，应用材料公司被评选为 100 家最受推崇的美国公司之一；目前已连续 15 年名列全球半导体设备供应商第一名，为财富 500 强全球化发展增长型企业之一。2011 财年，应用材料公司营收 105 亿美元。

汤姆森路透 2011 全球 100 大最具创新力企业名单[②]

（1-10 名按评选结果排序，11-100 名按公司英文名首字母排序）

1　美国化学制造业商 3M 公司（3M Company）
2　瑞士电力工程集团 ABB（ASea Brown Boveri）
3　美国半导体和电子组件制造商 AMD（Advanced Micro Devices，Inc.）

---

① 综合编辑自：http：//www.appliedmaterials.com，http：//wiki.mbalib.com/wiki/Applied_Materials。
② 编译自汤姆森路透社网站，http：//www.top100innovators.com。

4　法国飞机制造商 空客（Airbus）
5　法国电信设备制造商 阿尔卡特-朗讯（Alcatel-Lucent）
6　美国医疗产品制造商 爱尔康（Alcon，Inc.）
7　瑞典机械制造商 阿法拉伐公司（Alfa Laval）
8　美国半导体装置商 模拟器件公司（Analog Devices）
9　美国通信设备制造商 苹果（Apple，Inc.）
10　美国机械制造商 应用材料公司（Applied Materials）
11　法国化学企业 阿科玛（Arkema）
12　荷兰机械制造商 阿斯麦（ASML）
13　瑞典机械制造商 阿特拉斯（Atlas Copco）
14　美国通信设备商（Avaya）
15　德国化学制造商 巴斯夫（BASF）
16　德国制药商 拜耳（Bayer）
17　美国飞机制造商 波音（Boeing）
18　美国制药商 百时美施贵宝（Bristol-Myers Squibb）
19　日本工业制造商 兄弟（Brother Industries，Ltd.）
20　日本电脑硬件制造商 佳能（Canon Inc.）
21　韩国化学制造商 第一毛织（Cheil Industries）
22　美国汽车制造商 雪佛龙（Chevron U. S. A，Inc.）
23　法国国家科学研究中心（CNRS）
24　法国原子能委员会（Commissariat *à* l'énergie atomique）
25　美国半导体、电子组件制造商 康宁（Corning Incorporated）
26　日本工业制造商 大金（Daikin Industries，Ltd.）
27　日本运输设备制造商 电装（Denso Corporation）
28　美国化学制造商 陶氏（Dow）
29　美国化学制造商 杜邦公司（DuPont）
30　美国电力设备制造商 伊顿（EATON）
31　瑞典电信设备商 爱立信（Ethicon，Inc.）
32　美国医疗设备制造商 爱惜康（Ethicon）
33　美国炼油企业 埃克森美孚（Exxon Mobil Corporation）
34　日本电力设备商 发那科（Fanuc）
35　日本电脑硬件商 富士通（Fujitsu Limited）
36　美国消费产品制造商 通用（General Electric Company）
37　美国工业制造商 固特异（Goodyear Tire & Rubber）
38　美国航空企业 汉胜公司（Hamilton Sundstrand Corporation）
39　美国电信设备制造商 哈里斯公司（Harris Corporation）
40　美国电脑硬件制造商 惠普（Hewlett-Packard Company）

41 列支敦士登（欧洲）机械制造商（Hilti Corporation）
42 日本电脑硬件制造商 日立（Hitachi，Ltd.）
43 美国医疗产品制造商 罗氏制药（Hoffmann La Roche）
44 日本汽车制造商 本田（Honda Motor Company，Ltd.）
45 美国航空航天企业 霍尼韦尔国际（Honeywell International Inc.）
46 法国科学研究（IFP Energies Nouvelles）
47 美国电脑硬件商 IBM（International Business Machines Corporation）
48 美国半导体和电子组件制造商 英特尔（Intel Corporation）
49 日本航空电子工业（Japan Aviation Electronics Industry）
50 日本软件商（Konami Digital Entertainment）
51 法国化妆品生产商 欧莱雅（L'Oréal）
52 韩国半导体、电子组件制造商 LG（LG Electronics，Inc）
53 韩国电缆提团 LS（LS Industrial Systems Co.，Ltd.）
54 美国半导体和电子组件商 巨积公司（LSI Corporation）
55 美国软件制造商 微软（Microsoft Corporation）
56 日本化学制造企业 三菱（Mitsubishi Electric Corporation）
57 美国通信设备制造商 摩托罗拉（Motorola，Inc.）
58 日本半导体、电子组件制造商 村田公司（Murata Manufacturing Co.，Ltd.）
59 美国电脑硬件制造商 NCR（NCR Corporation）
60 日本电脑硬件制造商 NEC（NEC Corporation）
61 日本电信商 NTT（Nippon Telegraph and Telephone Corporation）
62 日本化学企业 日东电工株式会社（Nitto Denko Corporation）
63 日本医疗产品制造商 奥林巴斯（Olympus Optical）
64 日本电子产品制造商 松下（Panasonic Corporation）
65 荷兰消费产品制造商 飞利浦（Philips）
66 美国消费产品制造商 宝洁（Procter & Gamble Company）
67 美国半导体和电子组件制造商 高通（Qualcomm Incorporated）
68 美国交通运输设备制造商 雷神（Raytheon Company）
69 法国化学企业（Rhodia Operations）
70 美国电力产品制造商 罗克韦尔自动化（Rockwell Automation）
71 美国化学企业 罗门哈斯公司（ROHM AND HAAS COMPANY）
72 美国自动化仪表制造商 罗斯蒙特公司（Rosemount，Inc.）
73 荷兰石油商 壳牌公司（Royal Dutch Shell）
74 法国知名的卫浴灯具建材品牌 圣戈班（Saint-Gobain）
75 韩国电子产品制造商 三星（Samsung Electronics Co.，Ltd.）
76 美国半导体、电子组件制造商 SanDisk（SanDisk Corporation）
77 瑞典化学制造商 Sandvik（Sandvik Intellectual Property AB）

78　瑞典交通运输设备制造商（Scania）
79　日本电脑硬件制造商 爱普生（Seiko Epson Corporation）
80　日本 Semiconductor 能源实验室公司（Semiconductor Energy Laboratory Co.，Ltd.）
81　日本半导体、电子组件制造商 夏普（Sharp Corporation）
82　日本信越化学工业（Shin-Etsu Chemical）
83　德国西门子（Siemens）
84　法国航空与航天产业集团斯奈克玛（SNECMA）
85　法国工业制造米其林技术公司（SOCIETE DE TECHNOLOGIE MICHELIN）
86　日本消费电子制造商 索尼（Sony Corporation）
87　日本运输设备制造商 住友电工（Sumitomo Electric Industries Ltd.）
88　日本工业制造商 住友橡胶工业有限公司（Sumitomo Rubber Industries Co. Ltd.）
89　美国电脑软件制造商 赛门铁克（Symantec Corporation）
90　美国电脑软件制造商 新思科技（Synopsys）
91　瑞士半导体、电子组件制造商泰科电子（TE Connectivity）
92　瑞典工业集团 利乐拉伐（Tetra Laval）
93　日本电脑硬件制造商 东芝（Toshiba Corporation）
94　日本汽车制造商 丰田（Toyota Motor Corporation）
95　荷兰-英国消费产品制造商 联合利华（Unilever）
96　美国化学企业 美国环球油品公司（UOP LLC.，a Honeywell Company）
97　瑞典汽车制造商沃尔沃（Volvo）
98　德国瓦克化学（WACKER Chemie）
99　美国电脑硬件制造商施乐（Xerox Corporation）
100　日本消费产品制造商雅马哈（Yamaha）

附录 2　百大科技研发奖（R&D100 Award）2011 年获奖成果介绍[①]

一、奖项简介

百大科技研发奖（R&D100 Award）素有“产业创新奥斯卡奖”（The Oscars of Invention-The Chicago Tribune）的美称，由美国著名科技杂志 R&D 创设于 1963 年，已顺利选评 49 届（仅首届限美国公司参评，1965 年起开始接受非美国公司的申请）。该奖为年度奖，每年会从全球上千件创新技术中，由全球各领域知名研究机构及企业的科学家及专家，针对技术本身的创新独特性、科技突破与未来应用实力潜力等，挑选出 100 项具重大创新意义的商品化技术。

① 本部分由北京市科学技术研究院、北京决策咨询中心研究团队翻译编辑而成。

近年来，百大科技研发奖已成为市场上鉴定新技术革命性地位的重要指标。获奖成果中如传真机（1975 年）、液晶屏幕（1980 年）、柯达照片 CD（1991 年）、Nicoderm 戒烟贴片（1992 年）、Taxol 抗癌药物（1993 年）、实验室芯片（1996 年）和高画质电视（1998 年）等都对人类社会产生了重大影响，成为人们生活中不可或缺的要素。同时，该奖项也已经帮助不少公司完成了重要创新产品的市场化推广工作。

二、2011 年百大科技研发奖获奖项目概述

2011 年百大科技研发奖获奖名单中，以第一发明者计，共有 9 个国家在 20 个行业领域的 100 个项目榜上有名。

从行业领域角度分析，能源设备和成像技术两个领域的获奖数目均超过总获奖项目数的 10%，分别为 14 项和 13 项。能源设备领域的获奖成果主要集中在新型电池以及新能源的提取方面，其中有一半项目直接与电池相关。如美国 A123 系统公司开发的纳米磷酸盐锂离子发动机启动电池，不仅可以在车辆减速和制动时获取更多能量，还能将能量分配给车前灯、空调设备灯等其他电力设备。针对太阳能电池的效率优化问题，美国国家可再生能源实验室和 Innovalight 公司分别研发出了快速量子效率系统和 Innovalight 硅墨水——前者比传统量子效率系统快 1000 倍，进而允许在太阳能光伏电池生产线执行量子效率的测量；后者则成功提高了单晶硅太阳能电池 1%或以上的绝对值光电转换效率，从而可以添加到太阳能电池中作为生产线的低成本升级。成像技术领域的获奖表现紧随能源设备领域之后，其中有 7 项成果应用于显微镜产品。如日本日立公司研发的微微米分辨率定量计量原子显微镜仅 1 英寸大小，却完美实现了小于 15 微微米的方位感测与控制原子标度；俄罗斯 NT-MDT 公司开发的第二代“纳米教育家”支持普通影像到原子级精度影像的转换，兼容 Mac 操作系统，降低了成本；德国 WITec GmbH 公司利用共焦拉曼表面成像技术，开发了一款能够反映真实表面的显微镜，它能在一个单一的集成系统中大面积光学成像，不仅可以节省研究人员的时间，还可以简化样品表面成像的前期准备。

分析仪器领域的 9 个获奖项目主要集中在 X 射线、扫描热量、光谱等相关测量领域，如美国布鲁克海文国家实验室开发的迈亚 X 射线探测系统、德国 Hecus X-ray Systems 有限公司研发的 S3-MIC-ROcaliX、荷兰 PANalytical B. V. 研发的 Empyrean 锐影 XRD 系统等。并列第 4 位的是材料科学、电子设备和生命科学 3 个领域，获奖项目数量均为 8 项。材料科学领域的如中国台湾地区工业技术研究院研发的 i2R 电子纸，可重复使用约 260 次；电子设备领域的如美国 3M 公司研发的业界第一款扁平、可折叠、纵向遮蔽、高性能的双轴扁平线缆；生命科学领域的如美国 Stryker 骨科研究所研发的 ADM 的 X3 移动轴承髋臼系统，相比传统聚乙烯使得植入物的体积减小了 97%。

其余 14 个行业领域的获奖情况如下：工艺技术领域（6 项）、机械系统领域（5 项）、电子仪器领域（4 项）、软件领域（4 项）、安保设备领域（3 项）、光束仪器领域（3 项）、环境技术领域（3 项）、信息技术领域（3 项）、薄膜和真空技术领域（2 项）、

化学领域（2 项）、激光与光电领域（2 项）、实验室器材领域（1 项）、通信技术领域（1 项）、消费品领域（1 项）。

从获奖项目第一发明者所在国家数量分析，美国以 83 个获奖项目的绝对优势在 2011 年百大科技研发奖榜单上一枝独秀，且获奖项目涉及除消费品、薄膜和真空 2 个领域之外的 18 个行业领域至多。亚洲的日本和中国台湾地区各有 4 个项目获奖，其中日本三菱电气公司和中国台湾地区工业技术研究院均有 2 个项目榜上有名。欧洲国家中，英国居胜，总共获得 3 个奖项，在生命科学领域表现较为突出，成果包括普拉斯提赛公司开发的 CombiCult 2.0 平台（组合干细胞培养系统）和 alvetex（支持细胞三维生长的培养支架）。其他国家或地区的获奖情况如下：德国（2 项）、俄罗斯（1 项）、荷兰（1 项）、瑞典（1 项）、意大利（1 项）。

目前，中国科学技术创新事业虽然也取得了很大的进步，但是在全球横向比较中，与美国、日本等国家和地区还存在很大的差距，如创新独特性不够强、未来应用潜力不够明显、科技成果转化不够到位等。可见，未来中国的科技研发还有很大的发展空间（附表-1）。

附表-1　2011 年百大科技研发奖获奖项目一览表

（按领域获奖项目数量从多至少排序）

领域及项目数	获奖项目名称	核心技术	项目的主要创新与成效	第一发明者	国家/地区
能源设备 14 项	A123 系统纳米磷酸盐锂离子发动机启动电池	锂离子发动机启动电池	可在车辆减速和制动时获取更多能量，并能将能量分配给车内其他电力设备，如车前灯和空调设备登；使用微混合动力系统，需要时可自动打开或关闭发动机	A123 系统公司	美国
	可再生甲烷生产系统	可再生甲烷生产系统	使用廉价的高二价矿物质碎石作为厌氧分解系统原料，生产出的甲烷纯度 90%以上；生产效率高，同时减少了其他废料的产生	阿贡国家实验室	美国
	阻抗测量箱	电池测试设备	提出脉冲电阻和功率容量两项指标；对电池使用寿命几乎无影响，可用于电池激活前的确认检测和定期维护，阻抗反馈仅需 10 秒	爱达荷国家实验室	美国
	云端智慧绿能管理系统	基于云计算的智能能源管理技术	为使用者提供一个能够追踪能源使用情况的标准化数字界面，办公室电费可降低 25%左右	台北咨询工业策进会	中国台湾地区
	困环形压力减少垫片	深海石油钻井垫片	确保足够的收缩以抵消环中流体的热膨胀，是防止深水石油井喷具有成本效益的方法	Los Alamos 国家实验室	美国
	环保钍	化学钍提取工艺	避开金属化合物生产时的危险和成本问题，可用于从废弃核燃料中提取钍	Los Alamos 国家实验室	美国
	非流通燃料电池电力系统	非流通燃料电池系统	重量轻、无重力、氢-氧非流通，无需氧气、离心分离机或再生鼓风机以去除多余的水；消除运动部件，减少系统大小，提高可靠性和电能使用	美国宇航局 Glenn 研究中心	美国

续表

领域及项目数	获奖项目名称	核心技术	项目的主要创新与成效	第一发明者	国家/地区
能源设备14项	固态氧化物燃料电池互连的电镀锰钴涂层	固态氧化物燃料电池互联电镀涂层	热力学稳定的、低电阻、匹配的热膨胀系数且与堆栈剩余化学兼容；防止阴极铬的中毒，延长堆栈生命	国家能源技术实验室	美国
	太阳能电池的快速量子效率系统	光电量子效率测试系统	比传统量子效率系统快1000倍，进而允许在太阳能光伏电池生产线执行量子效率的测量	国家可再生能源实验室	美国
	高效太阳能电池Innovalight硅墨水	太阳能电池硅墨水	提高了单晶硅太阳能电池1%或以上的绝对值光电转换效率，可添加到太阳能电池中作为生产线的低成本升级	Innovalight公司	美国
	光腔炉	光伏制造工具	实现温度均匀分布，消除能源损失，并使得太阳能晶片的制造时间缩短至分钟级别；提高太阳能电池绝对转换效率0.47%，相对转换效率提高3%～4%，成本仅为当前行业标准的热反应堆或红外反应堆的25%～50%	国家可再生能源实验室	美国
	NextAire包装燃气热泵	天然气热泵	大大改善传统电力68%的损耗率和高排放量、低用水率，运行过程仅需少量电力，噪声约74分贝，比传统泵安静12%左右	橡树岭国家实验室	美国
	需求响应逆变器	光伏系统逆变电源	结构紧凑，重量轻，功率密度100千瓦/m^3；能最大限度发挥全部4个端口的性能，实现了高功率的跟踪转换效率，包括99%的最大峰值功率和97.5%以上的转换效率	普林斯顿能源系统公司	美国
	冷冻力电电池	闭环燃料电池动力系统	在满足海军各项要求的情况下，将纯低温反应物和燃料电池系统进行成功整合	Sierra Lobo公司	美国
成像技术13项	高分辨率显微镜Acuity XR	三维光学显微镜	获取物体的横截面三维显微图像，精度高达130纳米，分辨率比一般商业设备更高	布鲁克纳米维度公司	美国
	多模态光学纳米探针	可拆卸显微镜设备	同时执行多项测量功能，可看到底部样本，操控装置可暴露在空气中方便人手控制	布鲁克海文国家实验室	美国
	LSM 780	激光扫描共焦显微镜	灵敏度是现有产品的2倍，能检测更弱的信号、捕捉光漂白速度极快的信号；34个探测通道可获取可见光谱的全谱信息，并可用于线性分解	卡尔蔡司公司	美国
	微微米分辨率定量计量原子显微镜	微微米分辨率原子显微镜	整镜仅1英寸大小，实现了小于15微微米的方位感测与控制原子标度	日立公司	日本
	电子可移动式触摸屏遥控扫描电镜	可触屏界面扫描电子显微镜	分辨能力达4纳米，能将样本表面放大30万倍；加速电压从500伏到2万伏；多触点屏幕界面使得电子显微镜的应用随时调用	JEOL（美国）公司	美国
	磁共振微阵列成像	核磁共振微阵列成像技术	一个不同的传感器能安装在微阵列多通道中每一个上，可同时测试多种不同分析物	劳伦斯柏克莱国家实验室	美国

续表

领域及项目数	获奖项目名称	核心技术	项目的主要创新与成效	第一发明者	国家/地区
成像技术13项	为扰度编码录像锯齿光照明装置	固态光偏转器	世界上最快的光偏转装置，能以每皮秒一个可决定的点为速度重新定向光线；一个普通相机可以 2400 GSa/秒的捕捉事件，并在单次基础上实现超过 3000∶1 动态范围	Lawrence Livermore 国家点火装置	美国
	机载激光雷达成像研究测试平台	三维成像激光雷达系统	可迅速收集海拔高达 9km 的大面积高分辨率地形地图，绘制 10 万 km^2 的飞行时间从同类激光雷达系统的 1500 小时降到约 100 小时	MIT Lincoln 实验室	美国
	多功能相控阵雷达板	相控雷达	独特的光束敏捷性实现了更高的分辨率和更快的全容积扫描率，使一个雷达单元可以执行多种天气和大气监测任务	MIT Lincoln 实验室	美国
	MED-SEG	放射疗法图像分析软件	能接收包括核磁共振和电脑断层扫描在内的各种成像源的医学图像和数据，并通过递归分层分割软件处理。	美国宇航局 Goddard 太空飞行中心	美国
	第二代“纳米教育家”	原子力/扫描隧道显微镜	支持普通影像到原子级精度影像的转换，兼容 Mac 操作系统，降低了成本	NT-MDT 公司	俄罗斯
	介质玻璃超影像	发光投影显示技术	利用三种紫外线或深可见光波段去分别激发红绿蓝三原色，三原色只在其各自薄膜层显示，但组合则展现全彩图片	Sun 创新公司	美国
	反映真实表面的显微镜	共焦拉曼表面成像技术	能在一个单一的集成系统中大面积光学成像；不仅可以节省研究人员的时间，还可以简化样品表面成像的前期准备	WITec GmbH 公司	德国
分析仪器9项	迈亚 X 射线探测系统	X 射线荧光检测仪	快速连续扫描样品，实时分析数据流，在数据采集的同时立即生成元素图像，使三维成像模块更加可行	布鲁克海文国家实验室	美国
	830 真空质量监控器	质谱仪	从纯粹静电离子阱中实现离子选择性激发，整个激活和检测过程只需 80 毫秒	罗格斯大学	美国
	S3-MIC-ROcaliX	X 射线散射/微热量测定系统	集成 X 射线散射和微热系统同时，可测量液体、固体的结构与热数据	Hecus X-ray Systems 有限公司	德国
	快速示差扫描量热仪	示差扫描热量计	加热和冷却速率均高达 240 万 K/min，性能实现巨大飞跃，信号时间常数比传统 DSC 短 1 千倍	纽瓦克 Mettler-Toledo 公司	美国
	阵列质谱检测技术	质谱检测器	只运行一次即完成整个测试样品组成的检测；不仅可以检测、处理、优化信号，而且能够灵活地对信号数据进行分析和处理	太平洋西北国家实验室	美国
	Empyrean 锐影 XRD 系统	X 射线衍射仪	支持多个用户、无人值守和远程操作、自动数据收集和分析报告；可进行 CT 扫描固体物质内部结构而不必将它们切开	PANalytical B. V.	荷兰

续表

领域及项目数	获奖项目名称	核心技术	项目的主要创新与成效	第一发明者	国家/地区
分析仪器9项	Perfinity工作站	自动化样本制备系统	在线蛋白质分解只需5分钟（线下过程需12～18小时），且可以通过不断重复的分解过程实现高纯度；20分钟之内可得到血清质谱，且使用者无需提供固定抗体	Perfinity生物公司	美国
	Thermo Scientific Evolution 201/220/260	紫外可见分光光度计	能提供高质量当然实验结果，保证最大可能的能量吞吐量和最佳的性能，大大简化了测样到结果的工作过程	Thermo Fisher科技公司	美国
	ICS-5000	毛细管离子色谱系统	第一个进行离子色谱分离的商用系统，保留了4毫米和2毫米毛细管的优势，使传统射频系统的管道简化了将近一半；不受成本和操作的限制	Thermo Fisher科技公司	美国
材料科学8项	可重复书写使用的i2R电子纸	电子聚合打印纸	不需擦除操作，减少纸张浪费；电子纸几乎所有物质成分可被回收再利用，节约办公成本；可重复使用约260次	台湾工业技术研究院	中国台湾地区
	纳米结构防结雾涂料	纳米结构防雾涂料	液滴会在几分之一秒内坍塌并平铺在表面上，晚上也能发挥作用，且可以在卷轴式的制造线上大规模生产	劳伦斯柏克莱国家实验室	美国
	硅合成物防火防爆材料	防火防爆防弹涂层	通过隔绝火焰的氧气或燃料形成到隔离下层和消除表面可燃性的热屏障，提供以前难以获得的单独有效防火防爆程度	NanoSonic公司	美国
	用于海水淡化的介孔碳电极	用于海水淡化的介孔碳电极	可增加建酚醛树脂嵌段共聚物的毛孔均匀分布度，促进电解液流动速率；淡化海水效率是碳气凝胶电极的6倍	橡树岭国家实验室	美国
	超高存储密度、自组装的磁介质	自组装磁性存储介质	钴纳米线具有很强的形状各向异性和巨大的剩磁力，满足超高存储设备的材料和可扩展性需求，且市场价格较为低廉；首次将数据存储密度提高到1TB/in^2	橡树岭国家实验室	美国
	纳米纤维照明改善技术	聚合物纳米纤维反射照明	很好地提高了照明设备的反射率，较同类商品眩光显著减少，反射率提升了20%，显色指数也远高于通过二极管发光的白炽灯泡	RTI国际研究三角园	美国
	多孔薄壁空心玻璃微球	多孔空心玻璃微球	微球大小约2～100微米，球壁厚约1～2微米，可以盛装、保存、释放气体以及其他物质	萨凡纳河核解决方案公司	美国
	低锌含量的碳纳米涂层	碳纳米管防腐涂料	锌粉含量50%，允许锌颗粒停留在静电表面为钢材提供尽可能多的防腐保护；采取聚氨酯面漆替代中间稳定涂层，成本大大降低	Tesla NanoCoatings公司	美国

续表

领域及项目数	获奖项目名称	核心技术	项目的主要创新与成效	第一发明者	国家/地区
电子设备8项	改进版陶瓷薄膜电容器	陶瓷薄膜电容器	小体积、高电容率、高耐热性，能接受能量密度 32 焦/m^3 和 150℃的工作环境（现有聚合薄膜介质工作环境为能量密度 0.1 焦/m^3 和 85℃）	阿贡国家实验室	美国
	超高电压碳化硅晶闸管	硅合金晶闸管	耐受 6500V 电压，承受更大电流。在温度达 300℃、电流达 80A 时，能提供比传统晶闸管高 10 倍的电压、高 4 倍的阻电压，以及快 100 倍的开关频率	GeneSiC 公司	美国
	Diamond Vision OLED	有机发光投影组件	提供更高亮度、更轻重量、小于 LCD 或 DLP 显示器的厚度	三菱电气公司	日本
	SansEC 温度传感器	开路温度传感器	可测量温度、损伤和自转速率，适合同时测量多个非平稳成分；开路设计简单，仅涉及两种材料，消除了任何需要焊接或其他传统制造工艺，允许在无物理接触情况下读数	美国宇航局 Langley 研究中心	美国
	微共振滤波器和频率参考仪	射频滤波器	将微共振滤波器和频率参考仪结合在一个芯片上，能提供更好的规模减排效能	桑迪亚国家实验室	美国
	全折叠布超级电容器	纺织电容	第一个可以被嵌入纺织材料中的产品，根据不同尺寸，该电容在室温 1～2 伏的条件下可以实现 0.1～110F 的存储能力	台湾纺织研究所	中国台湾地区
	3M 双同轴电缆	层压屏蔽电缆带	业界第一款扁平、可折叠、纵向遮蔽、高性能的双轴扁平线缆，可轻松实现当前 6Gbps 的数据传输速率要求；折弯甚至 180°折叠应用中，整体信号完整性所受影响极微小	3M 公司	美国
	高能密度、高温超导的紧凑电缆	高温超导电缆	7.5mm 直径的紧凑结构、高能量密度，支持高温超导；弯曲半径范围为 0.2～2m，较传统电缆灵活得多	国家标准和技术研究所	美国
生命科学8项	标记特定核酸标靶的纳米簇信标	以银为基础的分子探针	提供 200：1 的分子信标信背比（一般为 30：1）；研究人员能同时检测多种生物标靶；支持室温应用，比标准分子信标便宜许多	Los Alamos 国家实验室	美国
	极地链接心脏冷冻治疗导管系统	心脏病冷冻术导管	冷冻术开始后，冷冻剂被释放，与气球链接的组织立即冻结，阻碍电信号；冷冻周期结束时，停止输送制冷剂，温度即恢复到体温	Medtronic 公司	美国
	改进型冠状动脉支架制造的新型铂/铬合金	铂/铬合金	新合金抗曲度高、抗腐蚀，可在医疗过程插入，放置并扩大在冠心病患者的动脉支架时通过 X 射线下透视更可见	国家能源技术实验室	美国
	CombiCult 2.0 平台	组合干细胞培养系统	可用于治疗、药物筛选以及对现有细胞分化方法的补充	普拉斯提赛公司	英国

续表

领域及项目数	获奖项目名称	核心技术	项目的主要创新与成效	第一发明者	国家/地区
生命科学8项	支持细胞三维生长的培养支架	细胞培养支架	促使细胞在三维均匀生长，可用于一系列标准细胞和分子检测技术的耗材产品制造，如组织处理、固定、包埋、切片、组织化学染色、电子显微镜、免疫组化、荧光显微镜等	Reinnervate公司	英国
	ADM的X3移动轴承髋臼系统	可移动双髋臼系统	最小化由于关节置换和关节脱臼而带来的并发症；相比传统聚乙烯，使得植入物的体积减小了97%	Stryker骨科研究所	美国
	TrueBeam和TrueBeam STx等放射治疗系统	放射治疗/放射治疗系统	提供几乎所有已知类型的辐射光束治疗，在临床使用上比前几代Varian要快一倍；最多可配置7个X射线能量，包括每分钟可以提供2400MUs监控量的高强度模式	Varian医疗系统公司	美国
	主动管清关系统	胸腔导管	在不打破无菌环境的基础上，保证了引流管的畅通	Xeridiem医疗设备公司	美国
工艺技术6项	可耐受高温高压的不锈钢合金模具	不锈钢合金工具	更好的抗氧化性，易于焊接和修复，使用寿命和制造尺寸稳定性方面均实现30%～60%的提升，同时降低成本	德拉罗伊公司	美国
	L-1000S和L-1000M	纳米纤维制造工艺	使用聚合物材料制造生产5～500nm直径的纳米纤维，成本降幅可达70%	FibeRio公司	美国
	稀土超磁体	钕-铁-硼磁体	在加工过程中的保存纳米结构特点有助于在能量密度改善高达20%的制造磁体	材料和电化学研究（MER）公司	美国
	Cermclad	金属电镀工艺	比现有技术便宜25%～50%，比同类堆焊或热喷涂技术快15～100倍；冶金结合超过7万psi	欧儿里得MesoCoat公司	美国
	动态高性能工具和模具生产的粉末压实工艺	模具制造工艺	大大提高汽车零部件成型工具和模具在制造过程中的耐用性和效率，在超高温和压力条件下，一个2500t锻压机的准压实过程只需几秒钟	太平洋西北国家实验室	美国
	近净钛锭连续铸造	钛锭连续铸造	相比传统制造工艺，近净钛锭连续铸造的好处包括：能耗下降67%，处理时间节省50%以上，材料消耗率减少50%以及应用在某些程序上高达150%的生产率	RTI国际金属公司	美国
机械系统5项	气体流量监视器	气体流量监视器	高精度的即时气体流量监视器，可用于半导体、太阳能和平板制造工业	Pivotal系统公司	美国
	双线圈偏移的点火系统	点火系统	在高稀释发动机中创建连续火花，使清洁排放更为有效；燃料燃烧程度提高至少10%，在某些特定条件下提高30%；燃料利用率提高20%，将环保署油耗指标提高了10mpg	西南研究所	美国

续表

领域及项目数	获奖项目名称	核心技术	项目的主要创新与成效	第一发明者	国家/地区
机械系统5项	能将振动转化为电能的减震器	发电的减震器	通过电磁感应机制将动能转换成电能，减少了汽车震动；方便安装在大部分现行车辆上，使汽车在时速60mi时可恢复100～400瓦的振动能量，提高汽车燃料效率2%～8%	纽约州立大学石溪分校	美国
	500ZE电动吸尘器	电动清道器	第一个锂动力吸尘器，解决了对噪声敏感的地区清洁问题；充电4h即可实现8h清扫工作，不排放二氧化碳；时速25km/h；相比传统吸尘器，节省70%以上的用水量	Tennant公司	英国
	全热塑结构，I-梁设计，高承载力桥梁系统	复合材料桥设计	消除材料蠕变，使用寿命可达50a；与其他替代材料相比，每平方英尺的生命周期成本节约了300美元	美国陆军工程师研究与发展中心	美国
电子仪器4项	因法尼姆90000 X系列示波器	示波器	存储深度达到20亿次采样，性能为普通示波器的2～4倍，同时最大限度地减小了示波器工作过程中的噪声和发热现象	安捷伦公司	美国
	eGRAF SS1500	散热器冷却电子设备	快速传播热量，厚度仅20μm，能有效保护有机发光显示器和锂离子电池等温度敏感元件	GrafTech国际控股公司	美国
	4225型PMU超快I-V模块	半导体电压检测器	允许研究人员更快地评价如偏压不稳性等材料；允许一个测试床上支持同时需要超高速电压输出和同步测量的应用程序	吉时利仪器公司	美国
	RIGOL DS6104	数字示波器	带宽1GHz，实时采样率5GSa/s，标配存储深度140M采样点，波形捕获率每秒18万次，可录制多达18万帧的波形；实现高波形捕获率、深存储、多级灰度显示、实时波形录制，回放及分析功能等	Rigol科技公司	美国
软件4项	堆栈追踪分析工具(STAT)	并行应用程序调试工具	开源、可扩展的调试工具，可识别在10万个或更多处理器内核的超级电脑上运行的代码中的错误；允许程序彼此联系进程状态，并对用户源代码绘制出并行运行环境	Lawrence Livermore国家实验室	美国
	平行向量分块优化库	信号处理软件库	无需改变应用程序代码，即可将应用程序移植到新的硬件平台，有助于节省为延长软件寿命的软件升级和相关服务的成本	MIT Lincoln实验室	美国
	自适应模式感知计算机系统	工艺/能源产业软件工具包	通过先进的工艺设备仿真与优化设计为能源行业或工艺行业的公司，提供设计和优化现有的和新一代的软件解决方案	国家能源技术实验室	美国
	MADNESS软件工具	科学模拟的数值算法	免费开源的软件，采用基于多精度分析的自适应算法做高速计算，保证了计算精度和对多维高效计算的独立表达	橡树岭国家实验室	美国

续表

领域及项目数	获奖项目名称	核心技术	项目的主要创新与成效	第一发明者	国家/地区
安保设备3项	可远程探测爆炸物和化学品的光声光谱系统	光声光谱系统	反应时间小于5s，有效范围超过3m	阿贡国家实验室	美国
	多参数气溶胶散射传感器	气溶胶散射传感器	可联网监控大气溶胶云并为灾害评估和监测提供重要的健康和呼吸信息	宇航 Glenn 研究中心	美国
	基于纳米钯悬臂氢安全传感器	氢安全传感器	检测氢气泄漏的新方法，可以消除热诱导爆炸和火花诱导爆炸的可能性	橡树岭国家实验室	美国
光束仪器3项	可控孔隙率贮藏阴极片	可控孔隙率贮藏阴极	电流密度实现数量级增长，寿命是传统阴极片的4倍，同时能提供极其均匀的电子束发射源	美国国家能源部	美国
	JXS-D1 金属射流 X 射线源	液态金属射流的 X 射线源	大大减少磨损，提高冷却能力，使得提供的 X 射线亮度比常规 X 射线仪高 10 倍以上，为用户节约了潜在成本	埃斯伦姆公司	瑞典
	小型质子治疗系统注射加速器	质子治疗加速器	可在电源同步前的7兆电子伏产生10mA的质子束；同时大大简化了注入机的后线性加速器的电极架构，消除了需要聚焦的磁场	三菱电气公司	日本
环境技术3项	资源高效生物识别系统	微生物检测系统	迅速有效检测、识别、给出微粒和微生物污染结果，无需使用昂贵的一次性检测产品	巴特尔纪念研究所	美国
	PANTHER 生物气胶识别系统	生物气溶胶鉴定系统	唯一可以提供不亚于人体能力的采样率和病原体的敏感性检测保护操作的技术	MIT Lincoln 实验室	美国
	用于净水的仿生膜	海水淡化膜	具备更高的脱盐率和更快的水流量，大大减低了海水淡化的能源成本；在5.5巴低压环境下，仍具有比一般商业膜更好的通透性和脱盐率	桑迪亚国家实验室	美国
信息技术3项	VirtuaCore 桌面虚拟计算机共享技术	虚拟桌面计算机共享系统	减轻一般虚拟机容易出现的延迟问题，为 IT 部门节省60%的硬件成本和60%～70%的电力成本	劳伦斯公司	美国
	戴尔云服务器 PowerEdge R810	可扩展挂架服务器	高性能、高耗能效率（每台服务器功率仅500瓦），占用更小空间（一台42U服务器的空间可安放21台R810）；内部组件的科学布局有助于冷却气流发挥效用	戴尔公司	美国
	2010 英特尔酷睿处理器家族	计算机处理器	性能比3年前标准个人电脑计算高3倍以上；CPU 集合了两个32纳米节点处理器内核及一个 DDR3 存储控制器，降低使用功率50%以上，体积比上一代产品减小65%	英特尔公司	美国
薄膜和真空技术2项	HyTAC	偏光板保护膜	卓越的三维光学折射率，同时避免生产过程中有毒物质的混入	台湾工业技术研究院	中国台湾地区

续表

领域及项目数	获奖项目名称	核心技术	项目的主要创新与成效	第一发明者	国家/地区
薄膜和真空技术2项	1/20个打火机大小的真空泵	真空泵	具备非蒸发吸气剂泵与离子泵功能，体积仅1/20个打火机；提供很大的抽速，能将抽取的物质控制在极低压力范围内；可用于烘烤期间加快去除脱气分子的真空系统，即使电源出现故障，也能保持高真空条件数天甚至数周；吸附能力强大，不需人工操作；高真空或超高真空时功耗不到1MW	SAES Getters集团	意大利
化学2项	化学污染清除技术	放射性与有毒金属分步去污	有效去除附着在须处理材料表面的污染，去污率达99，已通过美国环境保护署测试	爱达荷国家实验室	美国
	无害不易燃RonJohn混合溶剂	不易燃无害溶剂	与二氯甲烷相比，RonJohn混合溶剂在不需要加热的情况下，即可迅速溶解涂料和黏合剂，而且相对无毒，不易燃，成本也只相当于其他竞争溶剂的1/3左右	Y-12国家安全复合体	美国
激光与光电2项	EQ-99 LDLS激光驱动光源	用于紫外线、可见光和近红外波长的激光驱动光源	提供用于紫外线、可见光及近红外的波段分析仪器所需的高亮度，使用寿命可达1万h	安诺基提克公司	美国
	激光脉冲展宽器	激光脉冲展宽器	节约成本、高效率的解决方案，是科学家首次实现燃气轮机燃烧室的物理和化学运动的“冻结”	美国宇航局Glenn研究中心	美国
实验室器材1项	粉末流动性测试仪	粉末仪器	为粉末流向测试提供了新角度，操作成本更低，市场定价仅为竞争对手的一半	布氏工程实验公司	美国
通讯技术1项	集成RF微机电系统开关/互补式金属氧化物半导体设备	集成射频微机电系统开关	极富市场竞争力的新型开关，可设置5～10μs的快速开关时间，使用寿命是传统产品的50倍	阿贡国家实验室	美国
消费品1项	集成双镜头三维摄录机AG-3DA1	高清三维摄录机	结构紧凑，方便手持、重量轻、操作简单，更适合进行三维图像采集；高清视频信号最终可压缩成AVCHD视频编码信号，输出MPEG-4 AVC/H.264文件存储进记忆卡	松下公司	日本

资料来源：整理编译自R&D杂志官网，www.rdmag.com。

附录3　中日首都圈水资源管理对比研究[①]

目前，北京市人口年可利用水资源量已降到100立方米左右，远低于人均年1000

① 文章摘自2010年11月由北京水利学会主办，北京师范大学水科学研究院和北京市水利科学研究所联合承办，日本株式会社建设技术研究所协办的中日首都圈水务技术研讨会会议资料《2010年中日首都圈水务技术研讨会成果汇编》。本部分由北京市科委政策法规与体制改革处刘芸编辑。

立方米的国际水紧缺警戒线，北京已成为世界上最缺水的特大城市之一。在 2011 年 7 月初召开的北京市水务改革发展工作大会中刘淇书记明确提出北京市将落实最严格的水资源管理制度，建立起以水控制居住人口规模的制度。这也是北京首次提出以水来控制人口规模，一方面是城市发展的需要，人口增加不可避免，另一方面水资源的紧缺，如何让城市的发展与水资源有一个更好地融合，有一个更良性的发展，成为亟待解决的问题。

同我们的邻国日本相比，同为首都，北京和东京的水资源管理经过长期的发展变化，如今正在逐步完善。由于政治体制和经济文化等方面存在差异，因此在水资源管理体制上也有所不同。通过北京和东京的水资源现状、供排水管理、地下水管理和奥运影响的对比研究，可以发现北京和东京水资源管理方面有着诸多相似之处，技术方面都经历着从落后到逐步发展的过程。由于气候等条件差异，北京先天不足的劣势更加明显，需要做的工作也更多。而奥运的成功举办给两大城市都带来了难得的发展机遇，北京也应当继续加大管理力度，不断学习东京及其他地区先进的管理经验和技术优势，从而改变水资源的严峻形势，才能在推动首都圈的经济社会发展和迈向世界城市的道路上更加稳健。

一、中日首都圈的划分

首都圈是都市圈的一种特殊类型，首都圈是以首都为中心，可以为全国提供政治功能服务的特殊的都市圈。与都市圈一样，首都圈也以人流、物流、信息流、经济流为划分标准，从城市规模、科技水平等方面进行研究。显然，其政治服务功能是其区别于普通都市圈的特征。

（一）中国首都圈的划分

根据经济联系的紧密程度，中国的首都圈以北京为核心，包括天津、廊坊、保定、沧州、承德、张家口、唐山、秦皇岛八市。北京的城市发展与首都圈的其他地区有着密切联系，由于北京水资源短缺现象严重，在挖掘自身潜力的同时，对周边省市也具有一定的依赖性。作为首都，北京在水资源管理方面拥有较为完善的体制和丰富的经验，鉴于北京水情的严峻性和北京的特殊地位，本文将北京作为中国首都圈水资源管理的重点研究对象。

（二）日本首都圈的划分

日本首都圈包括一都七县，即东京、神奈川、千叶、埼玉、群马、枥木、茨城和山梨，地域面积 36 000 多平方千米。作为亚洲最早发展都市圈的国家，日本非常重视首都圈的规划和发展，自 20 世纪 50 年代起，日本对首都圈规划进行了五次重大调整，东京作为日本首都圈的中心城市，对区域经济的增长具有拉动作用。东京水资源管理也与周边城市有着紧密联系，东京的政治地位和影响力也与北京有着诸多相似之处，综合考虑，将东京作为日本首都圈水资源管理的重点研究对象，有助于中日首都圈水资源管理对比研究。

二、中日首都圈基本概况及水资源现状

（一）北京城市基本概况及水资源现状

中国首都圈地区地形趋势为西北高，东南低，属于温带大陆性季风气候，降雨多集中在夏季。总体来说，其覆盖的京津冀地区年平均降水量较少，年际变化大，加之水资源天然不足且用水量不断增加，其水资源短缺形势异常严峻。

北京位于华北平原的北端，东距渤海 150km，面积 16 400km^2，多年平均降雨量 585mm，多年平均水面蒸发量 1200mm。北京地处海河流域，境内大小河流 200 多条，由西向东分布有大清河、永定河、北运河、潮白河、蓟运河五大水系。2009 年北京 GDP 突破 1.2 万亿元，比 2000 年增长三倍，全市人均 GDP 突破 1 万美元。

北京天然水资源主要有地表水和地下水，天然水资源的主要来源，70%～80%是靠本地区的降水产生的，还有 20%～30%是从上游入境水量，是从河北和山西省入境的水量。北京平均水资源量是 38 亿 m^3，是特大型缺水城市，降雨不均匀，丰水年比较少，旱年比较多，还有连续干旱的情况。

（二）东京基本概况及水资源现状

东京是亚洲第一大城市，全球最大的经济中心之一，面积 2200km^2，人口约 1299 万，大东京圈人口达 3670 万，是世界上最大的都市圈。东京经济发达，2009 年 GDP 达 18 771 亿美元，是北京的十倍左右。

如附表-2 所示，东京多年平均降水量约为 1600mm，是全球平均数的两倍，是北京的三倍。东京的过境河流有利根川等，由于日本列岛细长狭窄，有一个中央山脉，与我国相比，其河流和水系虽数量众多但规模较小，最大的利根川水系，其流域面积仅有 16 000km^2。

附表-2 城市基本数据对比

城市	面积 /km^2	人口 /万人	GDP /亿美元	降雨量 /mm	人均 GDP /(美元/人)	过境河流	过境流量 /(亿 m^3/年)	水资源量 /亿 m^3
北京	16 410	1 755	1 779	585	10 136.8	永定河、潮白河等	3.7	26
东京	2 188	1 299	18 771	1 600	144 503.5	利根川、荒川等	140	51.7

注：北京水资源量是近 10 年平均值；东京水资源量根据统计资料推算得出。

三、中日首都圈水资源管理概况

（一）北京水资源管理

我国《水法》规定："国家对水资源实行流域管理与行政区域管理相结合的管理体制。国务院水行政主管部门负责全国水资源的统一管理和监督工作。"北京水务管理以国家水利部统筹，地方负责实施的方式开展。2004 年，北京成立水务局，实现了对水资源的全面管理和统一调配。如今，北京已逐步建立起"四级水务"管理体制，即水务局、区县水务局、流域水务站、农村用水协会和农民管水员。四级管理体制是创新型社会建设的重要体现，四级管理实现了从源头到末端的管理，通过用水人的自身管理从而实现了人尽其责，完善了管理体制。

法律法规方面，近年来我国先后出台了《中华人民共和国水污染防治法》、《中华人民共和国水法》、《中华人民共和国水土保持法》、《中华人民共和国防洪法》等与水相关的法律，地方性法规、省级政府规章及规范性文件也有很多。北京市在水资源与水环境、节水节能、农田水利与水土保持等方面出台了多项法规和条例。2010 年，《北京市排水和再生水管理办法》出台，将再生水纳入管理办法，这在国内尚属首次，也是北京市水务管理的重要革新。

（二）东京水资源管理

在日本国家层面上，有五个部门涉及水资源管理，为国土交通省、环境省、厚生劳动省、经济产业省、农林水产省，除中央政府部门外，省、市也有相关的管理单位，其中省级有 47 个，市级达 1700 多个，省以下的部门称为地方自治体。此外还有独立法人和财团等水资源开发的相关机构，负责制定水资源开发的基本规划等。

较完善的法制和严格法治是日本水资源管理的重要特点。在日本，每一部法律之下，都有一些配套的政令、规则和告示作为法律实施中具体操作规则，成为日本依法执政的法律保障。相关法律包括《河川法》、《供水法》、《污水法》、《水污染防治法》等。

作为日本首都，东京的水资源管理起到了很好的示范作用。东京有一套综合的治水对策，对河流水质也有严格标准予以执行。此外，在节水宣传、水资源开发利用和水价政策等方面也都有成熟的运作体系。

四、中日首都圈供排水管理体系

（一）北京供排水管理体系

北京的供水方式包括公共供水系统与自备井供水系统。全市共有水厂 119 座，日供水能力 424 万 m^3，2009 年全市自来水供水总量达到 10.4 亿 m^3。中心城供水系统由市政管网供水系统和若干独立供水系统组成。供水水质方面主要利用城市供水水质监测网，每半年对各供水企业的水质进行一次检测，由此掌握城市供水水质状况并进行有效的水质监督管理。“十二五”规划中对北京的供水目标也做出了相关指示，未来北京供水将在供水能力、管网漏失率和供水水质等方面作进一步完善。

北京城市排水系统主要包括城市河道、市政排水管线、排水泵站等，按照排水性质可分为雨水排水系统和污水排水系统。雨水排水系统按照四大河系划分流域，由干渠和雨水干管承担收集和排除任务。污水排水系统以污水处理厂为主，从 1989 年开始，北京以举办亚运会、奥运会为契机，加快城市排水设施建设，实现从传统排水向现代排水的转变。污水处理、再生水利用和污泥处理处置设施从无到有，排水设施建设得到了快速发展。2009 年北京再生水利用量增加到 6.5 亿 m^3，占全市总用水量的 18%，已超过地表水用量。

北京的排水设施建设与东京、纽约等世界城市相比，在污水处理能力、管网覆盖率与完好程度等方面存在较大差距，这也是北京排水管理工作今后需要解决的重要问题。

（二）东京供排水管理体系

东京通过引水管、送水管和配水管供水。送水管和配水管未分离，若发生事故，供水就会终止，现在正在逐步引进送水和配水分离的方式，即采用两个系统来确保供水的安全性。

东京是目前国际上供水管网漏损控制水平最高的城市之一，1945 年第二次世界大战后高达 80%，2007 年东京供水管网漏损率仅为 3.3%，2009 年降至 3%。采取的防漏措施有对水道管线进行计划性更换、提高管材的材质、应用漏水的发现技术对漏水实现早期修理及提高日常的维护管理水平等，这些对北京供水管网的完善有很强的借鉴意义。

排水管理方面，在东京人口密集地区，有 82%采用合流式下水道，污水处理量是北京的一倍左右。东京下水道系统包括管渠、抽水泵站和污水处理厂。经过 110 多年的建设，1995 年市区下水道普及率达 100%，多摩地区自 1986 年起建设区域下水道，1999 年年末普及率达 91%。

东京合流式下水道也面临着流量不足带来的积水问题，将通过改造网线，加大宣传等途径加以改善。北京和东京的供排水指标对比见附表-3。

附表-3　北京和东京供排水指标对比

城市	供水能力安全系数	供水水源地表水%，地下水%	污水处理率	污水处理排放指标	供水管道漏损率	河流水质达标率
北京	1.12（全市）	18%，65%	95%（城区）	控制 62 项，基本控制 19 项，选控 43 项（城区）	16%	52%（全市）
东京	1.56	99.8%，—	100%	控制 50 项（日常速报 4 项）	3.3%	92.3%（日本）

五、中日首都圈地下水管理

（一）北京地下水管理

作为北京的主要供水水源，地下水已经多年处于超采状态，地下水位也大幅度下降，到 2009 年年末全市地下水位平均埋深达到 24.07m，由于地下水位的下降，出现了大面积的水位降落漏斗，也引起了五个不同程度的地面沉降区。这些都给北京的地下水管理提出了严峻的考验。

北京水务管理部门采取了多项措施缓解地下水危机，实施供水设施改造、加大节水力度、积极争取外援、加强地下水营养与回补、完善地下水回灌技术方案和论证等措施将起到积极作用，在南水北调引江水到京之前，北京的地下水形势仍不乐观。

（二）东京地下水管理

历史上东京曾经进行过两次大规模的地下水开发，而城市化的不断发展引发地下水水质的恶化。城市化使得下垫面发生了很大变化，妨碍了雨水的下渗，地下水的补给量随之减少，这也是东京地下水在 20 世纪 90 年代面临的问题。而当前地下水开采面临的最重要问题是地下水在日本是私有的，依附于土地。由于地下水在水循环方面具有重要意义，地下水超采会带来环境和社会问题，因此东京对地下水的综合治理尤为重视。

为了更好地实现地下水的可持续利用和开采，专家学者建议把地下水作为公共用水、公共的财物来考虑，建议不要抽取承压地下水，东京都应在充分利用河流水的基础上，实现对地下水的有效和可持续的利用。

六、奥运会对中日首都圈水资源管理的影响

现代奥运会对于举办城市乃至国家的影响显而易见，它对于城市经济社会发展和国家综合国力的提升具有重要的拉动作用。在水资源管理方面，奥运会的影响也是非常明显，尽管东京和北京奥运会相隔半个世纪，但其举办前后水资源管理的诸多变化也具有很强的相似性，这对北京的水资源管理和世界城市建设无疑具有重要的借鉴作用。

作为国家重要的基础性资源，水资源的稳定与否直接关系到奥运成败。东京第三次水道扩张计划的实施实际上就是奥运影响的结果。东京当时面临着严峻的缺水局面，有很多限制用水，而奥运会必须要采取必要的措施。因此中央政府通过武藏水路，建设了很多水库，从根本上解决了东京的一些水源问题。

1955～1970 年，由于经济高速发展，城市人口激增，各地水厂相继新建、扩建。自来水普及率从 25%上升到 80%，还建立了各种自来水研究开发机构和提供大量优质饮用水的系统。通过一系列措施的实施，东京供水管网漏水率从 1945 年的 80%降到了 60 年代的 20%左右，这些成果不仅是经济社会发展的必然要求，也与奥运的开展密不可分。奥运对东京水质的变化也具有重要影响，奥运会之前，东京水质较差，BOD 在

40mg/L 以上，经过 40 多年的努力，河流水质已经改善到平均在 5mg/L 以下。

奥运会对人民意识的影响也是显著的。由于奥运的影响，人民也逐渐意识到水资源不是取之不尽的，认识到水资源的宝贵，摒弃了水是无偿资源的认识。1973 年以来，东京进一步采取了一系列节水型城市建设的措施，包括宣传教育、开发和普及节水器具、推进防漏水措施和强化水的高效利用等，取得了明显成效。

2008 年北京奥运会的成功举办给全世界留下了深刻印象，也为北京的城市发展带来了强大动力。奥运对提升我国的国际影响力起到了一定的促进作用，对维护北京和全国的政治稳定和经济的进一步持续发展奠定了坚实的基础。其倡导的“绿色奥运”也同样深入人心，作为水资源短缺的城市，“绿色奥运”这一理念的推广为北京的水资源发展注入了新的活力。

1999 年以来，北京遭遇连续干旱，年均降水量 450mm，比多年平均减少了 1/4，年均形成的可利用水资源量只有 26 亿 m^3。不仅如此，水质恶化的状况也相当严重。为了治理污染，奥运会给北京创造了难得的契机，北京市下决心对整个水环境进行根治。大部分的水体要达到四类标准，下游河道达到五类水质标准。

供水方面，北京积极扩大供水水源，2008 年从河北岗南、黄壁庄、王快、西大洋四库调水 4.3 亿 m^3，实际收水 3.3 亿 m^3，为奥运的顺利召开提供了保障。而高耗水的首钢的搬迁也进一步优化了北京的用水结构。

北京在排水方面也做了很多工作，奥运之前污水管道进行分流。污水处理厂在奥运前建了 14 个，城市污水管网把合流式尽量变成分流式。1999 年以前北京有三座大型污水处理厂，到 2008 年已经发展为 9 个，50%的水得到了循环利用。

奥运公园雨水利用也是成功的典范，奥运中心有地下集雨池 26 个，透水铺装面积 25 万 m^2，园区绿化全部建成下凹式绿地，雨水可以直接入渗。

奥运会后，北京继续采取多项措施开源节流，由于人口的大量增加和城市快速发展，北京的水资源形势仍旧不乐观。奥运给北京和东京的水资源管理都带来了巨大变化，在供排水管网完善、供水渠道拓宽、污水处理厂扩建、水环境改善和人民节水意识等方面都有着巨大的推动作用。

奥运无疑给北京和东京水资源管理带来了巨变，也为东京成为世界城市打下了良好基础，北京也应当抓住机遇，努力发展。郭金龙市长表示，实践表明，筹办奥运会的 7 年，是北京经济增长最快、质量效益最优、持续稳定性最好的一个时期。同时，北京的城市基础设施全面加强，生态环境明显改善，城市服务保障能力和文明程度大幅提升，特别是收获了丰富的奥运财富。通过举办奥运会，北京城市面貌和居民生活条件获得全面改善，缩小了北京与世界同等规模城市之间的差距。

当然，北京与东京等世界城市相比还有不小差距，从水资源的角度讲，需要做的工作还有很多。附表-4 为北京和东京水资源效率类指标数据对比，除工业水重复利用率较高外，北京其他的水资源效率与东京有着明显差距，因此北京水资源管理工作还有相当长的道路要走。

附表-4　北京东京水资源效率类指标数据

城市	人均可利用水资源量/(m^3/人)	人均用水量/(m^3/人·年)	万美元 GDP 用水量/(m^3/万美元 GDP)	单方水效率/(美元/m^3)	工业水重复利用率/%	水资源开发利用程度/%
北京	148	185	189	42.6	94	109
东京	398	122	11.1	—	78.9	31.6

七、中日首都圈水资源管理对比分析

通过对中日首都圈水资源现状及管理情况进行分析，不难发现其水资源管理有着很多相似之处，也有一些差异值得进一步思考，其水资源管理情况对比如下：

（1）体制方面，在中央层面，我国主要由国务院水行政主管部门负责全国水资源的统一管理和监督工作。而北京成立水务局，实现了对水资源的全面管理和统一调配，并逐步建立“四级水务”管理体制；日本国家层面有五个部门负责水资源管理，各司其职，地方上也有自治团体和其他相关机构。

（2）法律法规方面，北京市在水资源与水环境、节水节能、农田水利与水土保持、再生水利用等方面出台了多项法规和条例；东京在治水对策、节水宣传、水资源开发利用和水价政策等方面也都有成熟的运作，在政策执行方面有具体的操作规则且贯彻力度较大。

（3）供水方面，北京以地下水作为主要水源；东京则以地表水为主。相比而言，北京在供水能力、管网漏失率和供水水质等方面还需要进一步完善。

（4）排水管理方面，北京与东京相比，在污水处理能力、管网覆盖率与完好程度等方面存在较大差距。

（5）地下水管理方面，北京地下水多年处于超采状态，已经出现大面积的水位降落漏斗；东京地下水依附于土地私有，对地下水的综合管理尤为重视。

（6）奥运会的举办给北京和东京的水资源管理都带来了积极的变化：北京积极扩大供水水源、修建污水处理厂、改造污水管网，奥运会后继续采取措施进行开源节流；东京修建了许多水利设施，奥运会后进一步采取节水型城市建设的措施，包括宣传教育、开发和普及节水器具、推进防漏水措施和强化水的高效利用等，取得了明显成效。

通过以上对比，可以发现东京的很多经验值得北京借鉴：

一是完善法律法规实施细则，加大执行力度。

二是学习东京先进的供水管网防漏举措，提高日常的维护管理水平，从而完善供水管网系统。

三是充分认识地下水在水循环方面的重要意义，加大开源节流，实现对地下水的可持续利用。

此外，北京在污水处理、节水宣传教育、节水器具普及等方面也有许多工作需要向东京学习。